普通高等学校省级规划教材
安徽省高等学校一流教材

大学物理实验教程

（第2版）

College Physics Experiment Course

主　编　郑发农
副主编　葛　强

中国科学技术大学出版社

内 容 简 介

本书是遵照教育部高等学校教学指导委员会制定的《理工科大学物理实验课程教学基本要求》，结合普通本科高校近年来的教学改革实践，为适应新的教育教学发展而编写的。全书共分8章、41个实验项目，主要由基础实验、综合应用性实验、近代物理实验、设计性实验和计算机仿真实验5个部分组成，部分实验可通过扫描二维码进行预习。本书各部分内容相对独立，循序渐进，各成体系，可供不同专业的学生选用学习。全书内容的编写力求时代性和先进性相结合，注重对学生能力的培养。

本书可作为理工科高等本科院校"物理实验"课程教材以及从事实验教学人员的参考书。

图书在版编目(CIP)数据

大学物理实验教程/郑发农主编. —2版. —合肥：中国科学技术大学出版社，2020.12(2024.1重印)

ISBN 978-7-312-04861-6

Ⅰ. 大… Ⅱ. 郑… Ⅲ. 物理学—实验—高等学校—教材 Ⅳ. O4-33

中国版本图书馆CIP数据核字(2019)第300738号

大学物理实验教程

DAXUE WULI SHIYAN JIAOCHENG

出版 中国科学技术大学出版社
安徽省合肥市金寨路96号，230026
http://press.ustc.edu.cn
https://zgkxjsdxcbs.tmall.com

印刷 安徽国文彩印有限公司

发行 中国科学技术大学出版社

经销 全国新华书店

开本 787 mm×1092 mm 1/16

印张 22

字数 522千

版次 2015年1月第1版 2020年12月第2版

印次 2024年1月第8次印刷

定价 55.00元

前　言

本书是遵照教育部高等学校教学指导委员会制定的《理工科大学物理实验课程教学基本要求》，在总结近年来理工科物理实验教学改革实践的基础上，结合学校专业设置的特点和新工科建设的需要，并在安徽工程大学物理实验中心编写出版的《大学物理实验教程》一书的基础上，为适应新的教育教学发展而着力打造的。第1版在2013年列选为"安徽省高等学校省级规划教材"，第2版于2018年列选为"安徽省高等学校省级一流教材"。

本书的体系结构新颖，突破传统的实验划分模式，注重应用性和综合性。全书共分8章、41个实验项目，主要由基础实验、综合应用性实验、近代物理实验、设计性实验和计算机仿真实验5个部分组成，部分实验可通过扫描二维码进行预习。本书各部分内容相对独立，循序渐进，可供不同专业学生选用。

本书由郑发农任主编，葛强任副主编，安徽工程大学物理实验中心部分老师参与了编写。其中，郑发农编写了绪论、第一章、第二章、实验二十、实验二十二；葛强、陈翠微编写了实验一、实验三、实验四、实验十一、实验十二、实验二十一、实验二十三、实验二十七、实验三十三；江安、曹京编写了实验五、实验六、实验七、实验九、实验十九、实验三十一、实验三十二、第八章、附表；沈洋、王庆松编写了实验二、实验十三、实验十四、实验二十四、实验二十八、实验二十九、第七章；王辉升、王明方编写了实验八、实验十、实验十五、实验十六、实验十七、实验十八、实验二十五、实验二十六、实验三十。全书由郑发农统稿。

本书虽由以上同志共同编写，但实际上是多年来我校几代实验教学人员教学成果的集中体现，在本书的编写过程中，得到了安徽工程大学数理学院领导以及全体实验中心同志们的大力支持，本书参阅了兄弟院校的有关教材，从中借鉴了不少宝贵的教学实践经验，在此一并表示感谢！由于业务水平有限，可能存在疏漏之处，请不吝指正。

编　者

2020年5月

目　　录

前言 …………………………………………………………………………… (ⅰ)
绪论 …………………………………………………………………………… (1)
　第一节　物理实验课的地位、作用和任务 …………………………………… (1)
　第二节　物理实验课的基本程序 …………………………………………… (2)
第一章　测量误差与数据处理 …………………………………………………… (4)
　第一节　测量与误差 ………………………………………………………… (4)
　第二节　有效数字及其运算法则 …………………………………………… (7)
　第三节　随机误差的估算与系统误差的处理 ………………………………… (11)
　第四节　测量不确定度的评定 ……………………………………………… (18)
　第五节　实验数据的处理方法 ……………………………………………… (22)
第二章　物理实验的基本知识与基本测量方法 ………………………………… (34)
　第一节　物理实验的基本知识 ……………………………………………… (34)
　第二节　物理实验的基本测量方法 ………………………………………… (57)
第三章　基础实验(一) ………………………………………………………… (74)
　实验一　基本力学测量 ……………………………………………………… (74)
　实验二　用扭摆法测定物体转动惯量 ……………………………………… (77)
　实验三　液体黏滞系数的测定——变温落针式黏滞系数实验 ……………… (81)
　实验四　空气比热容比测定实验 …………………………………………… (86)
　实验五　数字示波器的使用 ………………………………………………… (88)
　实验六　电子在电磁场中运动的研究 ……………………………………… (105)
　实验七　铁磁性材料居里温度的测量 ……………………………………… (114)
　实验八　用稳恒电流场模拟静电场 ………………………………………… (118)
　实验九　薄透镜焦距的测量 ………………………………………………… (124)
　实验十　分光计的调整和三棱镜顶角的测定 ……………………………… (130)
第四章　基础实验(二) ………………………………………………………… (143)
　实验十一　声速的测量 ……………………………………………………… (143)
　实验十二　线性电阻和非线性电阻的伏安特性曲线 ………………………… (151)
　实验十三　电桥法测电阻 …………………………………………………… (155)
　实验十四　电位差计的使用 ………………………………………………… (162)
　实验十五　光的干涉 ………………………………………………………… (169)

实验十六　光栅衍射和光波波长的测定 ……………………………… (175)
实验十七　光的偏振——布儒斯特角法 ……………………………… (179)
实验十八　霍尔效应及其研究 ……………………………… (182)
第五章　综合应用性实验 ……………………………… (193)
实验十九　液晶电光效应综合实验 ……………………………… (193)
实验二十　万用表的使用和基本电路连接、检查练习 ……………………………… (200)
实验二十一　金属杨氏弹性模量的测定——霍尔位置传感器测量法 ……………………………… (204)
实验二十二　非线性电路混沌实验 ……………………………… (209)
实验二十三　灵敏电流计的研究 ……………………………… (213)
实验二十四　多普勒效应综合实验 ……………………………… (219)
实验二十五　迈克耳孙干涉仪的调节与使用 ……………………………… (231)
实验二十六　太阳能电池特性研究与应用 ……………………………… (235)
实验二十七　玻尔共振实验 ……………………………… (249)
第六章　近代物理实验 ……………………………… (259)
实验二十八　弗兰克-赫兹实验 ……………………………… (259)
实验二十九　电子电量的测定——密立根油滴实验 ……………………………… (266)
实验三十　氢原子光谱 ……………………………… (273)
实验三十一　核磁共振实验 ……………………………… (274)
实验三十二　巨磁电阻效应及其应用 ……………………………… (282)
实验三十三　光电效应实验——普朗克常数的测定 ……………………………… (296)
第七章　设计性实验 ……………………………… (306)
第一节　设计性实验的特点 ……………………………… (306)
第二节　设计性实验的流程 ……………………………… (306)
第三节　设计性实验项目 ……………………………… (308)
实验三十四　测量小灯泡伏安特性曲线 ……………………………… (308)
实验三十五　研究 RC、RL、RLC 电路的暂态过程 ……………………………… (309)
实验三十六　充电器的制作 ……………………………… (309)
实验三十七　“打靶”实验 ……………………………… (310)
实验三十八　简易万用表的设计、组装和校正 ……………………………… (311)
实验三十九　光电传输系统设计 ……………………………… (313)
实验四十　控制电路的初步设计 ……………………………… (314)
实验四十一　多用组合电路的设计与开发 ……………………………… (318)
第八章　计算机仿真实验 ……………………………… (330)
附表 ……………………………… (335)
参考文献 ……………………………… (345)

绪　论

第一节　物理实验课的地位、作用和任务

科学实验是科学理论的源泉，是工程技术的基础。作为培养德、智、体、美全面发展的高级工程技术人员的高等理工科院校，不仅要求学生具备比较深广的理论知识，而且要求学生具有较强的从事科学实验的能力，以适应科学技术不断进步和迅速发展的需要。

物理学从本质上说是一门实验科学。无论是物理规律的发现和理论的建立，还是对理论的检验，都离不开实验。当然，一些实验问题的提出，以及实验的设计、分析和概括也必须用已有的理论知识。历史表明，物理学的发展是在实验与理论两方面相互推动、密切结合下进行的。因此，物理实验教学和物理理论教学具有同等重要的地位。它们既有深刻的内在联系，又有各自的任务和作用。此外，实验是学习中的一个重要环节，物理实验本身有着自己的一整套理论、方法和技能，要想掌握好这些实验知识并不容易，需要由浅入深、由简到繁地逐步提高，并需要系统地学习、培养和训练。

物理实验是对高等理工科学校学生进行科学实验基本训练的一门独立的必修基础课程，是学生进入大学后系统学习实验方法和实验技能训练的开端，是各类专业对学生进行科学实验训练的重要基础。

物理实验将在中学物理实验的基础上，按照循序渐进的原则，让学生学习物理实验知识、方法和技能，使他们了解科学实验的重要过程与基本方法，为今后的学习和工作奠定良好的实验基础。

物理实验课的具体任务是：

1. 通过对物理现象的观察、分析和对物理量的测量，学习物理实验知识，加深对物理学原理的理解。

2. 培养和提高学生的科学实验能力。其中包括：

(1) 能够自行预习实验内容和资料，做好实验前的准备。

(2) 能够借助书本知识或仪器说明书正确使用常用仪器。

(3) 能够运用物理学理论对实验现象进行初步分析和判断。

(4) 能够正确记录和处理实验数据，绘制曲线，说明实验结果，撰写合格的实验报告。

(5) 能够完成简单的设计性实验。

3. 培养与提高学生的科学实验素养。要求学生具有理论联系实际和实事求是的科学作

风、严肃认真的工作态度,以及主动研究的探索精神、相互协作的团队精神和遵守纪律、爱护公共财产的优良品德。物理实验有自己的特点和规律,要想学好实验课就必须坚持严谨的科学态度,只要认真刻苦地学习,就一定能获得成功。

第二节　物理实验课的基本程序

物理实验多数是测量某一物理量的数值,或是研究某一物理量随另一物理量变化的规律。不论实验的内容要求或研究对象如何,也不论实验采用哪一种方法,任何实验的基本程序大都相同。这里着重强调的是严格的训练,而不是"成果"。一般的实验过程应包括准备(预习)、观测与记录、数据的整理与分析这三个步骤。

一、准备(预习)

由于实验课的课内时间有限,而熟悉仪器和测量数据的任务一般是比较繁重的,所以不希望学生在实验课上才开始学习实验的原理和内容。因此,上课前应该认真阅读实验教材和有关参考资料,搞懂实验原理,了解实验方法,明确实验目的和要求,了解实验步骤及注意事项。并在此基础上写好预习报告,做到心中有数。为了能及时、迅速、准确地获得待测物理量的数据,并使测量结果清晰、标准,防止漏测数据,预习时应根据实验要求绘制好数据记录表格,在表格中要标明文字符号所代表的物理量及其单位,计划好测量次数。

预习报告应包括下列内容:

(1) 实验名称。

(2) 实验目的。

(3) 实验原理摘要(要求在理解实验原理的基础上,用自己的语言简述之,并列出实验所需的主要计算公式,绘制实验装置草图和电路图等)。

(4) 实验内容(根据原理摘要中的计算公式结合实验的要求,分清已知量、控制量、待测量等,并绘制实验数据表格)。

(5) 记录预习中遇到的问题和注意事项等。

(6) 认真完成"预习思考题"。

预习质量的好坏,将直接影响实验结果的好坏,因此,在实验前务必按照要求做好预习。课前不预习,没有写预习报告者,不准参加实验。

二、观测与记录

学生在认真预习的基础上,可以进行实验操作。在进入实验室后,首先要接受教师对预习情况的检查。实验开始前要熟悉仪器的工作原理并正确掌握其使用方法,务必牢记实验的注意事项,再将各种仪器按照便于观察、测量和读数的原则布置好。安装和调试仪器是实验成功的关键,必须认真细致地完成,要开动脑筋,不要存在侥幸心理。仪器完全调好后再进行观测,获得数据就比较容易了。

每次测量时，应立即将实验的原始数据(指从仪器上直接读出的、未经任何运算和处理的数据)记录在预习时准备的实验数据表格内，一般不允许用铅笔记录原始数据，切不可随意记在稿纸上或教材上。若发现数据有错，不要乱涂，可在错误的数字上画一条线，将正确的数字写在旁边或补写在最后。我们保留“错误”数据，不轻易地毁掉它，是因为“错误”数据经比较后常常是正确的。当实验结果与温度、湿度、气压等有关时，还应记下实验进行时的室温、空气湿度和大气压等。

实验数据是以后计算与分析问题的依据，在实验工作中是宝贵的资料。所以记录实验数据一定要实事求是，切不可随意改动，更不能编造。

在两人或多人合做一个实验时，不要一个人包办代替，应该分工协作，使每个人都能得到训练，以便达到共同预期的效果。

实验操作结束后，不要急于收拾仪器，应该先把实验数据交由指导教师审查，经老师认可签字后，方可收拾整理仪器，结束实验。

三、数据的整理与分析

测量结束后要尽快整理好数据，计算出结果，并绘出必要的图线。

实验报告是实验工作的书面总结，它以简明扼要的形式将实验的内容和结果完整而真实地表达出来。书写实验报告时，必须文字通顺，字迹端正，图表规范，计算正确，并对实验结果进行认真分析。书写实验报告也是体现实验能力的一个重要方面，应该养成实验结束后尽快完成实验报告的好习惯。这样做，可以收到事半功倍的效果。

一篇完整的实验报告，除了有预习报告的内容(为避免重复劳动，这部分内容一般就不要重新写了)外，一般还应包括以下几个部分：

(1) 仪器设备的名称、编号、量程、级别等。

(2) 数据处理或作图。

(3) 明确的实验结果表达式。

(4) 实验现象的分析、误差的评定及讨论(讨论中可包括回答布置的作业题、提出建议、心得体会等)。

以上是报告中大体应包括的内容，但并不是要求千篇一律地照此套入，而应该根据具体情况有所取舍。

实验报告要用统一的实验报告纸书写，字体工整，语句简明，原始数据要随同报告一并交由教师批阅，没有原始数据的实验报告是无效的。

第一章　测量误差与数据处理

第一节　测量与误差

一、测量及其分类

测量是将被测物理量与选作标准单位的同类物理量进行比较的过程，即以确定量值为对象的一组操作，被测量的测量结果用标准量的倍数和标准量的单位来表示。

作为比较标准的测量单位，其大小是人为规定的。如：国际单位制（简称 SI）是世界上唯一公认的科学单位制，它选定了 7 个基本物理量，即长度（米）、质量（千克）、时间（秒）、电流强度（安培）、热力学温度（开尔文）、物质的量（摩尔）和发光强度（坎德拉）的单位为基本单位，其他物理量的单位可由这些基本单位导出，故称导出单位。

测量按获取数据的方式不同，可分为直接测量和间接测量两类。

1. 直接测量

直接测量是指将被测量直接与标准量（量具或仪表）进行比较，直接读数获取数据。如：用米尺测量长度，用天平测量质量等。

2. 间接测量

在物理实验中，大多数物理量没有直接测量的量具，不能直接获取数据，但可以找到它与某些直接测量量的函数关系。这种通过测量某些直接测量量，然后再根据某一函数关系而获取被测量量数据的测量，称为间接测量，相应测得的量就是间接测量量。如：物质的密度、物体的体积等。

但是，测量的分类具有相对性，随着测量技术的提高，一些间接测量量也可以通过直接测量得到。如密度的测量，如果通过测量物体的体积和质量求得密度，则密度便是间接测量量；如用密度计测量物体的密度，那么密度就是直接测量量。

对重复的多次测量，可分为等精度测量和不等精度测量两类。如对某一待测物进行多次重复测量，而且每次测量的条件都相同（同一测量者，同一套仪器，同一种实验方法，同一实验环境等），那么就没有理由可以判定某一次测量比另一次测量更准确，对每次测量的精度只能认为是具有相同精度级别的。我们把这样的重复测量称为等精度测量。在诸多测量条件中，只要有一个条件发生了变化，所进行的重复测量就难以保证各次测量精度都一样，我们把这样的重复测量称为不等精度测量。一般在物理实验中进行重复测量时，要尽量保证为等精度测量。

二、测量误差及其分类

每一个物理量都是客观存在的，在一定的客观条件下具有不以人们的意志为转移的固定的大小，这个客观大小称为物理量的真值。真值包含理论真值（如三角形内角和恒为180°）和约定真值（如基本常数、基本单位标准）。从测量的要求来说，人们总是希望测量的结果能很好地符合客观实际，测量的目的就是得到真值。但在实际测量过程中，由于测量仪器不能无限地精确，测量所依据的理论往往具有某种程度的近似，测量方法不完善，周围环境会变化，人的感觉器官也有一定的局限性，因此，不可能获得待测量的真值，只能获得其近似值（最佳值）。测量结果与真值之间总是有一定的差异，这种差异就是“误差”。误差存在于一切测量的过程中，这成为一条公理。

设其待测量的客观真值为 x_0，测得的值为 x，则测量的误差 ε 可表示为

$$\varepsilon = x - x_0$$

其中 ε 可为正值，也可为负值。根据误差产生的原因和性质，可将误差分为三大类。

1. 粗大误差

这种误差是由于测量者的过失（错误或失误）而产生的。例如，由于缺乏经验，过度疲劳或马虎大意而产生漏读、错记、错算所引起的误差，或者由于对仪器不熟悉、对理论不理解而发生错误操作、倒读、“张冠李戴”等所引起的误差。初学者容易产生这种误差，但是若采取适当的措施，这种误差是完全可以避免的。例如，细心检查、认真操作、重复测量、多人合作等都是避免粗大误差的有效措施。这类误差数据一般使实验结果偏离物理规律，它的出现必将明显地歪曲测量结果，我们应当努力避免。但是，什么样的数据可以认定是有过失误差的坏数据而必须剔除，则应该慎重处理。在测量不当时，若肯定是测错或测量条件有明显变化的数据，可以在注明原因后废弃。若在测量过后整理数据时发现数据有错误，则必须经过物理规律的分析，认为不合理的异常数据才可以舍弃。

2. 系统误差

在同一条件（方法、仪器、环境和观测者不变）下多次测量同一量时，误差的符号和绝对值保持不变，或按某一确定的规律（如递增、递减或周期性等）变化的误差，称为系统误差。例如，天平的零点不准，砝码的标准质量不准，天平臂不等长，电表刻度不均匀，热胀冷缩导致米尺本身长度的变化等引入的误差，都是系统误差。系统误差按其产生的原因可分为：

（1）仪器误差：这是所用量具或装置本身的缺陷或未按规定条件使用而产生的误差，或与测量环境、条件要求不一致引起的误差。

（2）方法误差（理论误差）：这是由于实验者依据的理论、实验方法不完善或实验条件不符合要求而导致的误差。

（3）装置误差：这是由于对测量装置和电路布置、安装、调整不当而产生的误差。

（4）环境误差：这是因外界环境（如光照、温度、湿度、电磁场等）的影响而产生的误差，或与测量环境、条件要求不一致引起的误差。

（5）人身误差：这是由于实验者生理或心理特点所引入的误差，此种误差因人而异，并和实验者当时的精神状况密切相关。

系统误差的出现一般都有较明确的原因，因此只要采取适当的措施对测量值进行修正，就可使之减至最小。但是，在实验中仅靠增加测量次数并不能减小这种误差。

3. 随机误差(偶然误差)

在同一条件下测量同一量时，由于随机的或不确定的因素所造成的每一次测量值的误差大小与正负都不确定，而在大量的重复测量中，它们又遵守一定的统计规律，这类误差称为随机误差，也称为“偶然误差”。

这里要注意，我们称其为随机误差，是指在某一次具体测量中，其误差的大小与正负带有很大的随机性，不能事先估计其值的大小、正负。但这并不是说“在测量中误差只是随机出现”或“它没有什么规律可循”的意思。

随机误差的来源主要是：由于人们的感官灵敏程度和仪器精密程度有限，各人的估读能力不一致，外界环境的干扰(如空气流的扰动，温度的微小起伏，杂散电磁场的不规则脉冲等)，这些因素不能全知，无法估量。即使在消除了粗大误差和系统误差之后，随机误差依然存在，它是必然发生的，只能设法减小，不能彻底消除。随机误差的出现并不是毫无规律的，在大量重复测量中，随机误差将遵守一定的统计规律。但其到底遵守什么样的统计规律，则要由所研究的问题的性质来决定。根据统计理论和无数实验事实，在多数物理实验中，随机误差将服从正态分布(或称高斯分布)，如图 1-1-1 所示。

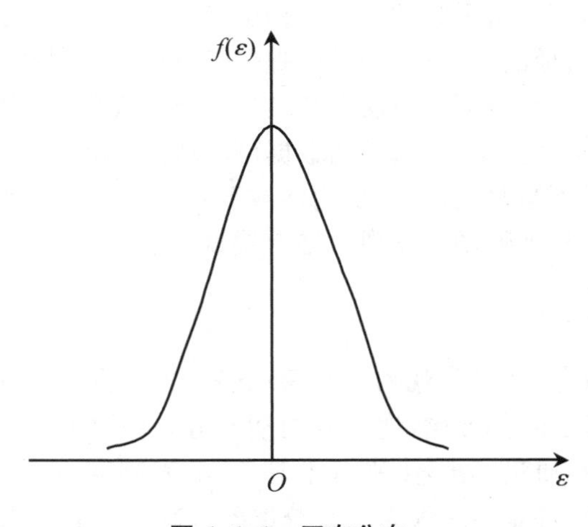

图 1-1-1 正态分布

图 1-1-1 中横坐标 ε 表示随机误差，纵坐标 $f(\varepsilon)$表示该误差出现的概率。由图 1-1-1 可知，随机误差具有如下性质：

(1) 单峰性：绝对值小的误差比绝对值大的误差出现的概率大。

(2) 对称性：绝对值相等的正和负的误差出现的概率相同。

(3) 有界性：在一定的测量条件下，误差的绝对值不超过一定限度。

(4) 抵偿性：随机误差的算术平均值随着测量次数的增加而越来越趋向于零。即

$$\lim_{n\to\infty}\frac{1}{n}\sum_{i=1}^{n}\varepsilon_i = 0$$

因此，可用多次测量的算术平均值作为直接测量的近真值（最佳值）。在一定的条件下，增加测量次数可以减小随机误差，但是，并非测量得越多越好，在物理实验中一般取 6～10 次。

总之，测量结果的误差是由多种因素所引入的误差的总和。上面我们是根据误差出现的规律，将其分成三类，它们各自反映不同的问题，也各自遵守不同的规律，但是，应当指出它们都是误差的一个方面，彼此是密切相关的。因此，我们在消除粗大误差后，**只有综合考虑随机误差和系统误差对实验结果的影响才是全面的**。

三、测量的精密度、准确度和精确度

精密度、准确度和精确度都是用来评价测量结果好坏的。但这是三个不同的概念，使用时应加以区别。

测量的精密度高，是指测量的数据比较集中，重复性好，随机误差较小，但是系统误差的大小却不明确。

测量的准确度高，是指测量数据的平均值偏离真值较小，测量结果的系统误差较小。但是数据分散的情况，即随机误差的大小并不明确。

测量的精确度高，是指测量数据都比较集中在真值的附近，即测量结果的系统误差和随机误差都比较小，精确度是对测量结果的随机误差和系统误差的综合评定。因此，测量结果应该用精确度这一概念来描述。

现在我们用打靶时弹着点的情况为例，说明这三个不同概念的意义（见图 1-1-2）。

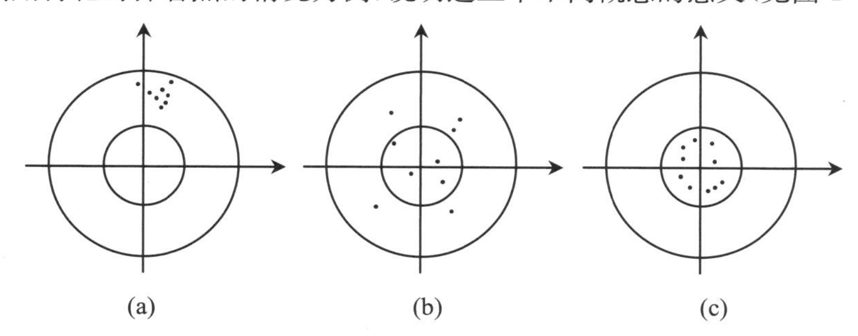

图 1-1-2　打靶时弹着点示意图

在图 1-1-2 中，图(a)表示弹着点比较集中，但都偏离靶心，说明射击的精密度高，但准确度较差；图(b)表示弹着点比较分散，但是它们的中心位置比较接近靶心，说明射击的准确度高，但精密度较差；而图(c)表示弹着点比较集中于靶心，说明射击的精密度和准确度较好，即精确度较高。

第二节　有效数字及其运算法则

实验中总要记录很多数据，并对它们进行计算，但是，记录时应取几位数？运算后应保留几位数？这是实验数据处理的重要问题，对此，必须有一个明确的认识。

一、有效数字

任何一个物理量，其测量结果总会有误差，测量值的最后一位数字就是有误差的数字。我们把最后一位数字叫作“存疑数字”(尽管可疑，但还是有一定根据的，是有意义的)，在它前面的所有数字叫作“可靠数字”。这样，可引入有效数字的概念，即测量结果中可靠的几位数字加上一位存疑的数字统称为测量结果的有效数字。例如，我们用毫米尺测量一个物体的长度，如图1-2-1所示，读数为 10.24 cm，这个读数的前三位 10.2 cm 是直接从尺上读出来的，是精确的，是可靠数字。而最末一位 0.04 cm 则是从尺上的最小刻度之间由测量者估计得来的，是存疑数字。这样 10.24 cm 一共有四位有效数字。

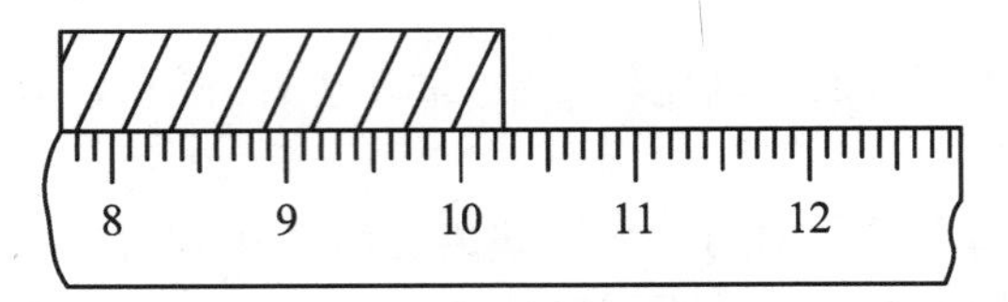

图 1-2-1 毫米尺测量物体

关于有效数字的概念，要求掌握下列几点：

(1) 有效数字规定，最末一位数字是存疑数字，这就要求在测量记录时，采取正确的读数方法，即一般是在仪器的最小分格值后可以再估读一位。

(2) 有效数字不仅表示数值的大小，而且还说明了测量仪器的精度(仪器的精度是以其最小分格值来表示的)。如上述读数为 10.24 cm，有四位有效数字，反映了所用的尺子的精度为 1 mm。如果用精度为 0.02 mm 的游标卡尺来测量该物体的长度，读数为 10.244 cm，就有五位有效数字。若用厘米尺测量，读数为 10.2 cm，就只有三位有效数字。可见有效数字的多少并不是随意决定的，它与所用的测量仪器的精度有关，表示了测量所能达到的精确程度。

(3) 要注意数字中的“0”，它可能是有效数字，也可能不是有效数字。

第一个非零数字前面的“0”不是有效数字，此时“0”是用来表示小数点的位置。如 0.0376 cm，前面的“0.0”不是有效数字，有效数字只有三位。

数字中间出现的“0”和末位的“0”都属于有效数字。如 10.50 cm，是四位有效数字，10.5 cm 是三位有效数字，但两者是不同的。前者表示测量进行到1/100 cm 的地方，而后者表示测量只进行到 1/10 cm 的地方。这就是说，数字最后面的“0”，即使是在小数点之后，也不能随意加上或者去掉。

如图 1-2-2 中所示的铜棒的长度必须记作 3.60 cm，它表示物体的末端正好是与分度线

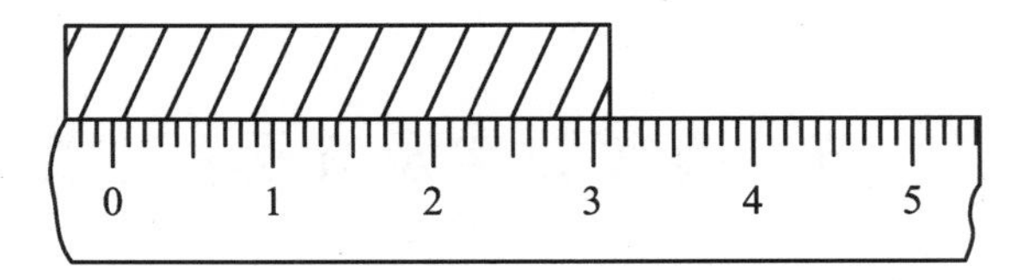

图 1-2-2 铜棒的测量

“6”对齐的，小于 1 mm(分度值)的估读数为“0”，这最末一位的“0”必须表示出来，不能省去，这与单纯表示数值大小的算术表示是不同的。如果写成 3.6 cm，就不能如实地反映测量的精度。

(4) 有效数字的位数不能因为变换单位而增减。如 3.94 cm 可换算成 39.4 mm 或 0.0394 m，单位变化了，有效数字的位数不变，仍然是三位。又如地球的半径是 6371 km，是四位有效数字，换成单位米时，应当写成 6.371×10^6 m，仍是四位有效数字，如果写成 6371000 m，就变成七位有效数字了，这样就会造成测量结果的表达和仪器精密度不相符的现象。为了避免混乱，我们在书写时，常采用 10 的方幂来表示其数量级，方幂前面的数字是测量的有效数字。例如：

$$0.0523\ \text{m} = 5.23\times10^{-2}\ \text{m}$$

$$3.8\ \text{km} = 3.8\times10^{3}\ \text{m}$$

$$0.80200\ \text{kg} = 8.0200\times10^{2}\ \text{g}$$

这种记数的方法叫作科学记数法，或称标准形式。采用标准形式时，有效数字中小数点前一般只取一位数字。

二、有效数字的运算法则

在一切实验中，测量时的读数及运算结果都是用有效数字来表达的。在有效数字的运算过程中，为了防止因运算而引进“误差”或损失有效数字，影响测量结果的精度，且为尽量简便，避免繁琐而徒劳的运算，现统一规定有效数字的运算法则如下：

1. 加减法运算

例 1

$$\begin{array}{r} 12.3\bar{4}\\ +\ 2.35\bar{7}\\ \hline 14.6\bar{9}\bar{7} \end{array}$$

我们用加上划线的数字代表可疑数字。在这个结果中，14.6 以后的 0.097 均属可疑数字，没有必要全部保留，因而可采用“舍取法则”只保留一位可疑数字，结果为 $14.7\bar{0}$。

例 2

$$\begin{array}{r} 43.320\bar{6}\\ -\ 36.2\bar{5}\\ \hline 7.0\bar{7}\bar{0}\bar{6} \end{array}$$

根据上面同样的理由，结果应写成 $7.0\bar{7}$。

从以上两例可得出如下结论：诸量相加(或相减)时，其和(或差)数在小数点后所保留的位数应与诸数中小数点后位数量最少的一个相同。

为了简化运算过程，可以用小数点后位数最少的那个数作基准，把其他小数点后位数较多的数，按“舍取法则”删去多出的位数，然后再进行运算。如在例 2 中，

$$43.320\bar{6}-36.2\bar{5}=43.3\bar{2}-36.2\bar{5}=7.0\bar{7}$$

2. 乘除法运算

例 3

$$\begin{array}{r} 4.17\overline{8} \\ \times\ 10.\overline{1} \\ \hline \overline{4}\,\overline{1}\,\overline{7}\,\overline{8} \\ 000\overline{0} \\ 417\overline{8} \\ \hline 42.\overline{1}\,\overline{9}\,\overline{7}\,\overline{8} \end{array}$$

根据可疑数字只保留一位的原则,其结果应写成 $42.\overline{2}$。

例 4

$$\begin{array}{r} 392 \\ 12\overline{3}\ \overline{\smash{)}48216} \\ 36\overline{9} \\ \hline 11\overline{3}1 \\ 110\overline{7} \\ \hline \overline{2}\,\overline{4}\,\overline{6} \\ 24\overline{6} \\ \hline 0 \end{array}$$

结果就写成 $39\overline{2}$。

从上述两例可得出如下结论:两量相乘(或相除)时,其积(或商)所保留的有效数字,只需和诸因子中有效数字最少的一个相同。

为了简化运算,我们可以用有效数字最少的数作基准,将有效数字多的删至和它相同,然后再进行运算。这样在进行有效数字运算时,我们完全不需要做那些吃力不讨好的事,而且应该尽量使用计算工具(如计算器或数字用表),不仅效率高,而且能满足准确度的要求。

在运算过程中,往往遇到数字的舍和入的问题,究竟如何进行舍和入才是比较合理的呢?在数学里我们曾学过"四舍五入",能否用它来处理实验数据呢?我们说的"四舍五入"法则对于大量的数据运算来说是不合理的,因为这样入的概率总是大于舍的概率,就会使数据系统偏高,为此,本书采用**"四舍六入五凑偶"的方法舍取尾数**。这就是说,尾数小于五则舍,大于五则入,等于五时,前一项是偶数(0 算为偶数)则舍,前一项是奇数则入。这样,可使舍入的机会均等。

3. 乘方与开方

在乘方与开方运算中,最后结果的有效数字一般取与其底数的有效数字位数相同。如:

$$4.40\overline{5}^2 = 19.4\overline{0}$$

$$\sqrt{4.40\overline{5}} = 2.09\overline{9}$$

4. 函数运算

一般来说,函数运算的结果位数应以误差分析来确定。在物理实验中,为了简便统一起见,对常用的对数和三角函数作如下规定:

(1) 对数:对数运算时首数不算有效数字,所取对数结果尾数的有效数字位数应与真数有效数字位数相同。如:

$$\lg 1.983 = 0.297322714 \quad 取成 \quad 0.2973$$

$$\lg 1983 = 3.297322714 \quad 取成 \quad 3.2973$$

自然对数也按上述规定作同样处理。

(2) 三角函数:在 $0° < \theta < 90°$ 时,$\sin\theta$ 和 $\cos\theta$ 的值都介于 0 和 1 之间,三角函数的取值应随角度的有效数字而定,一般使用分光计读角度时,应读到 $1'$,此时,应取四位有效数字。如:

$$\sin 30°00' = 0.5 \quad 取成 \quad 0.5000$$

$$\cos 20°16' = 0.9380906 \quad 取成 \quad 0.9381$$

5. 其他运算

在运算过程中,我们可能会碰到一种特殊的数,它们叫作正确数。例如,将半径转化成直径时,出现的倍数 2,实验测量次数 n,物体的个数等。它们总是正整数,不是由测量得来的,没有可疑部分,因此不适用于有效数字的运算法则。

在运算过程中,有时还会遇到一些常数,如 π、e 之类,一般将常数多取一位,结果仍与原来的有效数字位数相同。例如:

$$4.712 \times \pi = 4.712 \times 3.1416 = 14.80$$

应当指出,有效数字的位数多少取决于测量仪器,而不是运算过程。同时,上述有效数字的运算法则在一般情况下是成立的,但并不是十分严格,常会出现与上述法则不符的情况,所以在确定运算结果的有效数字时,通常多保留一位,然后根据测量结果对误差的要求来确定哪一个是可疑数字,最后再定出有效数字的位数。

第三节　随机误差的估算与系统误差的处理

一、随机误差的估算

任何实验中测量值都包含一定的误差,它们都不是绝对可靠的。那么,在实际实验中,如何评价测量的优劣呢? 现考虑到系统误差和粗大误差是能够设法消除的。因此,对于一般物理实验,主要是讨论随机误差的问题。

二、多次测量结果与误差计算

1. 多次测量值的算术平均值

在相同的条件下,对某一物理量 x 进行了 n 次重复测量,测得的值为 $x_1, x_2, \cdots, x_n$,则其算术平均值 $\bar{x}$ 为

$$\bar{x}=\frac{1}{n}(x_1+x_2+\cdots+x_n)=\frac{1}{n}\sum_{i=1}^{n}x_i$$

上式说明，当测量次数无限增加时，测量值的算术平均值就将无限趋近于待测量的真值。然而，我们只能做有限次的测量，所得的算术平均值只是真值的近似值。所以，$\bar{x}$ 又称为物理量的近真值。

近真值与真值之间有误差。由于真值不能测得，这个误差同样也是不可测得的。不过，根据误差出现的规律性，总可以估计到这一误差可能出现的范围。在误差理论中，有不同的估计方法，所得的结果也稍有差异。

2. 平均绝对误差

近真值与各次测量值之差的绝对值称为各次测量的绝对误差①，再对一系列测量的绝对误差求平均值，即

$$\Delta x=\frac{1}{n}(|x_1-\bar{x}|+|x_2-\bar{x}|+\cdots+|x_n-\bar{x}|)$$

Δx 称为 n 次测量的算术平均误差（又称平均绝对误差）。我们以此来估计近真值的误差。于是测量结果可表示为

$$x=\bar{x}\pm\Delta x$$

这个表达式称为测量结果的标准表达式。根据误差理论，上式表明，经 n 次等精度地测量后，近真值为 $\bar{x}$，近真值的误差超过 Δx 的可能性较小，真值在 $x-\Delta x$ 至 $x+\Delta x$ 范围的可能性很大。但绝不能错误地认为上式表示近真值与真值之差就等于 Δx，也不能认为真值肯定就落在 $\bar{x}-\Delta x$ 至 $\bar{x}+\Delta x$ 这个范围内。

3. 标准误差

根据误差统计理论，还有估算随机误差的更精确的方法。我国采用方均根误差来作为精确度的评价标准，因此，也称为标准误差。所谓标准误差（方均根误差）就是将各测量值的误差平方和求平均后再开方。当测量次数有限时，标准误差常用下式来表示：

$$\sigma_x=\sqrt{\frac{1}{n-1}\sum_{i=1}^{n}(x_i-\bar{x})^2}=\sqrt{\frac{1}{n-1}\sum_{i=1}^{n}\Delta x_i^2}$$

σ_x 所表示的物理意义是：如果多次测量的随机误差遵从正态分布，那么，n 次测量中任何一个测量值 x_i 的误差落在 $\pm\sigma$ 范围内的概率为 68.3%，或者说，对某一次的测量结果 x_i，真值在 $x_i\pm\sigma_x$ 区间内的概率为 68.3%。可见，标准误差不是测量值的实际误差，也不是真实的误差范围，它只是对一组测量数据可靠性的估计。标准误差小，测量的可靠性就大一些，反之，测量的可靠性不大。由于标准误差随测量次数 n 的变化小，具有一定的稳定性，而且多数计算器都具有计算标准误差的功能，所以许多科学论文和报告都用标准误差去评价数据。

算术平均误差和标准误差除了在数值上略有差异之外，其基本的物理意义没有大的差

---

① 严格说来，测量值与平均值之差称为偏差或残差，测量值与真值之差称为误差。但由于真值是无法测得的，实际计算时就用偏差来代替误差。

异，它们都是有单位的量，其单位与测量值的单位相同。而且当测量次数很大时，它们之间有固定的比例关系（$\Delta x=\sqrt{\frac{2}{\pi}}\sigma_x$）。对于初学者来说，首先需要的是建立误差概念以及学会对实验结果进行评价的简单方法。在物理实验中，常采用算术平均误差和标准误差来进行误差估算。

4. 相对误差

绝对误差往往不能完全反映测量质量的好坏。例如，先后测量两段圆钢的长度分别为 $L_1=(4.587\pm0.004)$ cm，$L_2=(102.54\pm0.02)$ cm。若以绝对误差来判断，似乎前者优于后者的测量。然而 L_2 的原长比 L_1 的原长长数十倍，而误差却只大 5 倍，应该说后者测量的质量优于前者。为此，引入相对误差的概念。所谓相对误差就是绝对误差与算术平均值之比，是没有单位的，常用百分数表示：

$$E=\frac{\Delta x}{\bar{x}}\times100\%$$

或者

$$E=\frac{\sigma_x}{\bar{x}}\times100\%$$

相对误差是用来比较不同测量对象可靠性程度的指标。在一般情况下，相对误差可保留 1～2 位数字。本书约定相对误差的数字取法为：当 $E\leqslant10\%$ 时，取一位有效数字；当 $10\%<E<100\%$ 时，取两位有效数字。

5. 仪器误差

如果重复测量 n 次，测量值不变，并不表示其误差为零，而只是偶然误差较小，仪器的精度不足以反映出测量的微小起伏，这时可将误差估计为仪器误差，可记为 $\Delta x_{仪}$。用仪器误差表示测量结果时，可写作

$$x=\bar{x}\pm\Delta x_{仪}$$

式中 $\bar{x}$ 为 n 次测量的算术平均值。

三、单次测量的误差估算

在有些实验中，由于是在动态中测量的，不容许对待测量做重复测量；有些实验对精密度要求不高；有些实验在间接测量中，某一物理量的误差对最后的结果影响较小。在这些情况下，可以只对待测量进行一次测量。这时随机误差的计算只能根据测量所使用的仪器的精度、测量对象、观测环境、实验方法和实验者的观测力来估计。一般根据以下原则选定：

1. 有刻度的仪器仪表

如果未标出精度等级或精密度（例如米尺），取其最小分度值的一半作为测量的仪器误差（一般根据实际情况，对测量值的误差进行合理的估算，仪器误差取仪器的最小刻度的 1/10、1/5或 1/2 均可）。

例如，用一米尺测量单摆的摆线长。如果米尺使用得正确，则读数误差将是测量误差的主要来源，摆的上、下两端读数误差各取 0.5 mm，这样，长度测量误差可取为 1 mm。

2. 标有精度的仪器仪表

取精度的1/2作为测量仪器误差。例如，精度为0.1 mm的游标卡尺，$\Delta x_{仪}=0.05$ mm；精度为0.05 mm的游标卡尺，$\Delta x_{仪}=0.03$ mm。

3. 标有精度等级的仪器仪表

可按仪器的标牌上(或说明书中)注明的精度等级及相关公式计算误差。

4. 停表和数字显示的仪器仪表

取末位的±1为测量的仪器误差。例如，用1/10 s的停表测量一物体运动的时间间隔，如果停表的系统误差不必考虑，则测量的误差主要是由启动和制动停表时，手的动作和目测协调的情况来决定的。当时间在0.1 s内变化时，它是反映不出来的，0.1 s为该停表的仪器误差。一般可估计启动、制动各有0.1 s的误差，总的误差为0.2 s。

四、间接测量结果的误差计算

在大量物理实验中，大多数物理量不是直接测得的，而是由直接测量值通过一定的函数关系计算得出的，这就是所谓间接测量。例如，测量圆柱体的体积V时，要对其直径d和柱长L进行多次直接测量，分别求出两者的算术平均值，而后再按$V=\frac{1}{4}\pi d^2 L$的函数关系求出间接测量结果——体积V。

计算间接测量结果时，是将各直接测量值的最佳值(即近真值)代入公式求出的。因为直接测量值的最佳值都有一定的误差，所以求得的间接测量结果也必然具有一定的误差，其误差的大小取决于各直接测量值误差的大小，以及函数关系式的近似程度。

表达各直接测量值误差与间接测量值误差之间的关系式，称为误差传递公式。

设有两个直接测量量的近真值为$\overline{A}$、$\overline{B}$，ΔA、ΔB为其算术平均误差，而间接测量量的近真值$\overline{N}$，因ΔA、ΔB而引入N的误差为ΔN。

(1) 当$N=A+B$时，考虑误差之后，可写成

$$\begin{aligned}\overline{N}\pm\Delta N&=(\overline{A}\pm\Delta A)+(\overline{B}\pm\Delta B)\\&=(\overline{A}+\overline{B})\pm\Delta A\pm\Delta B\end{aligned}$$

后两项是不确定项，共有四种可能的组合。这里我们考虑最不利的情况，即最大的误差$\Delta A+\Delta B$或$-\Delta A-\Delta B$，就有

$$\overline{N}\pm\Delta N=(\overline{A}+\overline{B})\pm(\Delta A+\Delta B)$$

所以

$$\Delta N=\Delta A+\Delta B$$

其相对误差为

$$E=\frac{\Delta N}{\overline{N}}=\frac{\Delta A+\Delta B}{\overline{A}+\overline{B}}$$

(2) 当$N=A-B$时，则有

$$\overline{N}\pm\Delta N=(\overline{A}\pm\Delta A)-(\overline{B}\pm\Delta B)=(\overline{A}-\overline{B})\pm\Delta A+\Delta B$$

同样，考虑到最大的可能误差，就有

$$\overline{N} \pm \Delta N = (\overline{A} - \overline{B}) \pm (\Delta A + \Delta B)$$

所以

$$\Delta N = \Delta A + \Delta B$$

其相对误差为

$$E = \frac{\Delta N}{\overline{N}} = \frac{\Delta A + \Delta B}{\overline{A} - \overline{B}}$$

结论:几个直接测量值之和(或差)的平均绝对误差等于各直接测量值平均绝对误差之和。

(3) 当 $N=A \cdot B$ 时,则有

$$\begin{aligned}\overline{N} \pm \Delta N &= (\overline{A} \pm \Delta A) \cdot (\overline{B} \pm \Delta B) \\ &= \overline{A} \cdot \overline{B} \pm \overline{A} \cdot \Delta B \pm \overline{B}\Delta A \pm \Delta A\Delta B\end{aligned}$$

略去二阶微小量 $\Delta A\Delta B$ 项,又考虑到最大可能误差,得到

$$\overline{N} \pm \Delta N = \overline{A} \cdot \overline{B} \pm (\overline{A}\Delta B + \overline{B}\Delta A)$$

所以

$$\Delta N = \overline{A}\Delta B + \overline{B}\Delta A$$

其相对误差为

$$E = \frac{\Delta N}{\overline{N}} = \frac{\overline{A}\Delta B + \overline{B}\Delta A}{\overline{A}\overline{B}} = \frac{\Delta A}{\overline{A}} + \frac{\Delta B}{\overline{B}} = E_A + E_B$$

(4) 当 $N=A/B$ 时,则有

$$\begin{aligned}\overline{N} \pm \Delta N &= \frac{\overline{A} \pm \Delta A}{\overline{B} \pm \Delta B} = \frac{(\overline{A} \pm \Delta A)(\overline{B} \mp \Delta B)}{(\overline{B} \pm \Delta B)(\overline{B} \mp \Delta B)} \\ &= \frac{\overline{A}\,\overline{B} \pm B\Delta A \pm \overline{A}\Delta B \pm \Delta A\Delta B}{\overline{B}^2 - \Delta B^2}\end{aligned}$$

略去式中的二阶微自乘项和互乘项,经整理得

$$\overline{N} \pm \Delta N = \frac{\overline{A}}{\overline{B}} \pm \frac{\overline{B}\Delta A + \overline{A}\Delta B}{\overline{B}^2} = \overline{N} \pm \frac{\overline{B}\Delta A + \overline{A}\Delta B}{\overline{B}^2}$$

故有

$$\Delta N = \frac{\overline{B}\Delta A + \overline{A}\Delta B}{\overline{B}^2}$$

其相对误差为

$$E = \frac{\Delta N}{\overline{N}} = \frac{\overline{B}\Delta A + \overline{A}\Delta B}{\overline{B}^2} / \frac{\overline{A}}{\overline{B}} = \frac{\Delta A}{\overline{A}} + \frac{\Delta B}{\overline{B}} = E_A + E_B$$

结论:几个量相乘(或相除)结果的相对误差等于各量相对误差之和。

(5) 对于任意函数 $N=F(A,B,C,\cdots)$,在考虑误差之后,则有

$$\overline{N} \pm \Delta N = F(\overline{A} \pm \Delta A, \overline{B} \pm \Delta B, \overline{C} \pm \Delta C, \cdots)$$

现将上式按泰勒公式展开,并略去二阶微小量及以后各项,可得

$$\overline{N} \pm \Delta N = F(\overline{A}, \overline{B}, \overline{C}, \cdots) \pm \left(\frac{\partial F}{\partial A}\Delta A + \frac{\partial F}{\partial B}\Delta B + \frac{\partial F}{\partial C}\Delta C + \cdots\right)$$

因此，绝对误差为

$$\Delta N = \left|\frac{\partial F}{\partial A}\right| \Delta A + \left|\frac{\partial F}{\partial B}\right| \Delta B + \left|\frac{\partial F}{\partial C}\right| \Delta C + \cdots$$

相对误差为

$$\frac{\Delta N}{\overline{N}} = \left|\frac{\partial F}{\partial A}\right| \frac{\Delta A}{F} + \left|\frac{\partial F}{\partial B}\right| \frac{\Delta B}{F} + \left|\frac{\partial F}{\partial C}\right| \frac{\Delta C}{F} + \cdots$$

在计算随机误差时，由于误差本身的正、负是不可知的，因此，上式中 $\Delta A, \Delta B, \Delta C, \cdots$ 各项前的系数均取绝对值，这样估计的误差将有些偏大。更精确的分析方法就是将各误差取平方后相加再开平方，这样可以不受其符号的影响。

为了简化运算，在计算间接测量误差时，除了加减法应先算绝对误差，再算相对误差外，一般先求其相对误差，然后求出绝对误差。最后将实验结果写成 $N \pm \Delta N$(单位)形式。

误差是一种不太准确的估计值，在实验误差计算过程中，一般误差可取2～3位，**但最终结果误差只能保留一位有效数字**。为避免对误差估计不足，**对误差的下一位，一律只进不舍**。而所求的间接测量值的**最后一位应与误差的末位同数量级**，考虑到数值的准确性，对其末位以后的数字，则按**“舍取法则”**处理。

为方便起见，现将常用的一些误差传递公式列于表 1-3-1、表 1-3-2 中，以供参考。

表 1-3-1　常用函数的标准误差传递公式

测量关系式 $N=f(A,B,C,\cdots)$	标准误差传递公式
$N=A+B$	$\sigma_N = \sqrt{{\sigma_A}^2 + {\sigma_B}^2}$
$N=A-B$	$\sigma_N = \sqrt{{\sigma_A}^2 + {\sigma_B}^2}$
$N=k \cdot A$	$\sigma_N = k\sigma_A, \frac{\sigma_N}{N} = \frac{\sigma_A}{A}$
$N=A^k$	$\frac{\sigma_N}{N} = k \cdot \frac{\sigma_A}{A}$
$N=A \cdot B$	$\frac{\sigma_N}{N} = \sqrt{\left(\frac{\sigma_A}{A}\right)^2 + \left(\frac{\sigma_B}{B}\right)^2}$
$N=\frac{A}{B}$	$\frac{\sigma_N}{N} = \sqrt{\left(\frac{\sigma_A}{A}\right)^2 + \left(\frac{\sigma_B}{B}\right)^2}$
$N=\frac{A^k B^m}{C^n}$	$\frac{\sigma_N}{N} = \sqrt{k^2\left(\frac{\sigma_A}{A}\right)^2 + m^2\left(\frac{\sigma_B}{B}\right)^2 + n^2\left(\frac{\sigma_C}{C}\right)^2}$
$N=\sin A$	$\sigma_N = \lvert\cos A\rvert \sigma_A$
$N=\ln A$	$\sigma_N = \frac{\sigma_A}{A}$

表 1-3-2　常用运算关系的误差计算公式

运算关系 $N=f(A,B,C,\cdots)$	算术平均误差 ΔN	相对误差 $E=\Delta N/N$
$N=A+B+C$	$\Delta A+\Delta B+\Delta C$	$\dfrac{\Delta A+\Delta B+\Delta C}{A+B+C}$
$N=A-B+C$	$\Delta A+\Delta B+\Delta C$	$\dfrac{\Delta A+\Delta B+\Delta C}{A-B+C}$
$N=A\cdot B\cdot C$	$B\cdot C\cdot\Delta A+A\cdot C\cdot\Delta B+A\cdot B\cdot\Delta C$	$\dfrac{\Delta A}{A}+\dfrac{\Delta B}{B}+\dfrac{\Delta C}{C}$
$N=\dfrac{A}{B}$	$\dfrac{B\cdot\Delta A+A\cdot\Delta B}{B^2}$	$\dfrac{\Delta A}{A}+\dfrac{\Delta B}{B}$
$N=A^k$	$kA^{k-1}\Delta A$	$k\cdot\dfrac{\Delta A}{A}$
$N=\sqrt[k]{A}$	$\dfrac{1}{k}A^{\frac{1}{k}-1}\Delta A$	$\dfrac{1}{k}\cdot\dfrac{\Delta A}{A}$
$N=\sin A$	$\lvert\cos A\rvert\cdot\Delta A$	$\lvert\cot A\rvert\cdot\Delta A$
$N=\cos A$	$\lvert\sin A\rvert\cdot\Delta A$	$\lvert\tan A\rvert\cdot\Delta A$
$N=\tan A$	$\dfrac{\Delta A}{\cos^2 A}$	$\dfrac{2\cdot\Delta A}{\sin^2 A}$
$N=\cot A$	$\dfrac{\Delta A}{\sin^2 A}$	$\dfrac{2\cdot\Delta A}{\sin^2 A}$

五、系统误差的处理

1. 系统误差的特征和分类

系统误差是由实验原理的近似、实验方法的不完善、所用仪器的精度限制、环境条件不符合要求以及观测人员的习惯等因素产生的误差。实验方案一经确定，系统误差就有一个客观的确定值。条件一旦变化，系统误差也将按一定的规律变化。从对测量结果的影响来看，系统误差不消除，往往比随机误差带来的影响更大，所以实验中必须进行认真的分析处理。

(1) 定值系统误差。

其特点是在测量过程中，该误差的大小和符号固定不变。如：千分尺未校准零点、等臂天平不等臂等。

(2) 变值系统误差。

其特点是在测量过程中，当测量的条件变化时，误差的大小和符号按一定规律变化。其中又分为线性变化的系统误差和周期性变化的系统误差。如：千分尺测微螺杆螺距的累积误差，电桥法测电阻时检流计示值的漂移为线性变化的系统误差、分光计的偏心差为周期性变化的系统误差等。

2. 系统误差的处理

系统误差服从因果规律，任何一种系统误差都有其确定的产生原因。在一定的测量条件下，只有找出产生误差的具体原因，才能有针对性地采取相应措施。

(1) 从产生系统误差的根源上加以消除。

从进行测量的人员、所用测量仪器、采用的测量方法和测量时环境条件等方面入手，可采用理论分析法、实验对比法、数据分析法等方法找出产生系统误差的原因，并设法消除它。

(2) 用修正的方法引入修正值或修正项。

将所用仪器仪表进行检测校验，得到校正数据或校正图表，对测得值进行修正。

(3) 选择适当的测量方法，用测量技术抵消系统误差。

可采用交换测量法、标准量替代法、反向补偿法、对称观测法消除具有线性变化规律的系统误差。对于系统误差只能尽量设法减小，所谓“消除”是指把系统误差的影响减至随机误差之下，如果系统误差不影响测量结果有效数字的最后一位，就可以认为误差已经消除。

第四节　测量不确定度的评定

一、直接测量的总不确定度

根据国际标准化组织等 7 个国际组织联合发表的《测量不确定度表示指南》(ISO1993(E))的文件精神，采用不确定度来评定测量结果的质量。它的大小反映了测量结果的可信赖程度的高低，不确定度小的测量结果可信赖程度高。在普通物理实验的测量结果表示中，总不确定度 U 从估计方法上可分为两类分量：A 类分量指多次重复测量用统计方法估算出的分量(U_A)，B 类分量指用其他非统计方法估算的分量(U_B)。它们可用“方和根”的方法合成，即有

$$U = \sqrt{U_A^2 + U_B^2} \tag{1-4-1}$$

不确定度是表示误差可能出现的范围，能更全面、更科学地表示测量结果的可靠性。现今在计算检测中，工业部门已逐步采用不确定度取代标准误差来评定测量结果的质量。

二、直接测量不确定度的评定和测量结果的表示

1. 不确定度的 *A* 类评定

A 类标准不确定度用概率统计的方法评定。在相同的测量条件下，n 次等精度独立重复测量值为 $x_1, x_2, \cdots, x_n$，其最佳估计值为算术平均值 $\bar{x}$，即

$$\bar{x} = \frac{1}{n}\sum_{i=1}^{n} x_i \tag{1-4-2}$$

x_i 高斯分布的实验标准偏差 σ_x 的估计采用贝塞尔公式，即

$$\sigma_x = \sqrt{\frac{1}{n-1}\sum_{i=1}^{n}(x_i - \bar{x})^2} \tag{1-4-3}$$

在实际测量中，一般只能进行有限测量，这时测量误差不完全服从正态分布规律，而是服从称为 t 分布的规律。这种情况下，对测量误差的估计，就要在贝塞尔公式的基础上再乘以一个因子 $t_p(n-1)/\sqrt{n}$。在相同条件下对同一被测量做 n 次测量，若只估算不确定度的 A 类分量，

则有

$$U_A = \frac{t_p(n-1)}{\sqrt{n}}\sigma_x \tag{1-4-4}$$

$$U_A = \frac{t_p(n-1)}{\sqrt{n}}\sqrt{\frac{1}{n-1}\sum_{i=1}^{n}(x_i-\overline{x})^2} \tag{1-4-5}$$

式中 $t_p(n-1)$是与测量次数 n、置信概率 p 有关的量。概率 p 与测量次数n 确定后，$t_p(n-1)$也就确定了。因子 $t_p(n-1)$的值可以从专门的数据表中查得。

当 $p=0.95$ 时，$t_p(n-1)/\sqrt{n}$的部分数据见表 1-4-1。

表 1-4-1　数据列表

测量次数 n	2	3	4	5	6	7	8	9	10
$t_p(n-1)/\sqrt{n}$	8.98	2.48	1.59	1.24	1.05	0.93	0.84	0.77	0.72

从表 1-4-1 可知，当 $5<n\leqslant 10$ 时，$t_p(n-1)/\sqrt{n}$可近似为 1，误差不是很大。在普通物理实验中可以这样简化，直接把此测量列的标准偏差 σ_x 当作测量结果不确定度的 A 类分量 U_A，即 $U_A=\sigma_x$，但注意标准偏差 σ_x 和不确定度中的 A 类分量 U_A 是两个不同的概念，这种近似是一种简化的处理方法。当然，测量次数 n 不在上述范围或要求误差估计比较准确时，要从有关数据表中查出相应的因子 $t_p(n-1)/\sqrt{n}$的值。

2. 不确定度的 *B* 类评定

B 类标准不确定度 U_B 在测量范围内无法做统计评定，U_B 的估计信息可采用：

(1) 由对仪器性能及特点的了解所估计的不确定度；

(2) 所用仪器的制造说明书、检定证书或手册中所提供数据的不确定度。

仪器不确定度 U_B 是由仪器本身的特征所决定的，规定为 $U_B=a/c$，其中 a 是仪器说明书上所标明的“最大误差”或“不确定度限值”，c 是一个与仪器不确定度 U_B 的概率分布有关的常数，仪器不确定度 U_B 的概率分布通常有正态分布、均匀分布、三角形分布、反正弦分布以及两点分布等。对于正态分布、均匀分布和三角形分布，c 分别取 3，$\sqrt{3}$和$\sqrt{6}$。如果仪器说明书上只给出不确定度限值(即最大误差)，却没有关于不确定度概率分布的信息，则一般可用均匀分布来处理，即 $U_B=a/\sqrt{3}$。

(3) 用于普通物理实验中的多数仪器、器具对同一被测量在相同条件下做多次直接测量时，测量的随机误差分量一般比其基本误差差限或示值误差差限小不少。因此，我们约定在普通物理实验中，大多数情况下把仪器误差直接简化地当作不确定度，用非统计方法估计 B 类分量 U_B，即 $U_B=\Delta x_{仪}$。

3. 总不确定度的合成

由式(1-4-1)、式(1-4-4)、式(1-4-5)可得

$$U = \sqrt{U_A^2+U_B^2} = \sqrt{\left[\frac{t_p(n-1)}{\sqrt{n}}\sigma_x\right]^2+\Delta x_{仪}^2} \tag{1-4-6}$$

当测量次数 n 符合条件 $5<n\leqslant 10$ 时，上式可简化为

$$U=\sqrt{\sigma_x^2+\Delta x_{仪}^2} \tag{1-4-7}$$

式(1-4-7)是今后在实验中估算不确定度经常要用的公式，要记住。

如果 $\sigma_x<\frac{1}{3}\Delta x_{仪}$，或估计出的 U_A 对实验最后结果的影响甚小，或因条件受限制而只进行了一次测量，则 U 可简单地用仪器误差 $\Delta x_{仪}$ 来表示。这时，U 取 $\Delta x_{仪}$ 的值并不说明只测一次比测多次时 U 的值变小，只说明 $\Delta x_{仪}$ 和用 $\sqrt{U_A^2+U_B^2}$ 估算出的结果相差不大，或者说明整个实验中对该被测量 U 的估算要求能够放宽或必须放宽。测量次数 n 增加时，用式(1-4-7)估算出的 U 一般变化不大，但真值落在 $x_0\pm U$ 范围内的概率却更接近 100%。这说明 n 增加时，真值所处的量值范围实际更小了，**因而测量结果更准确了**。

4. 测量结果的表示

算术平均值及合成不确定度：$x=\bar{x}\pm U$(单位)。

相对不确定度：$U_r=\frac{U}{\bar{x}}\times 100\%$。

三、间接测量不确定度的评定和测量结果的表示

间接测量不确定度的评定与一般标准误差的传递计算方法相同。设间接测量量 N 与直接测量量 x_i 的函数关系为

$$N=f(x_1,x_2,\cdots,x_m)$$

式中 $x_1,x_2\cdots,x_m$ 为相互独立的直接测量量。则间接测量量的不确定度传递公式为

$$U_N=\sqrt{\left(\frac{\partial f}{\partial x_1}\right)^2U_{x_1}^2+\left(\frac{\partial f}{\partial x_2}\right)^2U_{x_2}^2+\cdots+\left(\frac{\partial f}{\partial x_m}\right)^2U_{x_m}^2} \tag{1-4-8}$$

$$\frac{U_N}{N}=\sqrt{\left(\frac{\partial \ln f}{\partial x_1}\right)^2U_{x_1}^2+\left(\frac{\partial \ln f}{\partial x_2}\right)^2U_{x_2}^2+\cdots+\left(\frac{\partial \ln f}{\partial x_m}\right)^2U_{x_m}^2} \tag{1-4-9}$$

间接测量结果的表示与直接测量结果的表示形式相同，即写成

$$N=\bar{N}\pm U_N$$

$$U_r=\frac{U_N}{\bar{N}}\times 100\%$$

例 一个铅质圆柱体，用分度值为 0.02 m 的游标卡尺分别测其直径 d 和高度 h 各 6 次，数据如下：

d(mm)：20.34， 20.46， 20.40， 20.30， 20.42， 20.40

h(mm)：41.22， 41.28， 41.16， 41.26， 41.12， 41.20

用最大称量为 500 g 的物理天平称其质量为 $m=151.60$ g，求铅的密度及其不确定度。

解 (1) 铅质圆柱体直径 d 的算术平均值 $\bar{d}=\frac{1}{6}\sum_{i=1}^{6}d_i=20.39$ mm，高度 h 的算术平均值 $\bar{h}=\frac{1}{6}\sum_{i=1}^{6}h_i=41.21$ mm。

铅质圆柱体的密度 $\bar{\rho}=\dfrac{4m}{\pi d^2 h}=\dfrac{4\times 151.60}{3.1416\times 20.39^2\times 41.21}$ g/mm^3 $=1.127\times 10^{-2}$ g/mm^3。

（2）直径 d 的不确定度

$$A\text{类评定}:U_{Ad}=\sqrt{\frac{\sum_{i=1}^{6}(d_i-\bar{d})^2}{6-1}}=\sqrt{\frac{0.0166}{5}}\ \text{mm}=0.058\ \text{mm}。$$

B 类评定:游标卡尺的示值误差为 0.02 mm,按近似均匀分布,有

$$U_{Bd}=\Delta x_{\text{仪}}=\frac{0.02}{\sqrt{3}}\ \text{mm}=0.012\ \text{mm}$$

d 的合成不确定度:$U_d=\sqrt{U_{Ad}^2+U_{Bd}^2}=\sqrt{0.058^2+0.012^2}$ mm$=0.059$ mm。

（3）高度 h 的不确定度

$$A\text{类评定}:U_{Ah}=\sqrt{\frac{\sum_{i=1}^{6}(h_i-\bar{h})^2}{6-1}}=\sqrt{\frac{0.0182}{5}}\ \text{mm}=0.060\ \text{mm}。$$

$$B\text{类评定}:U_{Bh}=\Delta x_{\text{仪}}=\frac{0.02}{\sqrt{3}}\ \text{mm}=0.012\ \text{mm}。$$

h 的合成不确定度:$U_h=\sqrt{U_{Ah}^2+U_{Bh}^2}=0.061$ mm。

（4）质量 m 的不确定度

从所用天平检定证书上查得,最大称量为 500 g 的扩展不确定度为 0.04 g,覆盖因子 $c=3$,按近似高斯分布

$$U_m=\frac{0.04}{3}\approx 0.013\ \text{g}$$

（5）铅密度 ρ 的相对不确定度

$$E_{r(\bar{\rho})}=\frac{U_\rho}{\rho}=\sqrt{\left(\frac{2U_d}{\bar{d}}\right)^2+\left(\frac{U_h}{\bar{h}}\right)^2+\left(\frac{U_m}{\bar{m}}\right)^2}$$

$$=\sqrt{\left(\frac{2\times 0.059}{20.39}\right)^2+\left(\frac{0.061}{41.21}\right)^2+\left(\frac{0.013}{151.60}\right)^2}$$

$$=0.6\%$$

$$U_\rho=1.127\times 10^{-2}\times 0.6\%\ \text{g/mm}^3=0.007\times 10^{-2}\ \text{g/mm}^3$$

（6）铅密度 ρ 的测量结果

$$\rho=(1.127\pm 0.007)\times 10^{-2}\ \text{g/mm}^3=(1.127\pm 0.007)\times 10^4\ \text{kg/m}^3$$

$$E_{r(\rho)}=0.6\%$$

第五节　实验数据的处理方法

如何通过实验所测得的数据来反映出各物理量之间的关系，这就必须对实验数据进行处理。常用的处理方法有列表法、作图法（包括图示法和图解法）、逐差法、最小二乘法四种。

一、列表法

列表法就是将一系列直接测量的数据和有关计算结果，分类列成表格来表示的方法。数据列表可以简明地表示出有关物理量之间的对应关系，便于随时检查，避免和减少错误，可以及时地发现问题和分析问题，有助于找出有关量之间的规律性的联系，从而得出正确的结论或经验公式。

运用列表法应注意以下几点：

(1) 列表要求简单明了，在表格上方简要地写上表格的名称。

(2) 标明表格中各符号所代表的物理量及意义，物理量的单位应注明在相应的标题栏中，不要重复地记在每一数据的后面。

(3) 表格中的数据应是能正确地反映测量结果的有效数字。

(4) 必要时加以文字说明。

二、作图法

1. 图示法

图示法是将一系列实验测量值按其对应的关系在坐标纸上描绘出一条光滑的曲线（有时为折线），以此曲线表示各物理量之间相互关系的方法。这是一种广泛地用来处理实验数据的方法。特别是在某些科学实验的规律和结果尚未完全揭示或没有找出适当的函数关系式时，常常用实验曲线来表示实验结果中各量之间的函数关系。

图示法简明直观，易显示出数据变化的极值点、转折点、周期性等。可以从曲线上直接读取没有进行观测的对应于某 x 值的 y 值（内插法）。在一定条件下，还可以从曲线的延伸部分读出原测量范围以外的量值（外推法）。此外，我们还可以借助曲线发现实验中可能出现的个别测量错误。

为了保证所做的实验曲线直观、简明和使用方便，应注意以下几点：

(1) 选用坐标纸：根据作图的参量，可选用毫米直角坐标纸、双对数坐标纸、单对数坐标纸或其他坐标纸等。坐标纸的大小应根据测得数据的大小、有效数字及结果的需要来确定。

(2) 一般以横轴代表自变量，纵轴代表因变量，在轴的末端注明所代表的物理量及单位，使人一眼就能看出图线所表达的关系。

(3) 确定坐标的比例和标度：应尽可能地使图线占据图纸中央的大部分，不要偏于一角或一边，为此，坐标单位的大小、比例要选择适当。一般要和测量的有效数字位数对应，坐标纸的一小格应表示被测量的最后一位的一个单位、两个单位或五个单位，要避免选用一小格表示三个单位、七个单位或九个单位，因为这样不仅标点和读数不方便，而且容易出现错误。标度应划分得当，以不用计算就能直接读出图线上每一点的坐标为宜。纵、横坐标的标度可以不同，坐标的起点也不一定要取在坐标原点(0,0)处，这样可以调整图线的大小和位置。

如果数据特别大或特别小，可以提出乘积因子，例如提出$\times10^5$、$\times10^2$ 等。

(4) 描点：根据实验数据，用削尖的铅笔在图上标出坐标点(描成曲线后也不需要擦掉它)，为了醒目，不至于混淆，常以该点为中心，选用“+”“×”“⊙”“Δ”等符号中的一种来标注同一曲线上的坐标点。

(5) 连线：除了校正曲线时相邻两点一律用直线连接等极少数情况外，一般情况下，曲线不一定要通过所有的坐标点，连线时应尽量使图线紧贴所有的坐标点(舍弃严重偏离图线的某些点)，并使坐标点均匀地分布于图线两侧，这时应借助曲线板或直尺等作图工具，将坐标点连成细而光滑的曲线或直线，不得随意勾画。

(6) 标写图名：一般选图纸上部空白位置写出简洁而完整的图名，并将纵轴代表的物理量写在前面。同时注明班级、姓名、实验日期。

要将画好的图纸贴在实验报告的适当位置上。

2. 图解法

根据做好的图线，采用解析方法得到与图线所对应的函数关系——经验公式的方法称为图解法。

在物理实验中，经常遇到的图线是直线、抛物线、双曲线、指数曲线和对数曲线等，而其中以直线最为简单。

(1) 直线方程的建立：设直线方程 $y=ax+b$，在直角坐标纸上以 Y 轴为纵轴，则 a 为此直线的斜率，b 为直线在 Y 轴上的截距。要建立经验公式，则需求出 a 和 b。

求斜率 a：首先在画好的直线上任取两点 $P_1(x_1,y_1)$、$P_2(x_2,y_2)$，但不要相距太近，一般取在靠近直线的两端，其 x 坐标最好取整数(但不能取用原始实验数据，并用与原来作图点不同的符号标出)。于是得出

$$a=\frac{y_2-y_1}{x_2-x_1}$$

求截距 b：如果 x 轴的零点刚好落在坐标原点，则可直接从图线上读取截距$b=y_0$；否则可将直线上选出的点(如 x_2,y_2)和斜率 a 代入方程，求得

$$b=y_2-\frac{y_2-y_1}{x_2-x_1}x_2$$

(2) 非直线方程的建立：要想直接建立非直线方程的经验公式，往往是比较困难的。但是，直线是我们可以绘制出的最精确的图线，我们可以用变量替换法把非直线方程改为直线方程，再利用建立直线方程的办法来求解，求出未知常量，最后将确定的未知常量代入原函数关系式中，即可得到非直线函数的经验公式(见表 1-5-1)。

变量替换法在实验中经常用到，是一个较重要的方法。

现以研究某导体的电阻值 R 与温度 t 的关系为例，说明上述实验数据处理方法。

表 1-5-1 常见的非线性函数变换为线性关系表

原函数关系		变换后函数关系		
方程式	未知常量	方程式	斜率	截距
$y=ax^b$	a,b	$\ln y=b\ln x+\ln a$	b	$\ln a$
$x\cdot y=a$	a	$y=a\cdot\frac{1}{x}$	a	0
$y=ae^{-bx}$	a,b	$\ln y=-bx+\ln a$	$-b$	$\ln a$
$y=ab^x$	a,b	$\ln y=(\ln b)x+\ln a$	$\ln b$	$\ln a$

由实验测得一组数据，见表 1-5-2。

表 1-5-2 电阻值 R 与温度 t 的关系

次数 n	1	2	3	4	5	6
温度 t(℃)	10.0	29.0	42.3	61.6	75.5	85.7
电阻值 $R(\Omega)$	10.41	10.95	11.26	11.86	12.20	12.61

a. 图示法

选用直角坐标纸。取温度 t 为自变量(横坐标)，以坐标纸每一小格代表1 ℃(比例为1∶1)，取电阻值 R 为因变量(纵坐标)，以坐标纸的每两小格代表 0.1 Ω(比例为 2∶1)。这样选取比例的目的是使图线基本上占据整张图线。然后再按作图规则画出图线，如图 1-5-1 所示。

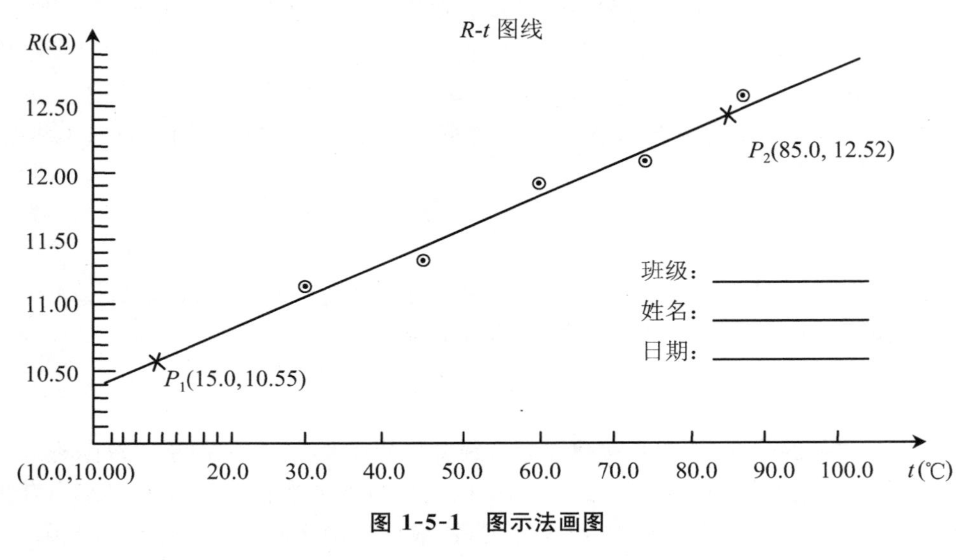

图 1-5-1 图示法画图

b. 图解法(求经验公式)

由图 1-5-1 可知，该图线为一直线，说明 R 与 t 是线性关系，设

$$R=at+b$$

为了求出常量 a、b，可在直线上取 $P_1(15.0,10.55)$和 $P_2(85.0,12.52)$两个坐标点，则斜率为

$$a=\frac{y_2-y_1}{x_2-x_1}=\frac{12.52-10.55}{85.0-15.0}\ \Omega/℃=0.0281\ \Omega/℃$$

截距为

$$b=y_1-ax_1=(10.55-0.0261\times15.0)\ \Omega=10.13\ \Omega$$

根据物理知识不难看出，这里的截距 b 实际上就是相对于温度为 0 ℃时的电阻值 R_0，而电阻温度系数$\alpha=a/R_0=0.0281/10.13=2.77\times10^{-3}$(℃$^{-1}$)。因此便得到某导体电阻值和温度关系的经验公式

$$R_t=10.13\times(1+2.77\times10^{-3}t)\ \Omega$$

三、逐差法

当两个被测变量之间存在多项函数关系，且自变量为等间距变化时，常常用逐差法处理测量数据。

逐差法就是把实验得到的偶数组数据分成前后两组，将对应项分别相减，再求其平均值的方法。这样做可以充分利用数据，具有对实验数据取平均和减少随机误差的效果。另外，还可以对实验数据进行逐次相减，这样可验证被测量之间的函数关系，及时发现数据差错或数据规律。

例如用拉伸法测量弹簧劲度系数，已知在弹性限度范围内，伸长量 X 与拉力 F 之间满足

$$F=kX$$

等间隔地改变拉力(负荷)，测得一组数据见表 1-5-3。

表 1-5-3　数据列表

砝码质量 m_i(g)	弹簧伸长位置 l_i(cm)	逐次相减 $\Delta l_i=l_{i+1}-l_i$(cm)	等间隔对应项相减 $\Delta l_5=l_{i+5}-l_i$(cm)
1×100.0	10.00	0.81	4.00
2×100.0	10.81	0.79	
3×100.0	11.59	0.83	4.01
4×100.0	12.42	0.79	
5×100.0	13.21	0.79	4.02
6×100.0	14.00	0.82	
7×100.0	14.82	0.79	3.99
8×100.0	15.61	0.80	
9×100.0	16.42	0.78	3.98
10×100.0	17.19		

由逐次相减的数据可判断出 Δl_i 基本相等，验证了 X 与 F 之间的线性关系。实际上，“逐差验证”工作在实验过程中可随时进行，以判别测量是否正确。

而求弹簧劲度系数 k(直线的斜率)，则利用等间隔对应项逐差法，即将表中数据分成高组

(l_{10},l_9,l_8,l_7,l_6)和低组(l_5,l_4,l_3,l_2,l_1)，然后将对应项相减求平均值，得

$$\begin{aligned}\Delta\bar{l}_5 &= \frac{1}{5}[(l_{10}-l_5)+(l_9-l_4)+(l_8-l_3)+(l_7-l_2)+(l_6-l_1)]\\ &= \frac{1}{5}(4.00+4.01+4.02+3.99+3.98)\ \text{cm}=4.00\ \text{cm}\end{aligned}$$

于是

$$\bar{k}=\frac{\Delta\bar{l}_5}{5mg}=\frac{4.00\times10^{-2}}{5\times100.0\times10^{-3}\times9.80}\ \text{m/N}=8.16\times10^{-3}\ \text{m/N}$$

对本例的进一步分析可知，由分组逐差求出 $\Delta\bar{l}_5$，然后算出弹簧劲度系数 k，相当于利用所有数据点连了 5 条直线，分别求出每条直线的斜率后再取平均值，所以用逐差法求得的结果比作图法要准确些。

用逐差法得到的结果，还可以估算它的随机误差。本例由分组逐差得到的 5 个 Δl_5，可视为 5 次独立的重复测量量，求出其标准误差。从而进一步求出弹簧劲度系数 k 的不确定度。

四、最小二乘法

用图解法固然可以求出经验公式，表示出相应的物理规律，但是这种方法求出的有关常数(如 a、b)比较粗略，图表的表示往往不如用函数表示来得明确和方便。因此，人们希望从实验数据出发通过计算求出经验方程，这称为方程的回归问题。

下面就此介绍一种处理数据的方法——最小二乘法。

1. 最小二乘法原理

在无系统误差的相同条件下，对某物理量 x 进行 n 次测量。测量值分别为 $x_1,x_2,\cdots,x_n$，其算术平均值为

$$\bar{x}=\frac{1}{n}\sum_{i=1}^{n}x_i=0$$

各次测量值的误差 Δx_i 为

$$\Delta x_i=x_i-\bar{x}\quad(i=1,2,\cdots,n)$$

则各次测量值误差的平方和最小，写为

$$\sum_{i=1}^{n}\Delta\,{x_i}^2=\min(\text{最小})$$

而用其他的组合方式得到的误差的平方和都要比上式的大，这就是最小二乘法原理。

例如，对某物理量在相同的条件下测量 5 次，测量值见表 1-5-4。

表 1-5-4 测量数据

测量次数 n	1	2	3	4	5
测量值 x(单位)	12.4	12.5	12.8	12.6	12.2

由表 1-5-4 得

$$\bar{x}=12.5\ (\text{单位})$$

$$\sum_{i=1}^{5}\Delta x_i^{\ 2}=0.1^2+0.0+0.3^2+0.1^2+0.3^2=0.2$$

如果任意取第 2、3、4 三次测量值取平均，则

$$\overline{x}'=(12.5+12.8+12.6)/3=12.6\ (\text{单位})$$

$$\sum_{i=1}^{5}\Delta x_i'^2=0.2^2+0.1^2+0.2^2+0.0+0.4^2=0.25$$

显然

$$\sum_{i=1}^{5}\Delta x_i'^2>\sum_{i=1}^{5}\Delta x_i^2$$

这充分说明，算术平均值是最佳近真值。

2. 用最小二乘法求经验公式

通过实验数据直接求出经验方程，称为方程的回归。方程回归的问题首先是确定函数的形式。这主要是根据理论分析推断或者从实验数据变化的趋势推测出来的。例如，根据数据推断出物理量 x 与 y 之间是线性关系，则可把其函数写成下列形式：

$$y=ax+b\qquad (a,b\ \text{为待定常数})$$

如果推断的函数形式为指数关系，则可写成

$$y=a\mathrm{e}^{cx}+b\qquad (a,b,c\ \text{为待定常数})$$

如果函数关系实在不清楚，暂时无法确定其具体形式，常用多项式表示为

$$y=a_0+a_1x+a_2x^2+\cdots+a_nx^n$$

式中 $a_0,a_1,a_2,\cdots,a_n$ 均为待定常数。

方程回归的第二步就是要用测定的实验数据来确定上述方程中的待定常数。第三步就是在待定常数确定之后，验证所得的结果是否合理，若不妥，需用其他的函数关系重新试探。

(1) 一元线性回归。

设有两个变量(x,y)之间存在线性关系，即

$$y=ax+b \tag{1-5-1}$$

这里自变量只有 x 一个，故称为一元线性回归，若对 x 和 y 相应测量 n 次，实验测得的一组数据为

$$x=x_1,x_2,\cdots,x_n$$

$$y=y_1,y_2,\cdots,y_n$$

方程(1-5-1)既然是 x 和 y 间所服从的规律，所以在 a,b 确定以后，如果实验没有误差，那么将$(x_1,y_1),(x_2,y_2),\cdots,(x_n,y_n)$代入式(1-5-1)中，方程左右两边应该相等。但实际上，测量总伴着测量误差。我们把这些测量归结为 y 的测量偏差，并记为 $\Delta y_1,\Delta y_2,\cdots,\Delta y_n$。这样方程(1-5-1) 就可改写成

$$\begin{aligned}
&y_1-b-ax_1=\Delta y_1\\
&y_2-b-ax_2=\Delta y_2\\
&\cdots\\
&y_n-b-ax_n=\Delta y_n
\end{aligned}\tag{1-5-2}$$

我们的目的在于利用上述方程组来确定 a 和 b。那么，a 和 b 应该满足什么要求呢？由于

$\Delta y_i(i=1,2,\cdots,n)$的大小和正负反映出实验点在直线两侧的分散程度，如图 1-5-2 所示。而 Δy_i 的值又与a 和b 数值有关。显然比较合理的 a、b 应该是使 Δy_i 在数值上都比较小。但是每次测量的误差都不会一样，反映在 Δy_i 的大小就不一样，而且符号也不尽相同。所以只能要求总的偏差最小，即要求 $\sum_{i=1}^{n}\Delta y_i{}^2$ 最小。由于处理数据的方法是要求满足偏差的平方和最小，故称为最小二乘法。为简单起见，以下将用"$\sum$"来代表"$\sum_{i=1}^{n}$"，令

$$S=\sum\Delta y_i{}^2=\sum(y_i-ax_i-b)^2$$

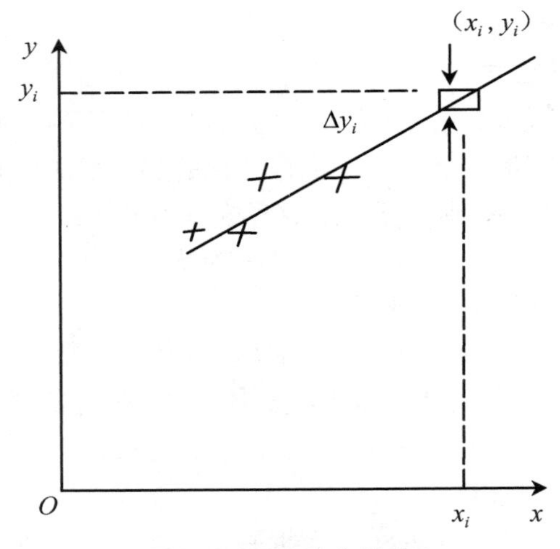

图 1-5-2 实验点的分布

根据高等数学知识，S 有极小值的条件是 S 对 a 和 b 的偏微商等于零，即

$$\frac{\partial S}{\partial a}=-2\sum(x_iy_i-ax_i{}^2-bx_i)=0$$

$$\frac{\partial S}{\partial a}=-2\sum(y_i-ax_i-b)=0$$

所以

$$\sum x_iy_i-b\sum x_i-a\sum x_i{}^2=0$$

$$\sum y_i-a\sum x_i-nb=0 \tag{1-5-3}$$

式(1-5-3)称为正规方程。若假设

$\overline{x}$ 表示 x 的平均值，即 $n\overline{x}=\sum x_i$

$\overline{y}$ 表示 y 的平均值，即 $n\overline{y}=\sum y_i$

$\overline{x^2}$ 表示 x^2 的平均值，即 $n\overline{x^2}=\sum x_i{}^2$

$\overline{xy}$ 表示 xy 的平均值，即 $n\overline{xy}=\sum x_iy_i$

则式(1-5-3)变换为

$$\overline{xy} - b\overline{x} - a\overline{x^2} = 0$$
$$\overline{y} - a\overline{x} - b = 0$$

解上述方程组得

$$a = \frac{\overline{xy} - \overline{x}\,\overline{y}}{\overline{x}^2 - \overline{x^2}},\quad b = \overline{y} - a\overline{x}$$

为了判断所得结果是否合理，在特定常数 a、b 确定以后，还需要计算一下相关系数 r。对于一元线性回归，r 定义为

$$r = \frac{\overline{xy} - \overline{x}\,\overline{y}}{\sqrt{(\overline{x^2} - \overline{x}^2)(\overline{y^2} - \overline{y}^2)}}$$

可以证明，r 的值总在 0 和 1 之间。r 值越接近 1，说明实验数据能密集在求得的直线的过旁。用线性函数进行回归比较合理。如果 r 值远小于 1 而接近于 0，说明实验数据对求得的直线很分散，用线性回归不妥，需用其他函数重新试探。

例如，在金属导体电阻温度系数测定的实验中，有如下一组测量数据见表 1-5-5。

表 1-5-5　测量数据

温度 t(℃)	19.1	25.1	30.1	36.0	40.0	45.1	50.1
电阻 R(Ω)	76.30	77.80	79.75	80.80	82.35	83.90	85.10

根据物理知识，金属导体的电阻和温度的关系为

$$R_t = R_0(1 + \alpha t) = R_0 + R_0\alpha t$$

式中 R_0 为 0 ℃时的电阻，α 为电阻温度系数。如果以 y 代替 R_t，x 代替 t，令 $b = R_0$，$a = R_0\alpha$，则原方程变成

$$y = b + ax$$

为了计算方便，现将有关数据列于表 1-5-6。

表 1-5-6　数据列表

i	x_i	x_i^2	y_i	y_i^2	x_iy_i
1	19.1	365	76.30	5822	1457
2	25.1	630	77.80	6053	1953
3	30.1	906	79.75	6360	2400
4	36.1	1.30×10^3	80.80	6529	2909
5	40.0	1.60×10^3	82.35	6782	3294
6	45.1	2.03×10^3	83.90	7039	3784
7	50.1	2.51×10^3	85.10	7242	4264
$\sum$	245.5	9.341×10^3	566.00	45827	20061
平均值	35.1	1.334×10^3	80.85	6546.7	2865.9

$$R_0\alpha = a = \frac{\bar{x}\,\bar{y} - \overline{xy}}{\bar{x}^2 - \overline{x^2}}$$

$$= \frac{35.1 \times 80.86 - 2865.9}{35.1^2 - 1334}\ \Omega/℃$$

$$= 0.268\ \Omega/℃$$

$$R_0 = b = \bar{y} - a\bar{x} = 80.86 - 0.268 \times 35.1$$

$$= 71.45\ \Omega$$

$$\alpha = \alpha R_0/R_0 = 3.75 \times 10^{-3}\ ℃^{-1}$$

直线方程为

$$R_t = 71.45(1 + 3.75 \times 10^{-3} t)\ \Omega$$

相关系数

$$r = \frac{\overline{xy} - \bar{x}\bar{y}}{\sqrt{(\overline{x^2} - \bar{x}^2)(\overline{y^2} - \bar{y}^2)}}$$

$$= \frac{2865.9 - 35.1 \times 80.86}{\sqrt{[1334 - (35.1)^2][6546.7 - (80.86)^2]}} \approx 1$$

说明线性相关程度较好。

(2) 二元线性回归。

设已知函数形式为

$$y = a + bx + cz$$

式中 a、b、c 是待定常数，x、z 为独立变量，故是二元线性回归。如果实验测得数据为

$$x = x_1, x_2, \cdots, x_n$$

$$z = z_1, z_2, \cdots, z_n$$

$$y = y_1, y_2, \cdots, y_n$$

仿照上述一元线性回归，写出误差平方和对待测常数 a、b、c，分别求偏微商，并令其为 0，则有

$$\frac{\partial \sum \Delta y_i^2}{\partial a} = -2\sum (y_i - a - bx_i - cz_i) = 0$$

$$\frac{\partial \sum \Delta y_i^2}{\partial b} = -2\sum (y_i - a - bx_i - cz_i)(x_i) = 0$$

$$\frac{\partial \sum \Delta y_i^2}{\partial c} = -2\sum (y_i - a - bx_i - cz_i)(z_i) = 0$$

引入相应量的平均值，其正规方程可写成

$$\bar{y} - a - b\bar{x} - c\bar{z} = 0$$

$$\overline{xy} - a\bar{x} - b\,\overline{x^2} - c\,\overline{xz} = 0$$

$$\overline{zy} - a\bar{z} - b\,\overline{xz} - c\,\overline{z^2} = 0$$

解上面的联立方程,便可得到待定常数 a、b、c。

(3) 能化为线性回归的非线性回归。

非线性回归是一个很复杂的问题,并无一定的解法。但是,物理实验中常见的一些非线性函数是可以通过适当的变量代换转化为线性函数。下面举两例说明。

例 1　函数形式为 $x^2+y^2=c$ 的非线性回归,式中 c 为常数。若令 $X=x^2$,$Y=y^2$,则有

$$Y=c-X$$

例 2　函数形式为 $y=\dfrac{x}{a+bx}$ 的非线性回归,式中 a、b 为常数。

首先将原来的函数式改写成

$$\frac{1}{y}=\frac{a+bx}{x}=b+a\times\frac{1}{x}$$

若令 $Y=1/y$,$X=1/x$,则有

$$Y=b+aX$$

这样,非线性回归就可转化成线性回归,再确定未知常数,从而得到经验公式。

运用最小二乘法处理数据的优点在于理论上比较严谨,当函数形式确定后,结果是唯一的,不会因人而异。它的缺点是计算量很大,但是目前随着计算工具的改进,特别是不少小型计算器已具有这方面计算的功能,使计算速度大大提高,预计它将会在教学实验中成为一种普遍采用的方法。

习　题

1. 某一物体质量的测量值分别为:32.125 g、32.116 g、32.121 g、32.124 g、32.122 g、32.122 g。试求其算术平均值、标准误差和平均绝对误差。

2. 一个铅质圆柱体,测得其直径 $d=(2.04\pm0.02)$ cm,高度 $h=(4.12\pm0.02)$ cm,质量 $m=(149.18\pm0.05)$ g。

(1) 求铅的密度 ρ;

(2) 求 ρ 的算术平均误差及相对误差;

(3) 写出 ρ 的测量结果。

3. 试求下列间接测量的结果:

(1) $N=A-2B$

$A=(25.30\pm0.04)$ cm

$B=(3.004\pm0.002)$ cm;

(2) $R=\dfrac{V}{I}$

$V=(15.0\pm0.2)$ V

$I=(100.0\pm0.5)$ mA;

(3) $S=L\cdot H$

$L=(10.25\pm0.05)$ cm

$H=(0.100\pm0.005)$ cm。

4. 写出下列函数的误差传递公式(等式右边均为直接测量的量)。

(1) $N=A-\frac{1}{2}B^3$;

(2) $N=\frac{\pi}{6}\left(A-\frac{1}{3}B^2\right)$;

(3) $N=\frac{4AB^3}{CD^2}$。

5. 有一块边长为 100.0 m 的正方形草地,在草地上任取几块边长为30.0 cm 的小正方形,统计草的数量,结果是平均每块小正方形上有 43.7 棵草。问:整个草地上有多少棵草?

6. 按有效数字运算法则,计算下列各式:

(1) $98.754+1.3$;

(2) $107-2.5$;

(3) 5.21×0.0039;

(4) $\frac{6.87+8.43}{133.75-109.85}$;

(5) $\frac{(2.334+0.038)\times303.4}{17.25}$;

(6) $\pi\times4.2^2$。

7. 以毫米为单位表示下列实验所测的数值:

(1) 1.50 m;(2) 0.01 m;(3) 20.00 cm;(4) 2 cm;(5) 30 μm。

8. 按有效数字的要求,指出下列记录中哪些有错误。

(1) 用毫米尺测量物体的长度:

3.2 cm;　15 cm;　23.86 cm;　16.00 m。

(2) 用最小分度为 0.5 ℃的温度计测温度:

68.50 ℃;　31.4 ℃;　40 ℃;　14.73 ℃。

9. 指出下列测量数据是几位有效数字,再将它们取为三位有效数字,并写成标准式。

(1) 1.0751 cm;　(2) 2570.0 g;

(3) 1.3141592654 s;　(4) 0.86249 m;

(5) 0.0301 kg;　(6) 979.436 $\mathrm{cm\cdot s^{-2}}$。

10. 按照误差理论和有效数字运算法则,改正以下错误。

(1) $N=(10.800\pm0.2)$ cm;

(2) $M=(28000\pm800)$ mm;

(3) $400\times1500\div(12.6-11.6)=600000$;

(4) $0.0339^2=0.00114921$;

(5) 有人说 0.1230 g 是五位有效数字,也有人说只有三位有效数字,请纠正并说明原因。

11. 实验测得在不同压强下水的沸点见表 1-5-7。

表 1-5-7　不同压强下水的沸点

压强(mmHg)	64	101	148	196	259	322	333	444	510	596	682	775
沸点(℃)	42.6	51.8	59.8	66.0	72.4	77.8	84.2	85.8	89.2	93.2	97.0	100.4

试作出水的沸点-压强关系曲线。

12. 现测得一弹簧的长度 L 所加负载质量 m 的数据见表 1-5-8。

表 1-5-8　弹簧长度与所负载质量

m (g)	0	3.0	6.0	9.0	12.0	15.0
L (cm)	16.5	18.5	20.6	22.9	25.1	27.2

试用作图法求出 $L-m$ 的函数关系、弹簧的劲度系数。

13. 用最小二乘法求出 $y=ax+b$ 中的 a 和 b，并检验其线性。二维函数 $x-y$ 数值表见表 1-5-9。

表 1-5-9　二维函数 $x-y$ 数值表

i	1	2	3	4	5	6	7
x_i	2.0	4.0	6.0	8.0	10.0	12.0	14.0
y_i	14.34	16.35	18.36	20.34	22.39	24.38	26.33
i	1	2	3	4	5	6	7
x_i	20.0	30.0	40.0	50.0	60.0	70.0	80.0
y_i	5.45	5.66	5.96	6.70	6.45	6.86	7.01

14. 利用单摆测定重力加速度 g，当摆角很小时有 $T=2\pi\sqrt{\frac{L}{g}}$ 的关系。式中 T 为周期，L 为摆长，它的测量结果分别为 $T=(1.9842\pm0.0002)$ s，$L=(98.81\pm0.02)$ cm，求重力加速度及其不确定度，写出结果表达式。

15. 已知某空心圆柱体的外径 $D=(3.800\pm0.004)$ cm，内径 $d=(1.482\pm0.002)$ cm，高 $h=(6.276\pm0.004)$ cm，求体积 V 及其不确定度，并正确表达测量结果。

第二章　物理实验的基本知识与基本测量方法

第一节　物理实验的基本知识

力学、热学实验的基本知识

物理量可分为基本物理量和导出物理量，在国际单位制(SI)中，基本物理量有 7 个：长度、质量、时间、电流、热力学温度、发光强度、物质的量，还有平面角和立体角 2 个辅助基本物理量。从理论上讲，由基本物理量可以导出其他一切物理量，因而基本物理量的测量显得尤为重要。从实验观点看各个物理量的实验价值并不完全相同，本章只研究长度、质量、时间、热力学温度的测量。

一、长度的测量

常用的尺是精度为 1 mm 的米尺，它不能进行精度较高的测量。较准确的尺是游标卡尺、螺旋测微计，它们不但精度高，而且制作材料的温度系数较小，受外界环境变化影响不大。

1. 游标卡尺

(1) 游标尺构造：游标尺由主尺与副尺(又称游标)两部分构成，如图 2-1-1 所示。

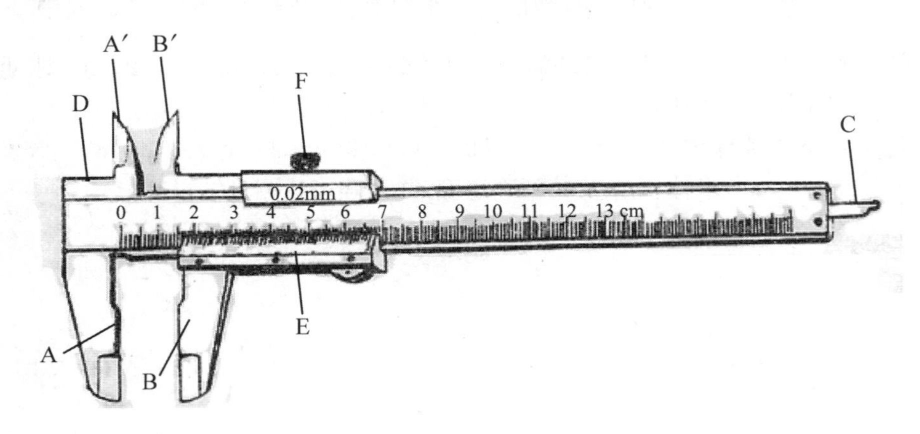

图 2-1-1　游标尺的结构

主尺上按米尺刻度(1 分格的长度是 1 mm)，并与量爪 A、A′连成一体；副尺 E 上有 10 个

(20 或 50 个)分格，并与量爪 B、B′连成一体。副尺紧贴着主尺可自由滑动，用它来读出主尺上最小分度的小数，即小于最小分度的数值。两量爪 A、B 用来卡住被测物的厚度或外径，A′B′用来测量被测物的内径，尾尺 C 用来测量槽的深度。F 是固定副尺在主尺上位置的螺钉。不同的游标尺，在副尺上都刻有它们的分度值，通常用符号 δ 表示。

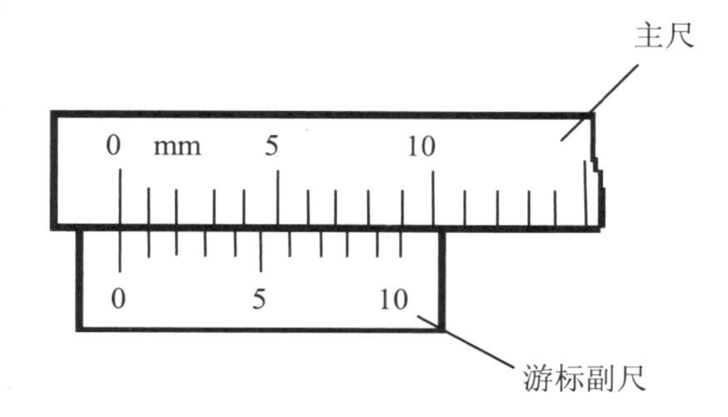

图 2-1-2　游标尺读数

(2) 游标尺的读数原理：由图 2-1-2 不难看出，游标尺在构造上的主要特点是副尺上 n 个(如 10 个)分格的总长与主尺上 $n-1$ 个(如 9 个)分格的总长相等。

设 a 表示主尺上一个分格的长度，b 表示副尺上一个分格的长度，则有

$$nb = (n-1)a$$

那么，主尺与副尺上每个分格的差值即是游标尺的分度值 δ，有

$$\delta = a - b = a - \frac{n-1}{n}a = \frac{1}{n}a \tag{2-1-1}$$

式(2-1-1)中，n 为游标尺的分格数，a 为主尺每分格的长度，记住这一公式，就能比较方便地算出各类游标尺的分度值。

我们把副尺分为 10 个分格的游标尺叫“十分游标”。十分游标的 $\delta = \frac{1}{10}$ mm不是由眼睛估读的，而是由主尺的分格值与副尺的分格值之差给出的。这种测量方法称为差示。

由于这种十分游标等分主尺上一个分格不够精细，有时会出现不能判定副尺上相邻两条线中哪一条与主尺上相应的刻度线对齐的情况，此时小数点后的一位数可取与主尺上靠得最近的某一游标刻线来读数。目前，这种十分格游标尺在实际使用中已很少见，仅作为教具模型。

常见的游标尺是二十分游标($n=20$)，即将主尺的 19 mm 等分为游标上的二十格，或将主尺上的 39 mm 等分为游标上的二十格。它们的分度值均为

$$\delta = \frac{1}{n}a = \frac{1}{20}\ \text{mm} = 0.05\ \text{mm}$$

用游标尺读数时，毫米以上的数值从副尺“0”线在主尺上指示的位置读出(不能把副尺的边当作“0”线)，不足 1 mm 的数值由副尺读出。具体方法是：在副尺上找出一条与主尺上某刻度线对齐的刻线，由此刻线决定毫米以下的数值。游标尺测量长度的普遍表达式为

$$L = K_1 a + K_2 \delta$$

式中，L 为被测物体的长度，a 为主尺的最小分格值($a=1$ mm)，δ 为游标尺的分度值，K_1 是副尺“0”线指示在主尺上的整毫米数，K_2 是副尺上与主尺上某刻度线对齐的第 n 条刻线。如图 2-1-3 所示是分度值为 0.05 mm($\delta=0.05$ mm)的游标尺测量长度的示意图。

由图 2-1-3 可看出，被测物的长度 L 为

$$L = 16 \times 1 + 7 \times 0.05\ \text{mm} = 16.35\ \text{mm}$$

这种二十分格游标在副尺上刻有 0,25,50,75，1 等标度，以便测量时不必经过计算就可直接读出测量值的大小。如图 2-1-3 中游标尺所指示的值16.30可直接读出。

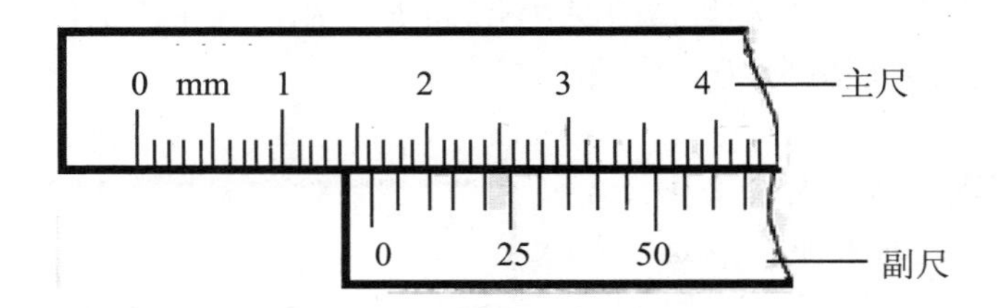

图 2-1-3 游标尺测量长度的示意图

用二十分格游标尺即($\delta = 0.05$ mm)测量长度时得到的数值，其最后一位数字必是“0”或“5”。

另一种常用的游标尺的游标是五十分格($n=50$)，它的分度值为

$$\delta = \frac{1}{n}a = \frac{1}{50}\,\text{mm} = 0.02\,\text{mm}$$

副尺上刻有 0,1,2,…,10 等标度。使用该游标尺测量长度时得到的数值，其最后一位数字必为偶数，即为 2,4,6,8,0(为什么?)。

实验室用的游标尺的仪器误差，大小等于该游标尺的分度值 δ。

(3) 游标尺的使用及注意事项：使用游标尺的方法是右手持尺，左手拿待测物体放在量爪的中间部位，用右手拇指按住游标上的凸轮再推或拉。使用时应注意以下几点：

① 使用前，应检查零点读数并做记录，以便做读数修正。

② 根据主尺和游标的刻度，先判明游标尺的分度值 δ(δ 一般标在游标上)。

③ 测量时，物体待测部位应与游标尺平行，松紧要适当，轻轻地把物体卡住即可。不得把夹紧的物体在钳口内转动或硬拉，更不要用来测量粗糙的物体，以免损伤量爪。

④ 使用时应轻拿轻放，用完后应及时放回盒内，不允许与潮湿物体相接触。

2. 螺旋测微计(千分尺)

螺旋测微计是比游标卡尺更精密的测量长度的工具，常见的一种如图2-1-4所示。它的量

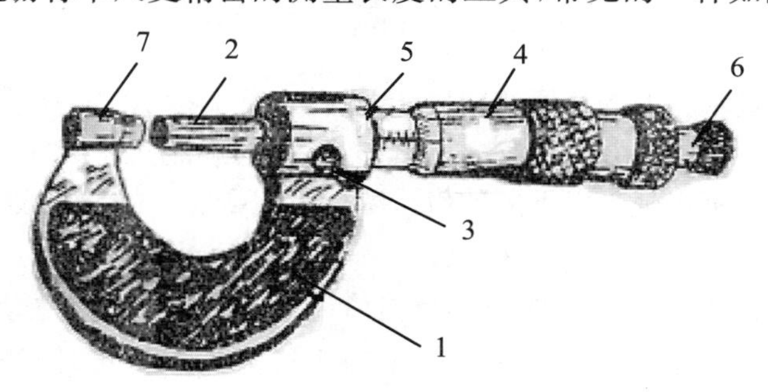

图 2-1-4 螺旋测微计

1. 尺架； 2. 螺杆； 3. 锁紧装置； 4. 微分筒(鼓轮)； 5. 螺旋套管； 6. 棘轮； 7. 测砧

程是 25 mm，分度值是 0.01 mm。螺旋测微计结构的主要部分是一根精密的螺杆(其螺距是 0.5 mm)和螺旋套筒(固定套管)，螺杆后端带有一个具有 50 个分度的套筒(微分筒，也称鼓轮)，当此套筒相对于螺旋套筒转过一圈时，螺杆本身就会在套管螺母内沿轴线方向前进或后退 0.5 mm，当套筒转过一个分度时，螺杆在螺母内沿轴线方向前进或后退的距离为

$$\delta = \frac{1}{50} \times 0.5\ \mathrm{mm} = 0.01\ \mathrm{mm}$$

上式 δ 称为螺旋测微计的分度值。这就是所谓机械放大原理：从鼓轮转过的刻度就可以准确地读出螺杆沿轴线移动的微小长度。当不足一个分度时，可按 1 个分度值(0.01 mm)的 1/10估读。螺旋测微计的仪器误差一般定为 0.004 mm。棘轮通过摩擦与鼓轮连在一起，转动棘轮，鼓轮也随之转动，使螺杆前进或后退。安装棘轮的目的是保证测量过程中螺杆与测砧之间的压力保持一致，不会使待测物夹得过紧或过松，影响测量结果，并可保护螺杆(螺母)的螺距不会因压力过大而损坏。若螺杆已经卡住，则棘轮就会打滑，并发出“咯、咯”的响声。

测量物体长度时，应轻轻转动棘轮，推动螺杆，使待测物体刚好夹住(发出响声)。读数时先在固定套筒标尺上读出整格数(每格 0.5 mm)，0.5 mm 以下的读数在有横刻度的读数鼓轮上读出(要估读)。图 2-1-5(a)表示测微螺杆和测砧刚接触时零刻度线全部对齐，此时是螺旋测微计的标准起始状态，其初读数为零，写为 0.000 mm。图 2-1-5(b)和(c)表示测微螺杆和测砧面虽已接触，但鼓轮的零刻度线与固定套筒的刻度准线没有对齐，这样螺旋测微计的初读数分别为−0.008 mm 和 0.016 mm。

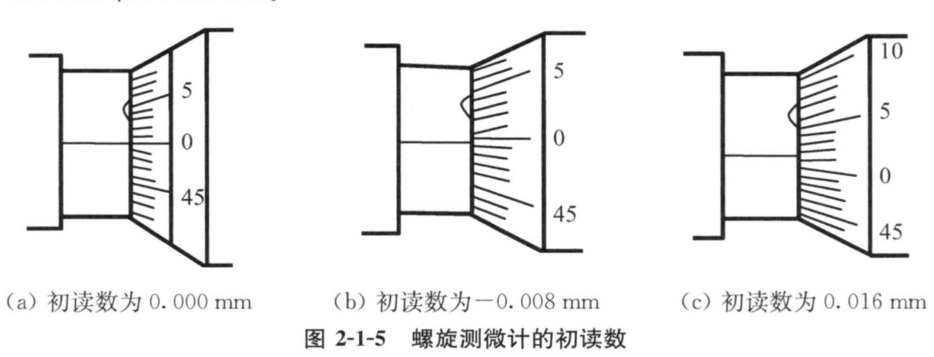

(a) 初读数为 0.000 mm　(b) 初读数为−0.008 mm　(c) 初读数为 0.016 mm

图 2-1-5　螺旋测微计的初读数

螺旋测微计螺旋套管上的刻度线分别刻在水平准线的上下，每隔 0.5 mm 刻一条，一般上面为毫米数，下面为 0.5 mm 数。读数时应注意鼓轮边缘所对的刻度线是上面的还是下面的，若对在上面，其读数值为整毫米数加上鼓轮的指示值；若对在下面，则应再加上 0.5 mm，如图 2-1-6所示。

螺旋测微计是精密测量仪器，使用时必须注意：

(1) 测量前应记录零点读数(即初读数)。初读数是当两个测量卡口面刚好接触时，标尺和鼓轮上的读数。标尺读数是以鼓轮边为准线的，鼓轮读数是以标尺中线为准的。鼓轮零线指在套筒标尺中线下面时，初读数为正值，测量时，测出的读数应减去这一零点读数后才是被测长度的测量值；鼓轮零线指在套筒标尺中线上面时，初读数为负，同样在测量时要减

去这个负的初读数(实际上是加上这个数);若鼓轮零线和标尺中线重合,则初读数为零(参见图 2-1-5 和图 2-1-6)。

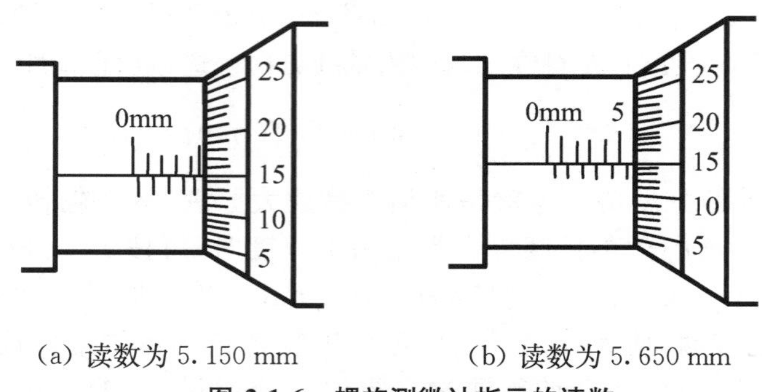

(a) 读数为 5.150 mm　　(b) 读数为 5.650 mm

图 2-1-6　螺旋测微计指示的读数

(2) 测量卡面和被测物体间的接触压力应当很小且大小一定。因此旋转鼓轮当卡面即将接触被测物体时,必须使用棘轮转动,当听到棘轮发出"喀、喀"的声音时,表示测量面已经接触被测物,则不能再旋进螺杆。

(3) 测量完毕,应使测量面间留出一点间隙,以免因热膨胀或其他原因而损坏精密螺纹。

二、质量的测量

物理天平是常用的测量物体质量的仪器之一。常用的物理天平构造如图 2-1-7 所示。

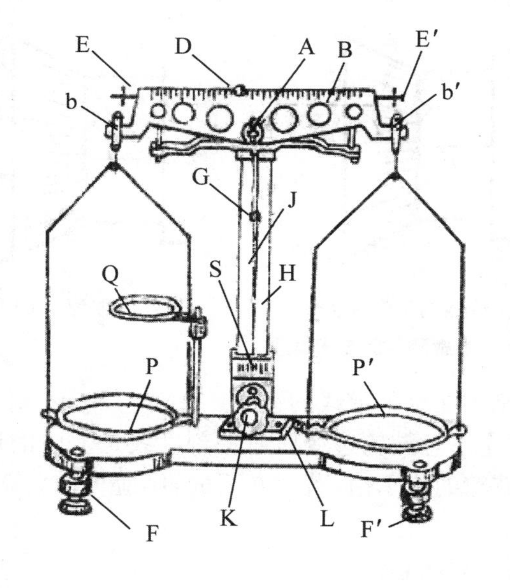

A. 主刀口
B. 横梁
b, b′. 刀口
D. 游码
E, E′. 平衡螺母
G. 感量砣
H. 支柱
L. 水准仪
J. 指针
S. 标尺
P, P′. 托盘
K. 制动旋钮
Q. 托板
F, F′. 底脚调节螺钉

图 2-1-7　物理天平

它的主要部分是横梁 B，其上装有三个刀口 A（主刀口）、b 和 b′（由玛瑙石英或合金钢制造），主刀口 A 置于支柱 H 上，两侧刀口 b、b′各悬挂一个秤盘 P、P′，整个天平横梁是一个等臂杠杆。横梁下面固定一个指针 J，当横梁摆动时，指针尖端就在支柱下方的标尺 S 前摆动，来观察和确定横梁的水平位置。指针上还配有一个感量砣 G，感量砣的位置越高，感量越小。它的位置一般已经调整好，不要随便更动。制动旋钮 K 可以使横梁上升或下降。横梁下降时，支柱上的制动架就会把它托住，以避免磨损刀口。横梁两端的两个平衡螺母 E 及 E′是天平空载时调节平衡用的。横梁上装有游码 D，用于 1 g 以下的称衡。支柱左边的托板 Q 可以托住不被称衡的物体。底座上装有水平调节螺钉 F 及 F′，以调节天平放置水平，底座上有水准仪 L。

物理天平的规格由以下两个参量来表示：

(1) 感量：是指天平平衡时，为使指针偏转一分格时，在一端需加的最小质量。感量的倒数为天平的灵敏度，感量数值越小，天平的灵敏度越高。感量一般也指天平的最大误差。

(2) 称量：是允许称衡的最大质量。

如实验室常用的一种物理天平的称量为 1000 g，感量为 0.1 g/分格，最小分度值为 0.1 g。

使用物理天平时的步骤及注意事项：

① 调水平：使用前，应调节天平底脚螺钉 F′或 F，使水准仪 L 的水泡移到中心以保证支柱铅直。

② 调零点：即先将游码移到左端零线位置，再旋转制动旋钮 K，空载支起横梁，观察指针是否停在标尺的中央刻线（或相对中央划线做等幅摆动）。如不在中央，可以先将横梁制动，调节平衡螺母，使指针指向中央或左右摆动格数相等。

③ 称物体时，被称物体放在左盘，砝码放在右盘，两个盘子位置不能互换，并应放在盘的中央。加减砝码和移动游码，都必须使用镊子，严禁用手。选用砝码时，应遵循“由大至小，逐个试用，逐次逼近”的原则，直至最后利用游码使天平平衡。

④ 取放物体或砝码，移动游码或调节平衡时，都必须将横梁制动，以免损坏刀口。

⑤ 称衡完毕要检查横梁是否放下。用过的砝码要直接放在盒子原来的位置，注意保持砝码和镊子的清洁。

三、时间的测量

停表也叫秒表，一般有两种：一种是机械停表，另一种是电子停表。

(1) 机械停表：一般的机械停表有长针和短针，长针是秒针，短针是分针，使用前要先看好它的最小分格数值（图 2-1-8(a)）。机械停表通常有两种规格：精度为 0.1 s 的，秒针走一圈是 30 s；精度为 0.2 s 的，秒针走两圈是 60 s。“分”的指示值由分针在另一位置上指示。用机械停表计时，先读分后读秒。作为原始记录，可将 1 分又 47.6 秒直接记为 1′47.6″。正式报告上的数据一般取“秒”为单位，这时 1′47.6″应换算为 107.6″。停表上部的撳柄按钮用来旋紧发条和控制停表指针“走”“停”和“回零”三个动作。

(2) 电子停表：电子停表（秒表）是由电池提供能量的数字显示式停表，一般精度为 0.01 s。它的上端有两个按钮，用来控制“走”“停”和“回零”。图 2-1-8(b)所示，S_1 按钮的作用是启动、停止。S_2 按钮的作用是分段计时、复零。按 S_1 秒表开始计时，再按一下 S_1，秒表停止计时，按一下 S_2，秒表复零。电子停表除了显示时间外，还可以显示月、日、星期等，具体使用方法可阅读有关说明书。

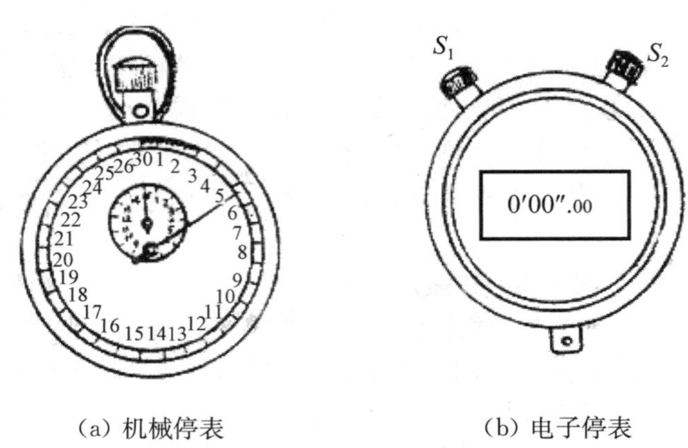

(a) 机械停表　　(b) 电子停表

图 2-1-8　停表表面示意图

另外，使用机械停表时需要注意下列事项：

① 使用前先检查所使用的停表秒针有无损坏断头、弯曲。

② 检查零点是否准确(秒针是否指在零刻度上)，若不准，应记下初读数，并注上“正、负”以便对测量数据做修正(测量值＝末读数－初读数)。

③ 揿表柄时必须分两步：首先做准备动作，将手握好停表，拇指放在表柄头上，然后抓住实验时机，按需要立即迅速将拇指按下柄头，使秒针走动、计时(秒数不估读)。

④ 实验完毕，应让停表继续走动，使发条完全放松走完，以待下次实验用。

四、温度的测量

用来测量物体温度的仪器叫温度计，达到热平衡时相互接触的物体具有相同的温度这一事实是我们用温度计来测量物体温度的客观依据，因此当温度计与被测物体达到热平衡后温度计的温度就等于被测量物体的温度。

通常选用某种物质与温度有关的某一物理属性作为测量温度的标志。例如：一定质量某种液体的体积，一定容积的某种气体的压强，某种金属导体的电阻，两种金属导体所组成的热电偶电动势等，都是随温度变化而变化的。当然所选用的物理属性随温度的变化必须是单值的、显著的，而且准确度、灵敏度、可复现性好，达到热平衡的速率快。常用的温度计特点和用途见表 2-1-1。

表 2-1-1　常用的温度计特点与用途

名　称	测温范围(℃)	主要优缺点	用　　途
气体温度计	−260～1600	精度高,测量范围大,性能稳定,但结构复杂,操作使用不方便	作标准器用
玻璃温度计	−200～600	结构简单,使用方便,价格便宜,读数直观,但只能指示,不能记录,易破碎	化工、轻工、医药及食品工业,科研及实验用
双金属温度计	−100～600	体积小,耐震,耐冲击,但精度不高	飞机、汽车、船舶使用
压力式温度计	−120～600	强度高,耐震,可自动记录,但误差大,难修理	用于铜及铜合金不腐蚀的液体、气体等
电阻温度计	−258～900	测量精度高,信号可远距离传送及自动记录,但需外电源,热惯性大	用于测量各种液体、气体或蒸气温度及极低温
热电偶温度计	−269～2800	测量范围宽,精度高,信号可传输、可记录,但下限灵敏度低,输出信号为非线性	适用于测量难熔金属及各种高温度
光学温度计	700～3200	结构简单,精度高,便于携带,但只能指示不能记录及远传,易产生观测误差	适用于金属冶炼、热处理、玻璃熔炼及陶瓷焙烧
辐射温度计	100～3200	结构简单,信号可远传及自动记录,但刻度不均匀,反应速度慢	适用于测量移动、转动或不宜装热电偶环境的表面温度
光电温度计	100～3200	精度较高,稳定性好,输出信号可传递和自动记录,但结构复杂	适用于测量快速运动物体或瞬时变化的表面温度
比色温度计	800～3200	反应速度快,误差较小,能在有尘、烟等场合下测量,但结构复杂,受反射光影响大	适用于冶金、水泥、玻璃等现场环境较差的情况
半导体点温计	−50～300	灵敏度高,结构简单,体积小,热惯性小,但易损坏,易腐蚀,不能在高电压、强磁场中使用	测量瞬时变化温度及微小温度变化等

电磁学实验的基本知识

电磁测量是现代生产和科学研究中应用很广的一种实验方法和实验技术,除了直接测量电磁量外,还可通过换能器把非电磁量变为电磁量进行测量。

电磁实验的目的是学习电磁学中常用的典型测量方法,学习基本仪器的使用,进行有关实验方法和技能的训练,培养看电路图、正确连接线路和分析判断实验故障的能力。同时通过对实验的观测，深入认识和掌握电磁学理论的基本规律。

现将电磁学实验中有关的一些问题和常用基本仪器简要介绍如下：

一、电源

电源是把其他形式的能量转变成电能的装置，是一种能够产生和维持一定电动势的设备。电源可分为直流电源和交流电源两大类。

1. 直流电源

目前，实验室中普遍采用晶体管直流稳压电源。这种电源稳定性好、内阻小、输出连续可调、使用方便。如 TYJ-15A 型，最大输出电压为 15 V，最大输出电流为 5 A；WYJ-30 型，最大输出电压为 30 V，最大输出电流为 3 A。使用这种输出电压连续可调的直流电源时，应先置输出电压为较小值（或将输出旋钮置“0”），等现象稳定后，再逐步增加到规定值。这样做可避免或减少由于电路上某些故障（如接错电路）而导致的仪器或仪表的损坏（如电表指针突然激烈偏转而折断）。

蓄电池也是常被采用的直流电源。铅蓄电池的正常电动势为 2 V，输出电压比较稳定；铁镍电池的正常电动势为 1.4 V，结构坚固耐用。蓄电池需要经常充电，维护起来比较麻烦。

在小功率、稳定度要求不高的场合，干电池是很方便的直流电源。干电池每节的电动势一般为 1.5 V，内阻为 0.01～0.5 Ω。干电池使用后，电动势不断下降，内阻不断上升，当其电动势降到 1.3 V 以下、内阻增大到 1 Ω 以上时，干电池就会变得不够稳定，因此实验中须经常替换干电池。另外实验时，操作者必须注意电压高低，一般电压在 64 V 以下对人体是安全的，但当电压大于 64 V 时，人体就不能触碰电源了，以免发生危险。

2. 交流电源

一般市用电网的电源是交流电源（220 V，50 Hz）。在实验中，常用可调式自耦变压器来获得低于 220 V 的交流电压。为了避免电路的波动，在实验室里常用交流电子稳压器来获得较为稳定的交流电压，以满足实验的需要。

一般交流电表所指示的是有效值，如交流电压 220 V 就是有效值，其峰值为$\sqrt{2}\times 220\approx$ 310 V。

在使用电源时必须注意以下几点：

(1) 选择电源时，除了要考虑电源的输出电压外，还必须考虑电源的额定功率。如果实际输出功率超过其额定功率，电源就会损坏。

(2) 交流电有零线（地线）与相线（火线）之分，绝不能把火线接到仪器的接地端，否则将造成电源短路。直流电源要分清正、负极，任何时候都不能将电源正、负极短接。

(3) 市用电网中交流电源的电压一般为 220 V，使用时要特别注意人身安全，避免触电。在接入市用电网交流电源前，要弄清用电仪器的额定电压与交流电源电压是否一致，若不一致，应采取相应措施。

二、电表

实验室用的电表大部分是磁电式电表。它是利用电流通过线圈在永久磁铁的磁场中受到一力偶的作用而发生偏转的原理制成的。在磁场、线圈匝数和面积一定时，线圈偏转角度与通过电流的大小成正比，它的内部结构如图 2-1-9 所示。磁电式仪表具有灵敏度高、刻度均匀、便于读数等优点。

下面对磁电式仪表做一些简单介绍：

1. 指针式检流计(也称表头)

它的特征是指针零点在刻度盘的中央，便于检出不同的直流电。

检流计有以下主要规格：

(1) 电流计常数：即偏转一小格时，通过检流计的电流值一般约为10^{-6} A/小格。

(2) 内阻：一般约为 100 Ω。

指针式检流计主要用于检测小电流或小电位差。使用时，为防止电流过大损坏电表，常串联一个可变电阻，该电阻称为保护电阻，如图 2-1-10 所示。在实际应用中，为使检流计的检测灵敏度不因串联保护电阻而降低，总是在电路接近平衡时，再将保护电阻逐步减小到零。

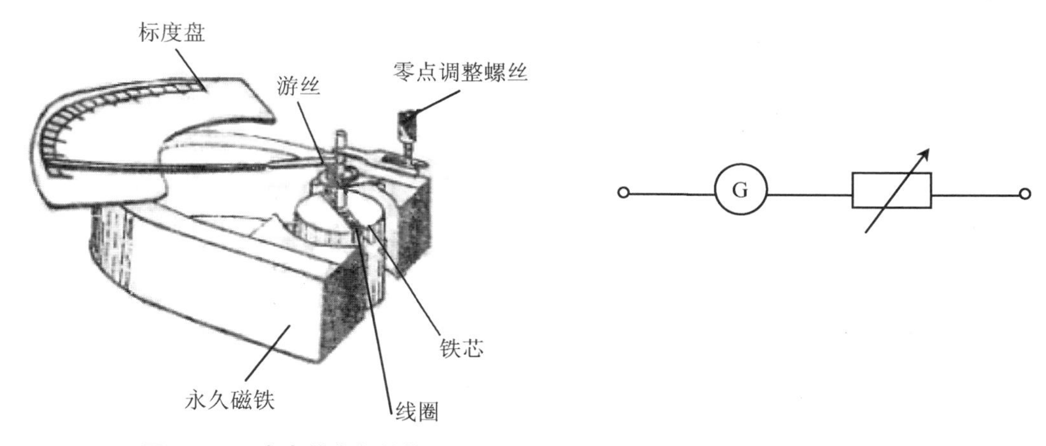

图 2-1-9　电表的内部结构　　**图 2-1-10　保护电阻**

2. 直流电压表

在表头线圈上串接一个附加的高电阻就构成了电压表。电压表的用途是测量电路中两点间电压的大小，其主要规格有：

(1) 量程：即指针偏转满度时的电压值。

如一只电压表量程为 0～2.5 V～10 V～25 V，表示该表有三个量程，第一个量程加上 2.5 V时偏转满度，第二、第三个量程分别加上 10 V、25 V 时偏转满度。

(2) 内阻：即电表两接线柱之间的电阻。

同一电压表不同量程的内阻不同。如 0～2.5 V～10 V～25 V 电压表，它的三个量程的内阻分别为 2500 Ω、10000 Ω、25000 Ω，由此可见各量程的每伏欧姆数是相同的(对于上述电压表为 1000 Ω/V)，所以电表内阻一般用 Ω/V 表示，其内阻可用下式计算：

$$内阻 = 量程 \times 每伏欧姆数$$

3. 直流电流表

表头线圈上并联一个附加的分流低电阻就构成了电流表。电流表的用途是测量电路中电流的大小，它的主要规格是：

(1) 量程：即指针偏转满度时的电流值。也有多量程的电流表。

(2) 内阻：一般电流表内阻都在 0.1 Ω 以下，毫安表、微安表的内阻可达 1/100～1/200 Ω、1/1000～1/2000 Ω。

4. 电流表和电压表的读数、误差和测量值表示

(1) 读数：对于多量程电表，在选择合适的量程后，根据电表指针的位置，测量值 X 按下式计算

$$X = n \cdot \frac{X_m}{N}$$

式中，X_m 为该量程可测量的最大值，N 为该量对应的标尺的总分度数，n 为电表指针指示的读数(分度数)。

按上式计算读数的有效数字由电表的仪器误差决定。

(2) 仪器误差：根据《电气测量指示仪表通用技术条件》(GB 776—76)的规定，电表的准确度等级分为 0.1、0.2、0.5、1.0、1.5、2.5 和 5.0 七级，并标明在电表的面板上。

电表指针所指示的任一测量值所包含的仪器误差，通常用下面公式来计算

$$\Delta X_{仪} = X_m \cdot S\%$$

式中，X_m 是指电表的量程，S 是电表准确度等级。这样计算得到的 $\Delta X_{仪}$ 就是电表的最大误差。

例如，准确度等级为 0.5 级的电流表，当选用的量程是 300 mA 时，其测量值所含的仪器误差为

$$\Delta I_{仪} = I_m \cdot S\% = 300 \times 0.5\% \text{ mA} = 1.5 \text{ mA} \approx 2 \text{ mA}$$

因此，用此电表的 300 mA 量程测量时，测量值只要读到个位数。

再如，准确度等级为 0.5 级的电压表，若选用量程为 3 V，其测量值所含的仪器误差为

$$\Delta V_{仪} = V_m \cdot S\% = 3 \times 0.5\% \text{ V} \approx 0.02 \text{ V}$$

因此，用此电压表的 3 V 量程测量时，测量值应读到百分位。

由电表仪器误差表达式可知，电表的准确度级别越高(即 S 越小)，量程越小，则仪器误差越小。因此，在使用多量程电表时，在不损坏电表的前提下，应尽量选用较小的量程。

(3) 测量值的表示：测量值的有效数字的确定由仪器误差决定，一般仪器误差取一位有效数字。测量值的最后一位应与仪器误差有效数字所在位数对齐。

如 C31-A 多量程电流表，满刻度为 150，最小分度值为 5，级别为 2.5。当选用 7.5 mA 量程时，其仪器误差为

$$7.5 \times 2.5\% = 0.1875 \text{ mA} \approx 0.2 \text{ mA}$$

设某人估读能力为最小分度值的五分之一，使用该电表的 7.5 mA 量程测量 5 次，记录见表 2-1-2。

表 2-1-2 测量值记录表

测量次数	1	2	3	4	5
指针位置(格数)	125	124	126	127	129
按指针位置计算的读数(mA)	6.25	6.20	6.30	6.35	6.45
由仪器误差决定的测量值(mA)	6.2±0.2	6.2±0.2	6.3±0.2	6.4±0.2	6.4±0.2

注：表 2-1-2 第 4 栏内数据的有效数字尾数是按第 3 栏内数据的最末一位由“四舍六入五凑偶”的原则得到的。5 次测量的平均值为 6.3 mA，算术平均误差为 0.1 mA，标准误差为 0.1 mA，所以用仪器误差表示测量结果为(6.3±0.2) mA，用算术平均误差表示测量结果为(6.3±0.1) mA，用标准误差表示测量结果为(6.3±0.1) mA。

5. 使用电表注意的事项

(1) 量程的选择：根据待测电流或电压大小，选择合适的量程。若量程太小，过大的电流、电压会损坏电表；若量程太大，指针偏转太小，会使读数不准确，且仪表误差过大。使用时应事先估计待测量的大小，选择稍大的量程试测一下，如不合适，再选用更合适的量程(具体要求选用指针应偏转满刻度的三分之二以上的)。

(2) 电表极性：直流电表的偏转方向与所通过的电流方向有关。所以接线时必须注意电表上接线柱的“+”“−”标记，“+”表示电流流入端，“−”表示电流流出端，切不可把极性接错，以免撞坏指针。

(3) 电表的连接：电流表必须串接在电路中，电压表必须与待测电压两端并联。

(4) 消除误差：读数时应正确判断指针位置。为了减少视差，必须使视线垂直于刻度表面读数。精密的电表刻度尺附近附有镜面，当指针在镜中的像与指针重合时，所对准的读数才是电表的准确读数。

电气仪表的主要技术性能都以一定的符号来表示，并标记在仪表的面板上。一些常见的电气仪表标记符号参见表 2-1-3。

表 2-1-3　常用电气仪表面板上的标记

名　称	符　号	名　称	符　号
测量仪表	○	磁电系仪表	[符号]
检流计	Ⓖ	静电系仪表	[符号]
电流表	A	直流	—
电压表	V	直流和交流	$\backsim$
微安表	μA	以标准尺量段百分数表示的准确度等级，例如：1.5 级	1.5
毫伏表	mV	以指示值的百分数表示的准确度等级，例如：1.5 级	⓵.⑤ (1.5 加圈)
千伏表	kV		
欧姆表	Ω	准确度位置为垂直放置	⊥
兆欧表	MΩ	准确度位置为水平放置	⊓
毫安表	mA	绝缘强度试验电压为 2 kV	☆ (内标 2)

续表

名　称	符　号	名　称	符　号
负端钮	—	接地用的端钮	⏚
正端钮	+	调零器	⌒
公共端钮	⚹	Ⅱ级防外磁场及电场	Ⅱ Ⅱ

三、电阻

电磁学实验中经常要用到电阻。电阻可分为固定的和可变的两类。使用电阻时除注意其阻值大小外，还应注意其额定功率，即允许通过的最大电流$\left(I=\frac{W}{R}\right)$。

1. 固定电阻

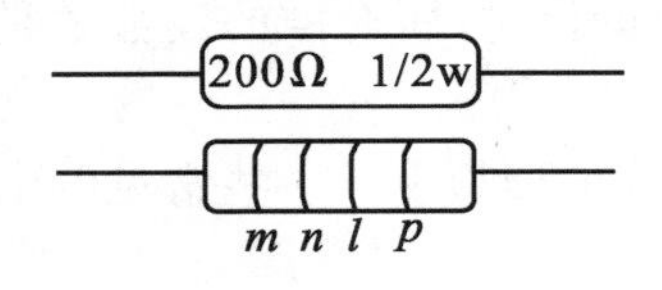

图 2-1-11　固定电阻

阻值不能调节的电阻器叫固定电阻。这种电阻体积小，造价低，应用广泛。一般分为碳膜电阻、金属膜电阻、线绕电阻等多种类型。每个电阻都注明了阻值的大小和允许通过的电流(或功率)。注明的方式有两种，一种是将参数直接写在电阻上，另一种是将不同颜色的色环按一定顺序印在电阻上，表示阻值的大小，如图 2-1-11 所示。

颜色与数字的对应关系见表 2-1-4，不同位置上的色环表示不同的含义，前三个色环表示这个电阻的阻值，其大小

$$R=(m\times10+n)\times10^{l}\ \Omega$$

表 2-1-4　固定电阻的颜色与数字的对应关系

颜色	黑	棕	红	橙	黄	绿	蓝	紫	灰	白	金	银
数字	0	1	2	3	4	5	6	7	8	9	5%	10%

例如：有一个色环电阻，其前三个色环分别为红、黑、红，则该电阻的阻值为

$$R=(2\times10+0)\times10^{2}\ \Omega=2000\ \Omega$$

第 4 环表示电阻的准确度，金色为 5%，银色为 10%。

2. 滑线变阻器

滑线变阻器的外形和结构如图 2-1-12(a)所示。它是把电阻丝(如镍铬丝)绕在瓷筒上，然后将电阻丝两端分别与接线柱 A、B 相连。因此 AB 间的电阻即为滑线变阻器的总电阻，此阻值是固定不变的。在瓷筒上方的金属结构滑动接头 C 可在穿过它的铜棒上来回移动，它的下端在移动时始终与绕在瓷筒上的电阻丝接触。铜棒的两端分别装有接线柱 C 和 C'，用以代替滑动头 C 接入电路。当 C 的位置改变时，AC 和 BC 之间的电阻就随之发生变化，滑线变阻器的符号可用图 2-1-12(b)表示。

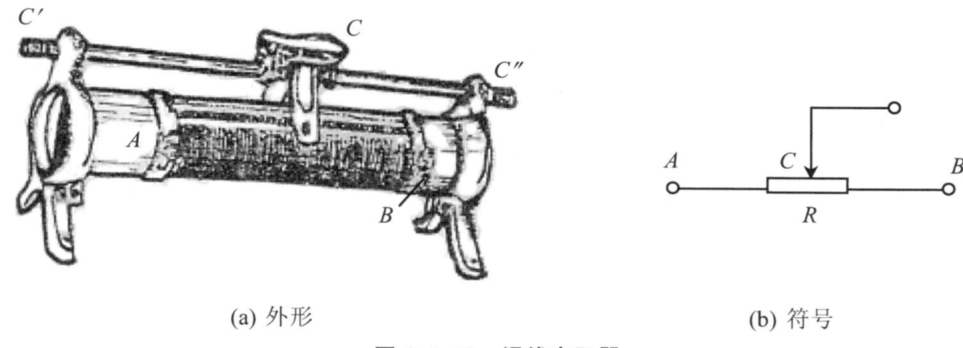

(a) 外形　　(b) 符号

图 2-1-12　滑线变阻器

滑线变阻器在电路中有以下两种接法。

(1) 制流接法:如图 2-1-13 所示,A 端和 C 端连在电路中,B 端空着不用。当滑动 C 时,整个回路电阻改变了,因此电流也改变了,所以这种接法叫作制流电路。当 C 滑动到 B 端时,变阻器的全部电阻串联入回路,R_{AC}最大,这时回路电流最小。当 C 滑动到 A 端时,$R_{AC}=0$,回路电流最大。

为保证安全,在接通电源前,一般应使 C 滑动到 B 端,使 R_{AC}最大,电流最小。接通电源后逐步减小电阻,使电流增至所需值。

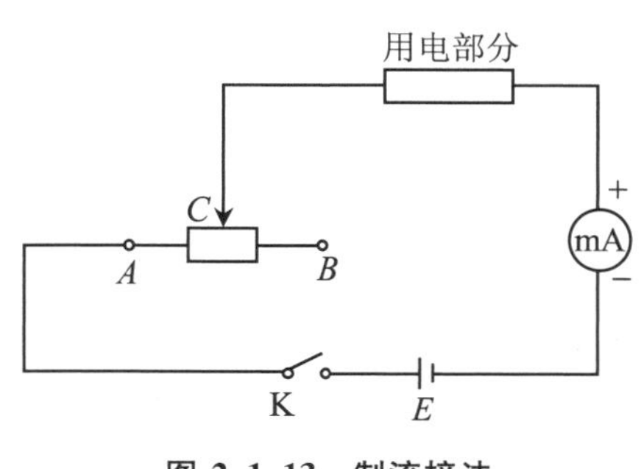

图 2-1-13　制流接法

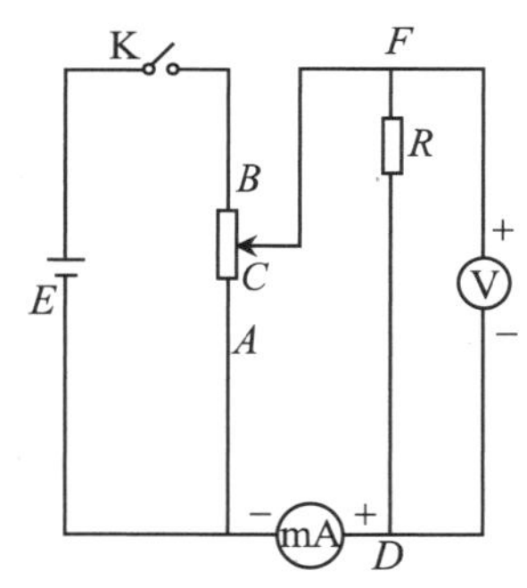

图 2-1-14　分压接法

(2) 分压接法:如图 2-1-14 所示,电阻器的两个固定端 A、B 分别与电源的两电极相连,滑动端 C 和一个固定端 A(或 B,图中用 A)连接到用电部分。接通电源后,AB 端的电压 V_{AB} 等于电源电压,V_{AB} 又是 AC 间电压 V_{AC} 和 CB 间电压 V_{CB} 之和,所以输出电压 V_{AC} 可以看作 V_{AB} 的一部分。随着滑动端 C 位置的改变,V_{AC} 也随之改变。当 C 滑到 B 端,$V_{AC}=V_{AB}$,输出电压最大;当 C 滑至 A 端,$V_{AC}=0$,所以输出电压 V_{AC} 可以从零到电源电压的任意数值上进行调节。

为保证安全,在接通电源时,一般应使 $V_{AC}=0$,之后逐步滑动 C,使电压增至所需值。

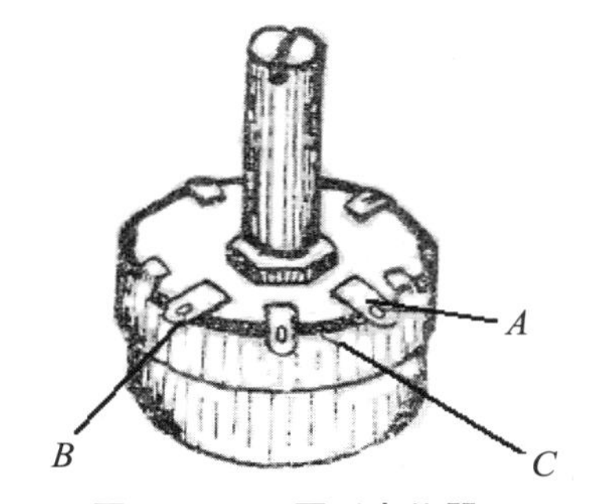

图 2-1-15　圆形电位器

电位器是控制电路中常用的小型变阻器。主要分为线绕电位器(阻值较小)和碳膜电位器(阻值较大)两类。图2-1-15

表示圆形电位器的外观及对应于 A、B、C 的三个接线端。

3. 旋转式电阻箱

旋转式电阻箱面板一般如图 2-1-16(b)所示。它的内部有一套由锰铜线绕成的标准电阻，按图 2-1-16(a)连接。箱面上有 6 个旋盘和 4 个接线柱(也有是 4 个旋盘和 2 个接线柱的)。4 个接线柱上标有 0、0.9 Ω、9 Ω 和 99999.9 Ω 字样。0 是公共接线柱，当需要电阻小于 1 Ω 时，用 0 和 0.9 Ω 接线柱，电流只通过×0.1 挡；当需要电阻值小于 10 Ω 时，用 0 和9.9 Ω接线柱，电流

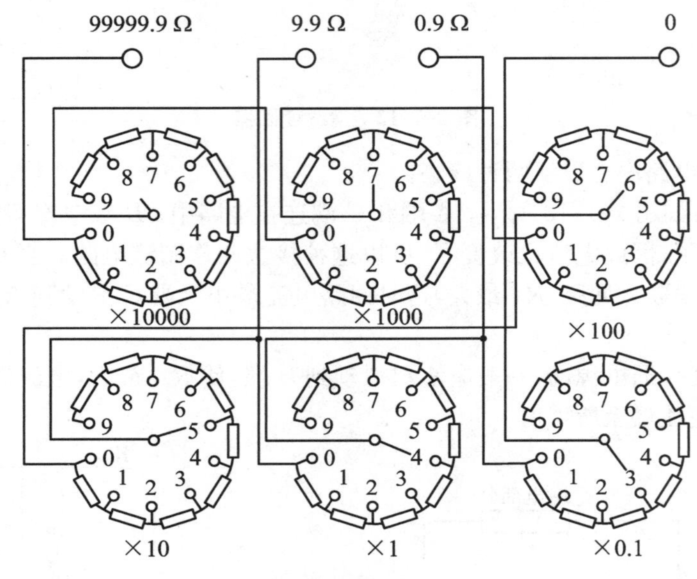

(a) 内部线路示意图

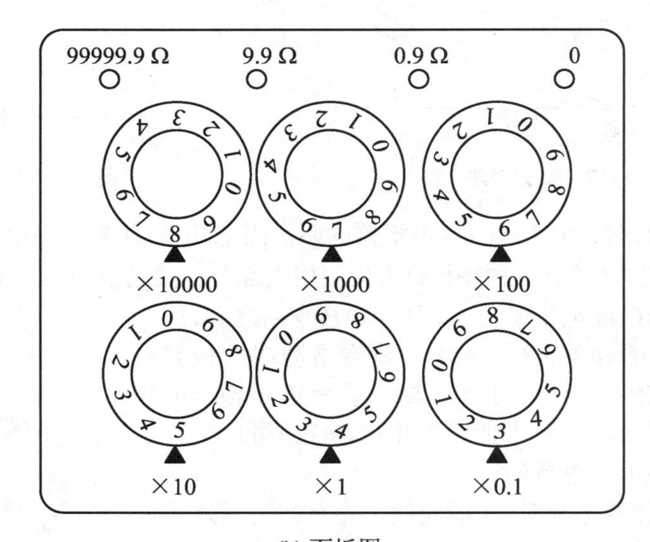

(b) 面板图

图 2-1-16 旋转式电阻箱

通过×0.1、×1 两挡；当需要电阻值大于 10 Ω 时，用 0 和99999.9 Ω接线柱。这样避免了在低电阻情况下引入过多旋钮接触电阻，提高了精度。

在选定接线柱后，旋转电阻箱上相应的旋钮可得到不同的电阻值。如图2-1-16(b)所示，若选用 0 和 99999.9 Ω 两个接线柱，×10000 挡指 8，×1000 挡指 7，×100 挡指 6，×10 挡指 5，×1 挡指 4，×0.1 挡指 3，则这时总阻为

$$8\times10000+7\times1000+6\times100+5\times10+4\times1+3\times0.1=87654.3\ \Omega$$

电阻箱的额定功率指的是每个电阻的功率额定值。如 ZX21 型电阻箱额定功率为0.25W，由此可计算电阻箱的额定电流，如用 1000 Ω 挡的电阻时，允许的电流为

$$I=\sqrt{\frac{W}{R}}=\sqrt{\frac{0.25}{1000}}\ \mathrm{A}=0.016\ \mathrm{A}=16\ \mathrm{mA}$$

可见，电阻值愈大的挡，容许电流愈小，过大的电流会导致电阻发热，使得电阻值发生变化，甚至烧毁。

电阻箱根据其误差的大小分为若干个准确度等级，一般分为 0.02、0.05、0.1、0.2 等等级，它表示电阻值相对误差的百分数。

电阻箱的仪器误差 $\Delta R_{仪}$ 和相对误差 E 通常用下面两式计算：

$$\Delta R_{仪}=(R\cdot S+K\cdot m)/100$$

$$E=(S+\frac{Km}{R})\%$$

式中，R 为电阻箱的指示电阻；S 为电阻箱的准确度等级；m 为所用的旋盘数；K 为旋盘接触电阻所引起的误差系数，它由电阻箱的准确度等级决定。对于 0.02、0.05 级的电阻箱 K 取 0.1，0.1 级和 0.2 级的电阻箱 K 分别取 0.2 和 0.5。

一些常用的电器元件符号参见表 2-1-5。

表 2-1-5　常用的电器元件符号

名　称	符　号	名　称	符　号
原电池或蓄电池	− +	单刀单向开关	
电阻的一般符号（固定电阻）		单刀双向开关	
变阻器（可调电压） 1. 一般符号		双刀双掷开关	
变阻器（可调电压） 2. 可断开电路的			
变阻器（可调电压） 3. 不断开电路的		换向开关	

续表

名　　称	符　号	名　　称	符　号
电容器的一般符号	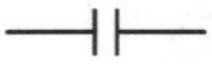	不连接的交叉电线	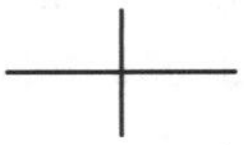
可变电容器		连接的交叉电线	
电感线圈		晶体二极管	
有铁芯的电感线圈			
有铁氧体芯不可调线圈		稳压器	
有铁芯的单项双线变压器	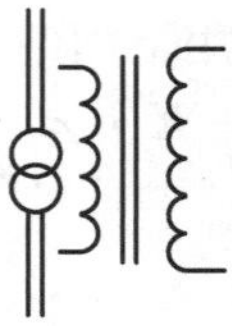	晶体三极管	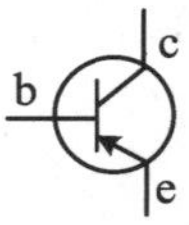 b c e

四、电磁学实验操作规程

1. 准备

到实验室前应先预习并准备好记录数据表格。实验时先要把本组实验仪器的规格弄清楚，然后根据电路图要求摆好电气元件和仪器的位置(基本按电路图排列次序，但也要考虑到读数和操作的方便)。

2. 连线

初学电磁学实验者要想正确、迅速地接好线路是不容易的。因此，学会看懂图，接好线路是做好电磁学实验的基本训练要求。

具体讲，就是要按一个个封闭回路接线才不至于紊乱。如图 2-1-14 的电路，可先接*EKBA*封闭线路，再接 *CFRDA*，最后接 *FVDR* 回路。而对于每一个回路，则应认定回路的绕向，将回路有次序地连接起来(直流情况下可取电流流向作为回路的绕向，按高电势到低电势的顺序接线)，边连接、边思考每个回路及仪表的作用。

此外，接线时应充分利用电路中的等位点，避免导线接头过于集中在一个接线柱上(一个接线柱不宜超过 3 个导线接头)。还应注意合理使用不同长度、不同颜色的导线，较大距离或连接移动部位的要用较长的导线，一般用红色或浅色线接正极或高电位，用蓝色或深色线接负极或低电位。

应特别指出：接线时必须遵守“先接线路，后接电源，先断电源，后拆线路”的操作规程。如接图 2-1-14 电路的 $EKBA$ 回路时，要在断开开关的情况下，留下电源正极（或负极）不接，待检查合格后再接上电源。

3. 检查

接好电路后，应先检查开关是否打开，然后根据电路图复查电路连接是否正确，再检查其他的要求是否都做妥当。如电表和电源正、负极是否接错？量程是否正确？电阻箱数值是否正确？变阻器的滑动端（或电阻箱的各挡旋钮）位置是否正确？若用晶体管稳压电源做电源时还应检查输出是否调在“0”位上（或最小位置）等。直到一切都做好，经教师检查同意后，才能接上电源。

4. 通电

合上开关，接通电源时必须全面观察所有仪器是否正常，并随时准备断开开关。若发现有不正常现象（如指针超出电表的量程，指针反转及有焦臭味等），应立即断开开关，切断电源，重新检查，分析原因，排除故障。若电路正常，可用较小的电压或电流先试测，观察实验现象，如正常后，才能正式开始测读数据。

5. 安全

不管电路中有无高压，都要养成避免用手或身体接触电路中导体的习惯。

6. 归整

实验完毕，应将电路仪器拨到安全位置，打开开关，经教师审查实验数据后方能按要求拆线，并将仪器整理归位。

光学实验的基本知识

光学是物理学中最早发展起来的一门学科，也是当前科学领域中最活跃的前沿阵地之一。光学实验方法和光学仪器在科研、生产、国防等方面应用十分广泛。例如，它可将像放大、缩小或记录贮存；可实现不接触的高精度测量；利用光谱仪器可研究原子、分子、原子核的结构，测定各种物质的成分和含量等。特别是从 20 世纪 60 年代开始，由于激光的产生和发展，近代光学与电子技术密切配合，在科学研究和精密测量中越来越多地应用到光学方法和仪器中，使光学仪器在国民经济的各个部门几乎成为不可缺少的工具。光学仪器多种多样，这里仅介绍几种光学实验中常用的基本仪器。

一、光源

发光的物体称为光源。按光的激发方式来区分，可将光源分为热光源和冷光源：利用热能激发的光源叫热光源；利用化学能、电能或光能激发的光源称为冷光源。实验室常用的光源有以下几种：

1. 白炽灯

白炽灯是具有热辐射连续光谱的复色光源，例如钨丝灯、碘钨灯、溴钨灯等。白炽灯以钨丝为发光物体，灯泡内充有惰性气体，在钨丝中通以电流后，由于热效应，使钨丝炽热发光。发出的光谱成分和光强与灯丝的温度有关。根据不同的使用要求，白炽灯又分为普通灯泡、汽车灯泡、标准灯泡等，它们有各自所需的额定电压和功率，应按规定使用。

2. 汞灯(水银灯)

汞灯是一种利用汞蒸气放电发光的气体放电光源,点燃稳定后发出绿白色光,在可见光范围内的光谱成分是几条分离的谱线。按其工作时汞蒸气气压的高低,汞灯又可分为低压、高压、超高压3种。光源稳定工作时,这3种汞灯灯泡内所含的汞蒸气气压分别为0.01～0.1 mmHg柱;0.3～3大气压;3～数百大气压。

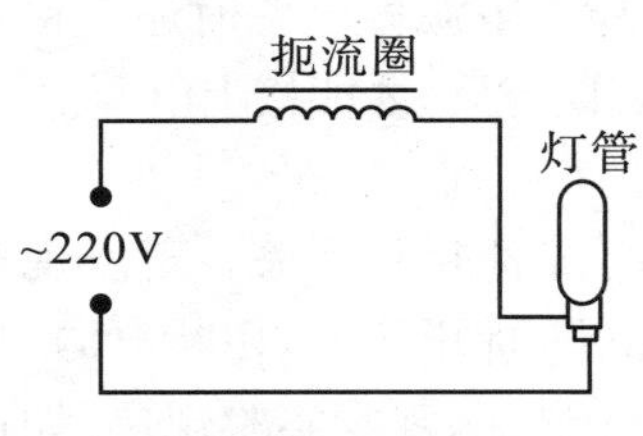

图 2-1-17　汞灯的电路图

因为汞灯在常温下需要很高的电压才能点燃,因此灯管内还充有辅助气体,通电时辅助气体首先被电离而放电,使灯管温度升高,汞逐渐气化而产生汞蒸气的弧光放电。弧光放电的伏安特性有负阻现象,要求电路接入一定的阻抗以限制电流,否则,电流的急剧增长会将灯管烧坏。一般在交流220 V电源与灯管间串入一个扼流圈镇流,其电路如图2-1-17。不同的汞灯电流的额定值不同,所需扼流圈的规格也不同,不能互用。汞灯点燃后一般需要经5～15 min后发光才能稳定。点燃后如遇突然断电,灯管温度仍然很高,如果又立即接通电源往往不能点燃,必须等灯管温度下降,汞蒸气气压降低到一定程度后才能再度点燃,一般约需10 min。

汞灯除发出可见光外,还辐射较强的紫外线,为防止眼睛受伤,不要用眼睛直视点燃的汞灯。

3. 钠光灯

钠光灯也是一种气体放电光源,是目前发光效率较高的电光源。在可见光范围内钠光灯发出两条波长非常接近的强谱线(见表2-1-6),通常取它们的中心近似值589.3 nm作为黄光的标准参考波长。它是实验室内常用的单色光源。

表 2-1-6　常用光源的谱线波长　　(单位:nm)

汞　灯	颜色	橙	黄	黄	绿	绿蓝	蓝	蓝紫
	波长	623.44	579.07	576.96	546.07	491.60	435.83	404.66
钠光灯	颜色	黄	黄					
	波长	589.592	588.995					
氢放电管	颜色	红	绿蓝	蓝	蓝紫	蓝紫		
	波长	656.28	486.13	434.05	410.17	379.01		
氦放电管	颜色	红	红	黄	绿	绿蓝	蓝	蓝
	波长	706.52	667.82	587.56	501.57	492.19	471.31	447.15

钠光灯是将金属钠封闭在抽真空的特殊玻璃泡内,并在泡内充以辅助气体氩而制成的。其工作原理是以含氩气的钠蒸气在强电场的激发作用下发生游离放电,其发光过程类似汞灯。使用时与汞灯一样在线路中必须串入一个符合灯管要求的扼流圈。

钠光灯与汞灯使用时灯管应处于铅直位置,灯脚朝下,使用完毕,需冷却后才能颠倒摇动。

4. 氢放电管(氢灯)

氢放电管为气体放电光源，其构造如图 2-1-18(a)所示。一根与大玻璃管相通的毛细管内充以氢，放电时发出粉红色的光，除了原子光谱外还包含有氢分子光谱，两者往往同时出现，制作时可根据需要采取措施突出其中一种。氢放电管工作电流约 15 mA，启辉电压在 8 kV 左右，供电电源如图 2-1-18(b)所示。电源用霓虹灯变压器，其输出端可直接接到氢灯两端，但霓虹灯变压器的输入电压应控制在 50～100 V。所以，市电 220 V 应通过一调压变压器后再接到霓虹灯变压器的输入端，控制其输出电压。使用氢放电管时要注意安全，不能将它接于其他高压电源上。

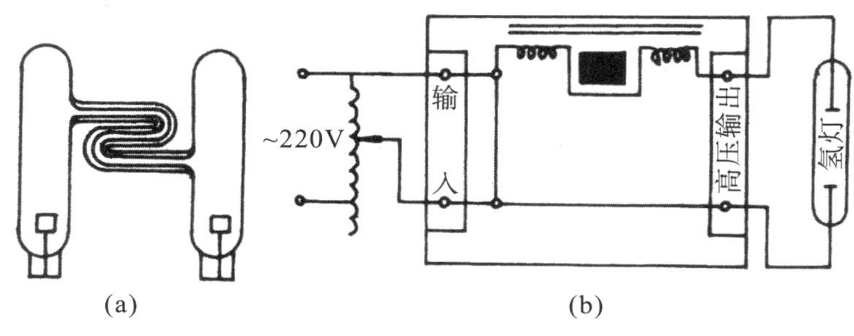

图 2-1-18　氢放电管

5. 激光器

激光器的发光原理是受激发射而发光。它具有发光强度大、方向性好、单色性强和相干性好等优点。激光器的种类很多，按工作物质分类，可分为固体、气体、半导体、液体和化学激光器等。

氦-氖激光器是实验室中最常用的一种气体激光器，由激光工作物质(激光管中的氦氖混合气体)、激励装置和光学谐振腔三部分组成。结构如图 2-1-19 所示。氦-氖激光器的管长一般为 200～300 mm，所需管压为 1500～8000 V，发出的光波波长为 632.8 nm，输出功率在几毫瓦至十几毫瓦之间。其最佳工作电流为 4～5 mA，不同管子的最佳工作电流不同，使用时电流太大或太小都会影响输出功率。激光束的能量高度集中，切勿直视激光束。

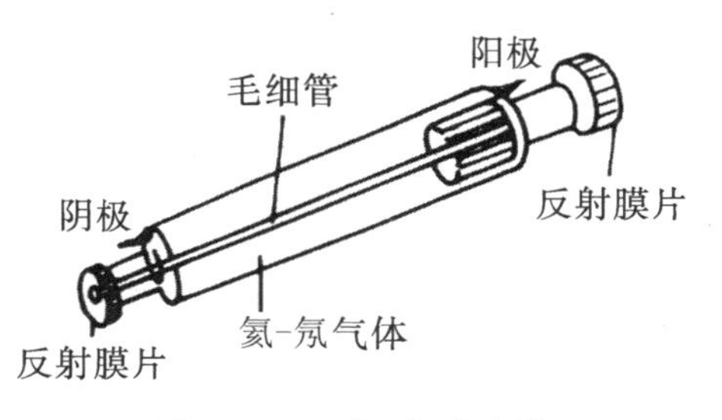

图 2-1-19　氦-氖激光器

高压电源的电路中一般都有大电容，切断电源后必须使输出端短接放电，否则高压会维持相当长的时间，有触电的危险。接线时注意管子的正负极不要接错。

二、望远镜

望远镜一般包括三个部分：物镜、叉丝(或分划板)、目镜。物镜的焦距较长，远方物体经过物镜在其焦平面附近形成一个倒立的缩小实像(中间像)。目镜的焦距较短，其作用是将此中间像放大，形成放大的虚像以便于观察。物镜与目镜一般均由几片透镜组合而成。在物镜成像的平面上还装有两根互相垂直的细丝称为叉丝(有的装分划板),用它可以帮助我们判断像的位置。为了适应不同的光束和不同的观察者,此三部分分别装在三个筒中以便于调节。

实验室中常用的望远镜为开普勒望远镜,其特点是物镜和目镜均由会聚透镜构成,其放大率为

$$M=-\frac{f_O}{f_E}$$

式中,f_O 为物镜焦距,f_E 为目镜焦距。此式表明,物镜的焦距愈长,目镜的焦距愈短,则望远镜的放大率越大。开普勒望远镜中,f_O、f_E 均为正值,放大率 M 为负值,系统成倒立的像。图2-1-20为开普勒望远镜的光路示意图。

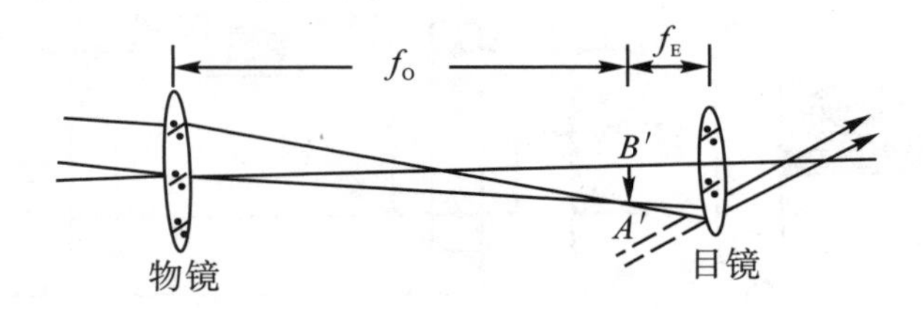

图 2-1-20　开普勒望远镜的光路示意图

望远镜的具体调节方法如下:

(1) 调节目镜筒,改变目镜到叉丝的距离,使眼睛贴近目镜时可清晰地看到叉丝。

(2) 将望远镜对准被观察物体,伸缩内筒,改变叉丝(或分划板)到物镜的距离,使能清晰地看到物体,并无视差存在。注意在调节内筒时不要再改变目镜到叉丝(或分划板)的距离。

三、测微目镜

测微目镜可用来测量微小的距离,通过传动丝杆可推动活动分划板左右移动,如图 2-2-21。活动分划板上刻有双线和叉丝,其移动方向垂直于目镜的光轴,固定分划板上刻有毫米标度线。测微器鼓轮刻有 100 个分格,每转一圈,活动分划板移动 1 mm。其读数方法与螺旋测微计相似,双线或叉丝交点位置的毫米数由固定分划板上读出,毫米以下的读数由测微器鼓轮上读出,最小分度值为 0.01 mm。使用时,先调节目镜看清叉丝,然后转动鼓轮推动分划板,使叉丝的交点或双线分别与被测物的像的两端重合,得两个读数,其差值即为被测物的尺寸。

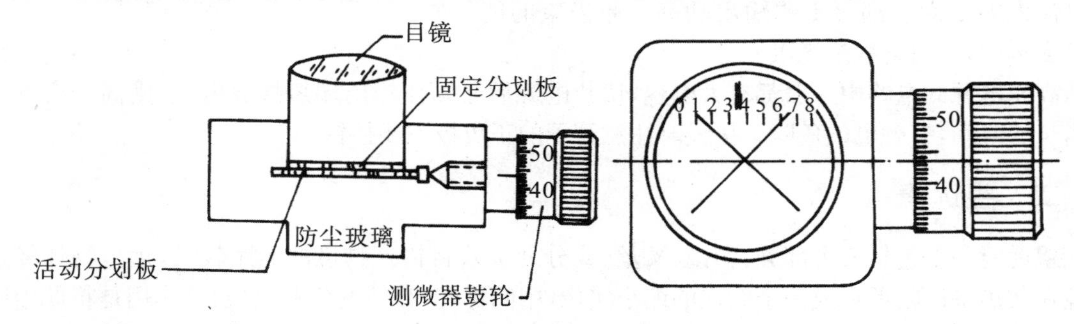

图 2-1-21　测微目镜结构与读数方法

使用时应注意使鼓轮沿一个方向转动，中途不能反转，以免空程带来误差。移动活动分划板的同时，一定要注意观察叉丝的位置，不能使它移出毫米标度线所示的范围。

四、光学仪器的调节

光学仪器的调节一般比其他仪器要难，但在实验中如果能做到对每一步骤心中有数，并对整个实验的调节步骤的科学性和逻辑性有所了解，随时运用学过的理论指导操作，加强观察分析，而不是无目的地乱调乱动，再加上细致耐心的工作作风，调好光学仪器也并不困难。光学仪器的调节大多凭眼睛观察，为有利于实验的顺利进行，在调节时还应注意以下几点：

1. 像的亮度

光经过介质(玻璃、空气、液体等)时由于反射、吸收、散射，光能量受损失而使光强减弱或使成像模糊。如果成像太暗、不易看清，可从以下几个方面加以改善：

(1) 增加光源亮度，改进聚光情况，尽量消除或减少像差。

(2) 降低背景亮度，尽可能清除杂散光的影响，如加光阑、改善暗室遮光条件等。

(3) 光源和电源电压是否稳定将影响光源发光的强度，因而当像的亮度有变化时亦应考虑光源电源电压的稳定性。

如果对被观察物体光照过强或不均匀，则其所成的像亮度亦不理想，也会产生不好的效果，因此，为使亮度适中必须注意用光。

2. 视差

在调节光学仪器或调节各种光路过程中常需判断两个像的位置或比较像和物(如叉丝)的位置是否重合，这时如果用眼睛直接观察往往并不可靠，可利用有无视差的方法来进行判断，即将眼睛左右(或上下)移动，判断物、像之间是否存在相对位移，这种相对位移称为视差。如有视差存在，则必须反复调节直至消除视差，使两像或像与物完全重合。对于望远镜，消除视差的方法是改变物镜与叉丝(包括目镜)之间的距离；对于显微镜，则应改变显微镜相对于被观察物体的距离。实际上，这两种方法都是使物体通过物镜所成的像恰好与叉丝所在的平面重合。

3. 调焦

实验中往往发现成像平面进退一段距离时，像的清晰度看不出有显著的变化，因而不易判断像的准确位置。这时可将成像平面(或透镜)进退几次，找出像开始出现模糊的两个临界位置，取其中点，多调节几次即能得到较准确的结果。

4. 光学系统各部件的共轴性

对于由多个透镜等元件组成的光路，应使各光学元件的主光轴重合，否则将严重影响成像的质量，增大实验误差，甚至观察不到应有的现象而导致实验失败。使用同轴等高的调节方法可达到此要求。参见实验九。

五、光学实验操作规程

光学仪器一般由两部分组成：机械部分和光学系统部分，由于光学仪器一般均为精密测量仪器，因此验机械部分装配极为精密。光学系统部分装有光学元件，由光学玻璃制成，为仪器的核心部件，光学实验的光路要通过光学元件。光学元件的表面质量直接影响观察和成像质量，因而其表面应严加保护，避免破损、磨损、玷污及化学侵蚀等。在进行光学实验时必须严格遵守以下操作规则：

1. 爱护光学表面

“光学表面”是指光学元件中光线透射、折射、反射等的表面，一般均经过精细抛光或镀有薄膜。为便于区别，一般非光学表面均被磨成毛面。使用中应做到：

(1) 切勿用手触摸光学表面，拿取时只能触及毛面，如透镜的侧面和棱镜的上、下底面等，正确的拿取方法如图 2-1-22。

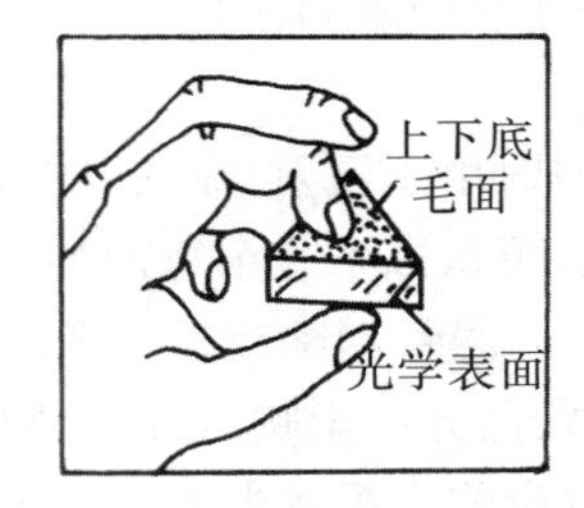

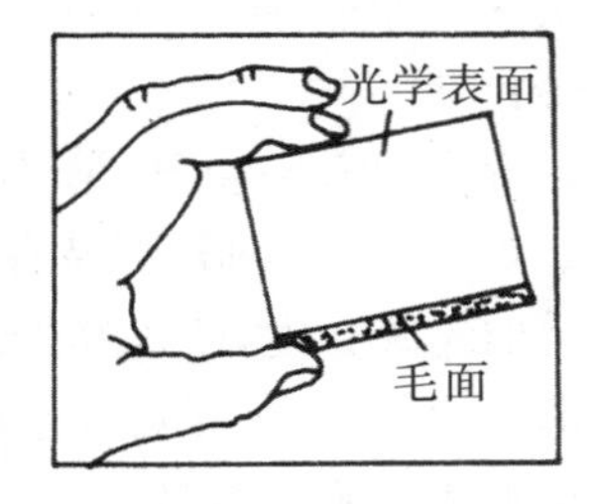

图 2-1-22 正确拿取光学表面的方法

(2) 注意保持光学表面的清洁，不要对着光学元件说话、打喷嚏、咳嗽等，使用完毕应加罩隔离，以免被灰尘玷污。

(3) 如果光学表面有玷污，切忌用手帕、衣服等擦拭，应先了解表面是否镀有薄膜。若无薄膜，可在老师指导下用洁净的擦镜纸轻轻拂拭或用清洁干燥的专用毛笔轻轻掸刷，也可用橡皮球吹拂表面。若表面镀有薄膜，应报告老师进行处理。

(4) 除实验规定外，不允许任何溶液接触光学表面。

2. 轻拿轻放仪器

使用前必须先了解仪器的结构、正确使用方法和操作要求。操作时动作要轻、缓，旋动螺钉等可动零件时切忌用力过大、速度过快。对于狭缝等精密零件要注意保护刀口，勿使其碰坏。

3. 严禁私自拆卸仪器

光学仪器装配极为精密，拆卸后难以复原，使用中严禁私自拆卸。各种旋钮不可随意乱拨，以免造成严重磨损。

4. 暗室操作注意事项

进入暗室操作时首先应熟悉各种仪器、用具安放的位置。在黑暗环境下摸索仪器、用具，应养成手贴桌面、动作轻缓的习惯，以免撞倒或带落仪器及光学元件。

5. 仪器不得随便乱放

仪器用毕或暂时不用的元件应放回箱内或加隔离罩。

6. 保护光源

各种光源均有各自所需的额定电源电压值，有的在电路上还必须串联适合灯管要求的限流器，应事先了解，正确使用，不可随便乱接插头，以免损坏光源；各种光源均有一定的使用寿命，且每燃灭一次对寿命有很大的影响，因此使用时不要过早点燃，使用中应抓紧时间操作，用毕立即熄灭。为保护灯丝，切断电源后不要立即拔下灯管。

第二节　物理实验的基本测量方法

物理实验是以测量为基础的。研究物理现象，了解物质特性，验证物理原理都要进行测量。物理测量泛指以物理理论为依据，以实验装置和实验技术为手段进行测量的过程。待测物理量的内容非常广泛，它包括运动力学量、分子物理热学量、电磁学量和光学量等。对于同一物理量，通常有多种测量方法。测量的方法及其分类方法名目繁多，如按测量内容来分，可分为电量测量和非电量测量；按测量数据获得的方式来分，可分为直接测量、间接测量和组合测量；按测量进行方式来分，可分为直读法、比较法、替代法和差值法；按被测量与时间的关系来分，可分为静态测量、动态测量和估算测量等等。本章将对物理实验中常用的几种基本测量方法做概括介绍。

比　较　法

比较法是将相同类型的被测量与标准量直接或间接地进行比较，测出其大小的测量方法。比较法可分为直接比较法和间接比较法两种。

一、直接比较法

将被测量直接与已知其值的同类量进行比较，测出其大小的测量方法，称为直接比较测量法。它所使用的测量仪表通常是直读指示式仪表，它所测量的物理量一般为基本量。例如，用米尺、游标尺和螺旋测微计测量长度；用秒表和数字毫秒计测量时间；用伏特表测量电压等。仪表刻度预先用标准量仪进行分度和校准，在测量过程中，指示标记的位移，在标尺上相应的刻度值就表示出被测量的大小。对于测量人员来说，除了将其指示值乘以测量仪器的常数或倍率外，无需做附加的操作或计算。由于测量过程简单方便，在物理量测量中的应用较为广泛。

二、间接比较法

当一些物理量难以用直接比较测量法测量时，可以利用物理量之间的函数关系将被测量与同类标准量进行间接比较，测出其值。图 2-2-1 是将待测电阻 R_x 与一个可调节的标准电阻 R_S 进行间接比较的测量示意图。若稳压电源输出 V 保持不变，调节标准电阻值 R_S，使开关 S 在“1”和“2”两个位置时，电流指示值不变，则

$$R_x = R_S = \frac{V}{I}$$

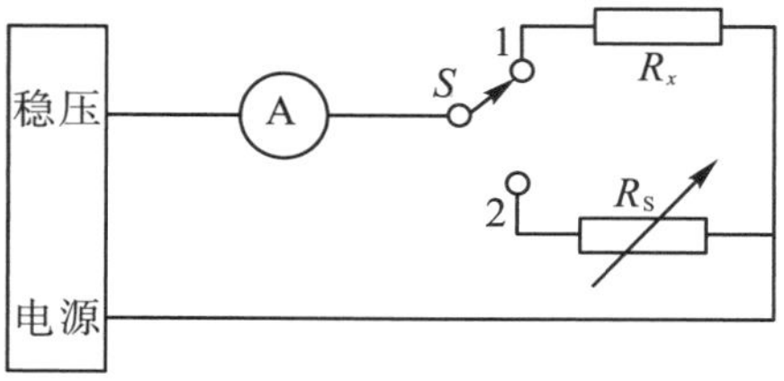

图 2-2-1　间接比较法测量示意图

如果在示波器的 X 偏转板和 Y 偏转板上分别输入正弦电压信号，其中一个为频率待测电信号，另一个为频率可调的标准电信号。若调节标准

电信号的频率，当两个电信号的频率相同或成简单的整数比时，则可以利用在荧光屏上呈现的李萨如图形间接比较两个电信号的频率。设 N_x、N_y 分别为 x 方向和 y 方向切线与李萨如图形的切点数，则

$$\frac{f_y}{f_x}=\frac{N_x}{N_y}$$

放 大 法

物理实验中常遇到一些微小物理量的测量。为提高测量精度，常需要采用合适的放大方法，选用相应的测量装置将被测量进行放大后再进行测量。常用的放大法有机械放大法、光学放大法和电子放大法等。

一、机械放大法

螺旋测微放大法是一种典型的机械放大法。螺旋测微计、读数显微镜和迈克耳孙干涉仪等测量系统的机械部分都是采用螺旋测微装置进行测量的。常用的读数显微镜的测微丝杆的螺距是 1 mm，当丝杆转动一圈时，滑动平台就沿轴向前进或后退 1 mm，在丝杆的一端固定一侧微鼓轮，其周界上刻成 100 个分格，因此当鼓轮转动一分格时，滑动平台移动了 0.01 mm，从而使沿轴线方向的微小位移用鼓轮圆周上较大的弧长精确地表示出来，大大提高了测量精度。

二、光学放大法

常用的光学放大法有两种：一种是使被测物通过光学装置放大视角形成放大像，便于观察判别，从而提高测量精度，例如放大镜、显微镜、望远镜等；另一种是使用光学装置将待测微小物理量进行间接放大，通过测量放大了的物理量来获得微小物理量，例如测量微小长度和微小角度变化的光杠杆镜尺法就是一种常用的光学放大法。

三、电子放大法

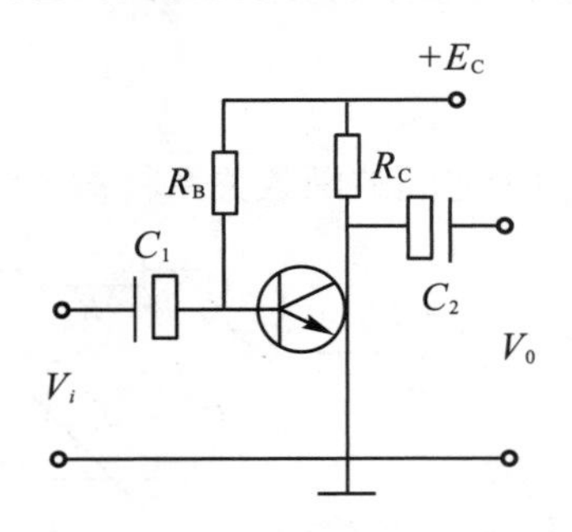

图 2-2-2　共发射极三极管放大电路

在物理实验中往往需要测量变化微弱的电信号（电流、电压或功率），或者利用微弱的电信号去控制某些机构的动作，必须用电子放大器将微弱电信号放大后才能有效地进行观察、控制和测量。电子放大作用是由三极管完成的。最基本的交流放大电路如图2-2-2所示的共发射极三极管放大电路。当微弱信号 V_i 由基级和发射极之间输入时，在输出端就可获得放大了一定倍数的电信号 V_0。

补　偿　法

补偿测量法是通过调整一个或几个与被测物理量有已知平衡关系(或已知其值)的同类标准物理量,去抵消(或补偿)被测物理量的作用,使系统处于补偿(或平衡)状态。处于补偿状态的测量系统,被测量与标准量具有确定的关系,由此可测得被测量值,这种测量方法称为补偿法,也称为平衡测量法。

如图 2-2-3 所示,两个电池与检流计串接成闭合回路,两个电池正极对正极、负极对负极相接。调节标准电池的电动势 E_0 的大小,当 E_0 等于 E_x 时,则回路中没有电流通过(检流计指针指零),这时两个电池的电动势相互补偿了,电路处于补偿状态。因此,利用检流计就可判断电路是否处于补偿状态,一旦处于补偿状态,则 E_x 与 E_0 大小相等,就可知道待测电池的电动势大小了。这种测量电动势(或电压)的方法就是典型的补偿法。

图 2-2-4 所示的惠斯登电桥,R_S、R_1 和 R_2 为标准电阻,R_x 为待测电阻,调节 R_S,当通过检流计的电流为零时,C 和 D 两点的电位相等,桥臂上的电压相互补偿,此时电桥处于平衡状态,则有

$$R_x = \frac{R_1}{R_2}R_S = CR_S$$

当比较臂 R_S 和比率臂 C 已知时,就可测得 R_x 的值。

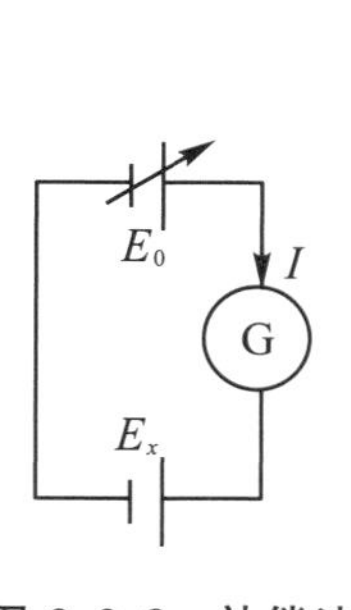

图 2-2-3　补偿法

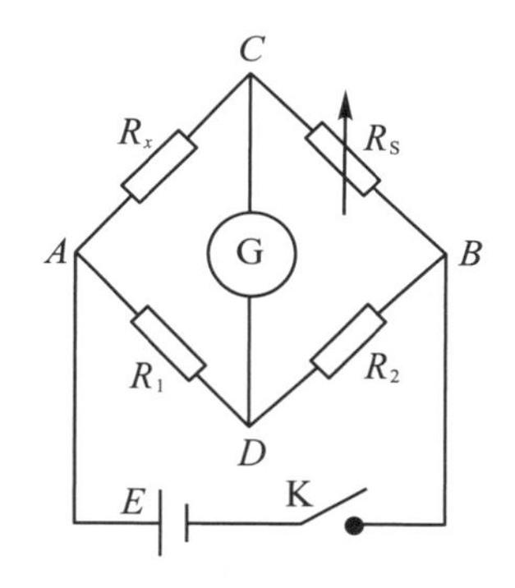

图 2-2-4　惠斯登电桥

由上可见,补偿测量法的特点是测量系统中包含有标准量具,还有一个指零部件。在测量过程中,被测量与标准量直接比较,测量时要调整标准量,使标准量与被测量之差为零,这个过程称为补偿或平衡操作。采用补偿测量法进行测量的优点是可以获得比较高的精确度,但是测量过程比较复杂,在测量时要进行补偿操作。这种测量方法在工程参数测量和实验室测量中应用很广泛,如用天平测质量、零位式活塞压力计测压、电位差计及平衡电桥测毫伏信号及电阻值等。

模　拟　法

人们在研究物质运动规律、各种自然现象和进行科学研究、解决工程技术问题中,常会

遇到一些由于研究对象过分庞大，变化过程太迅猛或太缓慢，所处环境太恶劣或太危险等情况，以致对这些研究对象难以进行直接研究和实地测量。于是，人们以相似理论为基础，在实验室中，模拟理想情况，制造一个与研究对象的物理现象或过程相似的模型，使现象通过重现、延缓或加速等来进行研究和测量，这种方法称为模拟法。模拟法可分为物理模拟法和数学模拟法两类。

一、物理模拟法

物理模拟就是人为制造的模型与实际研究的对象保持相同物理本质的物理现象或过程的模拟。例如，为研制新型飞机，必须掌握飞机在空中高速飞行时的动力学特性，通常先制造一个与实际飞机几何形状相似的模型，将此飞机模型放入风洞（高速气流装置），创造一个与原飞机在空中实际飞行完全相似的运动状态，通过对飞机模型受力情况的测试，便可方便地在较短的时间内以较小的代价取得可靠的有关数据。

二、数学模拟法

数学模拟是指两个物理本质完全不同，但具有相同的数学形式的物理现象或过程的模拟。例如本书实验八中，静电场与稳恒电流场本来是两种不同的场，但这两种场所遵循的物理规律具有相同的数学形式，因此，我们可以用稳恒电流场来模拟难以直接测量的静电场，用稳恒电流场中的电位分布来模拟静电场的电位分布。

把上述两种模拟法很好地配合使用，更能见成效。随着微机的不断发展和广泛应用，用微机进行模拟实验更为方便，并能将两者很好地结合起来。

模拟法是一种极其简单易行且有效的测试方法，在现代科学研究和工程设计中被广泛地应用。例如在发展空间科学技术的研究中，通常先进行模拟实验，以获得可靠的必要的实验数据。模拟法在水电建设、地下矿物勘探、电真空器件设计等方面都大有用处。

干　涉　法

干涉法是应用相干波产生干涉时所遵循的规律进行有关物理量测量的方法。通常利用干涉法来测量长度、角度、波长、气体或液体的折射率和检测各种光学元件的质量等。现举例如下：

一、应用瑞利干涉仪测定气体折射率

瑞利干涉仪是以双缝干涉原理为基础的。如图 2-2-5 所示，线光源 S 发出的单色光，经凸透镜 L_1 后成为平行光线。这些平行光垂直地照射到双缝 S_1、S_2 上。由 S_1、S_2 发出的相干光在凸透镜 L_2 的焦平面 A 上产生明暗相间的干涉条纹。在焦平面 A 上任意一点 P 相交的相干光线 1、2 间的光程差 δ 为

$$\delta = b\sin\theta$$

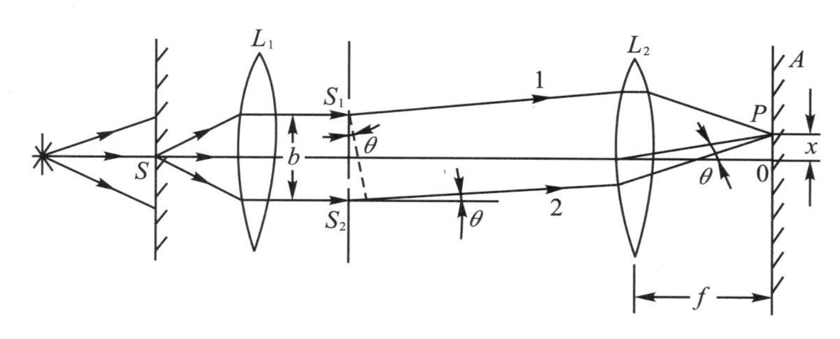

图 2-2-5　双缝干涉原理图

式中，θ 为光线 1、2 与 L_2 的光轴间的夹角，b 为双缝 S_1 和 S_2 的间距。当 θ 很小时

$$\delta = b\theta$$

$$x = f\tan\theta = f\theta$$

$$\delta = b\frac{x}{f}$$

当

$$\delta = \pm k\lambda \quad (k = 0,1,2,\cdots)$$

产生明条纹，由此可得干涉明条纹中心位置

$$x = \frac{f}{b}\delta = \pm\frac{f}{b}k\lambda \tag{2-2-1}$$

式(2-2-1)中，f 为 L_2 的焦距，λ 为入射单色光波长。

由

$$\delta = \pm(2k+1)\frac{\lambda}{2} \quad (k=0,1,2,\cdots)$$

得出暗条纹中心位置

$$x = \pm(2k+1)\frac{f}{b}\frac{\lambda}{2} \tag{2-2-2}$$

相邻明(或暗)干涉条纹之间的距离

$$e = \frac{f}{b}\lambda$$

瑞利干涉仪测气体折射率的工作原理图如图 2-2-6 所示。与图 2-2-5 相比，仅在双缝

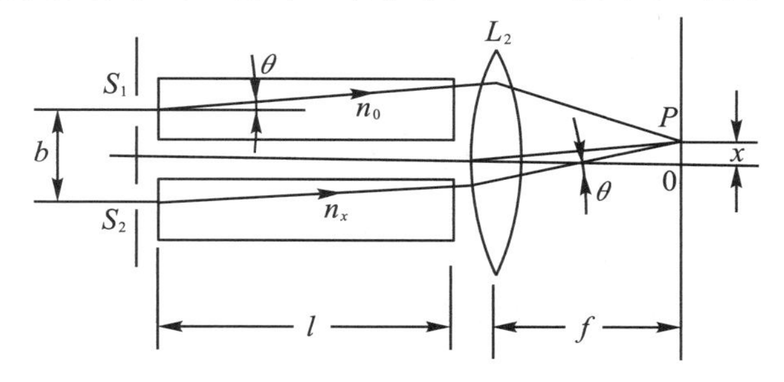

图 2-2-6　瑞利干涉仪工作原理图

S_1、S_2与 L_2 之间，设置两个几何形状和材料完全一样的相互平行的长方形气室。若气室长为l，一个盛满已知折射率为 n_0 的气体(或抽成真空)，另一个盛满待测折射率为 n_x 的气体，这样由于光线 1、2 在传播过程中经过不同折射率的媒质，使它们到焦平面上 P 点的光程差变为

$$\begin{aligned}\delta &= (n_x - n_0)l + b\theta = (n_x - n_0)l + b\frac{x}{f} \\ &= \frac{b}{f}\left[x + \frac{f}{b}(n_x - n_0)l\right]\end{aligned} \tag{2-2-3}$$

比较式(2-2-1)和式(2-2-3)可知，同级明、暗条纹将向折射率较大的气体一侧平移$\frac{f}{b}(n_x - n_0)l$，但相邻明(或暗)条纹的间距保持不变。用相邻明条纹间距去除平移的距离，就得到焦平面上任一点处平移过去的条纹数 N，即

$$N = \frac{(n_x - n_0)l}{\lambda}, \quad n_x = \frac{N\lambda}{l} + n_0$$

因此，通过瑞利干涉仪测量出平移的条纹数 N，就可测出待测气体的折射率。瑞利干涉仪也可用来测定液体的折射率。

二、用劈尖干涉法测量玻璃细丝的直径

劈尖干涉法是以光的等厚干涉原理为基础的。如图 2-2-7 所示，将待测的玻璃细丝放在两块平板玻璃之间的一端，由此形成劈尖形空气隙。当用波长为 λ 的单色光垂直照射在玻璃板上时，则在空气隙的上表面形成一组平行于劈棱的明暗相间的等间距干涉条纹。两相邻明(或暗)条纹所对应的空气隙厚度之差为半个波长。因此，若劈尖的长度为 L，单位长度中所含的干涉条纹数为 N，则细玻璃丝的直径为

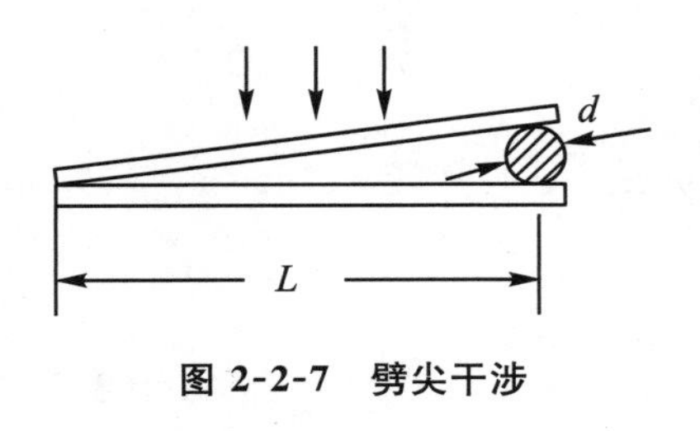

图 2-2-7 劈尖干涉

$$d = N \cdot L\frac{\lambda}{2}$$

劈尖干涉法还可用来检测光学玻璃表面光洁度，只需将待测玻璃面与一块平板光学玻璃构成劈尖，当用单色光垂直照射时，观察其形成的等厚干涉条纹，若条纹产生弯曲，则说明该处的待测玻璃面不平整。

非电量电测法

在科学研究、工农业生产、国防建设和人们的日常生活中，人们得到的信息绝大多数是非电量信息，这些信息许多难以精确测量，而且即使能被检测出来，也难以放大、处理和传输。为此，需要有一种特殊功能的装置来灵敏、精确地检测有关信息并把这些信息变成便于处理的物理量。由于电信号易于放大、处理、存储和远距离传输，且易于计算机采集，所以目前大多是将被

测的非电量转换为电量进行测量，形成非电量电测技术。

由于非电量电测技术具有测量精度高，反应速度快，能自动、连续地进行测量以及便于远距离测量等优点，在现代科技中得到广泛的应用。非电量电测系统一般包括传感器（信息的获得）、转换电路（信息的转换）、指示器、记录仪（信息的显示）等部分。

其相互关系为

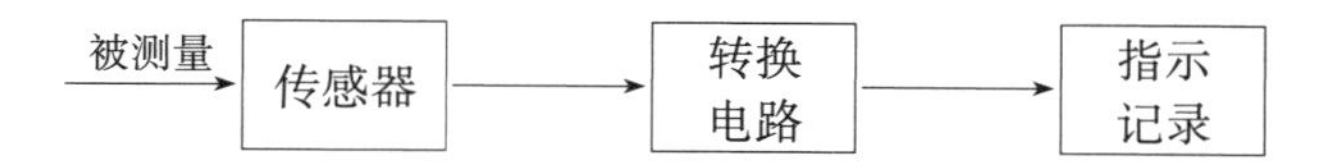

传感器是一种能以一定的精确度把被测量转换为与之有确定对应关系的、便于应用的某种物理量（主要是电量，如电流、电压、电阻、电容、频率和阻抗等）的器件。传感器以前也称为变送器、变换器、换能器等，现在统称为传感器。传感器行业是知识密集、技术密集型的行业，传感器与许多学科技术有关，它的种类繁多，分类方法也很多，表 2-2-1 给出了常见的分类。

表 2-2-1　传感器的分类

分类方法	传感器的种类	说　明
按输入量分类	位移传感器、速度传感器、温度传感器、压力传感器等	传感器以被测物理量命名
按工作原理分类	应变式、电容式、电感式、压电式、热电式等	传感器以工作原理命名
按物理现象分类	结构型传感器	传感器依赖其结构参数变化实现信息转换
	物性型传感器	传感器依赖其敏感元件物理特性的变化实现信息转换
按能量关系分类	能量转换型传感器	传感器直接将被测量的能量转换为输出量的能量
	能量控制型传感器	由外部供给传感器能量，由被测量来控制输出的能量
按输出信号分类	模拟式传感器	输入为模拟量
	数字式传感器	输出为数字量

传感器在科学技术和非电量电测系统中占有非常重要的地位。下面主要对科学技术和物理实验中常用到的，获得非电量信息并将其转换为电量的一些传感器，及这些传感器在非电量电测法中的应用做概括的介绍。

一、电阻式传感器及其应用

电阻式传感器结构简单，应用广泛，其基本原理是利用电阻元件将被测物理量（位移、温度、力和加速度等）的变化转换成电阻值的变化，再经相应的测量电路（通常用桥式电路）变成电压或电流输出，最后达到测量该物理量的目的。

电阻式传感器按其工作原理可分为电阻应变式传感器、压阻式传感器、热电阻传感器等。

1. 电阻应变式传感器

电阻应变式传感器是一种利用金属电阻应变片将应变转换为电阻变化的传感器。金属电阻应变片分为金属丝式和金属箔式两类，其典型结构如图 2-2-8 所示。其中图 2-2-8(a)为金属丝式应变片，图 2-2-8(b)为金属箔式应变片。任何非电量(如力、压力、扭矩、位移、加速度等)只要设法变换为应变，都可利用电阻应变片进行测量。例如，在测量力时，可将电阻应变片粘贴在承受被测力的弹性元件上，当力作用在弹性元件上时，它将产生应变，通过粘贴胶将此应变传递给电阻应变片，从而使应变片的电阻产生变化。由于弹性元件的应变与所承受力的大小成比例，故应用桥式测量电路测出电阻应变片的电阻变化值即可测出力的大小。

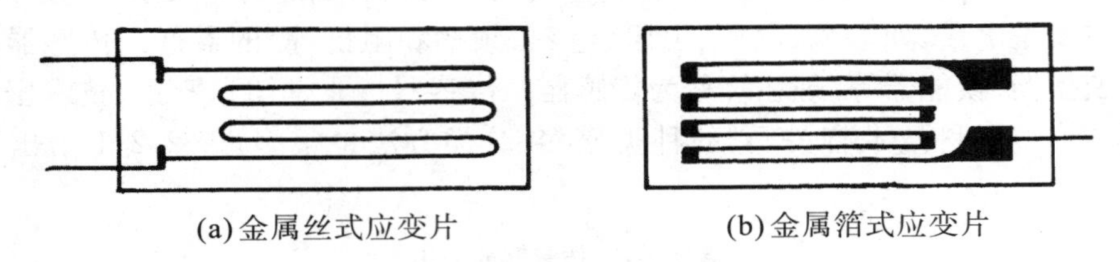

图 2-2-8 金属电阻应变片

测量加速度的应变式传感器的基本原理如图 2-2-9 所示。通常由惯性质量、弹性元件、电阻应变片、壳体及基座等组成。当应变式加速度传感器和被测运动物体联结在一起以加速度 a 沿图示方向运动时，质量块 M 感受惯性力 $F=-Ma$，引起悬臂梁弹性元件的弯曲，其上对称粘贴的电阻应变片 R_1 和 R_2 产生应变，使其电阻值分别改变为 $R_1+\Delta R_1$ 和 $R_2-\Delta R_2$，由差动电桥测出电阻变化量，则可测出力 F 的大小，在已知质量 M 的情况下，即可测得物体的运动加速度。

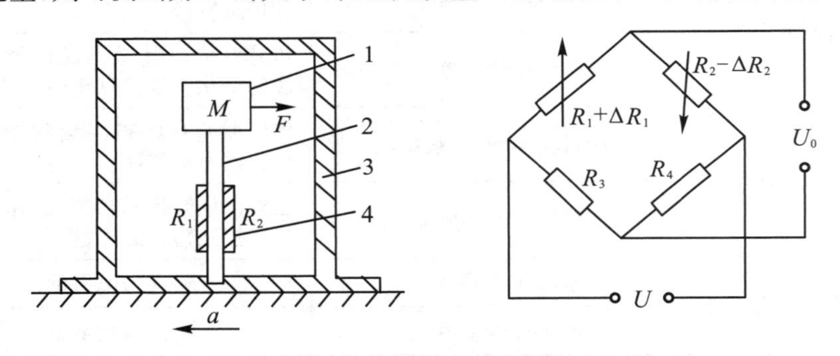

图 2-2-9 应变式加速度传感器及测量电路

1. 惯性质量； 2. 弹性元件； 3. 壳体； 4. 电阻应变片

2. 压阻式传感器

金属电阻应变片测量应变的原理是由于金属电阻体的形状发生变化而引起其电阻值发生变化。压阻式传感器是以半导体晶体的压阻效应及晶体的各向异性为基础的。半导体的压阻效应是指当半导体晶体的某一晶面受到应力作用时，其电阻率会产生变化的现象。

压阻式传感器主要有两种类型：一类是以半导体材料的晶体电阻做成粘贴式应变片；另一类是以半导体单晶材料作为敏感元件，并在其上扩散制成 P 型或 N 型电阻，做成压阻式传感器。

压阻式传感器的灵敏系数大,分辨率高,频率响应高,体积小,主要用于测量压力、加速度和载荷等参数。压阻式压力传感器由外壳、硅膜片和引线组成。其简单结构如图 2-2-10 所示。其核心部分是一块圆形硅膜片,在膜片上利用集成电路的工艺方法扩散片上四个阻值相等的电阻,用导线将其构成平衡电桥。膜片的四周用圆环(硅环)固定。

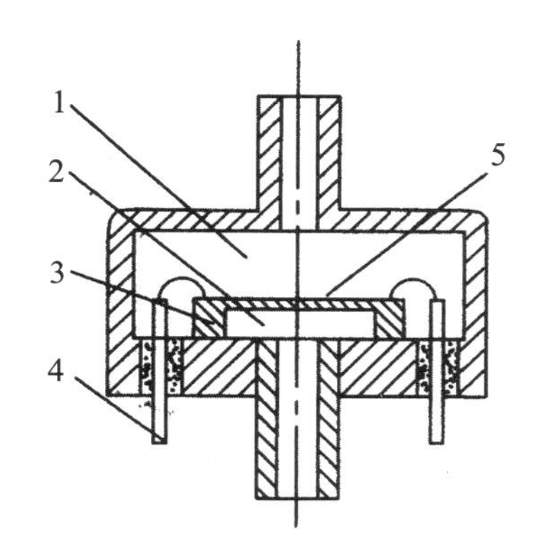

图 2-2-10　压阻式压力传感器结构简图

1. 低压腔;　2. 高压腔;　3. 硅环;　4. 引线;　5. 硅膜片

膜片的两边有两个压力腔,一个是与被测系统相连接的高压腔;另一个是低压腔,一般与大气相通。

当膜片两边存在压力差时,膜片产生变形,膜片上各点产生应力。四个电阻在应力的作用下,阻值发生变化,电桥失去平衡,输出相应的电压。该电压与膜片两边的压力差成正比。这样,测得不平衡电桥的输出电压,就测出了膜片受到的压力差的大小。

二、电容式传感器及其应用

电容式传感器是把各种被测参数转换成电容量的一种传感器。它实际上就是一个具有可变参数的电容器,根据改变电容量方法的不同,可分为变间隙式、变面积式、变介电常数式三种。图 2-2-11 为变间隙式电容传感器原理图。当动极板在被测参量的作用下发生向上位移时,使间隙 δ_0 减小了 $\Delta\delta$,则电容增大 ΔC,

$$C_0 + \Delta C = \frac{\varepsilon S}{\delta_0 - \Delta\delta}$$

图 2-2-12 为电容传感器桥式测量电路,高频电源经变压器接到电容桥的一条对角线上,电容 C_1、C_2、C_3 和 C_x 构成电容桥的四臂,C_x 为电容传感器。交流电桥平稳时,

$$\frac{C_1}{C_2} = \frac{C_x}{C_3}$$

则输出电压 $U_0=0$。当 C_x 改变时,$U_0\neq0$,有输出电压,对于变间隙式电容传感器,ΔC_x 值与 $\Delta\delta$ 成正比,因此由输出电压就可测知 $\Delta\delta$,从而获得引起 $\Delta\delta$ 的被测物理量。

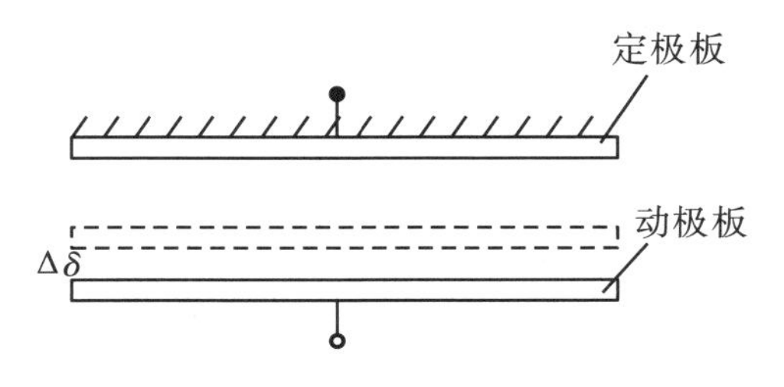

图 2-2-11　变间隙式电容传感器

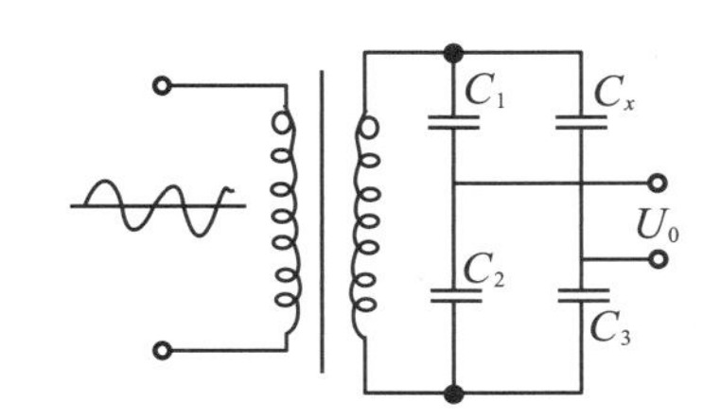

图2-2-12　电容传感器桥式测量电路

电容式传感器可用于压力、位移、振动、加速度、液面、料面、成分含量等方面的测量。

三、电感式传感器及其应用

电感式传感器是把被测量转换为线圈的自感系数 L 或互感系数 M 的变化来实现测量的一种装置。电感式传感器可以分成两类：一类是依据自感原理，把被测量转换为自感系数 L 的变化，自感式传感器通常就是人们所谓的电感式传感器；另一类是把被测量转换为传感器的初级线圈与次级线圈间的耦合程度引起互感系数 M 的变化，由于它是利用变压器原理，形成差动结构，故常称为差动变压器式传感器。

电感式传感器主要用于测量位移及凡能转换为位移变化的参数，如力、张力、压力、加速度、流量等。图 2-2-13 是一种电感式压力传感器的示意图。被测压力变化时，弹簧管 1 的自由端产生位移，带动衔铁 2 移动，使传感器线圈 5、6 中的电感值一个增加、一个减小。线圈分别装在铁芯 3 和铁芯 4 上，衔铁的初始位置可用螺钉 7 调节，开始时将衔铁调在中间位置，即位移为零，此时两线圈电感相等，两线圈中的电流也相等，负载 Z_L 上无电流通过，输出电压 $U_0=0$。当弹簧管接通被测气体时，使衔铁产生位移，电流不相等，$U_0\neq0$。输出电压 U_0 的大小取决于衔铁位移的大小，其相位取决于衔铁移动的方向，由此就可测定压力 P 的大小。

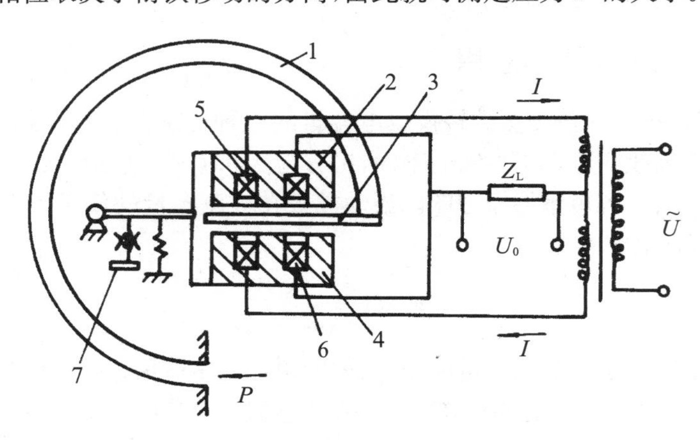

图 2-2-13 电感式压力传感器示意图

1. 弹簧管； 2. 衔铁； 3,4. 铁芯； 5,6. 线圈； 7. 调节螺钉

四、压电式传感器及其应用

压电式传感器是一种典型的自发电式传感器，是一种将机械能转换为电能的能量转换型传感器。它是以某些物质的压电效应为基础的。一些强电介质晶体，例如石英晶体、压电陶瓷等，当沿一定方向对其施加压力或拉力而使之产生形变时，在它们的某两个表面上会产生大小相等、符号相反的电荷；当外力去除后，又恢复到不带电状态；当作用力方向改变时，电荷的极性也随之改变；晶体受力所产生的电荷量与外力的大小成正比。这种现象称为正压电效应，如图 2-2-14 所示。反之，如在片状压电材料的两个电极面上

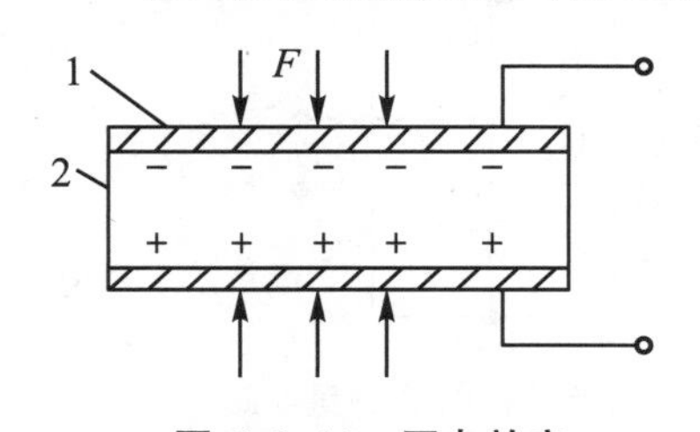

图 2-2-14 压电效应

1. 银电极； 2. 压电材料

施加一交变电场，则压电片将产生机械振动，即压电片在电极方向有伸缩现象，这种现象称为电致伸缩效应。因为这个现象与压电效应相反，故又叫作逆压电效应。

压电传感器的基本原理就是利用压电材料的压电效应这个特性，即当有一力作用在压电材料上时，传感器就有电荷（或电压）输出，因此从它可测出基本参数来讲，它是一种力传感器。

压电式传感器的应用十分广泛，它除了能用于测量动态作用力、压力和加速度等参量外，还可测量温度、位置、厚度、湿度等物理量。例如，石英晶体温度计就是利用沿 Y 切割的石英晶体片的频率与温度呈线性关系这一特性而制成的。

五、磁电式传感器及其应用

磁电式传感器是通过磁电作用将被测量，如位移、振动、转速、压力、磁场等转换成电动势输出的一种传感器。常用的磁电式传感器有磁电感应式传感器和霍尔式传感器。

1. 磁电感应式传感器

磁电感应式传感器也称为电动式传感器。它是依据电磁感应原理，将运动速度转换成线圈中的感应电势输出。它的工作不需要电源，而是直接吸收被测物体的机械能量并转换成电信号输出。它和压电式传感器一样都是机-电能量变换型传感器。

磁电感应式传感器由永久磁铁和线圈等组成。它的工作原理如图 2-2-15 所示。当线圈垂直于磁场方向，以速度 v 相对磁场做直线运动，或以角速度 ω 相对磁场做旋转运动时，根据法拉第电磁感应定律可知，线圈中将产生感应电势。

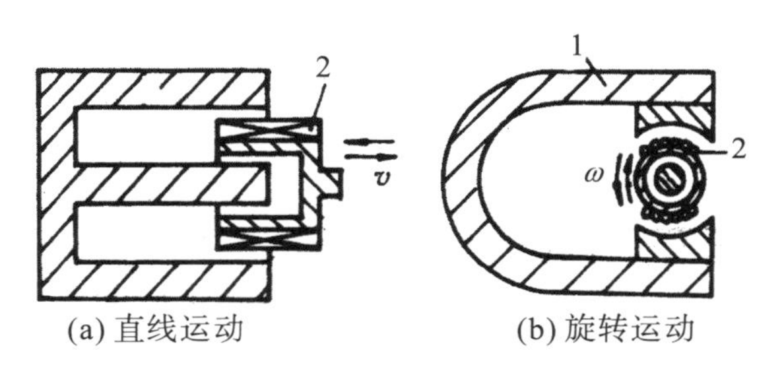

(a) 直线运动　　(b) 旋转运动

图 2-2-15　磁电式传感器的工作原理

1. 永久磁铁；　2. 线圈

当传感器的结构参数确定后，感应电势 e 与线圈相对磁场的运动速度（v 或 ω）成正比。

由上述工作原理可知，磁电感应式传感器只适用于动态测量，可直接测量振动物体的速度和旋转体的角速度。如果在其测量电路中接入积分电路或微分电路，就可用来测量位移或加速度。

2. 霍尔式传感器

霍尔式传感器是利用霍尔元件，依据霍尔效应原理将被测物理量，如磁场、位移、压力等转换成电动势输出的一种传感器。

如图 2-2-16 所示，将一块长 l、宽 b、厚 d 的 N 型半导体置于磁场 B 中，当通以电流 I 时，在与 I、B 垂直的方向产生的霍尔电动势为

$$U_{\mathrm{H}}=\frac{IB}{ned}=\frac{R_{\mathrm{H}}IB}{d}=K_{\mathrm{H}}IB$$

式中，e 为电子电荷，n 为电子浓度，d 为霍尔元件的厚度，$R_H=\frac{1}{ne}$为霍尔系数，它表示材料霍尔效应的强弱。$K_H=\frac{1}{ned}$为霍尔元件灵敏度，它表示在单位控制电流和单位磁感应强度时的霍尔电势的大小，它与霍尔元件材料的物理性质及几何尺寸有关。

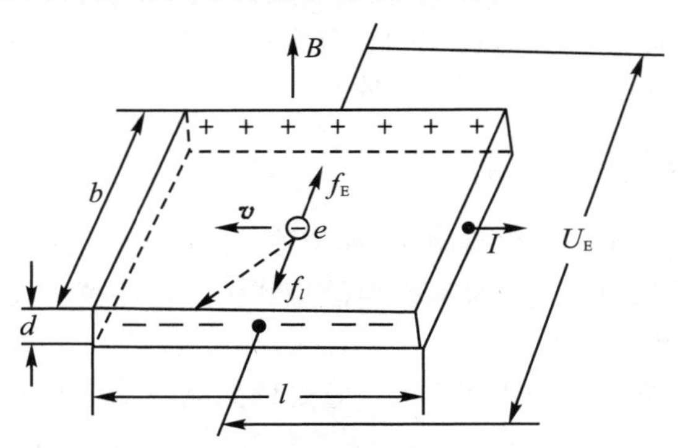

图 2-2-16 霍尔效应原理图

如果霍尔元件材料是 P 型半导体，载流子是空穴，若空穴浓度为 p，则霍尔电势为 $U_H=\frac{IB}{ned}$。

目前最常用的霍尔元件材料是锗(Ge)、硅(Si)、锑化铟(InSb)和砷化铟(InAs)等半导体材料。由于金属材料中自由电子浓度 n 很高，因此 R_H 很小，使输出 U_E 极小，不宜做霍尔元件。

霍尔元件的结构如图 2-2-17 所示，矩形半导体单晶薄片的长度方向两端面上焊着两根引线(图中 1-1 线)，称为控制电流端引线。通常用红色导线标记，其焊接处称为控制电流极。在薄片的另外两侧端面的中间以点的形式对称地焊有两根霍尔输出端引线(图中 2-2 线)，通常用绿色导线，其焊接处称为霍尔电极。霍尔元件的壳体是用非导磁金属、陶瓷或环氧树脂封装。霍尔元件在电路中常用图 2-2-18(a)所示的符号表示。霍尔传感器的基本电路如图 2-2-18(b)所示。图中 R 用于调节控制电流 I，负载 R_L 可以是放大器或显示、记录器。

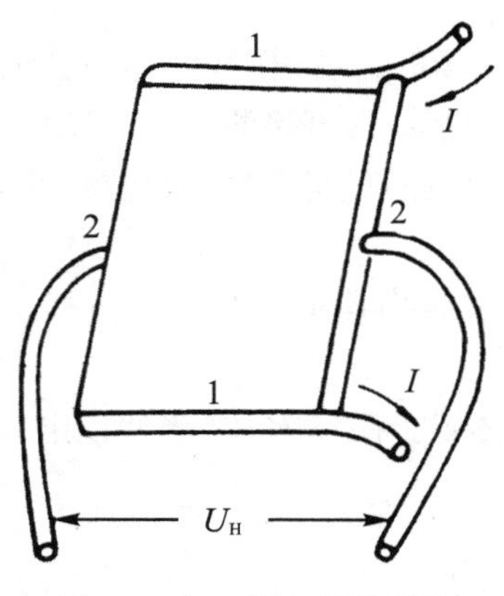

图 2-2-17 霍尔元件结构

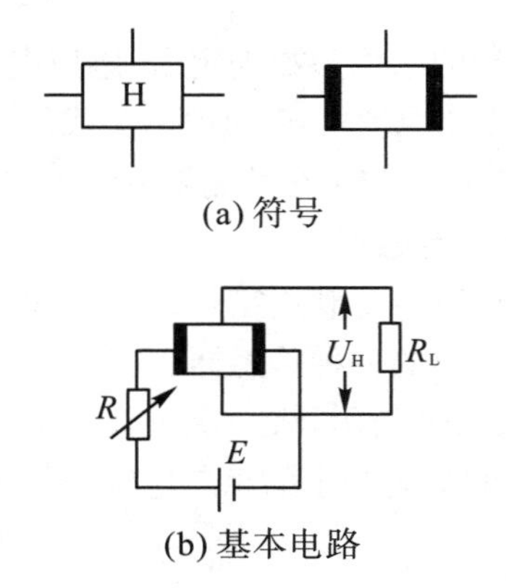

图 2-2-18 霍尔元件符号及基本电路

六、热电式传感器及其应用

1. 热电阻传感器

热电阻传感器是利用电阻随温度变化而变化的特性制成的。它主要用于对温度和与温度有关的参量进行检测。按热电阻的性质来分，可分为金属热电阻和半导体热电阻两类。前者通常简称为热电阻，后者称为热敏电阻。纯金属电阻的相对变化率(R_0 是相应金属在零摄氏度的电阻)与温度之间的关系如图 2-2-19 所示。由图可见，铂的电阻相对变化率与温度关系在 0 ℃以上时近似线性。金属铜在 −50～150 ℃范围内也接近线性。因此铂和铜是常做热电阻的金属材料。

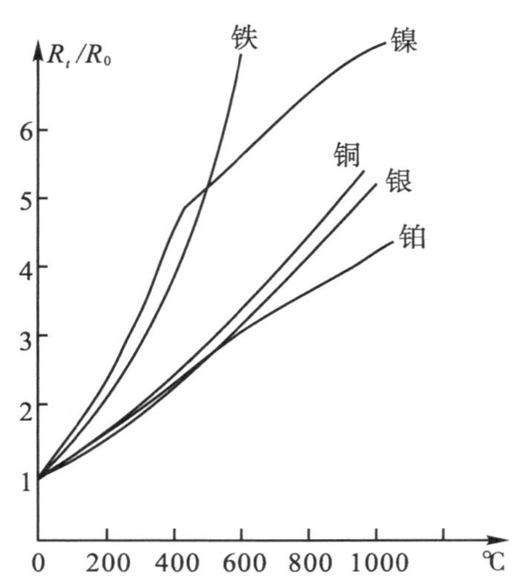

图 2-2-19　纯金属电阻的相对变化率与温度之间的关系

金属热电阻由电阻体、绝缘套管和接线盒等部件构成，其中电阻体是热电阻的主要部分。铂电阻体是用很细的铂丝绕在云母、石英或陶瓷支架上做成的。铂电阻的特点是精度高、稳定性好、性能可靠、测温范围大，是公认的工业用热电阻。因铂是贵重金属，在一些测量精度要求不高且温度较低的场合，则普遍采用铜电阻，可用于测量 −50～150 ℃的温度。

金属热电阻传感器在工业上广泛用于 −200～500 ℃范围的温度测量。在特殊情况下，测量低温端可达 3.4 K，高温端可达 1000 ℃。

金属热电阻传感器除用作测温外，还可用于真空度、气体介质成分与流速等的检测。如图 2-2-20 所示，把铂丝装于与被测介质相连通的玻璃管内，铂电阻丝由较大的(一般大负荷工作状态为 40～50 mA)恒定电流加热，管内被测介质的真空度、或介质成分比例、或流速的变化都将引起管内气体导热系数的变化，使铂丝的平衡温度及其电阻值随之变化，在其他非被测量保持不变的情况下，用电桥电路测出电阻变化值，就可测得被测量。

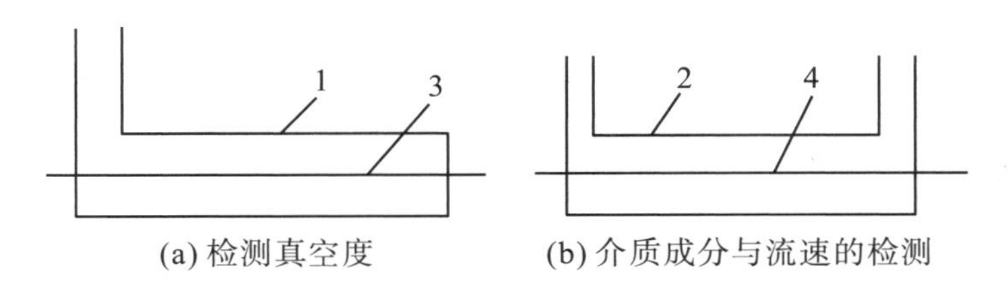

(a) 检测真空度　　(b) 介质成分与流速的检测

图 2-2-20　金属丝热电阻作为气体传感器的应用

1. 连通玻璃管；　2. 流通玻璃管；　3，4. 铂丝

热敏电阻是一种由半导体材料制成的新型电阻，大部分由金属氧化物粉末按一定比例混合经高温烧结而成。可根据使用要求的不同，做成各种形状，如杆状、珠状、片状等。按半导体电阻随温度变化而变化的典型特性，热敏电阻可分为三种类型，即负电阻温度系数的热敏电阻

(NTC)、正电阻温度系数热敏电阻(PTC)和在某一特定温度下电阻值会发生突变的临界温度热敏电阻(CTR)。它们的特性曲线如图 2-2-21 所示，使用 CTR 型热敏电阻可制成理想的热控制开关。但在温度测量中，主要采用 NTC 型热敏电阻，其电阻温度特性如下式表示：

$$R_r = R_0 \exp\left[B\left(\frac{1}{T} - \frac{1}{T_0}\right)\right]$$

式中，R_r、R_0 分别为温度 T (K)和 T_0 (K)时热敏电阻的阻值；B 为热敏电阻的材料系数，一般情况下 B＝2000～6000 K。

半导体热敏电阻具有灵敏度高、体积小、热惯性小、动态特性好、寿命长、构造简单等优点，非常适宜于测量微弱的温度变化、温差以及温度场的分布，并适于快速测温、点温测量及表面温度测量，它的测温范围一般为－10～300 ℃，也可做到－200～10 ℃和 300～1200 ℃。典型的测温电路如图 2-2-22 所示。图中 R_T 为热敏电阻，R_2、R_3 为平衡电阻，R_1 为起始电阻，R_4 为满刻度电阻，R_7、R_8、R_9 为分压电阻，R_5、R_6 为微安表修正、保护电阻。也可将电桥输出接至放大器的输入端或自动记录仪表上去。这种测量电路的精度可达 0.1 ℃。

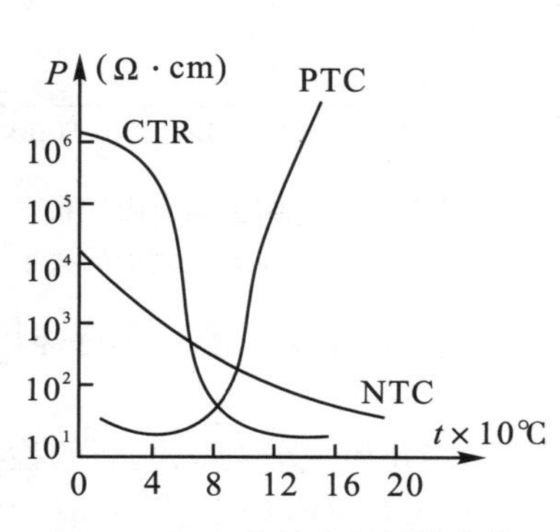

图 2-2-21 热敏电阻特性曲线

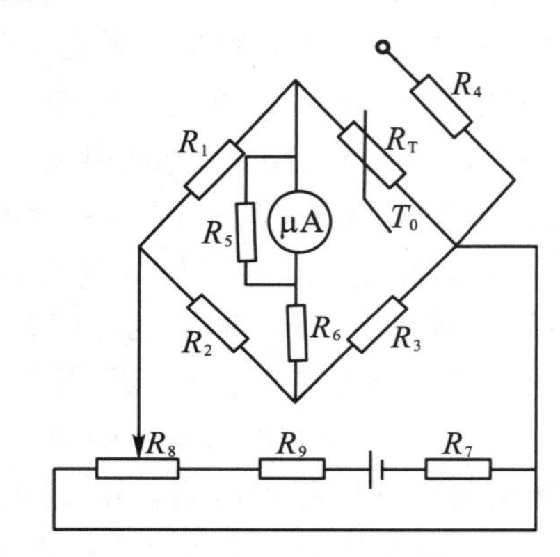

图 2-2-22 测温电路

热敏电阻传感器应用范围很广，除用于温度测量外，还可用于温度控制、温度补偿、自动增益调整、气压测定、气体和液体分析、火灾报警、过负荷保护和红外探测等方面。

2. 热电偶传感器

两种不同材料的导体或半导体连接成如图 2-2-23 所示的闭合回路，如果两个结合点的温度不同，则在回路中产生电动势，通常称为热电动势，这种现象称为热电效应或塞贝克效应。这两种不同导体或半导体的组合就称为热电偶。每根单独的导体或半导体称为热电极。两个结点中，一个叫工作端或热端(T)，另一个叫自由端或冷端(T_0)。

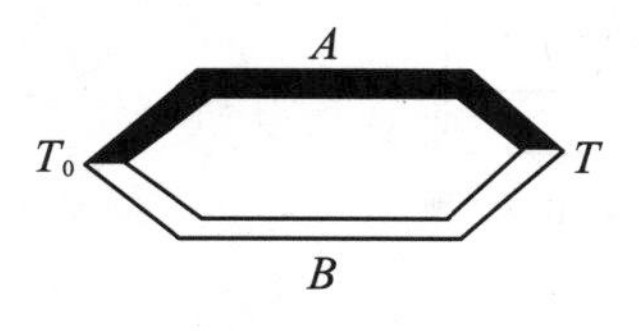

图 2-2-23 热电偶

热电效应的本质是热电偶吸收了被测体的热能并将其转换为电能的一种能量转换现象。热电偶的热电势的大小与两热电极材料的性质及两结点的温度差有关。它由两种不同导体的接触电动势和单一导体的温差电动势组成。

两种不同导体的接触电动势又称珀尔帖电动势。当自由电子浓度不同的 A、B 导体接触时，

若 A 导体的自由电子浓度 N_A 大于 B 导体的自由电子浓度 N_B，则由于扩散作用，在同一瞬间，由 A 扩散到 B 的电子将比由 B 扩散到 A 的电子多，从而使 A 带正电荷，B 带负电荷，形成一个从 A 指向 B 的静电场 E_S，如图 2-2-24 所示。该电场将使电子向相反方向转换，当电场作用与扩散作用达到平衡时，在 A、B 之间形成的电位差，称为接触电动势。在 T 和 T_0 端产生的接触电动势分别为

$$E_{AB}(T)=\frac{kT}{e}\ln\frac{N_A}{N_B}$$

$$E_{AB}(T_0)=\frac{kT_0}{e}\ln\frac{N_A}{N_B}$$

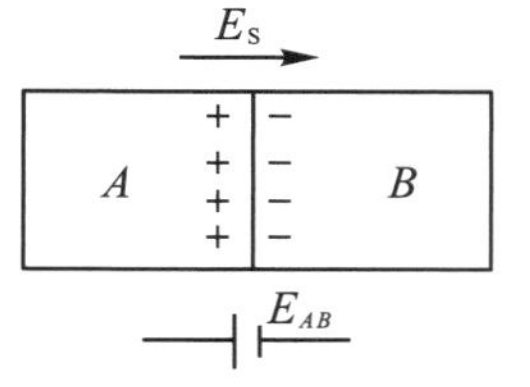

图 2-2-24　接触电动势

回路总接触电动势

$$E_{AB}(T)-E_{AB}(T_0)=\frac{k(T-T_0)}{e}\ln\frac{N_A}{N_B}$$

式中，e 为电子电荷的绝对值，N_A、N_B 为电子浓度，k 为玻尔兹曼常数。

温差电动势又称为汤姆逊电动势。当同一导体的两端温度不相同时，由于高温端电子能量比低温端的电子能量大，因而由高温端跑到低温端的电子数比从低温端跑到高温端的要多，结果高温端失去电子而带正电荷，低温端得到电子而带负电荷，形成一个由高温端指向低温端的静电场，该电场要使电子向反方向运动，当达到平衡时，在导体两端形成的电位差称为温差电动势。A、B 导体分别产生的温差电动势为

$$E_A(T,T_0)=\int_{T_0}^{T}\sigma_A\mathrm{d}T$$

$$E_B(T,T_0)=\int_{T_0}^{T}\sigma_B\mathrm{d}T$$

热电偶回路总的温差电动势为

$$E_A(T,T_0)-E_B(T,T_0)=\int_{T_0}^{T}(\sigma_A-\sigma_B)\mathrm{d}T$$

式中，σ_A、σ_B 分别为导体 A、B 的汤姆逊系数。

由导体 A、B 组成的热电偶回路总的热电动势为

$$E_{AB}(T,T_0)=\frac{k(T-T_0)}{e}\ln\frac{N_A}{N_B}+\int_{T_0}^{T}(\sigma_A-\sigma_B)\mathrm{d}T$$

当热电偶回路的一个端点保持温度不变（例保持为 0 ℃）时，则对一定材料的热电偶来说，其总热电动势 $E_{AB}(T,T_0)$ 只随另一端点的温度变化而变化，故常以此来测量温度。

在热电偶回路中接入第三种材料的热电偶，只要第三种导线两端的温度相同，则第三种导线的引入不会影响热电偶的热电势，这一性质称为中间导体定律。从实用观点来看，这一性质很重要，它使我们可以在回路中引入各种仪表、连接导线，而不必担心会对热电势有影响，而且也允许采用任意的焊接方法来焊制热电偶。

目前，我国广泛使用的热电偶有以下几种：

(1) 铂铑-铂热电偶(WRLB)：铂铑丝为正极，纯铂丝为负极。长期、短期工作温度可分别达 1300 ℃、1600 ℃。可用于精密温度测量和做基准热电偶。铂是贵重金属，成本较高。

(2) 镍铬-镍硅(镍铬-镍铝)热电偶(WREU):镍铬为正极。其长期、短期工作温度分别为900 ℃、1200 ℃,产生热电势大,线性好,价格便宜,是工业生产中最常用的一种热电偶。

(3) 铜-康铜热电偶:热端在0 ℃以上时,铜为正极;当工作温度在0 ℃以下时,康铜为正极。常用于实验室和科研中测量−200～200 ℃范围内的温度。

七、光电式传感器及其应用

光电式传感器是将光信号转换为电信号的一种传感器。用这种传感器测量其他非电量时,只要将这些非电量的变化转换成光信号的变化即可。这种测量方法具有结构简单、非接触、高可靠性、高精度和反应迅速等优点,故广泛用于自动控制检测技术中。

光电式传感器的基础是光电效应。光电效应可分为以下三类:

在光作用下,物体内的电子逸出物体表面向外发射的现象称为外光电效应。基于外光电效应的光电元件有光电管、光电倍增管等。

在光作用下,电子吸收光子能量从键合状态变成自由电子而使材料电阻率降低的现象,称为内光电效应,又叫作光电导效应。基于这种效应的光电元件有光敏电阻,以及由光敏电阻制成的光导管。

在光作用下,能使物体产生电动势的现象称为光生伏特效应。基于这种效应的光电元件有光电池和光敏晶体管等。

1. 光敏电阻

有些半导体(如硫化镉等)在黑暗的环境下,它的电阻值很高,但当受到光照时,光子能量将激发产生电子-空穴对,使载流子浓度增加,从而加强导电性能,使电阻值降低,并且照射的光线愈强,阻值就降得愈低,光照停止,自由电子与空穴逐渐复合,电阻又恢复原值,这就是光敏电阻的工作原理。如果把光敏电阻连接到电路中,用光照射就可以改变电路中电流的大小。

光敏电阻的种类很多,一般由金属的硫化物、硒化物、碲化物等组成,如硫化镉、硫化铅、硫化铊、硒化铅、碲化铅等。由于所用材料不同,工艺过程不同,它们的光电性能相差很大。

由于光敏电阻具有很高的灵敏度,光谱响应的范围可以从紫外区域到红外区域,又因体积小、性能稳定、寿命长、价格较低等优点,应用非常广泛。

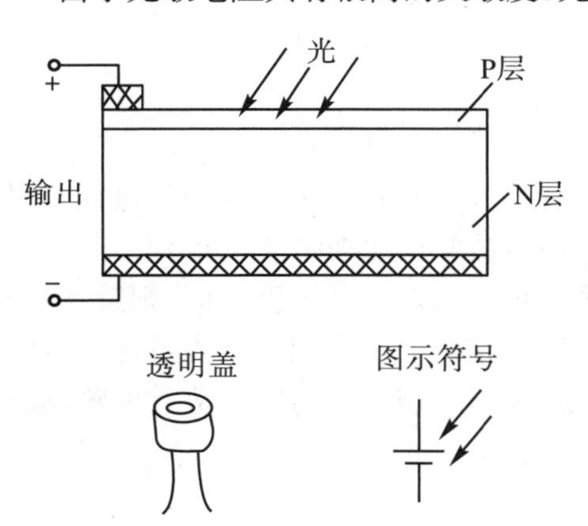

图 2-2-25 硅光电池构造和图示符号

2. 光电池

光电池是一种直接将光能转换为电能的元件,它是在一块N型硅片上用扩散的办法掺入一些P型杂质形成一个大面积的P-N结。当光照射到P-N结附近时,若光子能量大于半导体禁带宽度,则每吸收一个光子就产生一个电子-空穴对。P区的光生电子在P-N结电场作用下进入N区,这样光照所产生的电子-空穴对被结电场分隔开来,从而使P区带正电,N区带负电,形成光生电动势。硅光电池的构造和图示符号如图2-2-25所示。

光电池的种类很多，有硒、氧化亚铜、硫化铊、硫化镉、锗、硅、砷化镓光电池等。其中最受重视的是硅光电池和硒光电池。

光电池除用作检测元件外，常用作太阳能电池使用。

3. 光敏晶体管

光敏晶体管和普通的半导体晶体管很相似，也具有 P-N 结。具有一个 P-N 结的叫作光敏二极管。它的 P-N 结装在管的顶部，可直接受到光的照射。光敏二极管在电路中一般处于反向工作状态，如图 2-2-26 所示。当没有光照射时，反向电阻很大，反向电流很小，这反向电流也叫暗电流。当光照射时，与光电池的工作原理相似，光子打在 P-N 结附近，使 P-N 结附近产生电子-空穴对，因此在一定的反向偏压下，光照时光敏二极管的光电流要比没有光照时的暗电流大几十倍甚至几千倍。由于光电流是光子激发产生的，所以光照越强，光生载流子也越多，光电流也越大。与光敏电阻相比，它具有暗电流小、灵敏度高等优点。

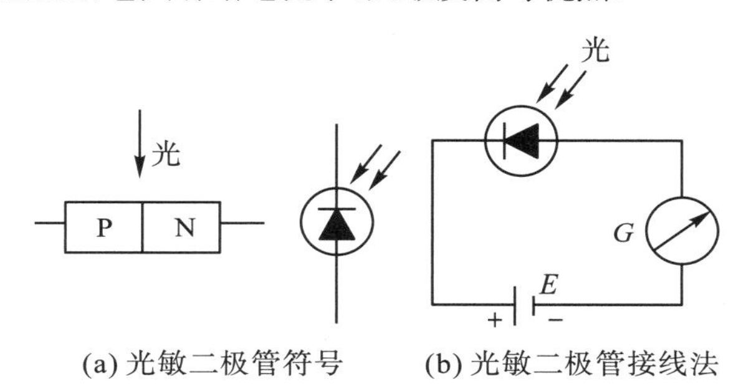

(a) 光敏二极管符号　　(b) 光敏二极管接线法

图 2-2-26　光敏二极管

光敏三极管有 PNP 型和 NPN 型两种，其符号如图 2-2-27 所示。光敏三极管的结构与普通晶体三极管很相似，只是它的发射极一边做得很小，以扩大光的照射面积。当入射光通过管顶透明盖照射到发射结附近时，产生光生电子-空穴对，它们在 P-N 结内电场作用下，做定向运动产生较大的反向电流，由于光照射发射结产生的光电流相当于普通三极管的基极电流，因此集电极电流是光电流的 β 倍，所以光敏三极管较光敏二极管具有更高的灵敏度。

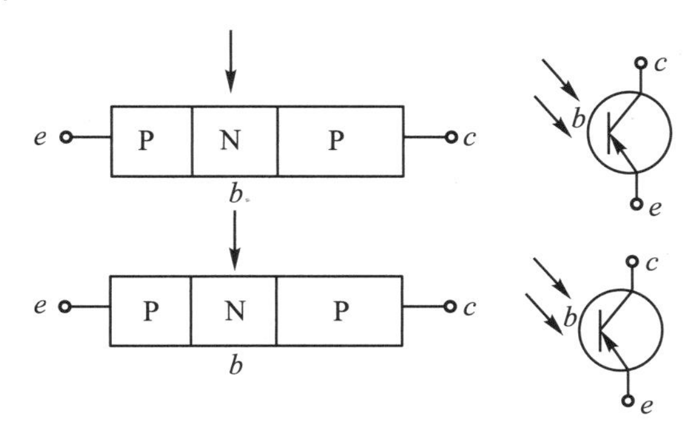

图 2-2-27　光敏三极管

第三章　基础实验（一）

实验一　基本力学测量

【实验目的】

（1）学习游标卡尺和螺旋测微计的原理。

（2）掌握游标卡尺、螺旋测微计的结构和使用方法。

（3）掌握正确使用物理天平称衡物体质量的方法。

（4）学会用流体静力称衡法测量固体和液体的密度。

（5）学会处理数据和表达测量结果的方法。

【实验仪器】

游标卡尺，螺旋测微计，物理天平（含砝码），烧杯，温度计，待测的固体和液体，长度待测物体（空心圆柱体）。

【实验原理】

设物体的体积为 V，质量为 m，密度为 ρ，则

$$\rho = \frac{m}{V} \tag{3-1-1}$$

因此，物体的密度是一个间接测量值，只要测定其质量和体积就可由式（3-1-1）求出物体密度。物体的质量可用天平去称衡，而体积则只能对那些外形规则不复杂的固体，才可以直接测量外形尺寸，计算其体积，对于一般的固体或液体则必须用其他方法求出其体积。本实验介绍一种常用的方法——流体静力称衡法。

设体积为 V 的物体在空气中的重量为 w_1，悬在水中的视重为 w_2，则物体所受水的浮力 F 的大小等于

$$F = w_1 - w_2 \tag{3-1-2}$$

根据阿基米德原理，物体在水中所受的浮力的大小等于它所排开水的重量，即

$$F = \rho_0 V g$$

式中，ρ_0 为水的密度，V 为排开水的体积，即物体的体积，g 为重力加速度，代入式（3-1-2），整

理得

$$V=\frac{w_1-w_2}{\rho_0 g} \tag{3-1-3}$$

又设物体在空气中称衡时天平的砝码为 m_1，使其悬在盛水的烧杯中称衡时，天平的砝码值为 m_2，$w_1=m_1g$，$w_2=m_2g$，将此代入式(3-1-3)得

$$V=\frac{m_1-m_2}{\rho_0} \tag{3-1-4}$$

这样，只要测出水的温度，从常数表中查出对应的 ρ_0 值，就可从上式求出物体的体积，而物体的密度

$$\rho=\rho_0\frac{m_1}{m_1-m_2} \tag{3-1-5}$$

同理，如果再将上述物体浸入密度为 ρ' 的待测液体中，测得此时物体悬于该液体中的视重 w_3，则物体在待测液体中受到的浮力为 w_1-w_3，此浮力又等于 $\rho' gV$，考虑到 $w_1-w_2=\rho_0 gV$，于是得到待测液体的密度

$$\rho'=\frac{w_1-w_3}{w_1-w_2}\rho_0=\frac{m_1-m_3}{m_1-m_2}\rho_0 \tag{3-1-6}$$

式(3-1-6)中，m_3 是物体浸在密度为 ρ' 的液体中称衡时天平的砝码值，这样一来，测定物体密度的问题，便转换为如何测得物体的质量问题了。

【实验内容】

(1) 用游标卡尺测量空心圆柱体的高度 H、深度 h、外径 D、内径 d，各测量 6 次并将数据记入表 3-1-1 中，计算各量的算术平均值，并用算术平均绝对误差表示测量结果。

(2) 用螺旋测微计测量圆柱体的直径 ϕ 和高度 h 各 6 次，记入表 3-1-2 中，并计算圆柱体体积，分别用标准误差和仪器误差表达圆柱体的体积。用流体静力称衡法测定铜块和实验给定的液体密度。

(3) 按照物理天平的使用方法，称出铜块在空气中的质量 m_1，将铜块放在天平右盘上称 1 次，再放左盘中称 1 次，如此重复 3 次，记入表 3-1-3。用平均值 $\overline{m_1}$ 表示被测铜块的质量(此法称为“复称”)。

(4) 把盛有大半烧杯水的杯子放在天平左边的托板上，然后将用细线挂在天平左边小钩上的铜块全部浸入水中(注意不要让铜块接触杯子)，称出铜块在水中的质量 m_2，重复 3 次，记入表 3-1-4。

(5) 将铜块擦干，步骤与(4)相似，称出铜块在被测液体中的质量 m_3，重复 3 次。

(6) 记录水温，并从附表中查出对应的纯水密度 ρ_0，按式(3-1-5)和式(3-1-6)分别算出铜块和液体的密度，分别用仪器误差 $\rho\pm\Delta\rho_{仪}$ 表示实验结果(提示：用仪器误差传递公式计算 $\Delta\rho_{仪}$ 的误差)。

【数据处理】

游标尺分度值________________。初读数________________。

表 3-1-1 数据记录表(一)

测量内容 / 次数	外　径 D(mm)	内　径 d(mm)	深　度 h(mm)	高　度 H(mm)
1				
2				
3				
4				
5				
6				
平均值	$\overline{D}=$	$\overline{d}=$	$\overline{h}=$	$\overline{H}=$
算术平均误差	$\Delta D=$	$\Delta d=$	$\Delta h=$	$\Delta H=$

$D=\overline{D}\pm\Delta D=$____;$d=\overline{d}\pm\Delta d=$____;$h=\overline{h}\pm\Delta h=$____;$H=\overline{H}\pm\Delta H=$____。千分尺分度值________。初读数________。

表 3-1-2 数据记录表(二)

次数 / 内容	1	2	3	4	5	6	平均值	标准误差
直径 ϕ(mm)								
高度 h(mm)								

$\phi=\overline{\phi}\pm\sigma_\phi=$____;$h=\overline{h}\pm\sigma_h=$____;$\phi=\overline{\phi}\pm\Delta\Phi_{仪}=$____;$h=\overline{h}\pm\Delta h_{仪}=$____。天平感量________ g。

表 3-1-3 物体质量的测量

测量次数	m_1 左(g)	m_1 右(g)
1		
2		
3		

水在________℃时的密度。$\rho_0=$________(g/ cm^3)。

表 3-1-4 用流体静力称衡法测量密度

测量次数	铜块在空气中的质量 m_1(g)	铜块在水中的质量 m_2(g)	铜块在液体中的质量 m_3(g)
1			
2			
3			

预习思考题

1. 使用游标卡尺时，怎样了解它的精度？
2. 在游标卡尺上读数时，从尺上何处读出被测量的毫米整数部分，如何求出1毫米以下的小数？
3. 螺旋测微计上的棘轮有什么用处？测量的时候是否可以不用它？为什么？
4. 如何正确使用物理天平？
5. 用物理天平称质量时，砝码要调整到何时为止？

作　业　题

1. 已知游标尺的测量精确度为0.01 mm，其主尺的最小分度的长度为0.5 mm，试问其游标的分度数(格数)为多少？以毫米为单位，游标的总长度可能取哪些值？

2. 试确定下列几种游标尺的测量精确度，并将它填入表3-1-5。

表3-1-5　测量精确度的记录表

游标分度数(格数 n)	10	10	20	20	50
与游标总分度数对应的主尺读数(mm)	9	19	19	39	49
测量精确度(mm)					

3. 本实验中哪些是给出值？哪些是直接测量值？哪些是间接测量值？

4. 在密度测定实验中，如果物体表面有气泡，则实验结果所得的密度值是偏大还是偏小？为什么？

实验二　扭摆法测定物体转动惯量

转动惯量是刚体转动时惯性大小的量度，是表明刚体特性的一个物理量。刚体转动惯量除了与物体质量有关外，还与转轴的位置和质量分布(即形状、大小和密度分布)有关。如果刚体形状简单，且质量分布均匀，可以直接计算出它绕特定转轴的转动惯量。对于形状复杂、质量分布不均匀的刚体，例如机械部件、电动机转子和枪炮的弹丸等，计算极为复杂，通常采用实验法来测定。

转动惯量的测量，一般都是使刚体以一定形式运动，通过表征这种运动特征的物理量与转动惯量的关系，进行转换测量。本实验使物体做扭转摆动，由摆动周期及其他参数的测定计算出物体的转动惯量。

【实验目的】

(1) 用扭摆测定几种不同形状物体的转动惯量和弹簧的扭转常数，并与理论值进行比较。
(2) 验证转动惯量平行轴定理。

【实验原理】

扭摆的结构图如图 3-2-1 所示，在垂直轴 A 上装有一根薄片状的螺旋弹簧 C，用以产生恢复力矩。在轴的上方可以装上各种待测物体。垂直轴与底座 D 之间装有轴承，以降低摩擦力矩。B 为水平仪（水准泡），通过调节平衡螺母 E 来调整系统平衡。

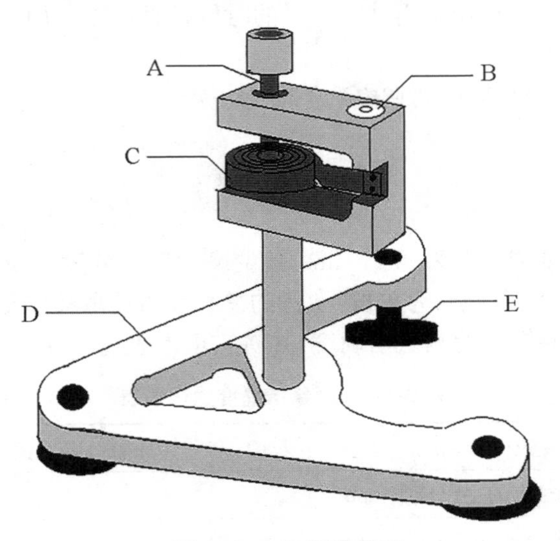

图 3-2-1 扭摆结构图

将物体在水平面内转过一角度 θ 后，在弹簧的恢复力矩作用下物体就开始绕垂直轴做往返扭转运动。根据胡克定律，弹簧受扭转而产生的恢复力矩 M 与所转过的角度 θ 成正比，即

$$M = -K\theta \tag{3-2-1}$$

式(3-2-1)中，K 为弹簧的扭转常数，根据转动定律

$$M = I\beta$$

上式中，I 为物体绕转轴的转动惯量，β 为角加速度，由式(3-2-1)得

$$\beta = \frac{M}{I} \tag{3-2-2}$$

令 $\omega^2 = \dfrac{K}{I}$，忽略轴承的摩擦阻力矩，由式(3-2-1)、式(3-2-2)得

$$\beta = \frac{\mathrm{d}^2\theta}{\mathrm{d}t^2} = -\frac{K}{I}\theta = -\omega^2\theta$$

上述方程表示扭摆运动具有角简谐振动的特性，角加速度与角位移成正比，且方向相反。此方程的解为

$$\theta = A\cos(\omega t + \varphi)$$

上式中，A 为谐振动的角振幅，φ 为初相位角，ω 为角速度，此谐振动的周期为

$$T = \frac{2\pi}{\omega} = 2\pi\sqrt{\frac{I}{K}} \tag{3-2-3}$$

由式(3-2-3)可知,只要实验测得物体做扭摆运动的摆动周期,并在 I 和 K 中任何一个量已知时,即可计算出另一个量。

本实验使用的是一个几何形状规则的物体,它的转动惯量可以根据其质量和几何尺寸用理论公式直接计算得到,再算出本仪器弹簧的扭转常数 K 值。若要测定其他形状物体的转动惯量,只需将待测物体安放在本仪器顶部的各种夹具上,测定其摆动周期,由式(3-2-3)即可算出该物体绕转动轴的转动惯量。

理论分析证明,若质量为 m 的物体绕通过质心轴的转动惯量为 I_0 时,当转轴平行移动距离 x 时,则此物体对新轴线的转动惯量变为 I_0+mx^2。这称为转动惯量的平行轴定理。

【实验仪器】

1. 扭摆及几种规则的待测转动惯量的物体

空心金属圆筒、实心塑料圆柱体、木球、验证转动惯量平行轴定理用的金属细杆,杆上有两块可以自由移动的金属滑块。

2. 转动惯量测试仪(通用计数器)

由通用计数器和光电传感器(光电门)两部分组成。

通用计数器用于测量物体转动和摆动的周期,能自动记录、存贮多组实验数据并能够精确地计算实验数据的平均值。该通用计数器采用的是液晶显示器,带菜单操作功能,可以用于瞬时速度测量、脉宽测量、自由落体运动以及秒表功能等实验。

光电传感器主要由激光器和光电接收管组成,将光信号转换为脉冲电信号送入计数器。激光光电门采用高速光电二极管,响应速度快,测试准确度可以达到 μs 级,而传统的光电门响应速度在 ms 级。

【实验内容】

(1) 熟悉扭摆的结构及工作原理。

(2) 测定扭摆的扭转常数(弹簧的扭转常数)K。

(3) 测定塑料圆柱体、金属圆筒、木球与金属细杆的转动惯量,并与理论值比较,求百分误差。

(4) 改变滑块在金属细杆上的位置,验证转动惯量平行轴定理。

【实验步骤】

(1) 用游标卡尺和卷尺分别测出实心塑料圆柱体的外径 D_1、空心金属圆筒的内外径 $D_{内1}$ 和 $D_{外1}$、木球的直径 D_3、两滑块的内外径 $D_{内2}$ 和 $D_{外2}$、金属细杆长度 L;用数字式电子秤测出塑料圆柱体质量 m_1、金属圆筒质量 m_2、木球质量 m_3、金属细杆质量 m_4 以及单个滑块质量 m_5(各测量 3 次,求平均值)。

(2) 调整扭摆机脚螺丝,使水平仪的气泡位于中心。

(3) 在扭摆转轴上装上转动惯量为 I_0 的金属载物圆盘,调整光电传感器的位置使载物圆盘上的挡光杆处于其开口中央且能遮挡激光信号,并能自由往返通过光电门。测量 10 个摆动周期所需要的时间 $10T_0$,如图 3-2-2 所示。

(4) 将转动惯量为 I_1(转动惯量 I_1 的数值可由塑料圆柱体的质量 m_1 和外径 D_1 算出,即 $I_1'=\frac{1}{8}mD_1^2$)的塑料圆柱体放在金属载物圆盘上,则总的转动惯量为 I_0+I_1,测量 10 个摆动周期所需要的时间 $10T_1$,如图 3-2-3 所示。

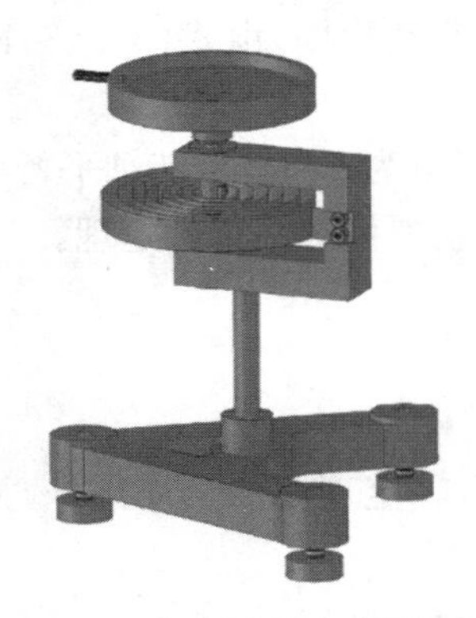

图 3-2-2 载物圆盘转动惯量测试

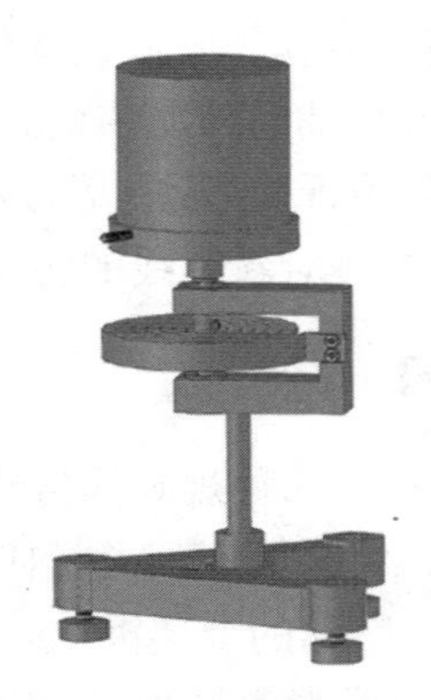

图 3-2-3 圆柱体转动惯量测试

由式(3-2-3)可得出 $\frac{T_0}{T_1}=\frac{\sqrt{I_0}}{\sqrt{I_0+I_1'}}$ 或 $\frac{I_0}{I_1'}=\frac{{T_0}^2}{T_1^2-T_0^2}$,则弹簧的扭转常数

$$K=4\pi^2\frac{I_1'}{T_1^2-T_0^2} \tag{3-2-4}$$

在 SI 中 K 的单位为 $\mathrm{kg\cdot m^2\cdot s^{-2}}$(或 $\mathrm{N\cdot m}$)。

(5) 取下塑料圆柱体,装上金属圆筒,如图 3-2-4 所示,测量 10 个摆动周期需要的时间 $10T_2$。

(6) 取下金属载物圆盘,装上木球,如图 3-2-5 所示,测量 10 个摆动周期需要的时间为 $10T_3$(在计算木球的转动惯量时,应扣除支座的转动惯量 $I_{支座}$)。

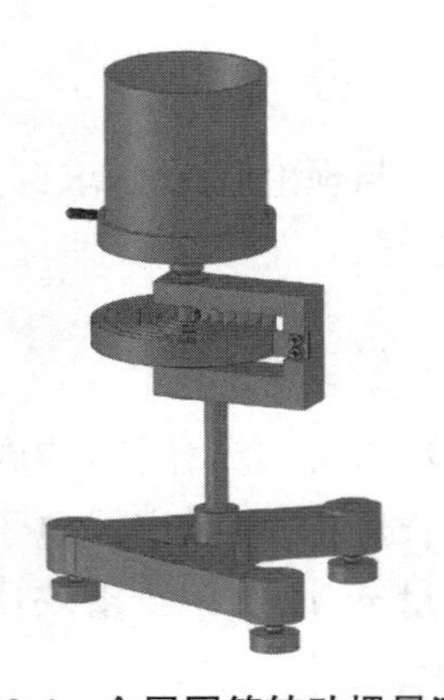

图 3-2-4 金属圆筒转动惯量测试

图 3-2-5 木球转动惯量测试

(7) 取下木球,装上金属细杆,使金属细杆中央的凹槽对准夹具上的固定螺丝,并保持水平,如图 3-2-6 所示。测量 10 个摆动周期需要的时间为 $10T_4$(在计算金属细杆的转动惯量时,应扣除夹具的转动惯量 $I_{夹具}$)。

(8) 验证转动惯量平衡轴定理。

将金属滑块对称放置在金属细杆两边的凹槽内，如图 3-2-7 所示，此时滑块质心与转轴的距离 x 分别取 5.00 cm、10.00 cm、15.00 cm、20.00 cm、25.00 cm，测量对应于不同距离时的 5 个摆动周期所需要的时间。验证转动惯量平行轴定理(在计算转动惯量时，应扣除夹具的转动惯量 $I_{夹具}$)。

图 3-2-6　金属细杆转动惯量测试

图 3-2-7　平行轴定理验证测试

【实验注意事项】

(1) 弹簧的扭转常数 K 值不是固定常数，它与摆动角度略有关系，摆角在 90°左右时基本相同，在小角度时变小。

(2) 不可随意摆弄弹簧。为降低摆动角度变化过大带来的系统误差，在测定各种物体的摆动周期时，应选择合适的摆角和摆幅。

(3) 光电传感器(光电门)与待测物体挡光棒之间的相对位置要合适。

(4) 机座应保持水平状态。

(5) 安装待测物体时，其支架必须全部套入扭摆主轴，并紧固。

(6) 在称木球与金属细杆的质量时，必须分别将支座和夹具取下。

预习思考题

1. 扭摆测转动惯量的基本原理是什么?
2. 为保持扭转常数 K 基本相同，应采取多大的摆角?

实验三　液体黏滞系数的测定
——变温落针式黏滞系数实验

【实验目的】

(1) 观察液体的内摩擦现象，学习用落针法测量液体的黏滞系数。

(2) 学会使用单片机计时器(多功能毫秒计)。

(3) 明确液体的黏滞系数随着液体的温度变化而变化。

【仪器及器材】

PH-Ⅲ型智能变温黏滞系数测定仪，包括仪器本体、落针、霍尔传感器、单片机计时器。

【实验原理】

当落针在待测液体中沿圆柱形容器的中轴线垂直下落时，经过一段时间，针所受重力、黏滞阻力、浮力达到平衡，针将做匀速直线运动，这时针的速度为收尾速度。此速度可通过针内两磁铁经过霍尔传感器的时间间隔 t 及针内两磁铁间的距离 l 求得。对于牛顿液体，黏滞系数的实验计算公式为

$$\eta=\frac{gR_2^2t(\rho_s-\rho_l)(3L-2R_2)}{6l(L-2R_2)}\left(\ln\frac{R_1}{R_2}-\frac{(R_1^2-R_2^2)}{(R_1^2+R_2^2)}\right) \tag{3-3-1}$$

式(3-3-1)中各量的物理意义：R_1 为圆柱形容器的内半径；R_2 为落针的外半径；g 为重力加速度；l 为落针内两磁铁同名磁极的间距；t 为针内两磁铁经过霍尔传感器的时间间隔；ρ_s 为落针的有效密度；ρ_l 为待测液体在实验温度下的密度；L 为落针的长度。

因为要将计算的程序固化在 EPROM 中，所以利用单片机可将黏滞系数 η 计算并显示出来，实现智能化。

必须指出的是，待测液体的密度 ρ_l 因温度变化而有所不同。因此应考虑在每次改变温度测量时要修正 ρ_l 的值，ρ_l 与温度的关系为

$$\rho_l=\frac{\rho_0}{1+\beta(t-t_0)} \tag{3-3-2}$$

式(3-3-2)中，β 值可用实验方法确定，大约为 $\beta=2.15\times10^{-3}$/度，$t_0=20$ ℃，ρ_0 为待测液体在 $t_0=20$ ℃时的密度。

必要的数据如下：

圆柱形容器内半径 $R_1=18.5$ mm；落针的长度 $L=185$ mm；落针外半径 $R_2=3.5$ mm；落针的有效密度 $\rho_s=2260$ kg/m^3、$\rho_s=1412$ kg/m^3；落针内两个同名磁极间距 $l=170$ mm；待测液体(蓖麻油)在 $t_0=20$ ℃时的密度 $\rho_0=950$ kg/m^3。

根据多功能毫秒计显示出的时间 t，由式(3-3-1)及式(3-3-2)即可求出待测液体在实验时温度下的黏滞系数。

当在待测密度的液体中先后将密度不同(均为已知值)的两针投入，由于液体的黏滞系数对于两针来讲是一样的(η 仅与温度和液体种类有关)，所以在式中消去，即可计算出液体密度

$$\rho_l=\frac{t_2\rho_{s_2}-t_1\rho_{s_1}}{t_2-t_1} \tag{3-3-3}$$

式(3-3-3)中，ρ_{s_1}、ρ_{s_2} 为两针的有效密度，t_1、t_2 分别为毫秒计显示的相应两针下落的时间。

【仪器结构】

本测定仪由仪器本体、落针、霍尔传感器和单片计时器及温控系统组成。

1. 仪器本体

待测液体(蓖麻油)装在有机玻璃管制的圆柱形容器中,管竖直固定在机座上,机座底部有调水平的螺丝/机座上竖立一块铝合金支架。其上装有霍尔传感器、取针装置,如图 3-3-1 所示。装在圆柱形容器顶部的盖子上有投针装置——发射器,它包括喇叭形的导环和带永久磁铁的拉杆,此导环便于取针和使针沿容器中轴线下落。当取针装置把针由容器的底部提起时,针沿导环到达盖子顶部被拉杆上的永久磁铁吸住。拉起拉杆,针将沿容器的中轴线自动下落。

2. 落针

落针是有机玻璃制成的中空细长圆柱体,如图 3-3-2 所示,其外半径为 R_2,直径 $d=2R_2$,平均密度为 ρ_s,它的前端为半球状,其内部两端各装有一块永久磁铁,异名磁极相对,另有配重的铅条,改变铅条的重量可改变落针的平均密度 ρ_s,两端磁铁的同名磁极间的距离为 l,落针的总长度为 L。

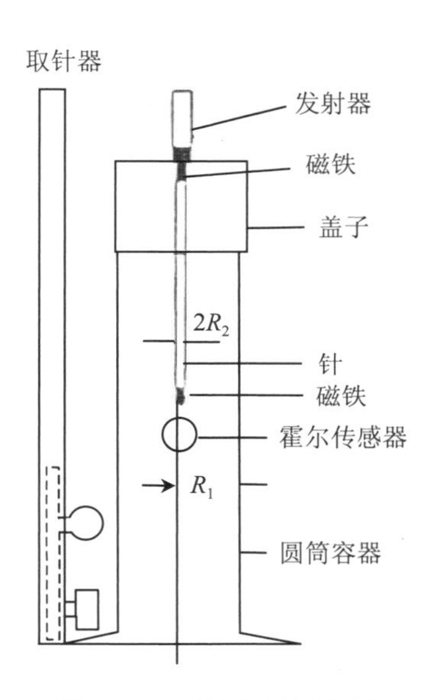

图 3-3-1　仪器本体示意图

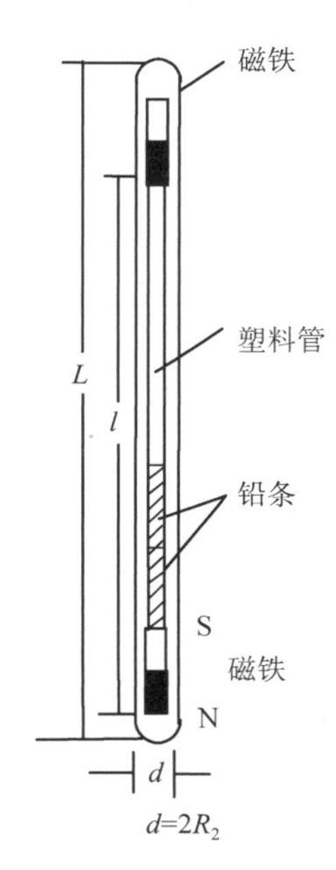

图 3-3-2　落针示意图

3. 霍尔传感器

灵敏度极高的开关型霍尔传感器是采用 SMT 技术制成的,呈圆柱状,外部有螺纹,可用螺母固定在仪器本体的铝板上。输出信号由屏蔽电缆、航空插头接到单片机计时器上,其电路方框图如图 3-3-3 所示,传感器由 5 V 直流电源供电,外壳用非磁性金属材料(铜)封装,每当磁铁经过霍尔传感器附近时,传感器即输出一个矩形脉冲,同时有发光二极管 LED 指示,这种传感器也能用于测量非透明液体。

4. 单片机计时器(多功能毫秒计)

以单片机为基础的 PH-Ⅱ型多功能毫秒计用以计时和处理数据。硬件采用 MCS-51 系列微处理器,如图 3-3-4 所示,配有平行接口、驱动电路,输入由键盘实现,显示为 6 个数码管,软件固化在微处理器中。单片机计时器不仅可用来计数、计时,还有存储、运算和输出等功能。它由 220 V 交流电源供电,经稳压电源变为 5 V 直流电,供给单片机及霍尔传感器,输入信号由航空插头输入。

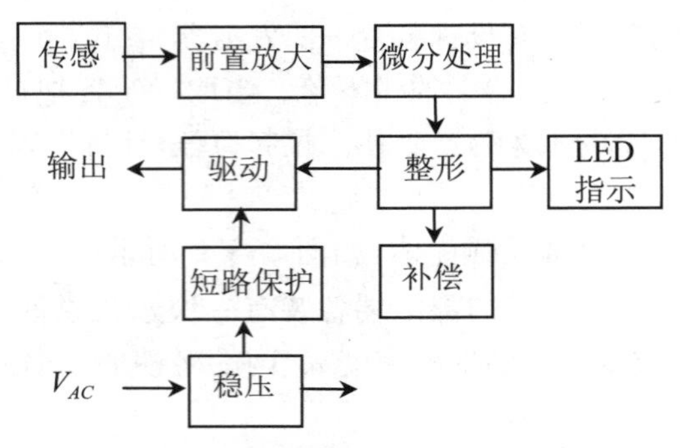

图 3-3-3 传感器电路方框图

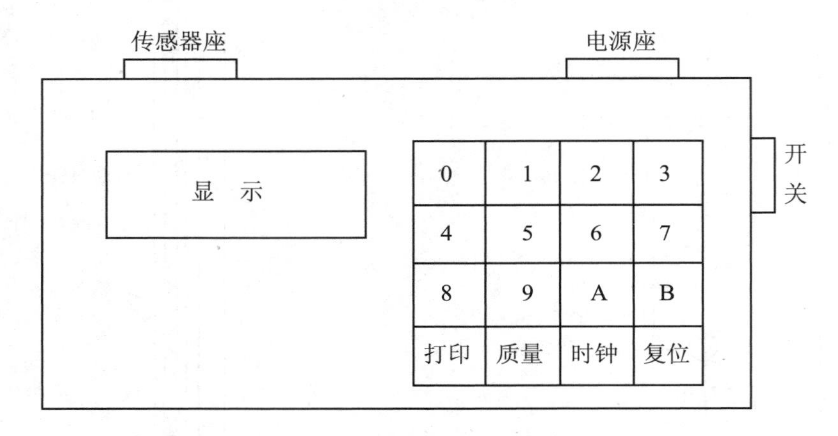

图 3-3-4 单片机计时测试器

5. 温控系统

该系统由两部分组成:

(1) 温控装置:采用先进的数字采集技术,控制精度达 0.1 ℃。

(2) 水循环装置:由水箱及压力泵组成。

【实验内容及使用方法】

1. 测液体的黏滞系数

(1) 接通 220 V 交流电源,此时多功能毫秒计应显示"PH-2",霍尔传感器上的 LED 应闪亮后再熄灭。

(2) 用微型泵经回水孔给水箱注水,直至液位上升到接近水位计 2/3 处停止加水,换上本体上的回水软管(这些由实验室人员事先准备好),启动循环装置,形成水浴加热循环。

(3) 取下容器上端的盖子,将针放入喇叭形导环中,并被永久磁铁的拉杆吸引住,然后盖上盖子,启动温控装置,加热一段时间,直至温控仪上显示规定的实验温度值 t。

(4) 开机或按复位键后显示“PH-2”表示毫秒计进入复位状态。

(5) 在复位状态下按“2”键显示“H”或“L”后落针,落针后略等片刻,毫秒计将显示出时间(单位:毫秒),再按“A”键,毫秒计显示出“PS2260”(单位:kg/m^3)(如果所落的针的密度不是2260 kg/m^3,则应将落针的密度输入毫秒计进行修正)。第二次按“A”键,毫秒计将显示出“PL950”(单位:kg/m^3),这是液体在 $t_0=20$ ℃时的密度,此时必须利用公式(3-3-2)算出实验时温度下的液体密度值 ρ_1(或查阅附录中有关表格或曲线求出实验时温度下的液体密度值 ρ_1),输入毫秒计进行修正。第三次按“A”键,显示出该实验温度下的液体黏滞系数,同时按式(3-3-1)和式(3-3-2)计算出 η 值。

(6) 实验者还可在实验前复位后按“计停”键,启动毫秒计的电子秒表功能来粗测落针时间,数据记录于表 3-3-1。

表 3-3-1　数据记录表

温度 t(℃)							
针的密度 ρ_s(kg/m^3)							
液体密度 $\rho_1=\dfrac{\rho_0}{1+\beta(t-t_0)}$							
η	计算值						
	显示值						

【实验注意事项】

(1) 开机或提针后应等一段时间,让霍尔传感器的探头状态指示灯稳定不变,最好能保持熄灭状态,随后在复位状态下按“2”键落针。

(2) 尽可能地使针沿圆柱形容器中心轴线竖直下落,落针过程中应保持垂直状态,若针头偏向霍尔探头,则数据偏大,反之数据偏小。

(3) 用取针器将针拉起悬挂在容器上端后,由于液体受到扰动处于不稳定状态,应稍停片刻,再投针测量。

(4) 取针器将针拉起并悬挂后,应将取针器的磁铁旋转,远离容器,以免对针的下落造成影响。

(5) 温度高时用轻针,温度低时用重针;液体黏度大时用重针,黏度小时用轻针。

(6) 建议实验者先在复位后用“计停”键人工测定落针时间,然后利用霍尔传感器自动测量,以训练实验技巧。

(7) 取针时应细心和耐心,训练技巧,以免碰倒、摔碎玻璃管等。

作　业　题

1. 在特定的液体中,当小球的半径减小时,它的收尾速度如何变化?当小球的密度变化时，又将如何变化？

2. 在温度不同的两种油液中，同一小球下降的收尾速度是否不同？为什么？

实验四 空气比热容比测定实验

物体的比热是物理学中的一个重要的物理量，同一物质在不同的状态下，比热是不同的。气体在压强不变时的比热称为定压比热，在体积不变时的比热称为定容比热。对固体和液体而言，两者差别较小，一般不加以区别，气体状态下则不然。本实验是用绝热膨胀法测量空气的比热容比。

【实验目的】

(1) 用绝热膨胀法测定空气的比热容比。

(2) 观测热力学过程中状态变化及基本物理规律。

(3) 学习气体压力传感器和电流型集成温度传感器的原理及使用方法。

【实验仪器】

实验仪器装置如图 3-4-1 所示。实验装置中 1 为进气活塞 C_1；2 为放气活塞 C_2；3 为电流型集成温度传感器 AD590，它是新型半导体温度传感器，温度测量灵敏度高，线性好，测温范围为 −50 ～150 ℃。AD590 接 6 V 直流电源后组成一个稳流源，如图 3-4-2 所示，它的测温灵敏度为 1 μA/℃，若串接 5 kΩ 电阻后，可产生 5 mV/℃的信号电压，接 0～2 V 量程四位半数字电压表，可检测到最小 0.02 ℃的温度变化。4 为气体压力传感器探头，由同轴电缆线输出信号与仪器内的放大器及三位半数字电压表相接。当待测气体压强为环境大气压 P_0 时，数字电压表

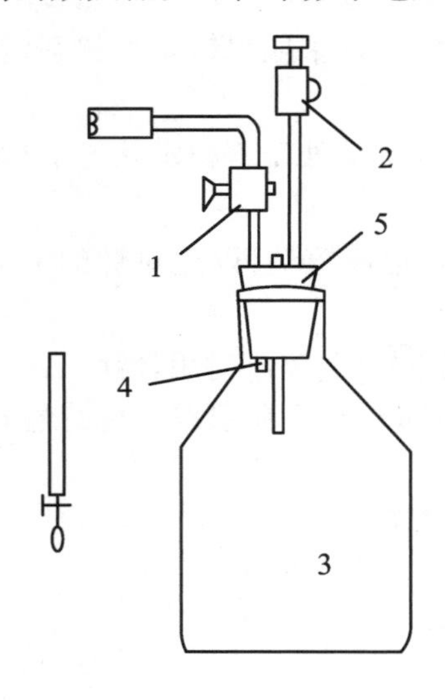

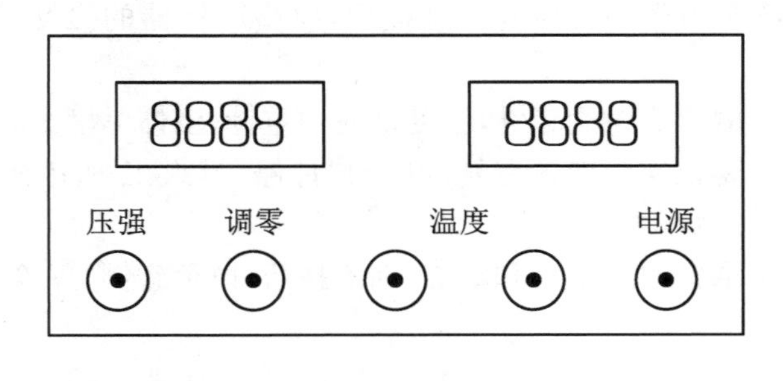

图 3-4-1 实验装置

显示为 0;当待测气体压强为 $P_0+10.00$ kPa 时,数字电压表显示为 200 mV,仪器测量气体压强灵敏度为 20 mV/kPa,测量精度为 5 Pa。5 为胶黏剂(自行密封)。

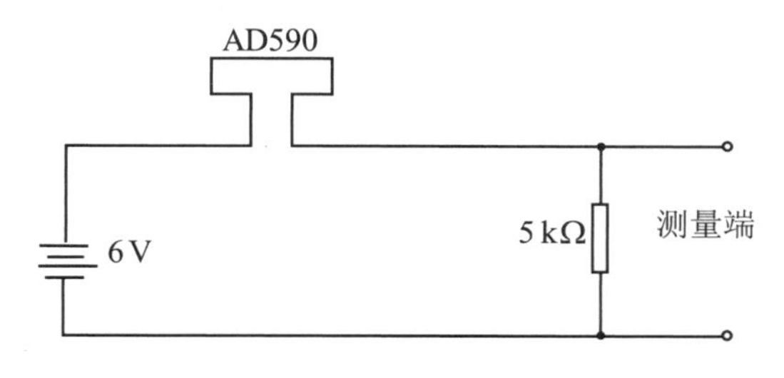

图 3-4-2 AD590 温度传感器测温原理图

【实验原理】

对理想气体的定压比热容 C_p 和定容比热容 C_v 之间关系由下式表示:

$$C_p - C_v = R \tag{3-4-1}$$

式(3-4-1)中,R 为气体普适常数。气体的比热容比 r 值为

$$r = \frac{C_p}{C_v} \tag{3-4-2}$$

气体的比热容比现称为气体的绝热系数,它是一个重要的物理量,r 值经常出现在热学方程中。

测量 r 值的仪器如图 3-4-1 所示。实验时先关闭活塞 C_2,将原来处于环境大气压强 P_0、室温 Q_0 的空气从活塞 C_1 处送入贮气瓶 B 内,这时瓶内空气压强增大,温度升高。关闭活塞 C_1,待稳定后瓶内空气达到状态Ⅰ(P_1,Q_0,V_1)后,V_1 为贮气瓶容积。

然后,突然打开阀门 C_2,使瓶内空气与大气相通,到达状态Ⅱ(P_0,Q_1,V_2)后,迅速关闭活塞 C_2,由于放气过程很短,可以认为是一个绝热膨胀过程,瓶内气体压强减小,温度降低,绝热膨胀过程应满足方程

$$P_1V_1^r = P_0V_2^r \tag{3-4-3}$$

在关闭活塞 C_2 之后,贮气瓶内气体温度将升高,当升到温度 Q_0 时,原状态Ⅰ(P_1,Q_0,V_1)和体系改变状态Ⅲ(P_2,Q_0,V_2)之间的关系应满足

$$P_1V_1 = P_2V_2 \tag{3-4-4}$$

由式(3-4-3)和式(3-4-4)可得到

$$r = \frac{\lg P_1 - \lg P_0}{\lg P_2 - \lg P_1} \tag{3-4-5}$$

利用式(3-4-5)能够通过测量 P_0,P_1 和 P_2 的值,求得空气的比热容比 r 值。

【实验步骤】

(1) 按图 3-4-2 接好仪器的电路,注意 AD590 的正负极勿接错,用Forton式气压计测定大气压强 P_0,用水银温度计测出环境室温 Q_0。

(2) 开启电源,将电子仪器部分先预热 20 min,然后用调零电位器调节零点(把三位半数字电压表示值调到 0)。

(3) 关闭活塞 C_2,打开活塞 C_1,用打气筒让空气稳定地徐徐进入贮气瓶 B 内。

(4) 用压力传感器和 AD590 温度传感器测量空气的压强和温度,待瓶内压强均匀稳定时记录下压强 P_1 和温度 Q_0 的值(室温为 Q_0)。

(5) 突然打开活塞 C_2,当贮气瓶的空气压强降低至环境大气压强 P_0 时(这时放气声消失),迅速关闭活塞 C_2(注意打开活塞 C_2 放气时,当听到放气声结束,应迅速关闭活塞,提早或推迟关闭活塞 C_2 都将影响实验结果,引入误差)。

(6) 当贮气瓶内空气的温度上升至室温 Q_0 时,记录下贮气瓶内气体的压强 P_2。

(7) 利用式(3-4-5)进行计算,即可求得空气比热容比值。将实验数据记入表 3-4-1。

$Q_0=$__________℃。

表 3-4-1 实验数据

$P_0(10^5\,\text{Pa})$	$P_1'(\text{mV})$	$T_1'(\text{mV})$	$P_2'(\text{mV})$	$T_2'(\text{mV})$	$P_1(10^5\,\text{Pa})$	$P_2(10^5\,\text{Pa})$	r

实验五 数字示波器的使用

数字示波器是通信、航天、国防、嵌入式系统、计算机和教育等众多行业和领域中不可或缺的基本仪器,是电子测量与调试技术中重要的基本仪器之一。

数字示波器具有较高的存储深度、超宽的动态范围、良好的显示效果、优异的波形捕获率和全面的触发功能。其中,针对嵌入式设计和测试领域而推出的混合信号数字示波器允许用户同时测量模拟信号和数字信号,在科研和生产中数字示波器用途极为广泛。

【实验目的】

(1) 了解数字示波器和信号发生器的基本性能和使用。

(2) 学习用数字示波器观察电信号波形。

(3) 通过观察李萨如图形学会一种测量正弦振动频率的方法,并巩固加深对振动方向相互垂直的两个谐振动合成的理解。

【实验仪器】

数字示波器,函数信号发生器,全波整流电路板等。

【实验仪器简介】

本实验使用的是 DS1000Z 系列 100 MHz 带宽级别数字示波器,其前后面板及各个旋钮和按键如图 3-5-1 和图 3-5-2 所示。

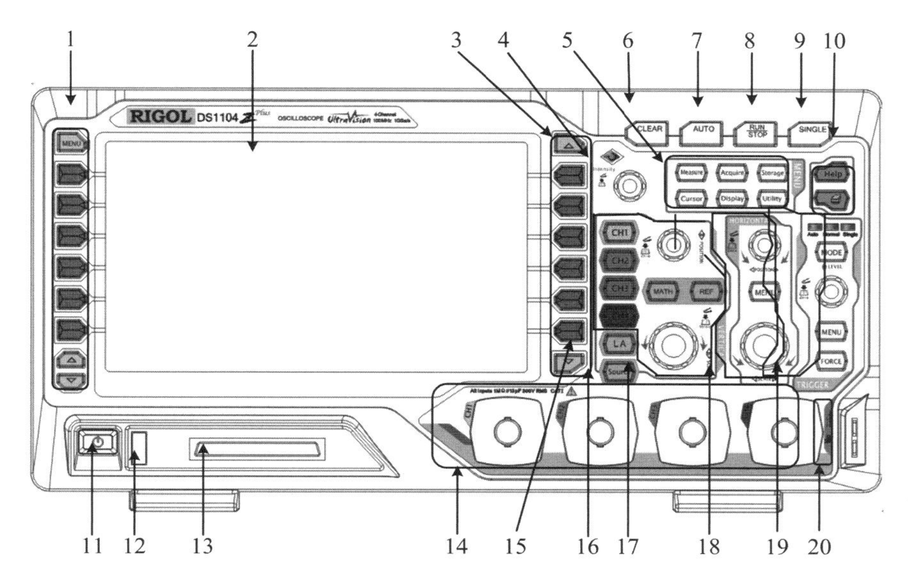

图 3-5-1　前面板总览(图注详见表 3-5-1)

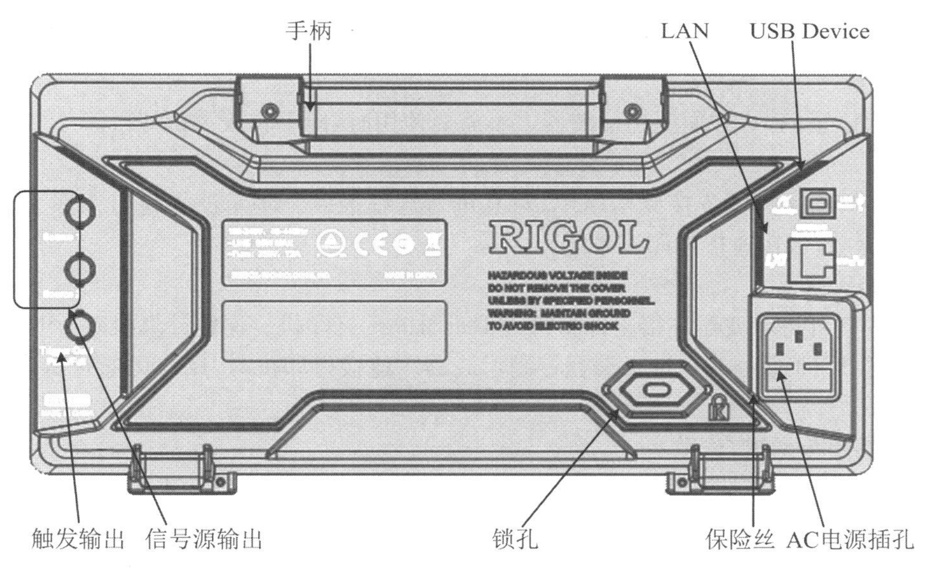

图 3-5-2　后面板总览

一、前面板总览

图 3-5-1 中数字编号的对应说明见表 3-5-1。

表 3-5-1 前面板说明

编号	说　明	编号	说　明
1	测量菜单操作键	11	电源键
2	LCD	12	USB Host 接口
3	功能菜单操作键	13	数字通道输入*
4	多功能旋钮	14	模拟通道输入
5	常用操作键	15	逻辑分析仪操作键*
6	全部清除键	16	信号源操作键**
7	波形自动显示	17	垂直控制
8	运行/停止控制键	18	水平控制
9	单次触发控制键	19	触发控制
10	内置帮助/打印键	20	探头补偿信号输出端/接地端

注 *：仅适用于 DS1000Z Plus。
**：仅适用于带有信号源通道的数字示波器。

二、后面板总览

1. 手柄

垂直拉起该手柄，可方便提携示波器。不需要使用时，向下轻按手柄即可。

2. LAN

通过该接口将示波器连接到网络中，对其进行远程控制。本示波器符合 LXI Core Device 2011 类仪器标准，可快速搭建测试系统。

3. USB Device

通过该接口可将示波器连接至计算机或 PictBridge 打印机。连接计算机时，用户可通过上位机软件发送 SCPI 命令或自定义编程控制示波器。连接打印机时，用户可通过打印机打印屏幕显示的波形。

4. 触发输出与通过/失败

(1) 触发输出：示波器产生一次触发时，可通过该接口输出一个反映示波器当前捕获率的信号，将该信号连接至波形显示设备，测量该信号的频率，测量结果与当前捕获率相同。

(2) 通过/失败：在通过/失败测试中，当示波器监测到一次失败时，将通过该连接器输出一个负脉冲；未监测到失败时，通过该连接器持续输出低电平。

5. 信号源输出

示波器内置 2 个信号源通道的输出端。当示波器中对应的源 1 输出或源 2 输出打开时，后面板[Source 1]或[Source 2]连接器根据当前设置输出信号。

6. 锁孔

可以使用安全锁,通过该锁孔将示波器锁定在固定位置。

7. 保险丝

如需更换保险丝,请使用符合规格的保险丝。本示波器的保险丝规格为 250 V,T2A。

8. AC 电源插孔

AC 电源输入端。本示波器的供电要求为 100～240 V,45～440 Hz。按下前面板电源键即可开机。

三、前面板功能概述

1. 垂直控制

(1) CH1、CH2、CH3、CH4:模拟通道设置键。4 个通道标签用不同的颜色标识,并且屏幕中的波形和通道输入连接器的颜色也与之对应。按下任一按键打开相应通道菜单,再次按下关闭通道。

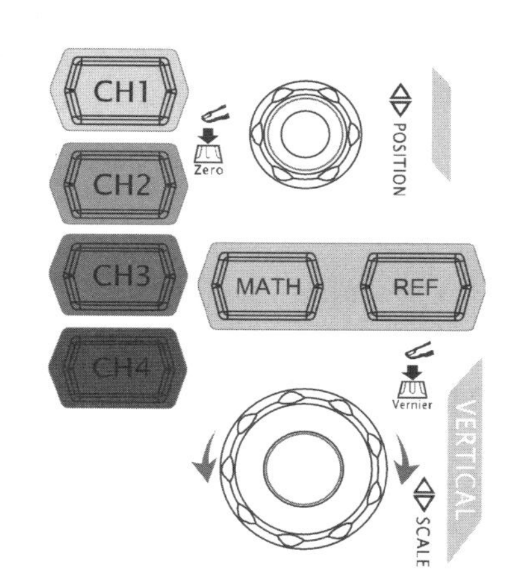

(2) MATH:按 MATH →Math 可打开 A+B、A−B、A×B、A/B、FFT、A&&B、A||B、A^B、! A、Intg、Diff、Sqrt、Lg、Ln、Exp、Abs 和 Filter 运算。按下 MATH 键还可以打开解码菜单,设置解码选项。

(3) REF:按下该键打开参考波形功能。可将实测波形和参考波形进行比较。

(4) 垂直 POSITION:修改当前通道波形的垂直位移。顺时针转动增大位移,逆时针转动减小位移。修改过程中波形会上下移动,同时屏幕左下角弹出的位移信息(如 POS: 216.0mV)会实时变化。按下该旋钮可快速将垂直位移归零。

(5) 垂直 SCALE:修改当前通道的垂直挡位。顺时针转动减小挡位,逆时针转动增大挡位。修改过程中波形显示幅度会增大或减小,同时屏幕下方的挡位信息(如 1 = 200mV)会实时变化。按下该旋钮可快速切换垂直挡位调节方式为"粗调"或"微调"。

> **提示:**
>
> 如何设置各通道的垂直挡位和垂直位移?
>
> DS1000Z 系列数字示波器的 4 个通道复用同一组垂直 POSITION 和垂直 SCALE 旋钮。如需设置某一通道的垂直挡位和垂直位移,请首先按 CH1、CH2、CH3 或 CH4 键,选中该通道,然后旋转垂直 POSITION 和垂直 SCALE 旋钮进行设置。

2. 逻辑分析仪

按下该键打开逻辑分析仪控制菜单。该键可以打开或关闭任意通道或通道组、更改数字通道的显示大小、更改数字通道的逻辑阈值、对16个数字通道分组等，还可以为每一个数字通道设置标签。

注意：① 该功能仅适用于带有MSO升级选件的DS1000Z Plus。② 按 LA →D7-D0，选择“打开”时，CH4 功能自动禁用；选择“关闭”时，CH4 功能自动恢复。按 LA →D15-D8，选择“打开”时，CH3 功能自动禁用；选择“关闭”时，CH3 功能自动恢复。

3. 信号源

按下该键进入信号源设置界面。可打开或关闭后面板[Source 1]和[Source 2]连接器的输出、设置信号源输出信号的波形及参数、打开或关闭当前信号的状态显示。

注意：该功能仅适用于带有信号源通道的数字示波器。

4. 水平控制

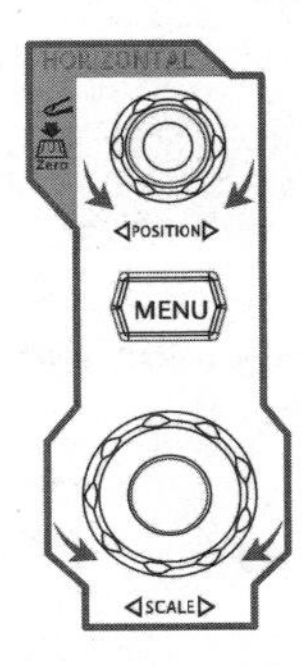

(1) 水平 POSITION：修改水平位移。转动旋钮时触发点相对屏幕中心左右移动。修改过程中，所有通道的波形左右移动，同时屏幕右上角的水平位移信息（如 D -200.000000ns ）实时变化。按下该旋钮可快速复位水平位移（或延迟扫描位移）。

(2) MENU ：按下该键打开水平控制菜单。可打开或关闭延迟扫描功能，切换不同的时基模式。

(3) 水平 SCALE：修改水平时基。顺时针转动减小时基，逆时针转动增大时基。修改过程中，所有通道的波形被扩展或压缩显示，同时屏幕上方的时基信息（如 H 500ns ）实时变化。按下该旋钮可快速切换至延迟扫描状态。

5. 触发控制

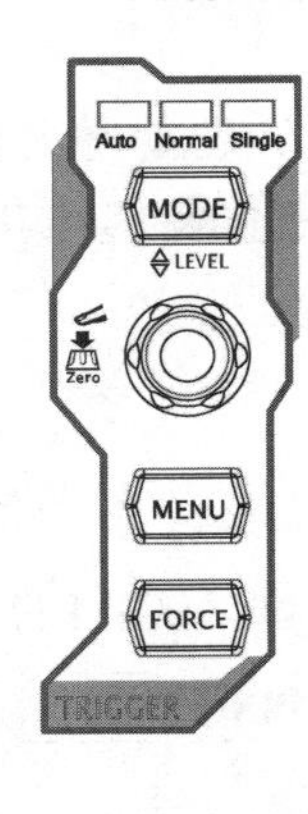

(1) MODE ：按下该键切换触发方式为Auto、Normal或Single，当前触发方式对应的状态背光灯会变亮。

(2) 触发 LEVEL：修改触发电平。顺时针转动增大电平，逆时针转动减小电平。修改过程中，触发电平线上下移动，同时屏幕左下角的触发电平消息框（如 Trig Level : 428mV ）中的值实时变化。按下该旋钮可快速将触发电平恢复至零点。

(3) MENU ：按下该键打开触发操作菜单。本示波器提供丰富的触发类型，请参考“触发示波器”一节中的详细介绍。

(4) FORCE ：按下该键将强制产生一个触发信号。

6. 全部清除

按下该键清除屏幕上所有的波形。如果示波器处于“RUN”状态，则继续显示新波形。

7. 波形自动显示

按下该键启用波形自动设置功能。示波器将根据输入信号自动调整垂直挡位、水平时基以及触发方式,使波形显示达到最佳状态。

注意:应用波形自动设置功能时,若被测信号为正弦波,要求其频率不小于 41 Hz;若被测信号为方波,则要求其占空比大于 1%且幅度不小于 20 mVpp。如果不满足此参数条件,则波形自动设置功能可能无效,且菜单显示的快速参数测量功能不可用。

8. 运行控制

按下该键"运行"或"停止"波形采样。运行(RUN)状态下,该键黄色背光灯点亮;停止(STOP)状态下,该键红色背光灯点亮。

9. 单次触发

按下该键将示波器的触发方式设置为"Single"。单次触发方式下,按 FORCE 键立即产生一个触发信号。

10. 多功能旋钮

(1) 调节波形亮度:非菜单操作时,转动该旋钮可调整波形显示的亮度。亮度可调节范围为 0～100%。顺时针转动增大波形亮度,逆时针转动减小波形亮度。按下旋钮将波形亮度恢复至 60%,也可按 Display → 波形亮度,使用该旋钮调节波形亮度。

(2) 多功能:菜单操作时,该旋钮背光灯变亮,按下某个菜单软键后,转动该旋钮可选择该菜单下的子菜单,然后按下旋钮可选中当前选择的子菜单。该旋钮还可以用于修改参数(请参考"参数设置方法"一节的详细介绍)、输入文件名等。

11. 功能菜单

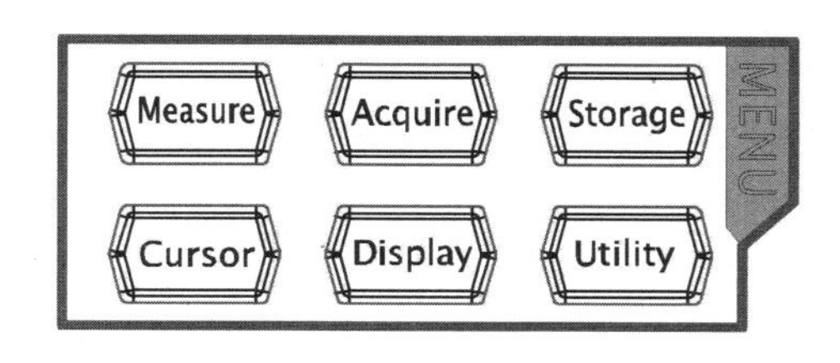

(1) Measure:按下该键进入测量设置菜单。可设置测量信源、打开或关闭频率计、全部测量、统计功能等。按下屏幕左侧的 MENU,可打开 37 种波形参数测量菜单,然后按下相应的菜单软键快速实现"一键"测量,测量结果将出现在屏幕底部。

(2) Acquire:按下该键进入采样设置菜单。可设置示波器的获取方式、Sin(x)/x 和存储深度。

(3) Storage:按下该键进入文件存储和调用界面。可存储的文件类型包括:图像、轨迹、波形、设置、CSV 和参数。支持内部存储、外部存储和磁盘管理。

(4) Cursor:按下该键进入光标测量菜单。示波器提供手动、追踪、自动和 XY 4 种光标模式。其中,XY 模式仅在时基模式为"XY"时有效。

(5) Display:按下该键进入显示设置菜单。设置波形显示类型、余辉时间、波形亮度、屏幕网格和网格亮度。

(6) Utility：按下该键进入系统功能设置菜单。设置系统相关功能或参数，例如接口、声音、语言等。此外，它还支持一些高级功能，例如通过/失败测试、波形录制等。

12. 打印

按下该键打印屏幕或将屏幕保存到U盘中。

(1) 若当前已连接 PictBridge 打印机，并且打印机处于闲置状态，按下该键将执行打印功能。

(2) 若当前未连接打印机，但连接U盘，按下该键则将屏幕图形以指定格式保存到U盘中，具体请参考"存储类型"一节中的介绍。

(3) 同时连接打印机和U盘时，打印机优先级较高。

注意：DS1000Z 仅支持 FAT32 格式的 Flash 型U盘。

四、用户界面

DS1000Z 示波器提供 7.0 英寸 WVGA(800＊480)TFT LCD。用户界面如图 3-5-3 所示。

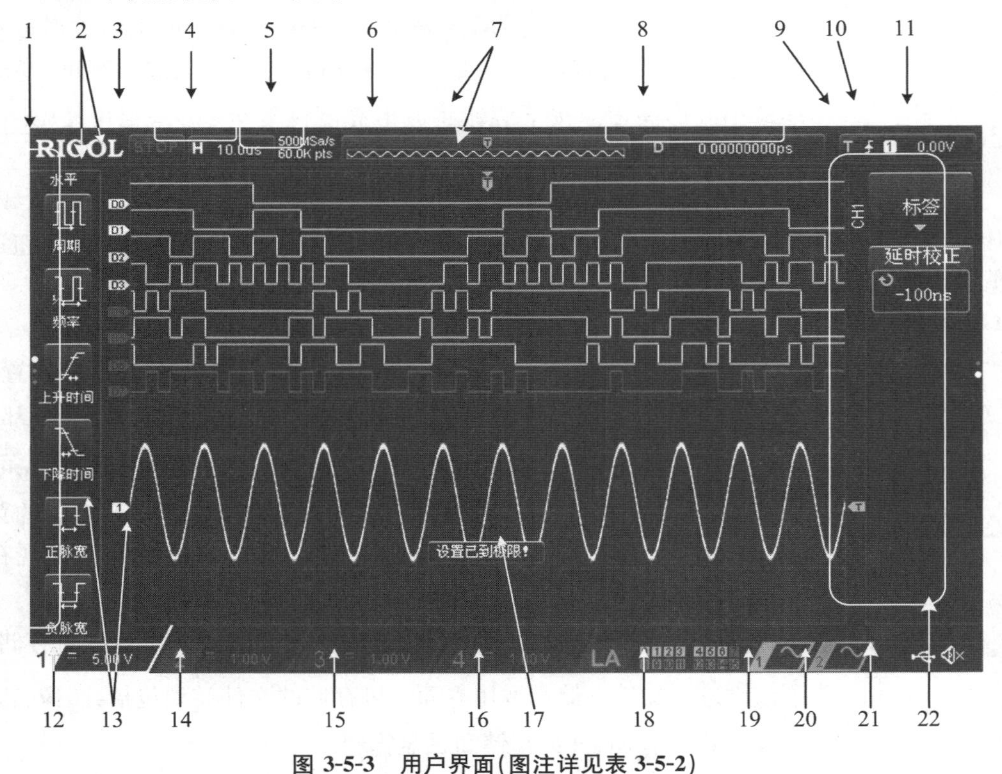

图 3-5-3　用户界面(图注详见表 3-5-2)

图 3-5-3 中数字编号的对应说明见表 3-5-2。

表 3-5-2　用户界面说明

编号	说　　明	编号	说　　明
1	自动测量选项	12	CH1 垂直挡位
2	数字通道标签/波形	13	模拟通道标签/波形
3	运行状态	14	CH2 垂直挡位
4	水平时基	15	CH3 垂直挡位
5	采样率/存储深度	16	CH4 垂直挡位
6	波形存储器	17	消息框
7	触发位置	18	数字通道状态区
8	水平位移	19	源 1 波形
9	触发类型	20	源 2 波形
10	触发源	21	通知区域
11	触发电平	22	操作菜单

1. 自动测量选项

提供 20 种水平(HORIZONTAL)测量参数和 17 种垂直(VERTICAL)测量参数。按下屏幕左侧的软键即可打开相应的测量项。连续按下 MENU 键,可切换水平和垂直测量参数。

2. 数字通道标签/波形

数字波形的逻辑高电平显示为蓝色,逻辑低电平显示为绿色,边沿呈白色。当前选中的数字通道波形和通道标签一致,显示为红色。逻辑分析仪功能菜单中的分组设置功能可以将数字通道分为 4 个通道组,同一通道组的通道标签显示为同一种颜色,不同通道组用不同的颜色表示。

注意:该功能仅适用于带有 MSO 升级选件的 DS1000Z Plus。

3. 运行状态

可能的状态包括:RUN(运行)、STOP(停止)、T'D(已触发)、WAIT(等待)和 AUTO(自动)。

4. 水平时基

(1) 表示屏幕水平轴上每格所代表的时间长度。

(2) 使用水平 SCALE 可以修改该参数,可设置范围为 5 ns～50 s。

5. 采样率/存储深度

(1) 显示当前示波器使用的采样率以及存储深度。

(2) 采样率和存储深度会随着水平时基的变化而改变。

6. 波形存储器

提供当前屏幕中的波形在存储器中的位置示意图,如图 3-5-4 所示。

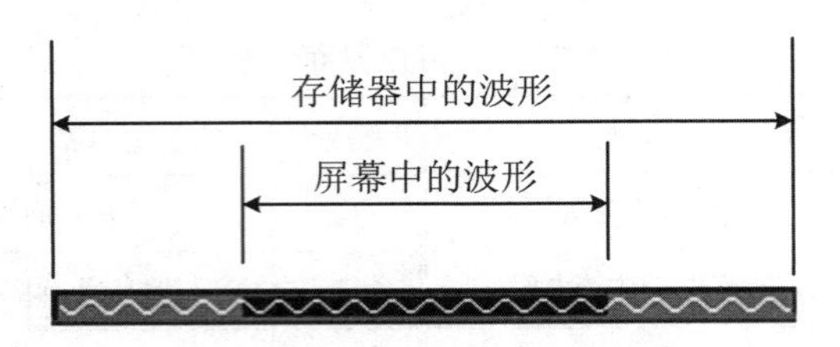

图 3-5-4 波形在存储器中的位置示意图

7. 触发位置

显示波形存储器和屏幕中波形的触发位置。

8. 水平位移

使用水平◎POSITION 可以调节该参数。按下旋钮时参数自动设置为 0。

9. 触发类型

显示当前选择的触发类型及触发条件设置。选择不同触发类型时显示不同的标识。例如，▣表示在“边沿触发”的上升沿处触发。

10. 触发源

显示当前选择的触发源(CH1－CH4、AC 或 D0－D15)。选择不同触发源时，显示不同的标识，并改变触发参数区的颜色。例如，①表示选择 CH1 作为触发源。

11. 触发电平

(1) 触发信源选择模拟通道时，需要设置合适的触发电平。

(2) 屏幕右侧的▣为触发电平标记，右上角为触发电平值。

(3) 使用触发◎LEVEL 修改触发电平时，触发电平值会随着▣的上下移动而改变。

注意：斜率触发、欠幅脉冲触发和超幅触发时，有两个触发电平标记(▣和▣)。

12. CH1 垂直挡位

(1) 显示屏幕垂直方向 CH1 每格波形所代表的电压。

(2) 按 CH1 选中 CH1 通道后，使用垂直◎SCALE 可以修改该参数。

(3) 此外还会根据当前的通道设置给出如下标记：通道耦合(如▣)、带宽限制(如▣)。

13. 模拟通道标签/波形

不同通道用不同的颜色表示，通道标签和波形的颜色一致。

14. CH2 垂直挡位

(1) 显示屏幕垂直方向 CH2 每格波形所代表的电压。

(2) 按 CH2 选中 CH2 通道后，使用垂直◎SCALE 可以修改该参数。

(3) 此外还会根据当前的通道设置给出如下标记：通道耦合(如▣)、带宽限制(如▣)。

15. CH3 垂直挡位

(1) 显示屏幕垂直方向 CH3 每格波形所代表的电压。

(2) 按 CH3 选中 CH3 通道后，使用垂直◎SCALE 可以修改该参数。

(3) 此外还会根据当前的通道设置给出如下标记：通道耦合(如▣)、带宽限制(如▣)。

16. CH4 垂直挡位

(1) 显示屏幕垂直方向 CH4 每格波形所代表的电压。

(2) 按 CH4 选中 CH4 通道后，使用垂直 SCALE 可以修改该参数。

(3) 此外还会根据当前的通道设置给出如下标记：通道耦合(如)、带宽限制(如)。

17. 消息框

显示提示消息。

18. 数字通道状态区

显示 16 个数字通道当前的状态。当前打开的数字通道显示为绿色，当前选中的数字通道突出显示为红色，任何已关闭的数字通道均显示为灰色。

注意：该功能仅适用于带有 MSO 升级选件的 DS1000Z Plus。

19. 源 1 波形

(1) 显示当前源 1 设置中的波形类型。

(2) 当源 1 的调制打开时，源 1 波形的下方会显示标识。

(3) 当源 1 的阻抗设置为 50 Ω 时，源 1 波形的下方会显示标识。

(4) 仅适用于带有信号源通道的数字示波器。

20. 源 2 波形

(1) 显示当前源 2 设置中的波形类型。

(2) 当源 2 的调制打开时，源 2 波形的下方会显示标识。

(3) 当源 2 的阻抗设置为 50 Ω 时，源 2 波形的下方会显示标识。

(4) 仅适用于带有信号源通道的数字示波器。

21. 通知区域

显示声音图标和 U 盘图标。

(1) 声音图标：按 Utility →声音可以打开或关闭声音。声音打开时，该区域显示；声音关闭时，显示。

(2) U 盘图标：当示波器检测到 U 盘时，该区域显示。

22. 操作菜单

按下任一软键可激活相应的菜单。下面的符号可能显示在菜单中。

表示可以旋转多功能旋钮修改参数值。多功能旋钮的背光灯在参数修改状态下变亮。

表示可以旋转多功能旋钮选择所需选项，当前选中的选项显示为蓝色，按下进入所选项对应的菜单栏。带有该符号的菜单被选中后，的背光灯常亮。

表示按下将弹出数字键盘，可直接输入所需的参数值。带有该符号的菜单被选中后，的背光灯常亮。

表示当前菜单有若干选项。

表示当前菜单有下一层菜单。

按下该键可以返回上一级菜单。

圆点数表示当前菜单的页数。

【实验内容及注意事项】

在做实验之前首先应对照使用的数字示波器仔细阅读有关内容，弄清楚示波器面板上各个旋钮和按键的作用后，方可接通电源，开启示波器。之后按 Storage →默认设置，将示波器恢复为默认配置。

一、观察机内信号波形并进行探头补偿

(1) 将探头的接地鳄鱼夹连接至如图 3-5-5 所示的“接地端”。

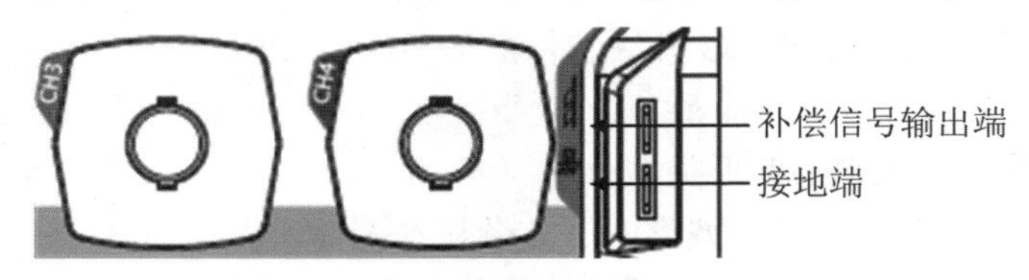

图 3-5-5 使用补偿信号

(2) 使用探头连接示波器的通道 1(CH1)输入端和“补偿信号输出端”。

(3) 将探头衰减比设定为 10X，然后按 AUTO 键。

(4) 观察示波器显示屏上的波形，记录水平时基、波的幅度、周期、频率，并绘出波形。

二、观察机外信号

通道 1 输入 50 正弦信号(函数信号发生器提供)，通道 2 输入全波整流信号，调节纵向电压幅度，水平时基，使屏幕上显示稳定的双波形，按下“反相”键，观察波形的变化，画出波形图。由函数信号发生器输出三角波信号至通道 1，调出并绘制波形图，记录输入信号的频率。

三、根据李萨如图形用示波器测量信号发生器所提供的信号频率

我们知道，当质点同时参与相互垂直的两个方向的谐振动，而频率成简单整数比时，质点合成运动的轨迹为稳定的封闭图形，这种图形称为李萨如图形。李萨如图形具有如下特点，即

$$f_y N_y = f_x N_x$$

式中 f_x、f_y 分别为 X 轴、Y 轴方向谐振动频率，N_x、N_y 分别为平行于 X 轴、Y 轴的直线与李萨如图形相切的切点数。如果 f_x 为已知，N_x、N_y 可直接从李萨如图形得到，则 f_y 即可由上式算得。

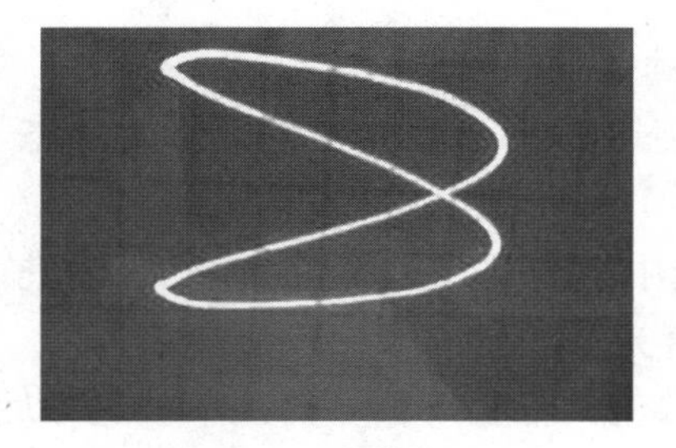

图 3-5-6 李萨如图形

例如，在图 3-5-6 所示的李萨如图形中，有 $N_x=1$，$N_y=2$，则

$$f_y = f_x \frac{N_x}{N_y} = \frac{1}{2} f_x$$

这样我们就得到一种利用李萨如图形用示波器测量正弦信号频率的方法。

由函数信号发生器分别将正弦信号输入通道 1 和通道 2 内，将示波器时基调至 XY 模式，调解两信号频率，绘出李萨如图形并记入表 3-5-3。

表 3-5-3　数据记录表

$f_x : f_y$	1∶1	1∶2	1∶3	2∶3
李萨如图形形状				
N_x				
N_y				
测量值 $f_x=f_y\dfrac{N_y}{N_x}$(Hz)				
输入值 f'_x(Hz)				

【数据处理】

1. 作图(使用几何作图纸)，机内校准信号，计外信号，李萨如图形。
2. 求被测频率的相对误差：$E=\dfrac{|f'_x-f_x|}{f_x}$。

预习思考题

1. 为什么首次使用探头前要进行补偿？
2. 待测信号输入示波器后，图形杂乱或不稳定，应如何调节才能使图形清晰稳定？
3. 分析显示的波形呈阶梯状的原因。

附录　DG1000 系列双通道函数/任意波形发生器简介

DG1000 系列双通道函数/任意波形发生器使用直接数字合成(DDS)技术，可生成稳定、精确、纯净和低失真的正弦信号。它还能提供 5MHz、具有快速上升沿和下降沿的方波，不但具有高精度、宽频带的频率测量功能，而且还向用户提供简单且功能明晰的前面板、人性化的键盘布局和指示以及丰富的接口。直观的图形用户操作界面，内置的提示和上下文帮助系统极大地简化了操作过程，用户不必花大量的时间去学习和熟悉信号发生器的操作即可熟练使用。内部 AM、FM、PM、FSK 调制功能使仪器无需单独的调制源就能够方便地调制波形。

1. 前面板总览

DG1000 为用户提供简单而功能明晰的前面板，如图 3-5-7 所示，前面板上包括各种功能按键、旋钮及菜单软键，可让使用者进入不同的功能菜单或直接获得特定的功能应用。

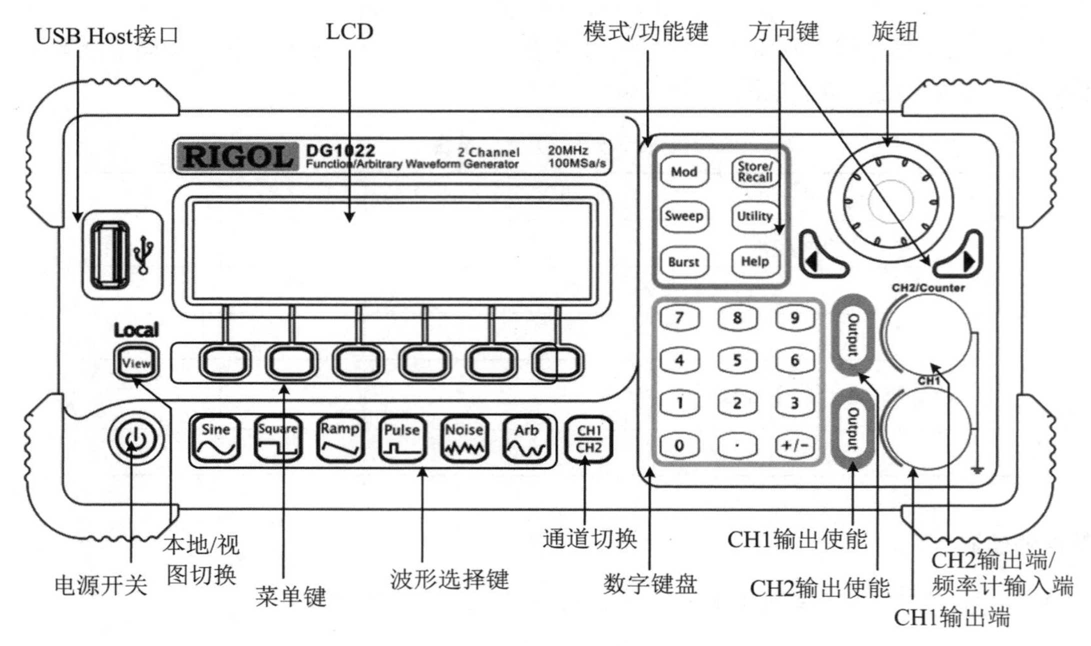

图 3-5-7 前面板

2. 后面板总览

DG1000 后面板如图 3-5-8 所示。

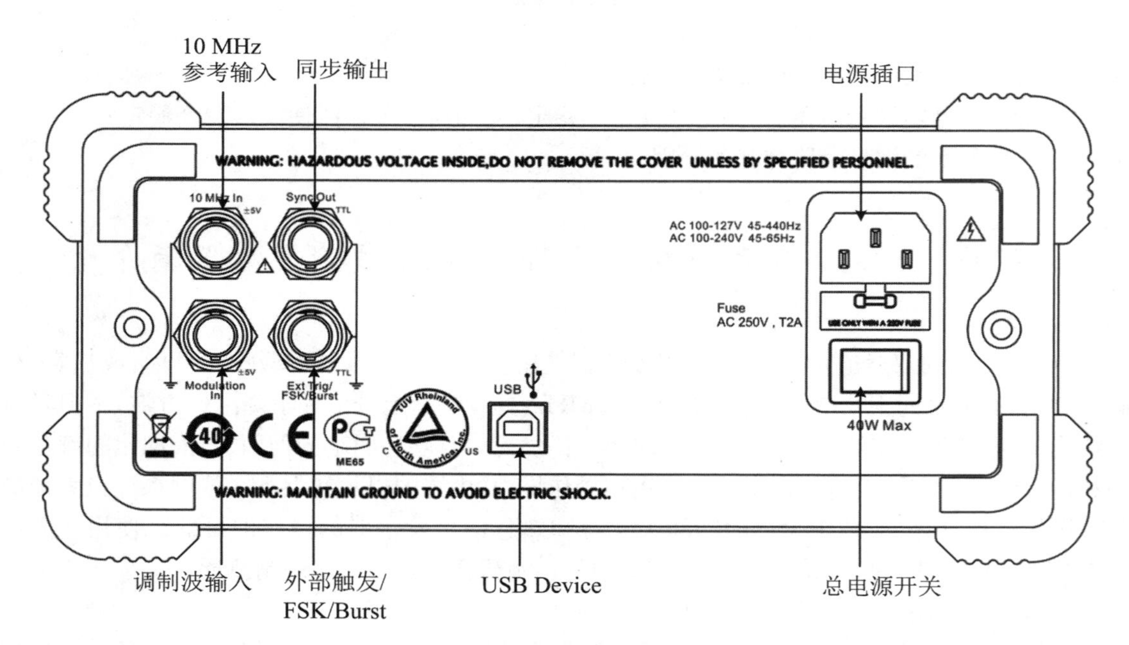

图 3-5-8 后面板

3. 用户界面

DG1000 提供了三种界面显示模式：单通道常规模式、单通道图形模式及双通道常规模式，分别如图 3-5-9 至图 3-5-11 所示。这三种显示模式可通过前面板左侧的 View 按键切换。用户可通过 CH1/CH2 键来切换活动通道，以便于设定每条通道的参数及观察、比较波形。

图 3-5-9　单通道常规显示模式

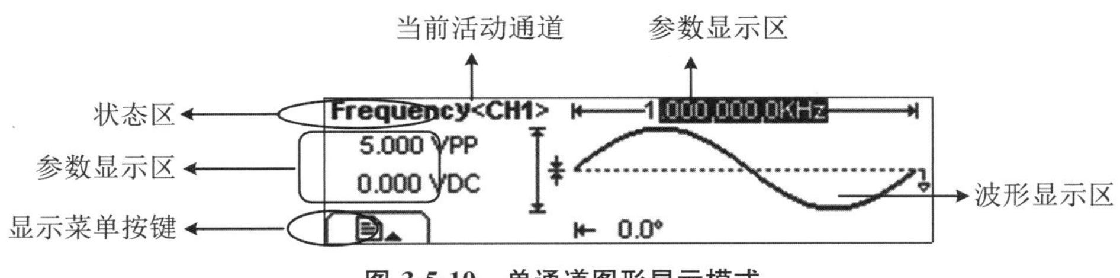

图 3-5-10　单通道图形显示模式

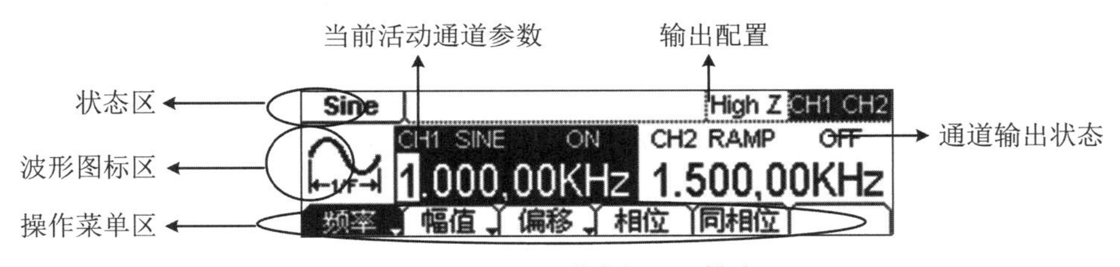

图 3-5-11　双通道常规显示模式

按键标识说明：对按键的标识用加边框的字符表示，如 Sine 代表前面板上一个标注着“Sine”字符的功能键，菜单软键的标识用带阴影的字符表示，如频率表示 Sine 菜单中的“频率”选项。

4. 波形设置

如图 3-5-12 所示，在操作面板左侧下方有一系列带有波形显示的按键，它们分别是：正弦波、方波、锯齿波、脉冲波、噪声波、任意波。此外还有两个常用按键：通道选择和视图切换键。下面的练习将引导我们逐步熟悉这些按键的设置。以下对波形选择的说明均在常规显示模式下进行。

(1) 使用 Sine 按键，波形图标变为正弦信号，并在状态区左侧出现“Sine”字样。通过设置频率/周期、幅值/高电平、偏移/低电平、相位，可以得到不同参数值的正弦波。

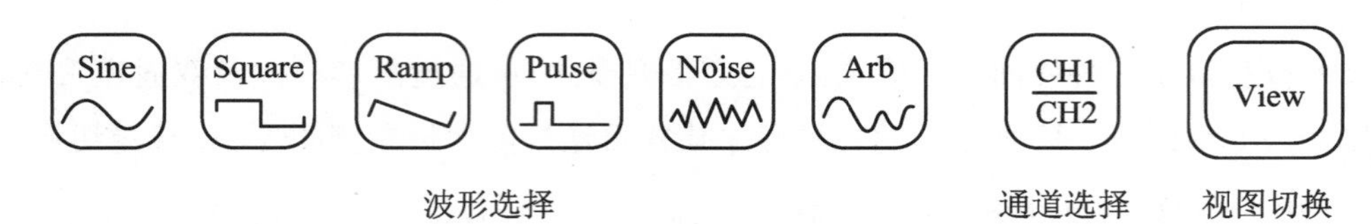

图 3-5-12　按键选择

图 3-5-13 所示正弦波使用系统默认参数：频率为 1 kHz，幅值为 5.0 VPP，偏移量为 0 VDC，初始相位为 0°。

(2) 使用 Square 按键，波形图标变为方波信号，并在状态区左侧出现“Square”字样。通过设置频率/周期、幅值/高电平、偏移/低电平、占空比、相位，可以得到不同参数值的方波。

图 3-5-14 所示方波使用系统默认参数：频率为 1 kHz，幅值为 5.0 VPP，偏移量为 0 VDC，占空比为 50%，初始相位为 0°。

图 3-5-13　正弦波常规显示界面

图 3-5-14　方波常规显示界面

(3) 使用 Ramp 按键，波形图标变为锯齿波信号，并在状态区左侧出现“Ramp”字样。通过设置频率/周期、幅值/高电平、偏移/低电平、对称性、相位，可以得到不同参数值的锯齿波。

图 3-5-15 所示锯齿波使用系统默认参数：频率为 1 kHz，幅值为 5.0 VPP，偏移量为 0 VDC，对称性为 50%，初始相位为 0°。

(4) 使用 Pulse 按键，波形图标变为脉冲波信号，并在状态区左侧出现“Pulse”字样。通过设置频率/周期、幅值/高电平、偏移/低电平、脉宽/占空比、延时，可以得到不同参数值的脉冲波。

图 3-5-16 所示脉冲波形使用系统默认参数：频率为 1 kHz，幅值为 5.0 VPP，偏移量为 0 VDC，脉宽为 500 μs，占空比为 50%，延时为 0 s。

图 3-5-15　锯齿波常规显示界面

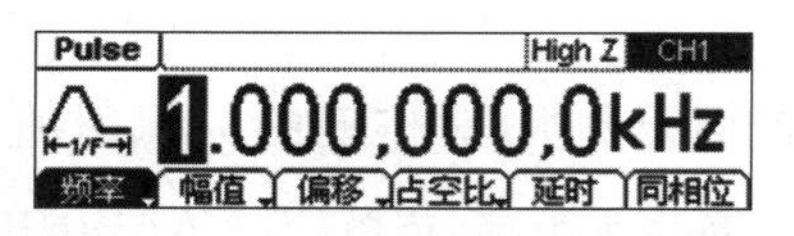

图 3-5-16　脉冲波常规显示界面

(5) 使用 Noise 按键，波形图标变为噪声信号，并在状态区左侧出现“Noise”字样。通过设置幅值/高电平、偏移/低电平，可以得到不同参数值的噪声信号。

图 3-5-17 所示波形为系统默认参数：幅值为 5.0 VPP，偏移量为 0 VDC。

(6) 使用 Arb 按键，波形图标变为任意波信号，并在状态区左侧出现“Arb”字样。通过设置频率/周期、幅值/高电平、偏移/低电平、相位，可以得到不同参数值的任意波信号。

图 3-5-18 所示 NegRamp 倒三角波形使用系统默认参数：频率为 1 kHz，幅值为 5.0 VPP，偏移量为 0 VDC，相位为 0°。

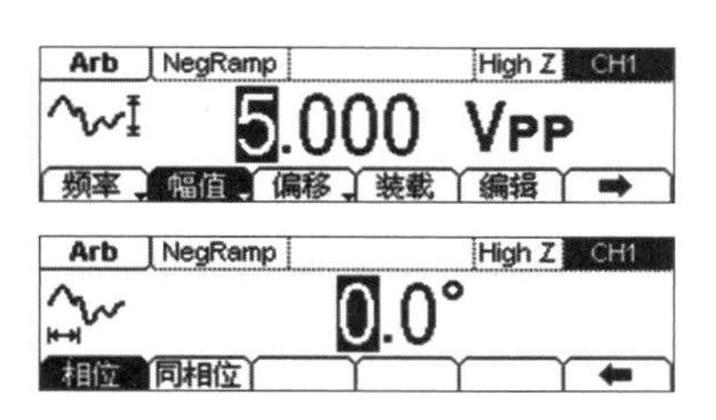

图 3-5-17　噪声波形常规显示界面

图 3-5-18　任意波形常规显示界面

(7) 使用 CH1/CH2 键切换通道，当前选中的通道可以进行参数设置。在常规和图形模式下均可以进行通道切换，以便用户观察和比较两通道中的波形。

(8) 使用 View 键切换视图，使波形显示在单通道常规模式、单通道图形模式、双通道常规模式之间切换。此外，当仪器处于远程模式时，按下该键可以切换到本地模式。

5. 输出设置

如图 3-5-19 所示，在前面板右侧有两个按键，用于通道输出、频率计输入的控制。下面的说明将引导使用者逐步熟悉这些功能。

(1) 使用 Output 按键，启用或禁用前面板的输出连接器输出信号。已按下 Output 键的通道显示“ON”且键灯被点亮。

(2) 如图 3-5-20 所示，在频率计模式下，CH2 对应的 Output 连接器作为频率计的信号输入端，CH2 自动关闭，禁用输出。

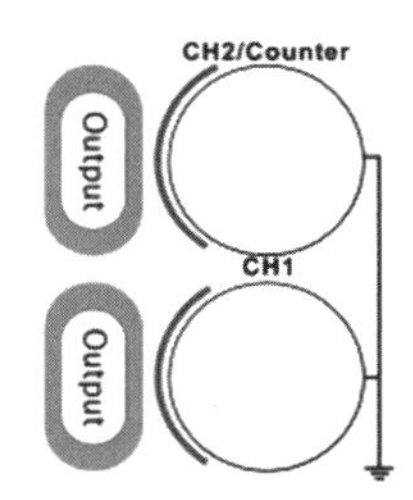

图 3-5-19　通道输出、频率计输入

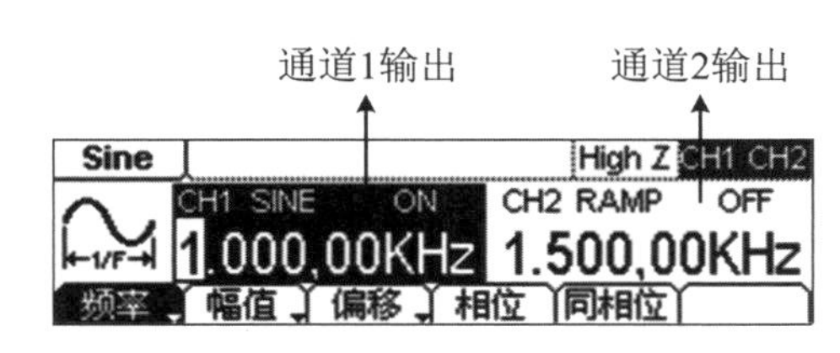

图 3-5-20　通道输出控制

6. 调制、扫描、脉冲串设置

如图 3-5-21 所示，在前面板右侧上方有三个按键，分别用于调制、扫描及脉冲串的设置。在本信号发生器中，这三个功能只适用于通道 1。下面的说明将逐步引导使用者熟悉这些功能的设置。

(1) 使用 Mod 按键，可输出经过调制的波形。并可以通过改变类型、内调制/外调制、深度、频率、调制波等参数，来改变输出波形，如图 3-5-22 所示。

DG1000 可使用 AM、FM、FSK 或 PM 调制波形。可调制正弦波、方波、锯齿波或任意波形(不能调制脉冲、噪声和 DC)。

(2) 使用 Sweep 按键，对正弦波、方波、锯齿波或任意波形进行扫描(不允许扫描脉冲、噪声和 DC)，如图 3-5-23 所示。

在扫描模式中，DG1000 在指定的扫描时间内从开始频率到终止频率变化输出。

(3) 使用 Burst 按键，可以产生正弦波、方波、锯齿波、脉冲波或任意波形的脉冲串波形输出，噪声只能用于门控脉冲串，如图 3-5-24 所示。

图 3-5-21　调制、扫描、脉冲串按键

图 3-5-22　调制波形常规显示界面

图 3-5-23　扫描波形常规显示界面

图 3-5-24　脉冲串波形常规显示界面

名词解释

脉冲串：输出具有指定循环数目的波形，称为“脉冲串”。脉冲串可持续特定数目的波形循环(*N* 循环脉冲串)，或受外部门控信号控制(门控脉冲串)。脉冲串可适用于任何波形函数(DC 除外)，但是噪声只能用于门控脉冲串。

7. 数字输入的使用

如图 3-5-25 所示，在前面板上有两组按键，分别是左右方向键和旋钮、数字键盘。下面的说明将逐渐引导使用者熟悉数字输入功能的使用。

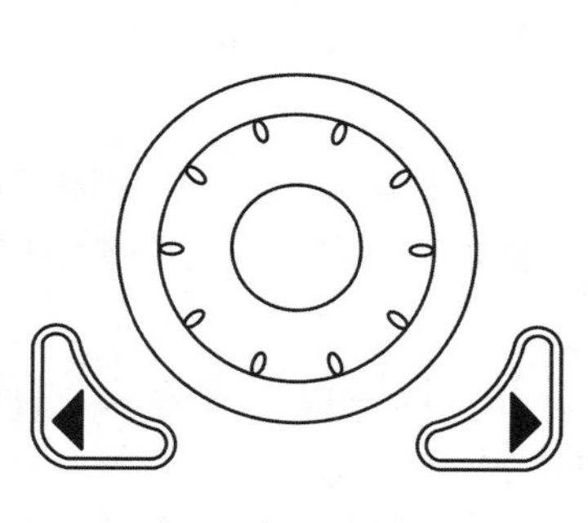

(a) 方向键和旋钮

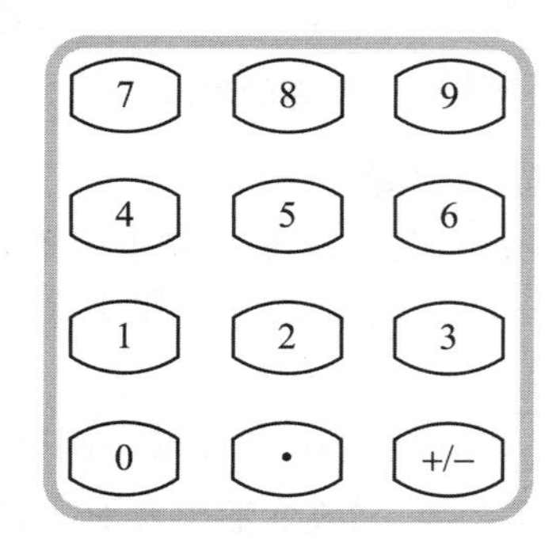

(b) 数字键盘

图 3-5-25　前面板的数字输入

(1) 方向键:用于切换数值的数位、任意波文件/设置文件的存储位置。

(2) 旋钮:① 改变数值大小。在 0～9 范围内改变某一数值大小时,顺时针转一格加 1,逆时针转一格减 1。② 用于切换内建波形种类、任意波文件/设置文件的存储位置、文件名输入字符。

(3) 数字键盘:直接输入需要的数值,改变参数大小。

8. 存储和调出、辅助系统功能、帮助功能

如图 3-5-26 所示,在操作面板上有三个按键,分别用于实现存储和调出、辅助系统功能及帮助功能。下面分别介绍这些功能的使用。

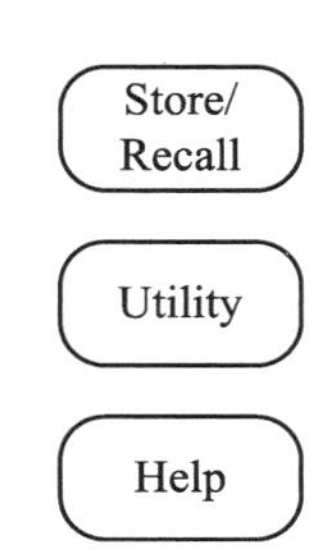

图 3-5-26　存储和调出、辅助系统功能、帮助设置按键

(1) 使用 Store/Recall 按键,存储或调出波形数据和配置信息。

(2) 使用 Utility 按键,可以设置同步输出开/关、输出参数、通道耦合、通道复制、频率计测量;查看接口设置、系统设置信息;执行仪器自检和校准等操作。

(3) 使用 Help 按键,查看帮助信息列表。

> **操作说明**
>
> 获得任意键帮助:要获得任何前面板按键或菜单按键的上下文帮助信息,按住该键 2～3 秒,即可显示相关帮助信息。

实验六　电子在电磁场中运动的研究

【实验目的】

(1) 了解带电粒子在电磁场中的运动规律,电子束的电偏转、电聚焦、磁偏转、磁聚焦的原理。

(2) 学习一种测量电子荷质比的方法。

【实验原理】

1. 示波管的简单介绍

示波管如图 3-6-1 所示。

示波管包括:

(1) 一个电子枪:发射电子,把电子加速到一定速度,并聚焦成电子束。

(2) 一个由两对金属板组成的偏转系统。

(3) 一个在管子末端的荧光屏,用来显示电子束的轰击点。所有部件全都密封在一个抽成真空的玻璃外壳里，目的是为了避免电子与气体分子碰撞而引起的电子束散射。

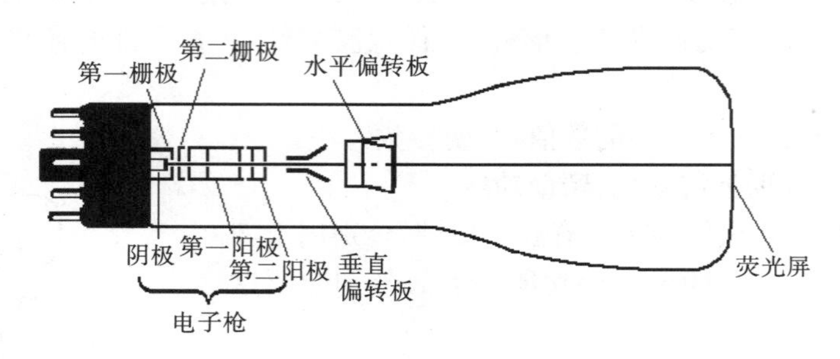

图 3-6-1　示波管示意图

接通电源后，灯丝发热，阴极发射电子。栅极加上相对于阴极的负电压，它有两个作用：一方面调节栅极电压的大小控制阴极发射电子的强度，所以栅极也叫控制极；另一方面栅极电压和第一阳极电压构成一定的空间电位分布，使得由阴极发射的电子束在栅极附近形成一交叉点。第一阳极和第二阳极的作用一方面构成聚焦电场，使得经过第一交叉点又发散了的电子在聚焦场作用下又会聚起来；另一方面使电子加速。荧光屏上的荧光物质在高速电子轰击下发出荧光，其发光亮度取决于到达荧光屏的电子数目和速度，改变栅压及加速电压的大小都可控制光点的亮度。水平、垂直偏转板是互相垂直的平行板，偏转板上加以不同的电压，用来控制荧光屏上亮点的位置。

2. 电子的加速和电偏转

为了描述电子的运动，我们选用一个直角坐标系，其 Z 轴沿示波管管轴，X 轴是示波管正面所在平面上的水平线，Y 轴是示波管正面所在平面上的竖直线。

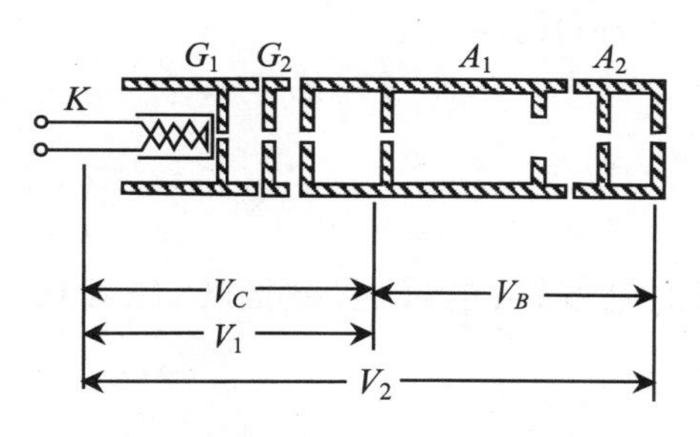

图 3-6-2　示波管内各部分之间的电位示意图

从阴极发射出来通过电子枪各个小孔的一个电子，它在从阳极 A_2 射出时在 Z 轴方向上具有速度 v_z，v_z 的值取决于 K 和 A_2 之间的电位差 $V_2=V_B+V_c$，如图3-6-2所示。

电子从 K 移动到 A_2，位能降低了 eV_2。因此，如果电子逸出阴极时的初始动能可以忽略不计，那么它从 A_2 射出时的动能 $\frac{1}{2}mv_z^2$ 就由下式确定：

$$\frac{1}{2}mv_z^2=eV_2 \tag{3-6-1}$$

此后，电子再通过偏转板之间的空间。如果偏转板之间没有电位差，那么电子将笔直地通过，最后打在荧光屏的中心(假定电子枪瞄准了中心)形成一个小亮点。但是，如果两个垂直偏转板(水平放置的一对)之间加有电位差 V_d，使偏转板之间形成一个横向电场 E_y，那么作用在电子上的电场力便使电子获得一个横向速度 v_y，但却不改变它的轴向速度分量 v_z，这样，电子在离开偏转板时运动的方向将与 z 轴成一个夹角 θ，而这个 θ 角由下式决定：

$$\tan\theta=\frac{v_y}{v_z} \tag{3-6-2}$$

电子束的偏转如图 3-6-3 所示。

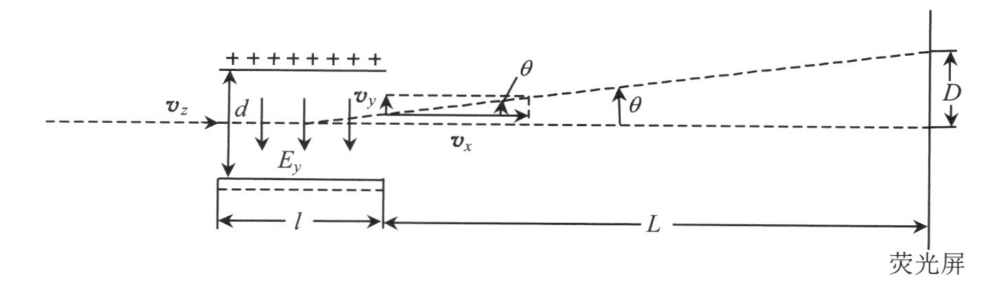

图 3-6-3　电子束的偏转

如果知道了偏转电位差和偏转板的尺寸，那么以上各个量都能计算出来。

设距离为 d 的两个偏转板之间的电位差 V_d 在其中产生一个横向电场 $E_y=V_d/d$，从而对电子作用一个大小为 $F_y=eE_y=eV_d/d$ 的横向力。在电子从偏转板之间通过的时间 Δt 内，这个力使电子得到一个横向动量 mv_y，而它等于力的冲量，即

$$mv_y=F_y\Delta t=eV_d\frac{\Delta t}{d} \tag{3-6-3}$$

于是

$$v_y=\frac{e}{m}\frac{V_d}{d}\Delta t \tag{3-6-4}$$

然而，这个时间间隔 Δt，也就是电子以轴向速度 v_z 通过距离 l(l 等于偏转板的长度)所需要的时间，因此 $l=v_z\Delta t$。由这个关系式解出 Δt，代入式(3-6-4)，结果得

$$v_y=\frac{e}{m}\frac{V_d}{d}\frac{l}{v_z} \tag{3-6-5}$$

这样，偏转角 θ 就由下式给出：

$$\tan\theta=\frac{v_y}{v_z}=\frac{eV_dl}{dmv_z^2} \tag{3-6-6}$$

再把能量关系式(3-6-1)代入式(3-6-6)，最后得到

$$\tan\theta=\frac{V_d}{V_2}\frac{l}{2d} \tag{3-6-7}$$

式(3-6-7)表明，偏转角随偏转电位差 V_d 的增加而增大，而且，偏转角也随偏转板长度的增大而增大，偏转角与 d 成反比，对于给定的总电位差来说，两偏转板之间距离越近，偏转电场就越强。最后，降低加速电位差 $V_2=V_B+V_C$ 也能增大偏转，这是因为这样就减小了电子的轴向速度，延长偏转电场对电子的作用时间。此外，对于相同的横向速度，轴向速度越小，得到的偏转角就越大。

电子束离开偏转区域以后便又沿一条直线行进，这条直线是电子离开偏转区域那一点的电子轨迹的切线。这样，荧光屏上的亮点会偏移一个垂直距离 D，而这个距离由关系式$D=L\tan\theta$

确定。这里的 L 是偏转板到荧光屏的距离(忽略荧光屏的微小的曲率)。如果更详细地分析电子在两个偏转板之间的运动,我们会看到:这里的 L 应从偏转板的中心量到荧光屏。于是我们有

$$D=L\frac{V_d}{V_2}\frac{l}{2d} \tag{3-6-8}$$

3. 电聚焦原理

图 3-6-4 所示为电子枪各个电极的截面,加速场和聚焦场主要存在于各电极之间的区域。

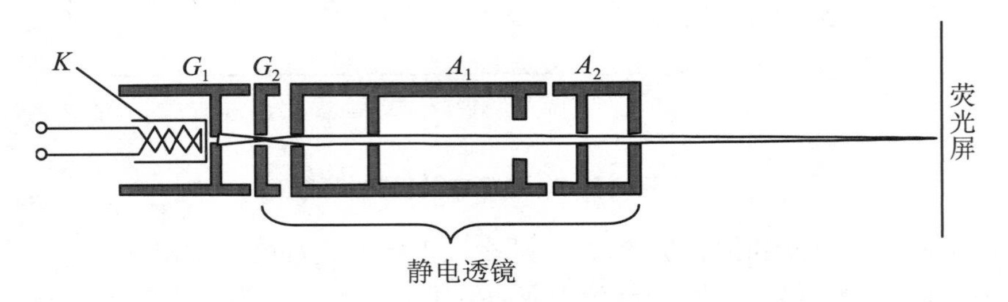

图 3-6-4　电子束的聚焦

图 3-6-5 是 A_1 和 A_2 这个区域放大了的截面图,其中画出了一些等位面截线和一些电力线。从 A_1 出来的横向速度分量为 v_r 的具有离轴倾向的电子,在进入 A_1 和 A_2 之间的区域后,被电场的横向分量推向轴线。与此同时,电场 E 的轴向分量 E_z 使电子加速。当电子向 A_2 运动,进入接近 A_2 的区域时,那里的电场 E 的横向分量 E_r 有把电子推离轴线的倾向。但是由于电子在这个区域比前一个区域运动得更快,向外的冲量比前面的向内的冲量要小,所以总的效果仍然是使电子靠拢轴线。

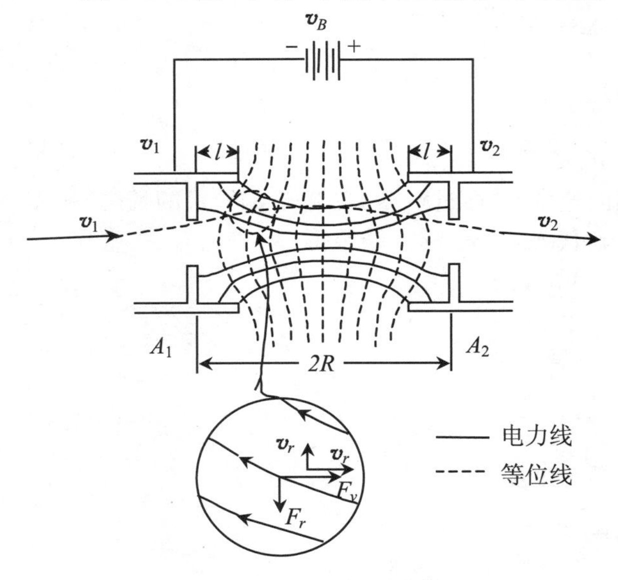

图 3-6-5　A_1A_2 间区域截面图

4. 电子的磁偏转原理

在磁场中运动的一个电子会受到一个力而转向,这个力的大小与垂直于磁场方向的速度分量成正比,而方向总是既垂直于磁场 B 又垂直于瞬时速度 v。从 F 与 v 方向之间的这个关系可以直接导出一个重要的结论:由于粒子总是沿着与作用在它上面的力相垂直的方向运动,磁场力绝不对粒子做功,由于这个原因,在磁场中运动的粒子保持动能不变,因而速率也不变。当然,速度的方向可以改变。在本实验中,我们将观测在垂直于束流方向的磁场作用下电子束的偏转。图 3-6-6 中电子从电子枪发射出来时,其速度 V 由下面能量关系式决定:

$$\frac{1}{2}mv^2=eV_2=e(V_B+V_C)$$

电子束进入长度为 l 的区域，这里有一个垂直于纸面向外的均匀磁场 B，由此引起的磁场力的大小为 $F=evB$，而且它始终垂直于速度。此外，由于这个力所产生的加速度在每一瞬间都垂直于 v，此力的作用只是改变 v 的方向而不改变它的大小，也就是说：电子以恒定的速率在磁场力的影响下做圆周运动。因为圆周运动的向心加速度为 v^2/R，而产生这个加速度的力(有时称为向心力)必定为 mv^2/R，所以圆周的半径很容易计算出来。向心力 $F=evB$，因而 $mv^2/R=evB$，即 $R=mv/eB$。电子离开磁场区域之后，重新沿一条直线运动，最后，电子束打在荧光屏上某一点，这一点相对于没有偏转的电子束的位置移动了一段距离。

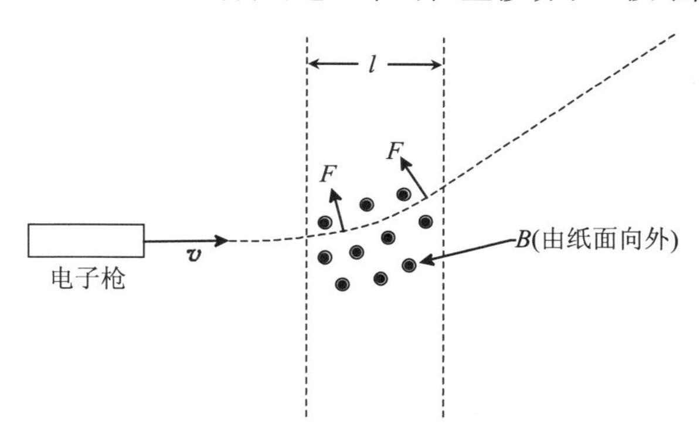

图 3-6-6　电子束在磁场中偏转示意图

5. 磁聚焦和电子荷质比的测量原理

置于长直螺线管中的示波管，在不受任何偏转电压的情况下，示波管正常工作时，调节亮度和聚焦，可在荧光屏上得到一个小亮点。若第二加速阳极 A_2 的电压为 V_2，则电子的轴向运动速度用 v_z 表示，则有

$$v_z^2=\frac{2eV_2}{m} \tag{3-6-9}$$

当给其中一对偏转板加上交变电压时，电子将获得垂直于轴向的分速度(用 v_r 表示)，此时荧光屏上便出现一条直线，随后给长直螺线管通一直流电流 I，于是螺线管内便产生磁场，其磁场感应强度用 B 表示。众所周知，运动电子在磁场中要受到洛伦兹力 $F=ev_rB$ 的作用(v_z 方向受力为零)，这个力使电子在垂直于磁场(也垂直于螺线管轴线)的平面内做圆周运动，设其圆周运动的半径为 R，则有

$$ev_rB=\frac{mv_r^2}{R}\quad 即\quad R=\frac{mv_r}{eB} \tag{3-6-10}$$

圆周运动的周期为

$$T=\frac{2\pi R}{v_r}=\frac{2\pi m}{eB} \tag{3-6-11}$$

电子既在轴线方面做直线运动，又在垂直于轴线的平面内做圆周运动。它的轨道是一条螺旋线，其螺距用 h 表示，则有

$$h=v_zT=\frac{2\pi m}{eB}v_z \tag{3-6-12}$$

从式(3-6-11)、式(3-6-12)可以看出，电子运动的周期和螺距均与 v_r 无关。虽然各个电子的径向速度不同，但由于轴向速度相同，由一点出发的电子束，经过一个周期后，它们又会在距离出发点相距一个螺距的地方重新相遇，这就是磁聚焦的基本原理。由式(3-6-12)可得

$$\frac{e}{m}=\frac{8\pi^2V_2}{h^2B^2} \tag{3-6-13}$$

长直螺线管的磁感应强度 B，可以由下式计算

$$B=\frac{\mu_0NI}{\sqrt{L^2+D^2}} \tag{3-6-14}$$

将式(3-6-14)代入式(3-6-13)，可得电子荷质比为

$$\frac{e}{m}=\frac{8\pi^2V_2(L^2+D^2)}{\mu_0^2N^2h^2I^2} \tag{3-6-15}$$

式(3-6-15)中，μ_0 为真空中的磁导率，$\mu_0=4\pi\times10^{-7}$ H/m。

本仪器的其他参数(供参考)为：螺丝管内的线圈匝数 $N=526$ n；螺线管的长度 $L=0.234$ m；螺线管的直径 $D=0.090$ m；螺距(Y 偏转板至荧光屏距离)$h=0.145$ m。

【实验仪器】

DZS-D 型电子束测试仪。

【实验步骤】

1. 电偏转

(1) 接线图如图 3-6-7 所示。

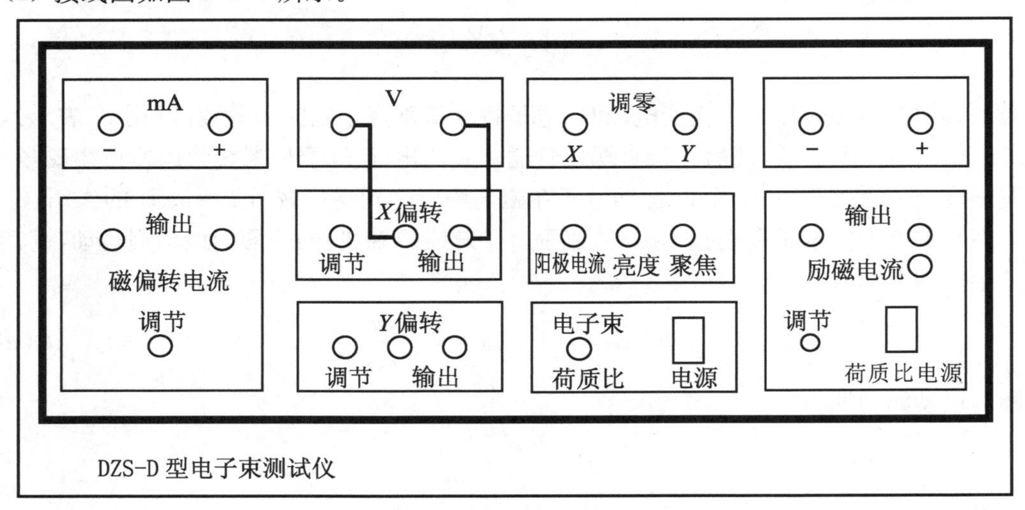

图 3-6-7 电偏转接线图

(2) 开启电源开关,将“电子束-荷质比”选择开关打向电子束位置,辉度适当调节,并调节聚焦,使屏上光点聚成一细点。应注意:光点不能太亮,以免烧坏荧光屏。

(3) 光点调零,调节“X 调节”旋钮,使电压表指示为零,再调节调零的 X 旋钮,使光点位于示波管垂直中线上。同 X 调零一样,将 Y 调节后,光点位于示波管的中心原点。

(4) 测量 D 随 V_d(Y 轴)变化:调节阳极电压旋钮,给定阳极电压 V_2(600 V),改变 V_d(每格 5 V)测一组 D 值。改变 V_2(700 V)后再测 D-V_d 变化值。

(5) 同 Y 轴一样,也可测量 X 轴 D-V_d 的变化。

2. 电聚焦

(1) 开启电源开关,将“电子束-荷质比”选择开关打向电子束位置,辉度适当调节,并调节聚焦,使屏上光点聚焦成一细点。应注意:光点不能太亮,以免烧坏荧光屏。

(2) 光点调零,通过调节“X 偏转”和“Y 偏转”旋钮,使光点位于 Y 轴的中心原点。

(3) 调节阳极电压 V_2 为 600~1000 V,对应调节聚焦旋钮(改变聚焦电压)使光点达到最佳的聚焦效果,测量出各对应的聚焦电压 V_1。

(4) 求出 V_2/V_1。

3. 磁偏转

(1) 接线图如图 3-6-8 所示。

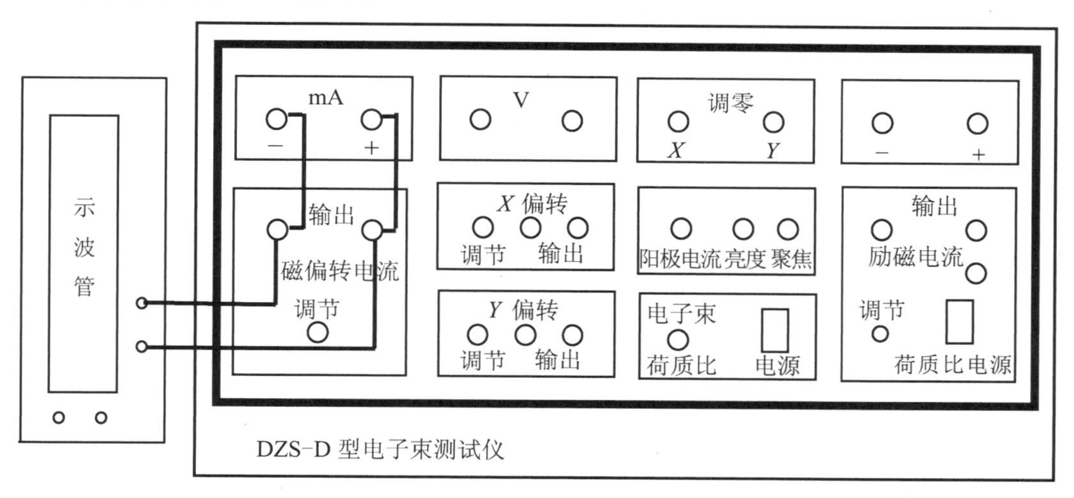

图 3-6-8　磁偏转接线图

(2) 开启电源开关,将“电子束-荷质比”选择开关打向电子束位置,辉度适当调节,并调节聚焦,使屏上光点聚焦成一细点。应注意:光点不能太亮,以免烧坏荧光屏。

(3) 光点调零,在磁偏转输出电流为零时,通过调节“X 偏转”和“Y 偏转”旋钮,使光点位于 Y 轴的中心原点。

(4) 测量偏转量 D 随磁偏电流 I 的变化。给定 V_2(600 V),调节磁偏电流调节旋钮(改变磁偏电流的大小,每 10 mA)测量一组 D 值;改变 V_2(700 V),再测一组 D-I 数据。

4. 磁聚焦和电子荷质比的测量

(1) 接线图如图 3-6-9 所示。

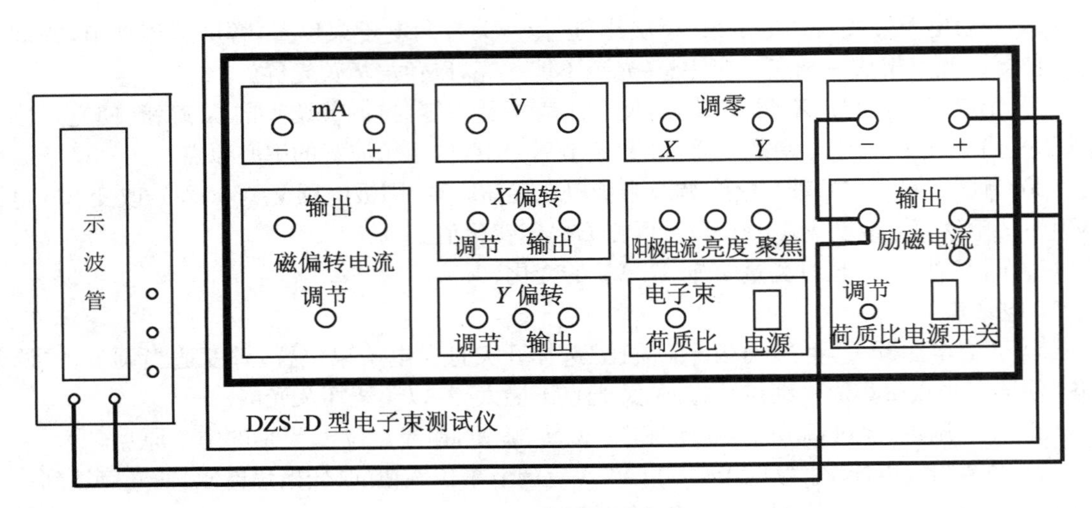

图 3-6-9 磁聚焦接线图

(2) 把励磁电流接到励磁电流的接线柱上，电流值调到零。

(3) 开启电子束测试仪电源开关，“电子束-荷质比”开关置于荷质比方向，此时荧光屏上出现一条直线，阳极电压调到 700 V。

(4) 开启励磁电流电源开关，逐渐加大电流使荧光屏上的直线一边旋转一边缩短，直到变成一个小光点。读取电流值，然后将电流调为零。再将电流换向开关(在励磁线圈下面)扳到另一方，重新从零开始增加电流使屏上的直线反方向旋转并缩短，直到再得到一个小光点，读取电流值。

(5) 改变阳极电压为 800 V，重复步骤(4)。

【数据记录和处理】

1. 电偏转

(1) 当 V_2 为 600 V 和 700 V 时，X 轴和 Y 轴 D-V_d 的测量数据，记入表 3-6-1。

表 3-6-1 测量数据

	X 轴方向					Y 轴方向				
$V_d(V_2=600\ \text{V})$	0	5	10	15	20	0	5	10	15	20
D(mm)										
$V_d(V_2=700\ \text{V})$										
D(mm)										

(2) 作 D-V_d 图，求出曲线斜率得电偏转灵敏度。

(3) 求 X 轴和 Y 轴不同 V_2 下的偏转灵敏度。

2. 电聚焦

记录不同 V_2 下的 V_1，数值求出 V_2/V_1。

3. 磁偏转

(1) V_2 电压为 600 V,D-I 的测量数据,记录于表 3-6-2。

表 3-6-2　测量数据

I(mA)	0	10	20	30	40	50	60	70	80	90	100	110
D(mm)												

(2) 作 D-I 图,求曲线斜率得磁偏转灵敏度。

(3) V_2 电压为 700 V,D-I 的测量数据,记录于表 3-6-3。

表 3-6-3　测量数据

I(mA)	0	10	20	30	40	50	60	70	80	90	100	110
D(mm)												

(4) 作 D-I 图,求曲线斜率得磁偏转灵敏度。

4. 磁聚焦和电子荷质比的测量

具体测量数据记入表 3-6-4。

表 3-6-4　磁聚焦和电子荷质比的测量数据

电压(V) / 电流(A)	700	800
$I_{正}$		
$I_{反}$		
$I_{平}$		
$e/m/$(C/kg)		

附录　实验数据参考坐标图示

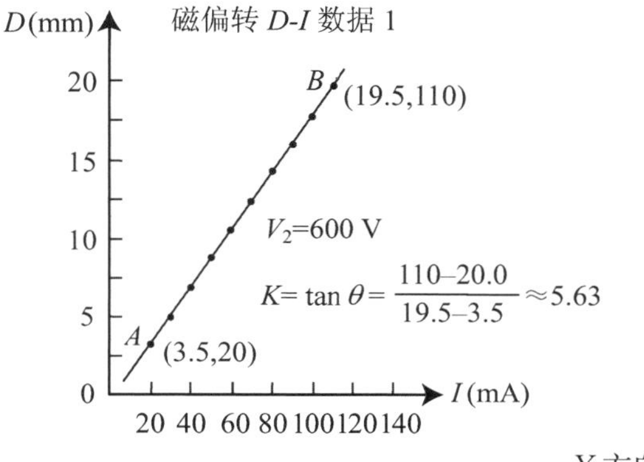

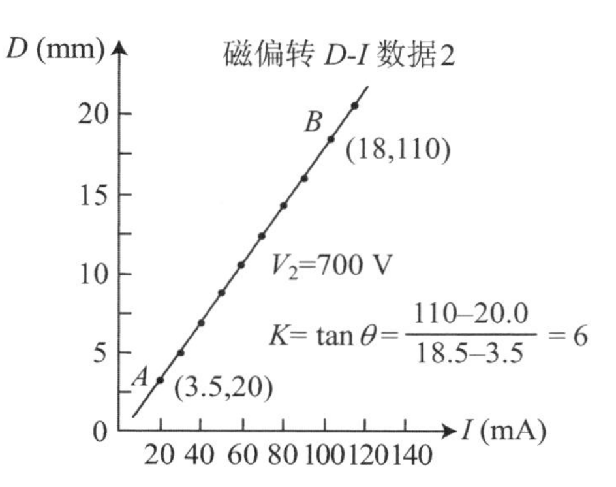

Y 方向电偏转

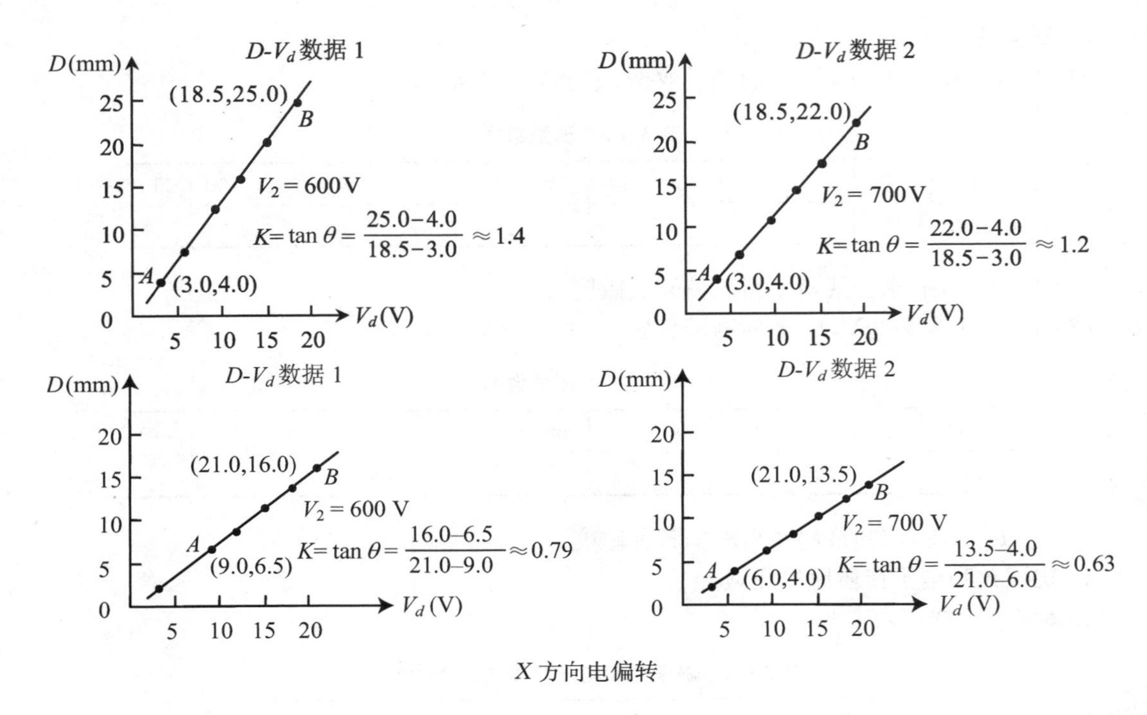

X 方向电偏转

实验七 铁磁性材料居里温度的测量

铁磁性物质的磁性随温度的变化而改变，当温度上升到某一温度时，铁磁性材料就由铁磁状态转变为顺磁状态，即失掉铁磁性物质的特性而转变为顺磁性物质，这个温度称为居里温度，以 T_C 表示。测量 T_C 不仅可对磁性材料、磁性器件进行研究和使用，而且对工程技术乃至家用电器的设计都具有重要的意义。

【实验目的】

(1) 初步了解铁磁性物质由铁磁性转变为顺磁性的微观机理。
(2) 学习用 JLD-Ⅱ型居里点测试仪测量居里温度的原理和方法。
(3) 测定 5 个低温温敏磁环的居里温度。

【实验仪器】

JLD-Ⅱ型居里点测试仪一套(主机一台、加热炉一台、低温温敏磁环样品 5 只)。

【实验原理】

1. 基本原理

在铁磁性物质中，相邻原子间存在非常强的交换耦合作用，这个相互作用促使相邻原子的磁矩平行排列起来，形成一个个自发磁化达到饱和状态的小区域，这些区域的体积约为

10^{-8} m^3，称为磁畴。

在没有外磁场作用时，不同磁畴的取向各不相同，如图 3-7-1 所示。因此对整个铁磁性物质来说，任何宏观区域的平均磁矩为零，铁磁性物质不显示磁性。当有外磁场作用时，不同磁畴的取向趋于外磁场的方向，任何宏观区域的平均磁矩不再为零，且随着外磁场的增大而增大。当外磁场增大到一定值时，所有磁畴沿外磁场方向整齐排列，如图 3-7-2 所示，任何宏观区域的平均磁矩达到最大值，铁磁物质显示出很强的磁性，我们说铁磁物质被磁化了。铁磁物质的磁导率远远大于顺磁物质的磁导率。

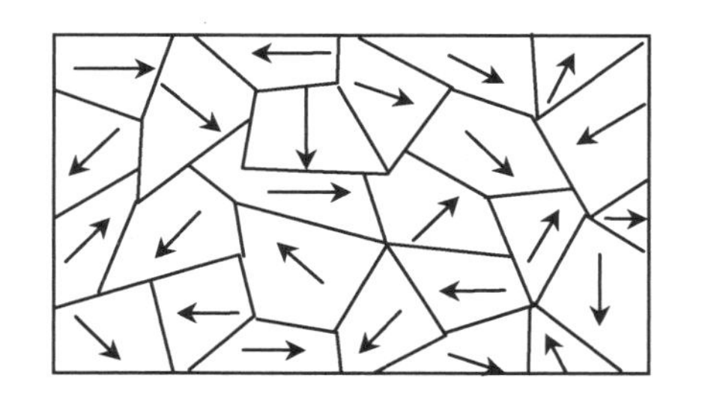

图 3-7-1　无外磁场作用的磁畴

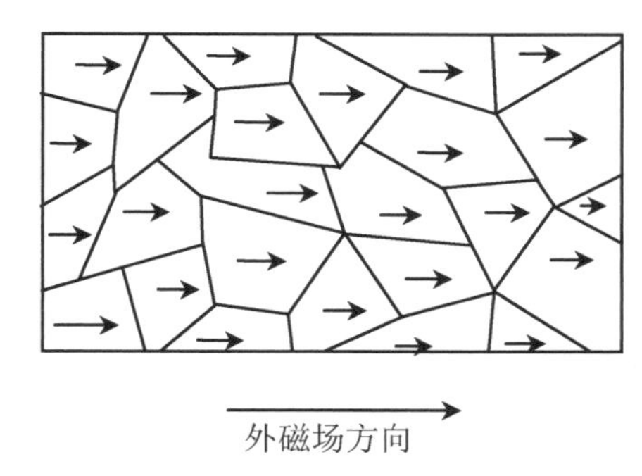

图 3-7-2　在外磁场作用下的磁畴

铁磁物质被磁化后具有很强的磁性，但这种强磁性是与温度有关的。随着铁磁物质温度的升高，金属点阵热运动的加剧会影响磁畴矩的有序排列，此时任何宏观区域的平均磁矩仍不为零，物质仍具有磁性，只是平均磁矩随温度升高而减小。而当 KT(K 是玻尔兹曼常数，T 是绝对温度)成正比的热运动足以破坏磁畴矩的整齐排列时，磁畴被瓦解，平均磁矩降为零，铁磁物质的磁性消失而转变为顺磁物质，相应的铁磁物质的磁导率转化为顺磁物质的磁导率。

对于铁磁物质来讲，由于有磁畴的存在，因此在外加的交变磁场的作用下将产生磁滞现象，磁滞回线就是磁滞现象的主要表现。如果将铁磁物质加热到一定的温度，由于金属点阵中的热运动加剧，磁畴遭到破坏，磁滞现象消失，铁磁物质将转变为顺磁物质，这一磁性转变温度称为居里点。我们可以通过观察示波器上显示的磁滞回线的存在与否来定性地观察或通过作感应电压(磁导率的大小——宏观区域的平均磁矩)-温度曲线图来定量地测量铁磁物质的居里点。

2. 测量装置及原理

(1) 测量装置。

由居里温度的定义知要测定铁磁物质的居里温度，其测定装置必须同时具备 4 个功能：提供使样品磁化的磁场；改变铁磁物质温度的温控装置；判断铁磁性是否消失的判断装置；测量铁磁物质磁性消失时所对应温度的测量装置。以上 4 个功能由图 3-7-3 所示的系统装置实现。

(2) 测量原理。

给绕在待测磁环上的励磁线圈 N 通一交变电流如图 3-7-4 所示，产生一交变磁场 H，使铁磁物质——磁环往复磁化，样品中的磁感应强度 B 与 H 的关系 $B=f(H)$ 为磁滞回线，如图 3-7-5 所示。

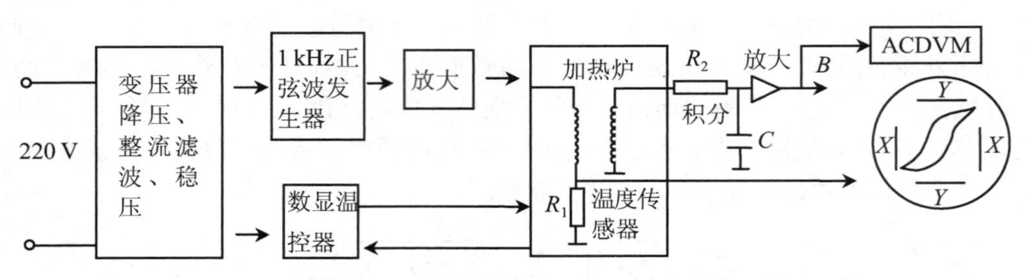

图 3-7-3　JLD-Ⅱ型居里温度测试仪测试原理图

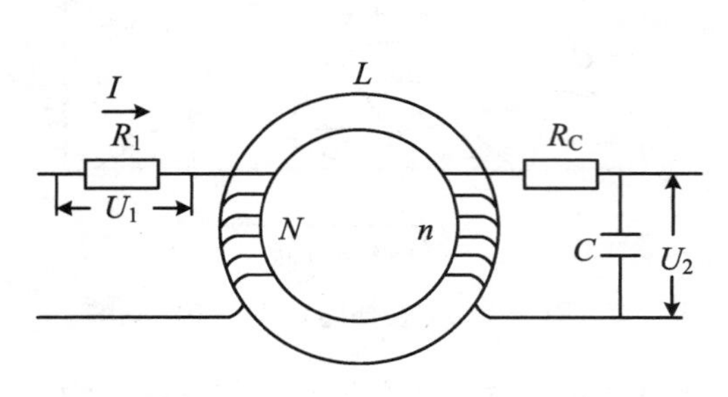

图 3-7-4　励磁线圈 N 通一交变电流

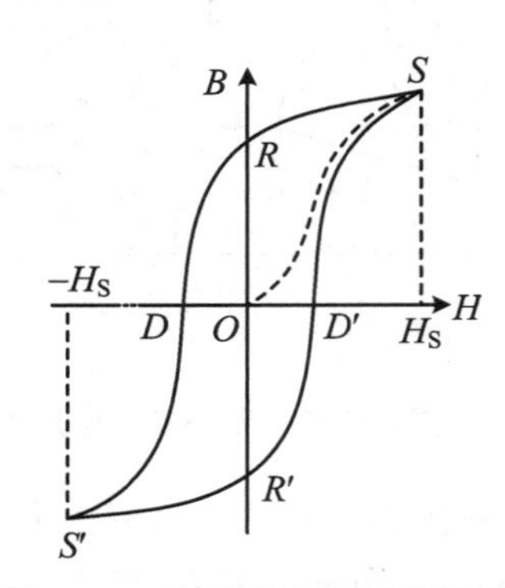

图 3-7-5　铁磁物质的磁滞回线

比较曲线 OS 段与 SR 段可知，虽然 H 减小时 B 也随之减小，但 B 的减小跟不上 H 的减小，这种现象叫作磁滞（磁性滞后）。磁滞的一个显著特点是当 H 降至零时，B 并未降到零，说明铁磁质在没有电流时也可以有磁性，这种磁性叫作剩磁。剩磁的程度可由剩余磁感应强度 B_R 描写（如图 3-7-5 中 OR），永磁铁就是利用铁磁质有剩磁的特点制成的。

由于 H 正比于 I，I 为通过 N 的电流，因此可以用 I 来代表 H，为此在励磁电路中串联一个采样电阻 R_1，将其两端的电压信号 IR_1 经适当的调节后送至示波管的 X 偏转板以表示 H。B 是通过副线圈 n 中，由于磁通量变化而产生的感应电动势来测定的，其感应电动势为

$$\varepsilon=-\frac{\mathrm{d}\Phi}{\mathrm{d}t}=-a\frac{\mathrm{d}B}{\mathrm{d}t} \tag{3-7-1}$$

式(3-7-1)中的 a 为线圈的截面积，将式(3-7-1)积分得

$$B=-\frac{1}{a}\int\varepsilon\mathrm{d}t \tag{3-7-2}$$

由此可见样品的磁感应强度与副线圈 n 的感应电动势的积分成正比。为此将 n 上的感应电动势经过 R_2 和 C 的积分线路，从积分电容 C 上取出 B 值，并加以放大后送至示波管的 Y 偏转板，从而在示波器上得到了样品的磁滞回线。随着样品温度的升高，金属点阵中的热运动加剧，B 值相应不断减小，曲线将会变扁，最后磁畴被破坏，铁磁物质磁滞回线扁成一条直线。磁滞回线刚好消失时的温度，即为该样品的居里温度。并通过作感应电压-温度曲线图来定量地测量这一转变温度。

【实验内容及方法】

(1) 将加热炉与电源箱用专用线相连，将铁磁材料样品与电源箱用专用线连接，并把样品放入加热炉。将温度传感器、降温风扇的接插件与接在电源箱面板上的传感器接插件对应相接。连接插件时，在看清楚插件对应缺口处后，小心慢插以免损坏接插件。

(2) B 输出与示波器的 Y 输入相连，H 输出与示波器 X 输入相连，“升温-降温”开关打向“降温”，开启电源箱上的电源开关，并适当地调节示波器的 Y 轴衰减、X 轴衰减或居里点电源箱面板上的 H 调节，示波器上就显出了磁滞回线。

(3) 关闭加热炉上的两风扇门(旋钮方向和加热炉的轴线方向垂直)，将“测量-设置”开关打向“设置”，设定好炉温后，再打向“测量”，“升温-降温”开关打向“升温”，加热炉工作，炉温逐渐向设置的温度升高。

(4) 测量 B 值随温度的变化关系，温度每升高约 1 ℃，测读一次温度 T_i 和相应的感应电压 U_i，读数时要求迅速准确，当炉温达到此样品居里点时，磁滞回线消失成一条直线，记录下此时的温度 T_C(居里点的定标观察值)，然后再升高几度连续测三点以上。

(5) 打开加热炉上的两风扇门(旋钮方向和加热炉的轴线方向平行)，把“升温-降温”开关打向“降温”，加热炉降温后，换一样品重复上述过程，直到样品测完为止。

【数据处理】

作感应电压-温度的曲线图，在斜率最大处作切线，切线与横坐标(温度)的交点即为该样品的居里点定量值 T_C'。

注：由于每一样品测量数据较多，我们应有选择地取点描绘，通常对 U 变化快的区域，应多保留一些数据。

【实验提示】

(1) 当样品放入炉内加温时，由于线圈 N 上的电感量在不断减小，R_1 上的 H 信号相对地不断升高，所以在实验中应随时适当调节 X 轴衰减，使其在示波器上显示出比较理想的磁滞回线。

(2) 实验中可适当调整温度传感器，使样品环与温度传感器能较好地接触，以便采集温度为最佳温度。

(3) 在测 70℃以上的样品时，温度较高，应注意安全，小心烫伤。

预习思考题

1. 为什么可由 U_1 确定 H，由 U_2 确定 B？要在示波器上显示磁滞回线，如何正确接线？
2. 铁磁物质的磁性与温度关系怎样？居里温度是指什么温度？
3. 将居里温度的定标观察值 T_C 与定量温度值 T_C' 进行分析、比较，求百分差。

实验八 用稳恒电流场模拟静电场

【实验目的】

(1) 学习用模拟法描绘和研究静电场的分布规律。

(2) 考察静电场的一些重要性质。

【实验仪器】

静电场描绘专用电源,静电场测绘仪(包括模拟电极、同步探针、水槽等),游标卡尺等。

【实验原理】

1. 静电场的测量

静止的带电体在它周围的空间产生静电场。静电场可以用电场强度 E 或电势 V 的空间分布来描写。由于标量在测量或计算上比矢量简单得多,人们通常用电势来描写静电场。

带电体的形状、数目、各自的电势分布及它们之间的相对位置不同,空间的电场分布也不同。研究或设计一定的电场有助于了解电场中的一些物理现象或控制带电粒子的运动,对科研和生产都是很重要的。

但是直接对静电场进行测量,是相当困难的。

第一,测量仪器只能采用静电式仪表,而一般常用的是磁电式电表,磁电式电表必须有电流通过才有反应,但静电场不会有电流,自然磁电式电表不起作用。

第二,仪器本身总是导体或电介质,一旦把仪器引入待测静电场中,原静电场将强烈地发生改变。若要使测量仪器的影响降低(如使用电量很小的试探电荷),则测量仪器不应有足够的灵敏度。

2. 用模拟法测量静电场

模拟法可分为物理模拟和数学模拟两种类型。

(1) 物理模拟。

指仍保持原测量对象的属性(性质、形状),仅按一定的比例将实物放大或缩小制成样品,对该样品在相同条件下进行测试,再按比例反推出原件的结果。故物理模拟中所使用的模型需满足三个条件,即①模型与实物原型有完全相同的物理性质;②两者经历完全相同的物理过程;③两者有完全相同的量纲和一致的函数关系。

(2) 数学模拟。

当某一被测量与另一物理量间具有完全相同的数学表达式,且遵循同样的数学规律时,则可用该物理量及其数学关系相似性来表征被测量,此为数学模拟。在数学模拟中,模拟量和被模拟量可以是不同的物理量,可以有不同的量纲。但需要注意:① 模拟量和被模拟量必须有相似的数学表达式;② 两者必须具有相似的边界条件。

用稳恒电流场模拟静电场是研究静电场的一种最方便的办法。

如果有一个静电场，它由几个带电导体所激发，每个带电导体的位置和电势 $V_1, V_2, \cdots, V_n$ 均已知，如图 3-8-1 所示，则它们周围的静电场由以下基本规律描述

$$\oint_S \boldsymbol{E} \cdot \mathrm{d}\boldsymbol{S} = 0 \quad (\boldsymbol{S}\text{ 面内无电荷})$$

$$\oint_l \boldsymbol{E} \cdot \mathrm{d}\boldsymbol{l} = 0 \tag{3-8-1}$$

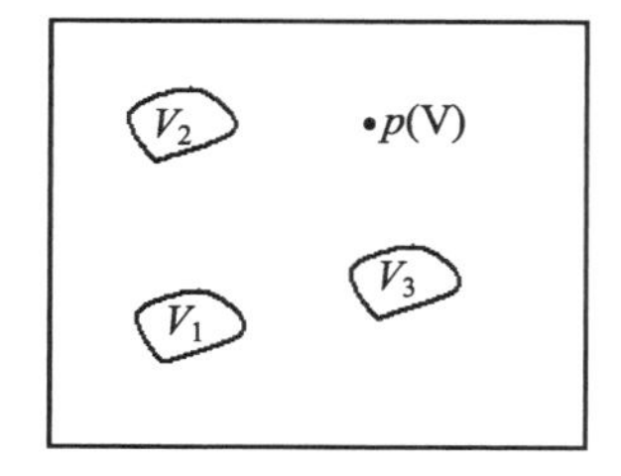

图 3-8-1　静电场

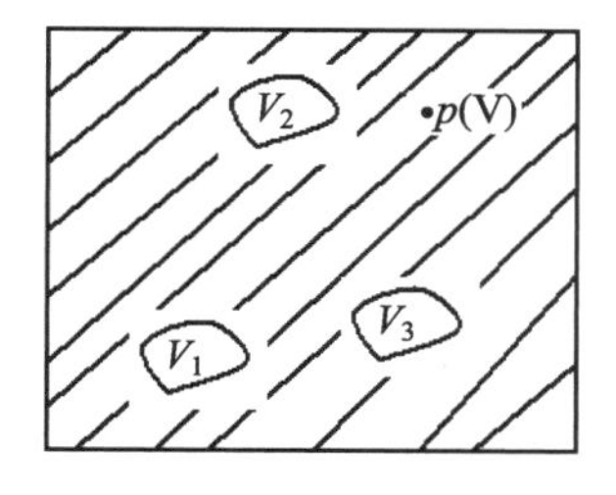

图 3-8-2　稳恒电流场

如果我们把同样形状的良导体按同样的位置放到均匀的导电介质中，再在各良导体上加上直流电压，使它们为等势体，其表面为等势面，并且各良导体的电势也保持为 $V_1, V_2, \cdots, V_n$（在良导体的导电率远大于导电质的导电率的情况下就可做到这一点），如此得到的各良导体之间的稳恒电流场，如图 3-8-2 所示，根据电荷守恒定律，有

$$\oint_S \boldsymbol{j} \cdot \mathrm{d}\boldsymbol{S} = 0 \tag{3-8-2}$$

利用欧姆定律的微分形式

$$\boldsymbol{j} = \frac{1}{\rho}\boldsymbol{E}' \tag{3-8-3}$$

式(3-8-3)中，ρ 为均匀导电质的电阻率，$\boldsymbol{E}'$ 为稳恒电流场的电场强度。可知，对于均匀导电质（ρ=常量）的稳恒电流场的电场，也有

$$\oint_S \boldsymbol{E}' \cdot \mathrm{d}\boldsymbol{S} = 0 \tag{3-8-4}$$

另一方面，由于稳恒电流场的电场也是保守场，因此有

$$\oint_l \boldsymbol{E}' \cdot \mathrm{d}\boldsymbol{l} = 0 \tag{3-8-5}$$

可见，这样得到的稳恒电流场的电场与对应的静电场遵守完全相同的规律，且它们的边界条件也相同，因此它们的解也是相同的，即它们的电场强度分布、电势分布是相同的。故均匀导电介质中稳恒电流的电流场与均匀电介质中（或真空中）的静电场具有相似性，即可以用对稳恒电流场分布规律的研究替代对静电场分布规律的研究。显然此属于数学模拟。

表 3-8-1 给出了几种模拟电极的电场示意图。

表 3-8-1　几种典型静电场的模拟电极形状及相应的电场分布

极型	模拟板形式	等位线、电力线理论图形
长平行导线 （输电线）		
长同轴圆筒 （同轴电缆）		
劈尖型电极		
模拟聚焦电极		

3. 无限长均匀柱电荷产生的电场

为了得知电场空间各点的情况，一般模拟用的电流场也应该是三维的，也就是导电质应充满整个模拟的空间。但对某些静电场来说，例如无限长均匀柱电荷产生的电场，由于它的分布呈轴对称性，其电力线总是在垂直于柱的平面内，模拟的电流场的电流线也只在这个平面内，所以导电质只需要充满这个平面就行了。这样我们只需测知这一平面内的情况便可知电场的整个空间分布情况。设两个带异号电荷同轴圆柱面间的电场，内圆柱面电势为 V_a，外圆柱面的电热为 V_b，如图 3-8-3 所示。

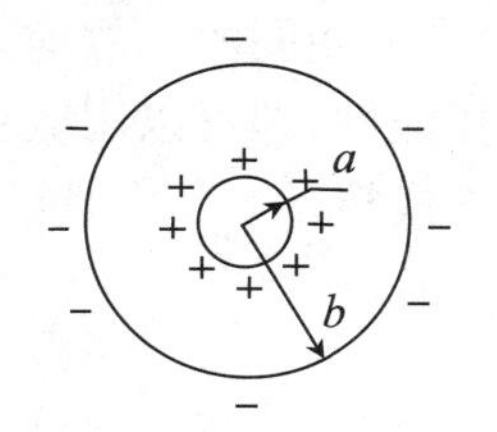

图 3-8-3　同轴圆柱静电场截面图

同轴圆柱静电场的理论计算比较容易。由高斯定理可得距中心轴 r 处的场强为

$$E=\frac{\tau}{2\pi\varepsilon_0 r} \tag{3-8-6}$$

式(3-8-6)中,τ 为圆柱上单位长度的电荷。由电势差与场强线积分之间的关系可得距轴 r 处的电势为

$$V_r=V_a-\int_a^r \boldsymbol{E}'\cdot \mathrm{d}\boldsymbol{r}=V_a-\frac{\tau}{2\pi\varepsilon_0}\ln\frac{r}{a} \tag{3-8-7}$$

在 $r=b$ 处,有

$$V_b=V_a-\frac{\tau}{2\pi\varepsilon_0}\ln\frac{b}{a}$$

由此可得

$$\tau=\frac{(V_a-V_b)2\pi\varepsilon_0}{\ln\dfrac{b}{a}}=\frac{2\pi\varepsilon_0 U_0}{\ln\dfrac{b}{a}} \tag{3-8-8}$$

式(3-8-8)中,U_0 为内、外圆柱面之间的电势差,即

$$U_0=V_a-V_b$$

将式(3-8-8)代入式(3-8-7),得

$$V_r=V_a-U_0\frac{\ln\dfrac{r}{a}}{\ln\dfrac{b}{a}}$$

因此,距轴 r 处与外圆柱面间的电势差 U_r 为

$$U_r=V_r-V_b=V_a-V_b-U_0\frac{\ln\dfrac{r}{a}}{\ln\dfrac{b}{a}}$$

$$=U_0-U_0\frac{\ln\dfrac{r}{a}}{\ln\dfrac{b}{a}}=U_0\frac{\ln\dfrac{b}{r}}{\ln\dfrac{b}{a}}$$

由上式可得电位为 U_r 的点(以外圆柱面为参考点)到中心轴的距离为

$$r=\frac{b}{\left(\dfrac{b}{a}\right)^{U_r/U_0}} \tag{3-8-9}$$

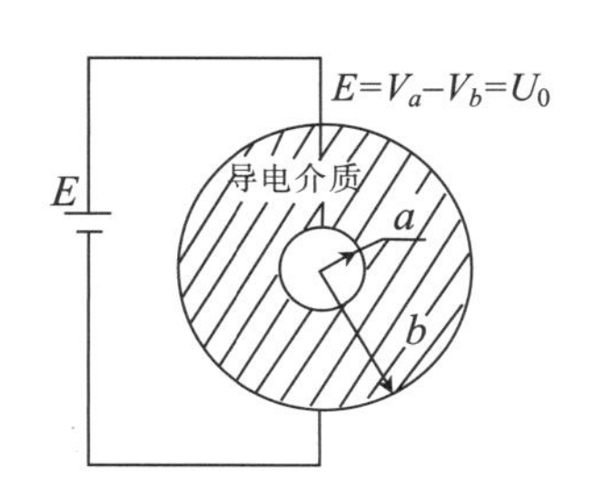

图 3-8-4　模拟的平面稳恒电流场

在实验中,可取 U_r 为某一确定值,测量图 3-8-4 的平面稳恒电流场中与外圆柱面间的电势差的 U_r 的若干点。测量这些点到中心轴线的平均距离,并与由理论推导的式

(3-8-9)进行比较。由此可验证模拟法的有效性。

本实验欲模拟的是空气中的静电场分布。为保证模拟结果与实际相符,实验条件需满足:

(1) 电流场中应选用电阻均匀和各向同性的导电介质。本实验使用清水。

(2) 静电场中带电体是等势体,电流场中的电极也必须尽量接近等势体。这就要求制作电极的金属材料的电导率必须比场中介质(水)的电导率大得多,以致可以忽略金属电极上的电势降。

(3) 一般各电极的形状、位置分布应与静电场中各导体相同。但在具体问题中可利用场的对称性合理简化电极的形状。

【仪器简介】

GVZ-3 型静电场描绘实验仪(包括导电微晶、双层固定支架、同步探针等),支架采用双层式结构,上层放记录纸,下层放导电微晶。电极已直接制作在导电微晶上,并将电极引线接到外接线柱上,电极间制作有导电率远小于电极且各向均匀的导电介质。接通直流电源(10 V)就可以进行实验。在导电微晶和记录纸上方各有一探针,通过金属探针臂把两探针固定在同一手柄座上,两探针始终保持在同一铅垂线上。移动手柄座时,可保证两探针的运动轨迹是一样的。由导电微晶上方的探针找到待测点后,按一下记录纸上方的探针,在记录纸上留下一个对应的标记。移动同步探针,在导电微晶上找出若干电位相同的点,由此即可描绘出等位线。

本仪器采用各向均匀导电的微晶导电板,在其上面安置一些不同的金属电极。当有直流电流经两个电极在导电板上通过时,由于微晶导电板相对于金属导体电导率低得多,故在两个电极间沿电流线会存在不同的电势,这种不同的电势可用数字电压表直接测出来。分析各测量点电势的变化规律,就可间接地得知相似的静电场中电势的分布规律。

【使用方法】

1. 接线

静电场专用稳压电源输出+(红)接线柱用红色电线连接描绘架(红)接线柱、−(黑)接线柱用黑色电线连接描绘架(黑)接线柱。专用稳压电源探针输入+(红色)接线柱用红色电线连接探针架连接线柱。将探针架好,并使探针下探头置于导电微晶电极上,启动开关,先校正,后测量。

2. 测量

开启测量开关,如数字显字为 0 V,则移动探针架至另一电极上,数字显 10 V,一般常用 10 V,便于运算。然后纵横移动探针架,则电源电压表头显示读数随着运动而变化。如要测 0~10 V 间的任何一条等势(位)线,一般可选 0~10 V 间某一电压数据相同的 8~10 个点,再将这些点连成光滑的曲线即可得到此等势(位)线。

【实验内容】

1. 测绘无限长同轴圆柱面间的静电场

按图 3-8-5 连接好电路，接通电源，仔细找出电势为 1.0 V 的点(在外圆柱壳内壁附近)，同时按下上探针，在方格纸上打点痕做记号(在对称的不同方位上取 8 个点)，重复以上步骤，再分别找出 2.0 V、3.0 V、4.0 V、5.0 V 等势线上 8 个点，用游标卡尺测出两电极的半径 a 和 b。

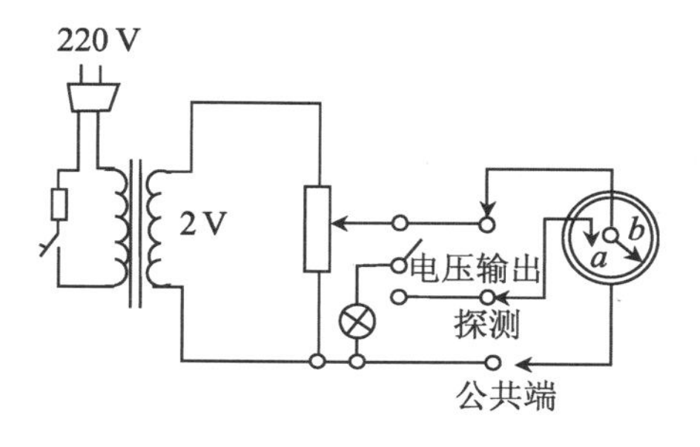

图 3-8-5　电路图

2. 测绘聚焦电极间的静电场

方法及要求同上。注意到等势线上的对称性，可适当减少测绘点，但在曲线急转弯处，记录点应密些。

3. 自选一种模拟电极

要求同上。

【作图及数据处理】

1. 同轴圆柱面间静电场测绘的作图及数据处理

(1) 在被打了点痕的方格纸上，以 1.0 V 的点为基准，用作图法求出轴的中心(可取 1.0 V 等位点中的三点求圆心)。

(2) 以中心为圆心，a、b 为半径，画出两电极，并标明极性。

(3) 用米尺分别测量各 1.0 V 等位点到中心的距离，再取平均，即为 1.0 V 等位线的平均半径，用同样方法求出其他各等位线的平均半径$\overline{r_P}$。

(4) 在方格纸上以平均半径 $\overline{r_P}$ 为半径，以中心为圆心，作出各等位线，并标明相应的电位值。

(5) 根据电力线与等位线正交，画出电力线(用虚线画 8 条，并标明电力线方向)。

(6) 由式(3-8-9)计算各等位线半径的理论值 r_T。

(7) 将各等位线的实验值$\overline{r_P}$与理论值 r_T 进行比较，求出各等位线半径的相对误差(用列表法表示)。

2. 作聚焦电场的示意图

在被打了点痕的方格纸上画出聚焦电极，并标明极性。将各等位点连成光滑的曲线，并标明其电位值。由电力线与等位线正交关系画出电力线(上下对称，共画 7 条，并标明电力线方向)。

预习思考题

1. 直接测量静电场存在哪些困难？

2. 用稳恒电流场模拟静电场的根据何在？它必须满足什么条件？能否在导电纸上模拟点电荷激发的电场和圆球形带电体激发的电场？

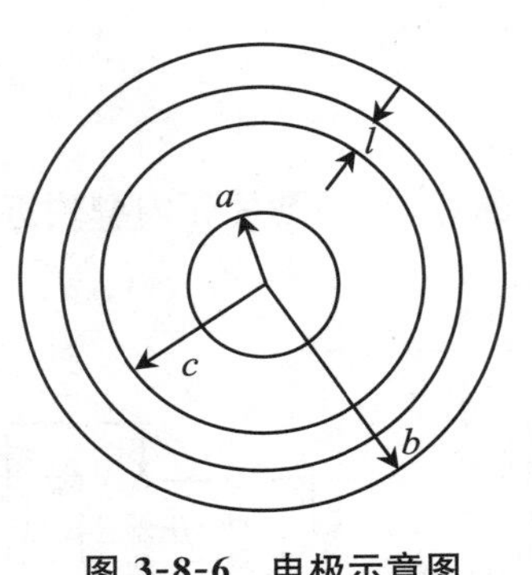

图 3-8-6 电极示意图

3. 如果电源电压U增加一倍,等位线、电力线如何变化? 电场强度和电位分布如何变化?

作 业 题

1. 试分析实验内容 1 中误差产生的各种因素。

2. 如图 3-8-6 所示,在原来的电极a、b之间再加上电极c,c和a、b同心,电极宽度为l,电极c并不与电源连接。问:当l很小时,加入电极c会不会改变原来的电位分布? 如果l较大呢?

实验九 薄透镜焦距的测量

【实验目的】

(1) 掌握几种测量薄透镜焦距的实验方法。

(2) 学习简单光路的"等高共轴"调整。

【实验仪器】

光具座,光源,凸、凹薄透镜,物屏(箭形孔),像屏等。

【仪器简介】

光具座由导轨和一些附件组成,配上适当的光学部件后不仅可测量透镜焦距及透镜组的组合焦距,研究透镜的成像规律,观察光的干涉、衍射、偏振等现象,还能够测量光波波长等,因此光具座是一种多用途的光学仪器。

本实验使用的是 GJZ 型光具座,其结构如图 3-9-1 所示。

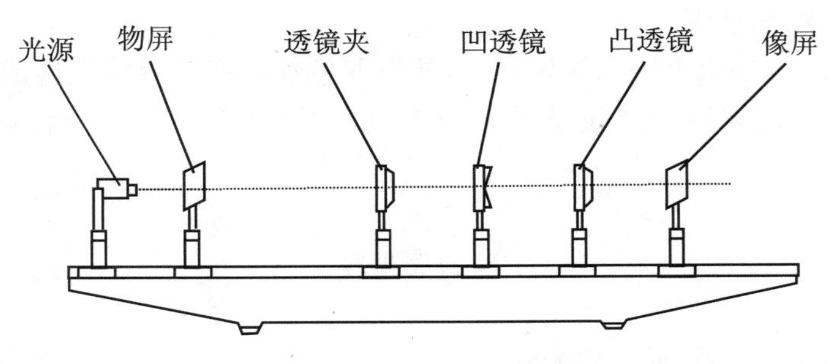

图 3-9-1 光具座示意图

【实验原理】

1. 薄透镜成像规律

当透镜的厚度远小于其焦距时，这种透镜称为薄透镜。在近轴光线条件下（即成像光束与透镜主光轴的夹角很小时），薄透镜（包括凸、凹透镜）成像规律可表示为

$$\frac{1}{U}+\frac{1}{V}=\frac{1}{f}$$

或

$$f=\frac{UV}{U+V} \tag{3-9-1}$$

式(3-9-1)中，U 为物距；V 为像距；f 为透镜焦距。U、V、f 的正负号规定见表 3-9-1。只要测得物距 U 和像距 V，便可算出透镜的焦距 f。

表 3-9-1　U、V、f 的正负号规定

	U	V	f
凸透镜	+	实像 +	+
		虚像 −	
凹透镜	+	−	−

2. 凸透镜焦距的测量原理

(1) 自准法（或自准直法）：当光点（物）处在凸透镜的焦平面上，它发出的光线经凸透镜后成为一束平行光。若用与主光轴垂直的平面镜将此平行光反射回去，反射光再经凸透镜后仍汇聚于透镜的焦平面上，且汇聚点位于光点相对于光轴的对称位置上，此关系称为自准原理。若在凸透镜的焦平面上放一个物体，由图 3-9-2 可知，其像仍汇聚在焦平面上，且是一个与原物大小相等而倒立的实像，此时透镜光心到物屏的距离为所测透镜的焦距。

(2) 物距像距法：物体发出的光线经凸透镜后成实像于另一侧，如图 3-9-3 所示。测出物距 U 和像距 V，代入式(3-9-1)即可算出透镜的焦距。

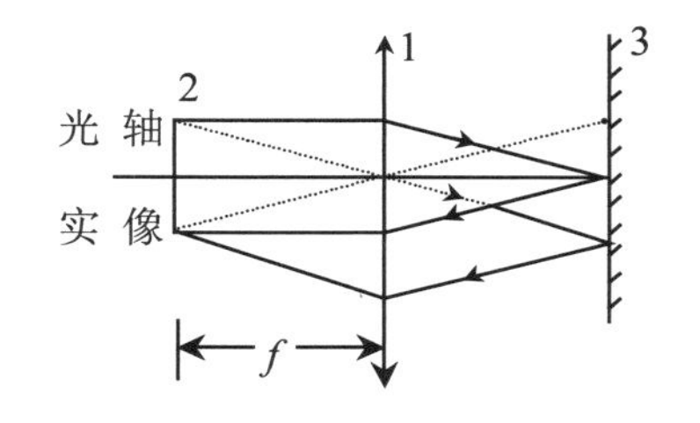

图 3-9-2　自准法光路图

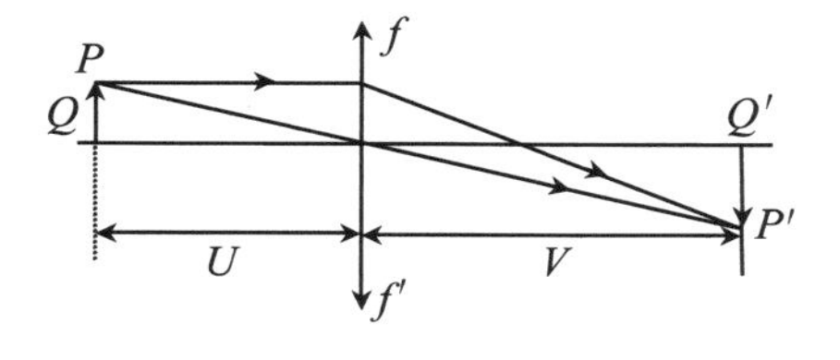

图 3-9-3　物距像距法光路图

(3) 共轭法（二次成像法或贝塞尔法）：上面介绍的两种方法，都因透镜的光心位置不易确定而给测量带来误差（通常透镜光心并不与它的对称中心重合），而共轭法可避免这一缺点，其光路图如图 3-9-4 所示。固定物与像屏间的距离为 $L(L>4f)$，移动透镜到 O_1 处时，像屏上将出现一个清晰的放大、倒立的像；移至 O_2 处时，像屏上又出现一个清晰的缩小、倒立的像。且

O_1、O_2间的距离为 e。

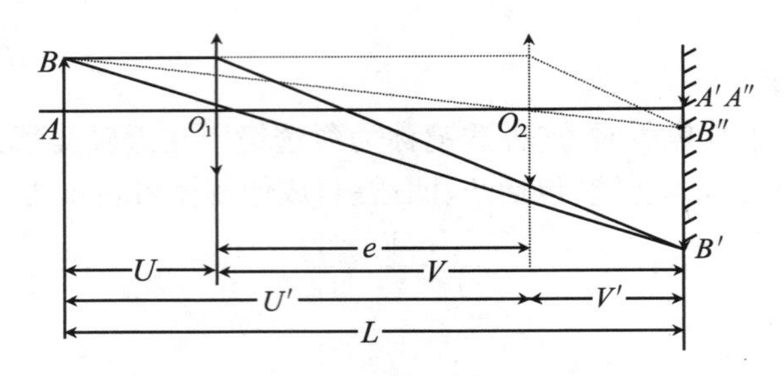

图 3-9-4　共轭法光路图

由图 3-9-4 及透镜成像公式(3-9-1)可知,在 O_1 处,有

$$\frac{1}{U}+\frac{1}{L-U}=\frac{1}{f} \tag{3-9-2}$$

在 O_2 处,有

$$\frac{1}{U+e}+\frac{1}{V-e}=\frac{1}{f} \tag{3-9-3}$$

又 $V=L-U$,解得

$$U=\frac{L-e}{2}$$

代入式(3-9-2),解得

$$f=\frac{L^2-e^2}{4L} \tag{3-9-4}$$

这种方法的优点是:把焦距的测量转化为对于可以精确测定的量 L 和 e 的测量,避免了在测量 U 和 V 时,由于估计透镜光心位置不准确所带来的误差。

3. 凹透镜焦距的测量原理

物距像距法:凹透镜不能如凸透镜那样成实像于屏上,所以测凹透镜焦距时总要借助于一块凸透镜。如图 3-9-5 所示,在使物 AB 发出的光经凸透镜 L_1 后形成实像 $A'B'$,然后在 $A'B'$ 和 L_1 之间放入待测凹透镜 L_2,$A'B'$ 作为凹透镜的虚物,并产生一实像 $A''B''$。分别测出 L_2 到 $A'B'$ 和 $A''B''$ 的距离 U 和 V,则可由式(3-9-1)算出凹透镜 L_2 的焦距(注意:对于凹透镜,f 和 V 均为负值)。

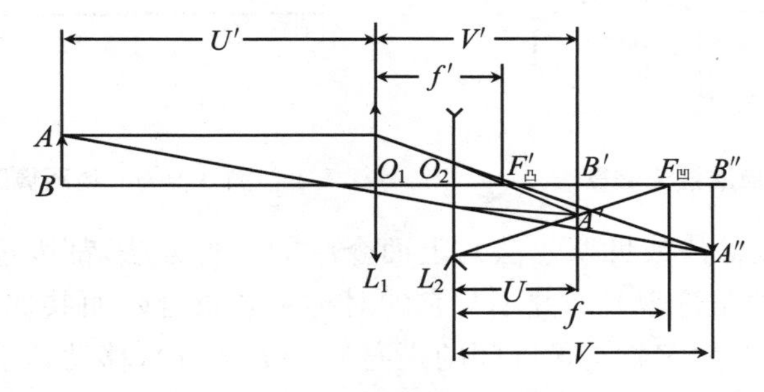

图 3-9-5　凹透镜焦距的测量光路

【实验内容】

1. 光具座上各光学元件等高共轴调节

由于薄透镜成像公式只有在近轴光线的条件下才成立,因此必须使各光学元件调节到有共同的光轴(即各光学元件的光轴互相重合),且光轴与光具座导轨平行,此过程称为等高共轴调节,它是光路调整的基本技术,是光学实验中必不可少的步骤之一,也是减少测量误差、确保实验成功的极为重要的关键之处,必须反复地、仔细地进行调节。等高共轴调节一般分为两步:

(1) 粗调:把光源、物体、透镜、像屏等相应的夹具夹好置于光具座上(实验中透镜皆夹在可调滑座上),先将它们靠拢,调节其高低、左右,用眼睛观察,使镜面、屏面互相平行并与光具座导轨垂直,使光源、物屏上的箭形孔(作为物体)的中心、透镜中心、像屏中心大致在同一条与导轨平行的直线上。

(2) 细调:借助于其他仪器或应用光学的基本规律来调整。本实验可根据共轭法成像的特点和光路(参见图3-9-4)。当物屏与像屏之间的距离大于$4f$时,如果物体的中心偏高于透镜的光心,那么,随着透镜向像屏移动,屏上将得到一较小的像,像的中心将上移,即大像中心在小像中心下方,此时应将透镜升高(若透镜光心对于物的中心偏左或偏右,有何现象?如何调节?);若透镜移动过程中大像、小像中心重合,则表示等高共轴要求已达到。此步调节是使大像中心趋向小像中心,称为“大像追小像”。

2. 测量凸透镜的焦距

(1) 自准法。

① 按图3-9-2在光具座上放置光源、箭形孔屏(即物体)、待测凸透镜、平面镜,进行等高共轴调节。

② 改变透镜至箭形孔屏的距离,直至箭形孔屏靠近透镜的一面呈现清晰且大小与原箭形孔相等、倒立的实像为止(注意区分物光只经凸透表面反射所成的像和经平面镜反射所成的像,可略改变平面镜角度,看像是否亦移动)。

③ 考虑到人眼判断成像清晰度的误差较大,故在找到成像清晰区后,常采用左右逼近法读数。先使透镜自左向右移,记下像刚才清晰时物的位置X_S和凸透镜的位置X_1';保持物的位置X_S不变,再使透镜自右向左移,记下像刚才清晰时凸透镜的位置X_1'',取X_1'和X_1''的平均值X_1作为成像清晰时凸透镜的位置。[①]

④ 由$f_1=|X_S-X_1|$算出凸透镜焦距的第一次测量值f_1。

⑤ 保持物的位置X_S不变,重复③、④步骤共5次,求出凸透镜焦距测量值的平均值和标准误差。

(2) 共轭法。

① 按图3-9-4装置好光源、箭形孔屏、待测凸透镜及像屏,调节至等高共轴状态后,根据实验室给出的待测凸镜焦距的参考值,使$L>4f$,固定箭形孔屏位置X_S和像屏的位置X_P。

② 移动凸透镜位置,利用左右逼近读数法记录像屏上呈现清晰的放大倒像和缩小倒像时透

① 为克服或消除因透镜主光轴与具座测读基准线不能始终保持在同一平面上而带来的系统误差,实验中可将透镜反转180°,重复③步骤,取两个读数的平均值X_1作为凸透镜位置的实测值。

镜的位置 X_1' X_1''和 $X_2'X_2''$,各取平均值后由 $e_1=|X_2-X_1|$ 计算两次成像中凸透镜移动的距离 e_1。

③ 记录物屏、像屏的位置 X_S、X_P'。计算物、像的距离 $L=|X_P-X_S|$,利用 $f_1=\dfrac{L^2-e_1^2}{4L}$求出透镜焦距 f_1。

④ 保持 L 不变,重复②、③步骤,共测 5 次。求出凸透镜焦距的平均值及算术平均误差。

3. 测量凹透镜的焦距

(1) 实验光路图如图 3-9-5 所示,凹透镜暂不装在光具座上,先固定好物屏、凸透镜位置(两者间距由实验室人员给出),再移动像屏,使像屏上出现清晰的缩小实像 $A'B'$,用左右逼近读数法记录该位置的读数值 X_Q'、X_Q'',其平均值 X_Q 即为凹透镜虚物位置。

(2) 再将待测凹透镜插入凸透镜和像屏之间,并使凹透镜与虚物间距小于凹透镜焦距(参考值由实验室给出),固定凹透镜的位置,向后移动像屏,直至出现清晰放大倒立实像 $A''B''$,仍用左右逼近读数法记录下 $A''B''$的位置 X_P'、X_P'',其平均值 X_P 即为 $A''B''$的位置,随即固定像屏于 X_P 处。在此过程中,注意仔细调节凹透镜主光轴的高低和左右方位,使大像中心与小像中心在屏上重合,则系统处于等高共轴。

(3) 移动凹透镜位置,使像屏上重现清晰放大倒立实像,用左右逼近读数法记录下此时凹透镜的位置 X_1'、X_1'',取其平均值 X_1 后,算出 $U_1=|X_Q-X_1|$ 和 $V_1=-|X_P-X_1|$,再代入 $f_1=\dfrac{U_1V_1}{U_1+V_1}$,求出凹透镜焦距第一个测量值 f_1。

(4) 重复(3)步骤,共 5 次,求出凹透镜焦距的平均值及算术平均误差。

【数据处理】

1. 自准法测凸透镜焦距

箭形孔屏位置 X_S=______ cm。测量数据记入表 3-9-2。

表 3-9-2 自准法测凸透镜焦距 (单位:cm)

次数	X_1'	X_1''	X_1	$f_1=\|X_S-X_1\|$	$\Delta f_1=\|f_1-\bar{f}\|$	$(\Delta f_1)^2$ cm^2
1						
2						
3						
4						
5						
平均值			$\bar{f}$		$\bar{\sigma}_f$	

测量结果:$f=\bar{f}\pm\bar{\sigma}_f$=______ cm。

2. 共轭法测凸透镜焦距

箭形孔屏位置 X_S=______ cm;像屏位置 X_P=______ cm;物屏与像屏的距离 $L\pm\Delta L$=

______ cm。测量数据记入表 3-9-3。

表 3-9-3　共轭法测凸透镜焦距　(单位:cm)

次　数	X_1'	X_1''	X_1	X_2'	X_2''	X_2
1						
2						
3						
4						
5						

次　数	$e_1=\|X_2-X_1\|$	$f_1=\dfrac{L^2-e_1^2}{4L}$	$\Delta f_1=\|f_1-\overline{f}\|$
1			
2			
3			
4			
5			
平　均　值		$\overline{f}=$	$\Delta\overline{f}=$

测量结果:$f=\overline{f}\pm\Delta\overline{f}=$______ cm。

3. 物距像距法测凹透镜距

$X_Q'=$______ cm;$X_Q''=$______ cm。

虚物 $A'B'$ 位置 $X_Q=$______ cm。

$X_P'=$______ cm;$X_P''=$______ cm。

实像 $A'B'$ 位置 $X_P=$______ cm。

测量数据记入表 3-9-4。

表 3-9-4　物距像距法测凹透镜距　(单位:cm)

次　数	1	2	3	4	5	平均值
X_1'						/
X_1''						/
X_1						/
$U_1=\|X_Q-X_1\|$						/
$V_1=\|X_P-X_1\|$						/
$f_1=\dfrac{U_1V_1}{U_1+V_1}$						$\overline{f}=$
$\Delta f_1=\|f_0-\overline{f}\|$						$\Delta\overline{f}=$

测量结果：$f=\overline{f}\pm\Delta\overline{f}=$______ cm。

【注意事项】

(1) 拿取光学元件时不能用手触摸或擦拭光学面，并要仔细小心，避免脱手或磕碰。

(2) 本实验中装在滑座上的元件的位置读数皆从滑座的左侧读取。

预习思考题

1. 本实验的三个内容中，各光学系统等高共轴调节的具体方法是什么？如何判断各光学系统处于等高共轴状态？

2. 如何减小因人眼判断成像清晰度不准而带来的测量误差？

作　业　题

1. 试证明：用共轭法测凸透镜焦距时，物屏与像屏的距离必须大于 $4f$。

2. 在测量凹透镜焦距时，我们可利用测得多组 U、V 值，然后以 $U+V$ 作纵轴，以 $U-V$ 作横轴，画出实验曲线。试根据式(3-9-1)事先判断实验曲线属何类型？如何根据这条曲线求出透镜的焦距 f？

实验十　分光计的调整和三棱镜顶角的测定

【实验目的】

(1) 了解分光计的结构和调整的要求、方法。

(2) 测定三棱镜的顶角。

【实验仪器】

分光计，三棱镜，平面镜，汞灯。

【实验原理】

1. 分光计的结构和调整

分光计(又称光学测角仪)是一种能精确测量角度的典型光学仪器，常用来测量折射率、光波波长、色散率和观察光谱等。由于该装置比较精密，操纵控制部件较多且复杂，使用时必须熟悉其结构，按一定的规则严格调整，方能获得较高精度的测量结果。

分光计的结构和调整要求、方法详见本实验后的附录部分。

2. 三棱镜顶角的测量

(1) 自准法：此法利用分光计的望远镜自身光学系统产生的平行光进行测量。

图 3-10-1 为自准法测量三棱镜顶角的示意图。将三棱镜置于分光计载物台上，先后转动望远镜至位置Ⅰ、Ⅱ上，使其光轴分别与棱镜的两个光学面 AC、AB 垂直。测出望远镜在位置Ⅰ、Ⅱ时的方位角 θ_{I} 和 θ_{II}，则三棱镜顶角 A 的补角 $\Phi = |\theta_{\text{I}} - \theta_{\text{II}}|$，从而 $A = 180° - \Phi$。

(2) 反射法：图 3-10-2 为反射法测三棱镜顶角的示意图。使分光计的平行光管由狭缝发出的平行光入射到三棱镜的顶角，从而被棱镜的两个光学面反射后，在望远镜视场中看到狭缝的像，只要测出这两束反射光之间的夹角 Φ，即可求得三棱镜顶角 $A = \frac{\Phi}{2}$。

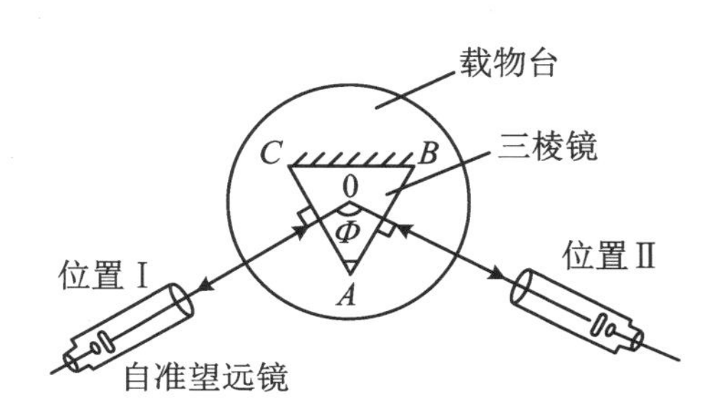

图 3-10-1　自准法测三棱镜顶角示意图

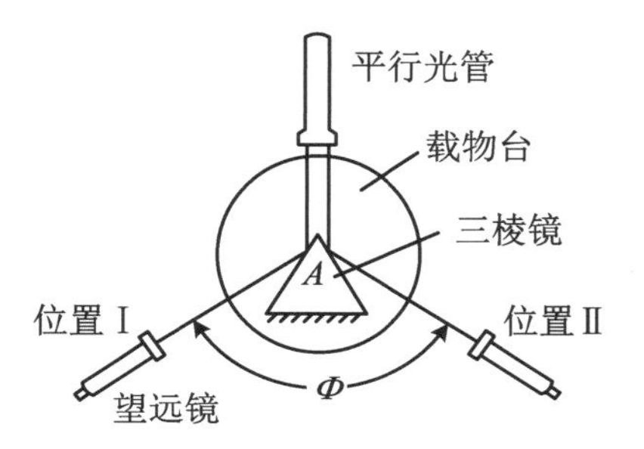

图 3-10-2　反射光测三棱顶角示意图

【实验内容】

1. 调整分光计

(1) 对照本实验附录中分光计结构图和部件名称，熟悉分光计的结构，了解各组成部分的作用及使用方法。

(2) 按附录中的调整操作图表顺序调整分光计(本实验平行光管部分不做调整)。

(3) 掌握用分光计测量角度的读数方法。

2. 用自准法测量三棱镜顶角

(1) 将待测三棱镜置于载物台上，其两个光学表面的法线应与分光计转轴相互垂直。为此，先将三棱镜按图 3-10-3 所示安放在载物台上，并用压物片固定位置，再根据自准原理，用已调好的望远镜(适合观察平行光，又垂直于分光计转轴)进行调整。当望远镜对准光学面 AB 时，调节螺钉 B_1；当望远镜对准光学面 AC 时，调节螺钉 B_2。均用减半逐步逼近法，最后达到自准，即三棱镜的两个光学面均与望远镜的光轴垂直(两个光学面的法线亦与分光计转轴垂直)。随后固定载物台。

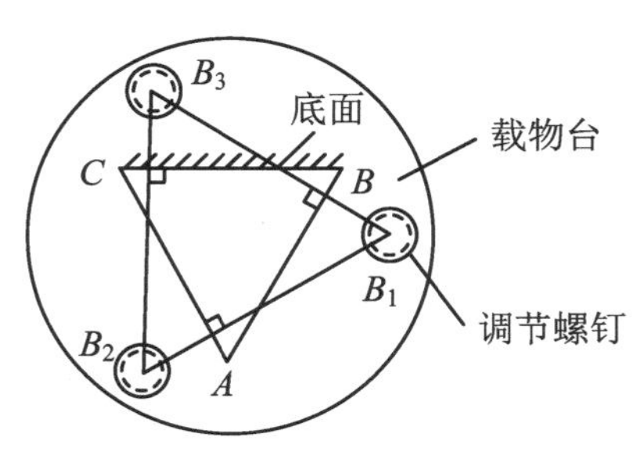

图 3-10-3　三棱镜的放法

(2) 当望远镜处在图 3-10-1 中Ⅰ、Ⅱ位置时(注意：必须使用望远镜微调螺钉，使亮十字像精确处在叉丝上水平线中央),从刻度圆盘及左右两侧游标读出望远镜方位角$\theta_{Ⅰ左}$、$\theta_{Ⅰ右}$和$\theta_{Ⅱ左}$、$\theta_{Ⅱ右}$(注意:$\theta_{左}$、$\theta_{右}$不能记颠倒)。来回测读5次,求出望远镜转角Φ和三棱镜顶角A,并用仪器误差表示测量结果。

【注意事项】

(1) 不能用手触摸或随意擦拭光学元件(透镜、平面镜、棱镜)的光学面,若有玷污需用专用擦镜纸轻微擦拭或告知指导教师处理。

(2) 分光计上的各个螺钉在未搞清其作用前不得随意拧动,若发现分光计上某些部件不能拧动或转动时,切不可用力强拧,以免损坏仪器。

(3) 当分光计的调整完成后,望远镜、平行光管的调焦状态、倾斜状态都不应再改变。在调节三棱镜光学面与望远镜光轴垂直时,尤其要记住这一点,否则分光计的基本调整若被破坏,必须从头调起。

【数据处理】

分光计分度值δ=________。将测量数据填入表3-10-1。

表3-10-1　测量数据

测量次数	$\theta_{Ⅰ左}$	$\theta_{Ⅰ右}$	$\theta_{Ⅱ左}$	$\theta_{Ⅱ右}$
1				
2				
3				
4				
5				
平均值	$\bar{\theta}_{Ⅰ左}=$	$\bar{\theta}_{Ⅰ右}=$	$\bar{\theta}_{Ⅱ左}=$	$\bar{\theta}_{Ⅱ右}=$

$\Phi=\frac{1}{2}(|\bar{\theta}_{Ⅱ左}-\bar{\theta}_{Ⅰ左}|+|\bar{\theta}_{Ⅱ右}-\bar{\theta}_{Ⅰ右}|)=$______。

$\overline{A}=180°-\overline{\Phi}=$______;$\Delta A_{仪}=2\delta=$______。

测量结果:$A=\overline{A}\pm\Delta A_{仪}=$______ cm。

预习思考题

1. 分光计的望远镜为什么可以通过“自准”而达到“适合观察平行光”和“光轴垂直于棱镜光学面”?

2. 为了消除亮十字像与叉丝上水平线间的距离,为什么不能单纯调望远镜或单纯调载物台,而要采用“减半逐步逼近法”?

3. 分光计完成了基本调整后,测三棱镜顶角时为什么还必须调节光学面的方位,而不能马上进行测量?三棱镜按图3-10-3方式放置,在调节上有何好处?

作　业　题

1. 证明:用相隔 180°的两个游标读数取平均的方法测量角度,可以消除因该圆盘中心与望远镜转动中心不重合(偏心差)带来的周期性系统误差。

2. 若采用反射法测三棱镜顶角,如图 3-10-2 所示,试证明 $A=\frac{\Phi}{2}$。

附录　分光计调整操作图表

一、分光计的结构

分光计主要由望远镜、平行光管、载物台、读数装置 4 个部分组成,如图 3-10-4 所示。

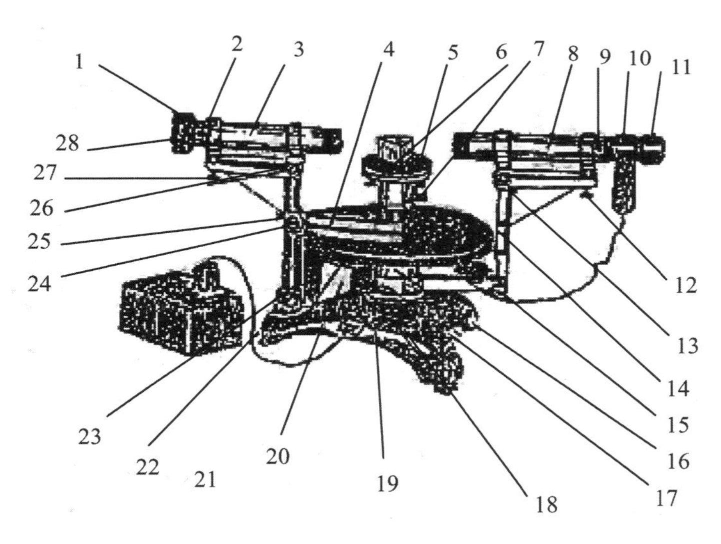

图 3-10-4　分光计结构示意图

1. 狭缝装置;　2. 狭缝装置锁紧螺钉;　3. 平行光管部件;　4. 制动架(二);
5. 载物台;　6. 载物台调平螺钉;　7. 载物台锁紧螺钉;　8. 望远镜部件;
9. 目镜锁紧螺钉;　10. 阿贝式自准直目镜;　11. 目镜视度调节手轮;
12. 望远镜光轴高低调节螺钉;　13. 望远镜光轴水平调节锁钉;　14. 支臂;
15. 望远镜微调螺钉;　16. 转座与度盘止动螺钉;　17. 望远镜止动螺钉;
18. 制动架(一);　19. 底座;　20. 转座;　21. 度盘;　22. 游标盘;　23. 立柱;
24. 游标盘微调螺钉;　25. 游标盘止动螺钉;　26. 平行光管光轴水平调节螺钉;
27. 平行光管光轴高低调节螺钉;　28. 狭缝宽度调节手轮

分光计的调节要求应同时具备以下 3 个条件：

（1）望远镜能接收平行光。

（2）平行光管能发出平行光。

（3）望远镜和平行光管的光轴共轴，且均与分光计的中心转轴垂直。

二、分光计的粗调

粗调即用目测的方法对分光计做初步调节，这是确保分光计调节顺利进行的重要步骤，操作时要尽可能满足表 3-10-2 的要求。

表 3-10-2 分光计调节操作要求

调节要求	调整部件图（调节前的部位）	操作
调节载物台平面，使之与仪器转轴基本垂直	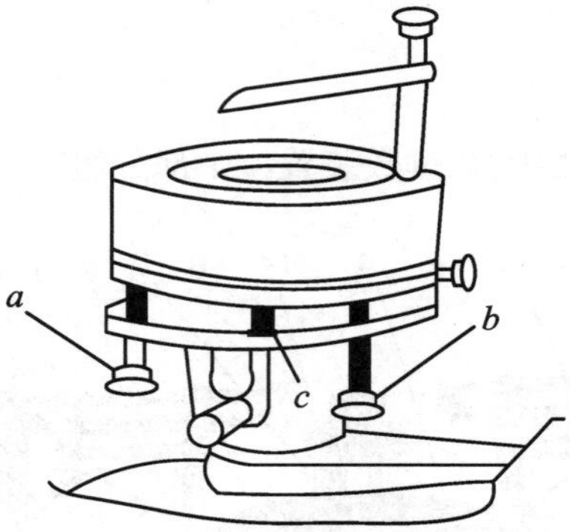 a b c	调节载物台下面的水平调节螺丝 a、b、c，使它们露出平台的螺纹数大致相同
调节望远镜光轴，使之与仪器转轴基本垂直	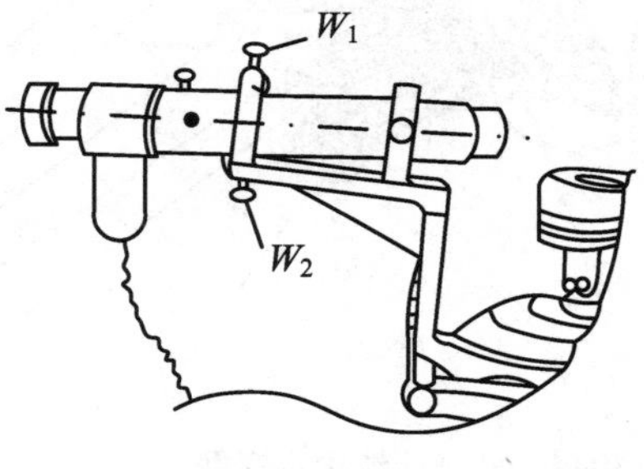 W_1 W_2	松开望远镜的固定螺丝 W_1，调节望远镜上下倾斜度（转动螺丝 W_2），使望远镜光轴与载物台平面平行
调节平行光管的光轴，使之与仪器转轴基本垂直	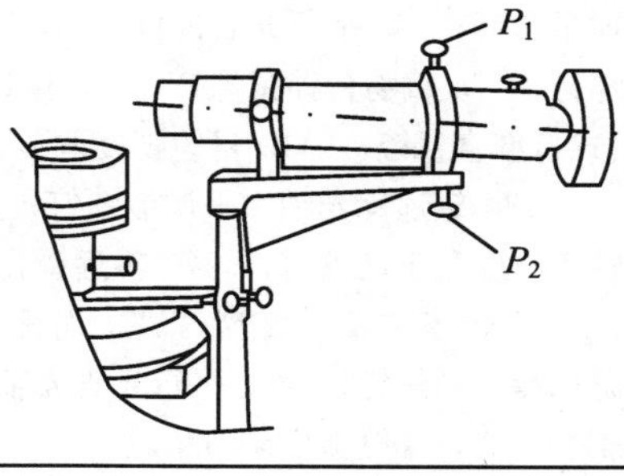 P_1 P_2	松开平行光管的固定螺丝 P_1，调节平行光管上下倾斜度（转动螺丝 P_2），使平行光管的光轴与载物台平面平行

续表

调节要求	调整部件图(调节前的部位)	操　　作
调节望远镜光轴,使之与平行光管的光轴在一条直线上,并通过仪器转轴的中心	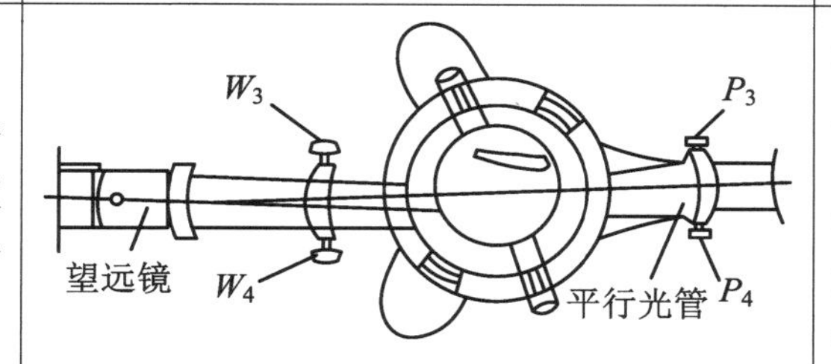	将望远镜转至对准平行光管的位置,然后调节望远镜的左右偏斜度(转动螺丝 W_3、W_4)和平行光管的左右偏斜度(转动螺丝 P_3、P_4),使望远镜、平行光管的光轴在同一直线上,并通过仪器转轴中心

三、望远镜的调节

1. 望远镜的结构

(1) 望远镜的主要部件。

如图 3-10-5 所示,望远镜主要由目镜、物镜、分划板、棱镜和照明灯组成。

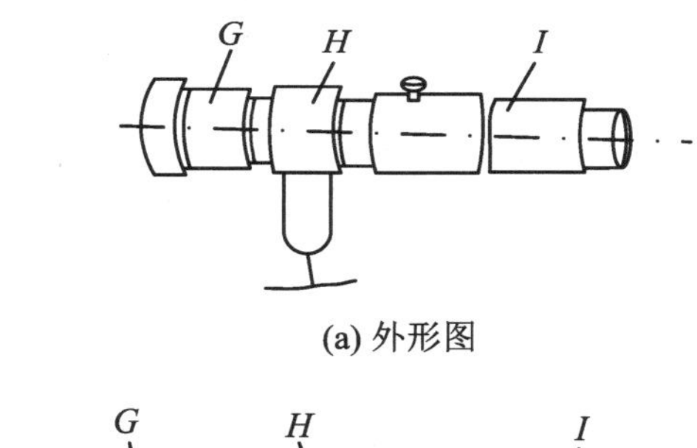

(a) 外形图

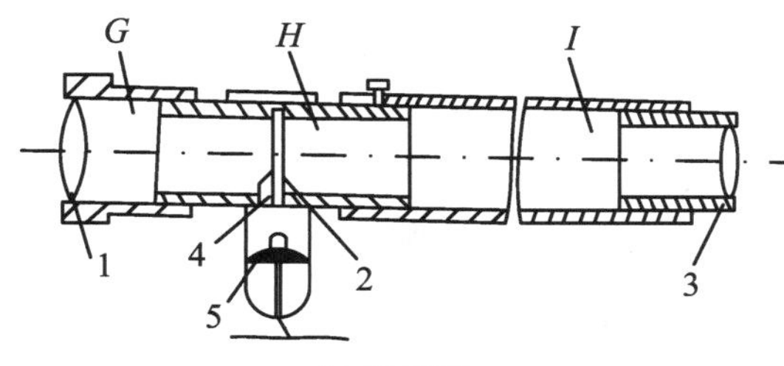

(b) 结构图

图 3-10-5　望远镜外形及结构示意图

G. 目镜套筒；　H. 分划板套筒；　I. 物镜套筒；

1. 目镜；　2. 分划板；　3. 物镜；　4. 小棱镜；　5. 照明灯

(2) 分划板介绍。

如图 3-10-6 所示,分划板"1"上有双十字叉丝,OX、$O'X'$ 和 OY。"2"为全反射小棱镜,它与分划板的接触面上有一层不透光的薄膜,薄膜上刻有一个透光的小十字窗称为亮十字,其中点为 A,叉丝 $O'X'$ 与 OY 的交点为 O',并且 $AO=OO'$。

2. 望远镜的调节步骤

(1) 调望远镜聚焦无穷远。

望远镜调焦操作如图 3-10-7 所示，具体操作见表 3-10-3。

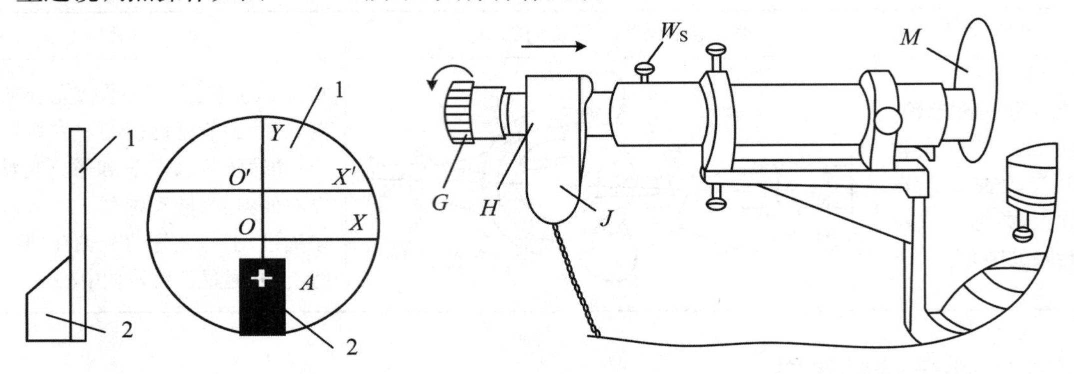

图 3-10-6　分划板　　　　图 3-10-7　望远镜调焦操作示意图

表 3-10-3　望远镜调焦操作表

A. 目镜调焦 使分划板处在目镜的焦平面上		
操作要求	现象观察	说　明
接通电源，点亮照明灯 J（见图 3-10-7，下同）。		叉丝平面发亮，但双十字叉丝较模糊
旋转目镜调焦手轮 G 调节目镜和分划板间的相对位置		调节到双十字叉丝由模糊变成清晰为止（这时分划板处在目镜的焦平面上）。G 固定，不再调节
B. 物镜调焦 使分划板又处在物镜的焦平面上		
操作要求	现象观察	说　明
手持小平面镜 M 并贴近望远镜的物镜筒		开始由于分划板不在物镜的焦平面上，只能看到较模糊的十字像

续表

操作要求	现象观察	说　明
松开紧固螺丝 W_S，前后移动(边旋边移) H 套筒调节物镜与分划板间的相对位置	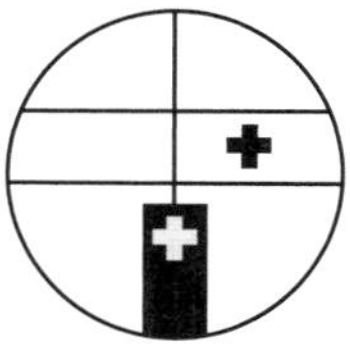	调节到呈现清晰的十字像为止(这时分划板处在物镜的焦平面上)

C. 消除视差

操作要求	现象观察	说　明
微调分划板套筒 H 的位置，仔细调节望远镜与分划板间的距离，直到消除视差为止	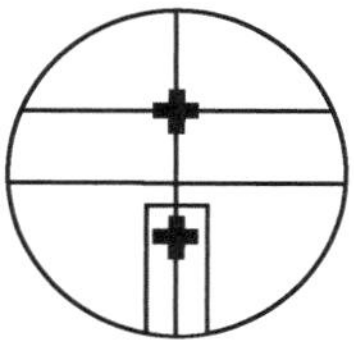	调节过程中，当晃动眼睛时，看到十字像与叉丝之间无相对位移，即可锁紧螺丝 W_S，固定 H，不再移动

(2) 在望远镜视场里寻找十字像。

① 将平行板玻璃 F 作为反射镜置于载物台上，要求镜面垂直于载物台水平调节螺丝 a、b(或 b、c；或 a、c)的连线(见图 3-10-8)。

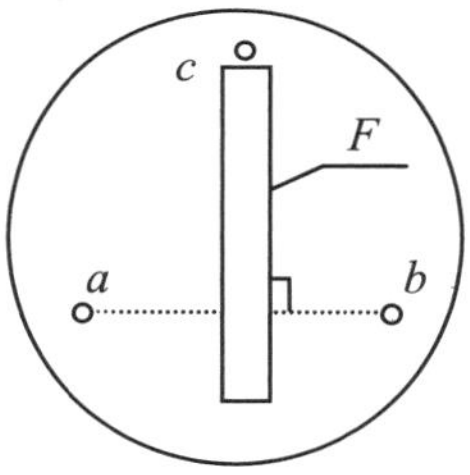

图 3-10-8　平面镜放置图(一)

② 按图 3-10-9(a)所示安排光路，图中 ON 为平面镜 F 的法线。入射光沿望远镜光轴射向 F，OH 为反射光方向。在望远镜外沿 HO 方向可以用眼睛看到被平面镜 F 反射的十字像。

按图示方向转动载物台，入射角将逐渐减小(用眼睛跟踪十字像，它向望远镜镜筒逐渐靠拢)，以致使反射光 OH' 处在 W_4 和镜筒之间的 H' 处。这时眼睛在目镜外侧与望远镜光轴等高的位置上沿 OH' 方向应能观察到十字像，如图3-10-9(b)所示。若十字反射像不在这一位置上，可再仔细调节载物台水平调节螺丝 a。

③ 沿原来方向再稍微旋转载物台使反射光 OH' 与望远镜的光轴重合，这时在望远镜中应看到十字像，如图3-10-10所示。

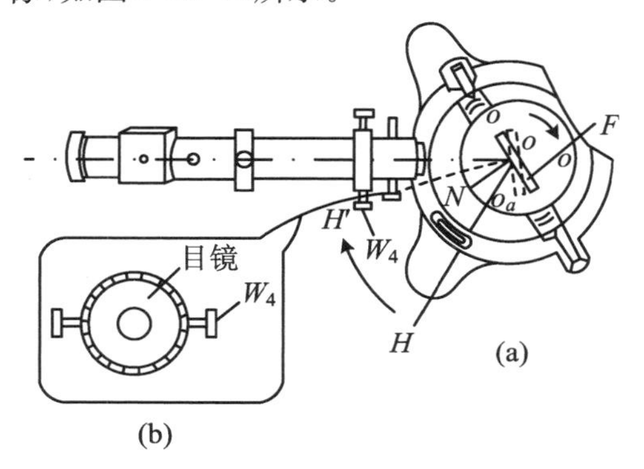

图 3-10-9　寻找十字像操作示意图

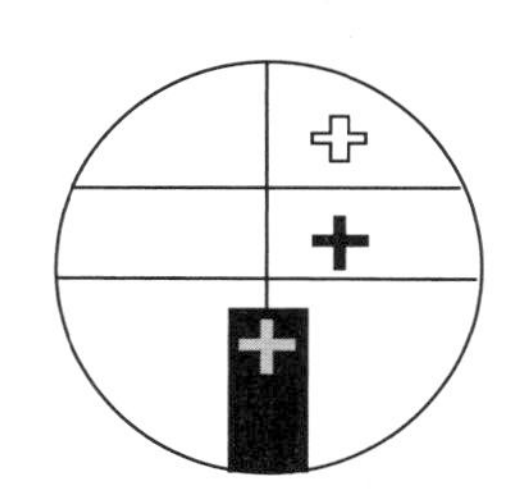
图 3-10-10　望远镜视场

将载物台旋转 180°，要求在望远镜中依然能看到十字像，如图 3-10-10 虚线所示。若看不到十字像，可重复操作步骤②，直到正反两面都能观察到十字像为止。

(3) 调节望远镜光轴，使之与仪器转轴垂直。

若平面反射镜 F 处在图 3-10-9 所示的位置上，当望远镜光轴与平面镜镜面垂直时，清晰的十字自准像将处在与十字对称的位置，如图 3-10-11 所示，这一状态称为“自准直状态”。

为此，可采用“减半逐步逼近法”调节。设调整前十字像的中心 B 和 X' 刻线的距离为 d，如图 3-10-12 所示，具体操作见表 3-10-4。

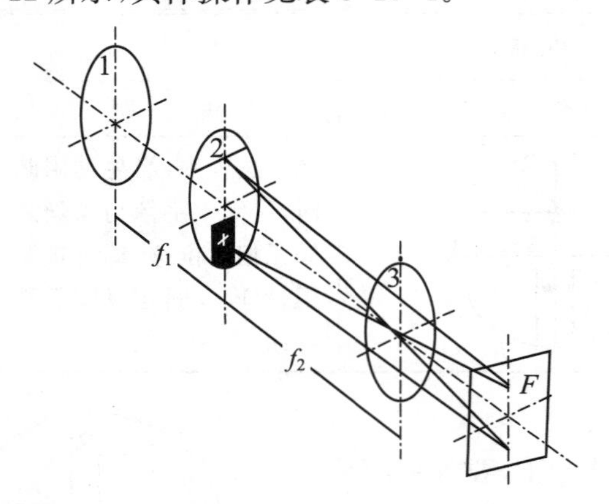

图 3-10-11 望远镜与平面镜处于自准状态

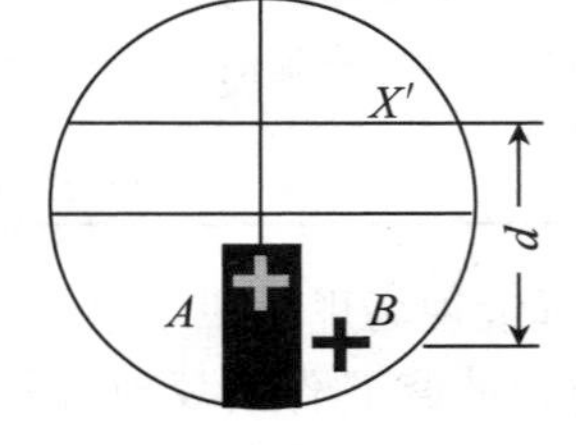

图3-10-12 十字像调整前的位置图

表 3-10-4 望远镜光轴调节具体操作表

操作要求	现象观察
调节望远镜上下倾斜度(转动螺丝 W_2)，使十字像向 X' 刻线逼近 $d/2$	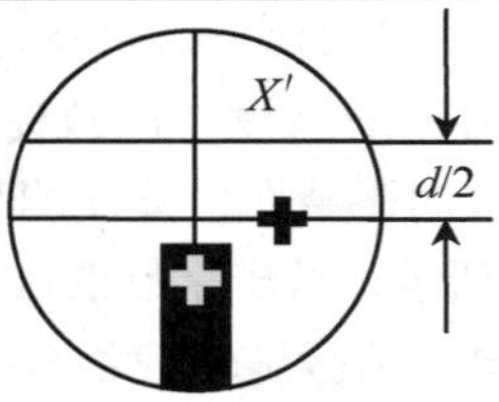
调节平面镜与望远镜间的载物台水平调节螺丝，使十字像再向 X' 刻线逼近 $d/2$，从而与 X' 刻线重合	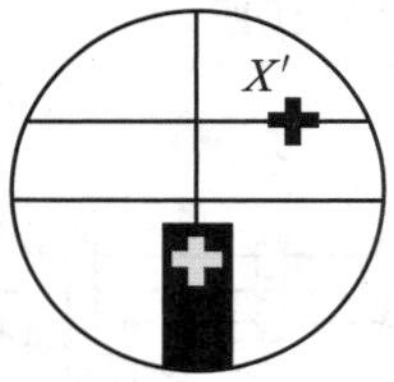
将载物台旋转 180°，重复操作前两步骤，直到十字像在平面镜正反两面都达自准直状态为止	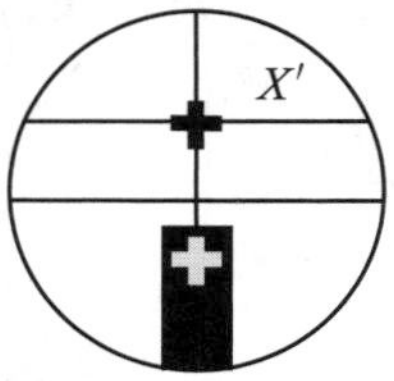

锁紧望远镜上下位置固定螺丝 W_1，望远镜的各部分调节至此完毕，不得再调节。

四、调节载物台平面与仪器转轴垂直

(1) 将平面镜在载物台上的位置改成如图3-10-13所示的位置，即镜面原来垂直 ab，现改成垂直 bc。

(2) 旋转载物台，使望远镜的光轴对准平面镜，调节螺丝 C，使望远镜光轴与平面镜达自准状态，这时载物台平面与仪器转轴垂直。

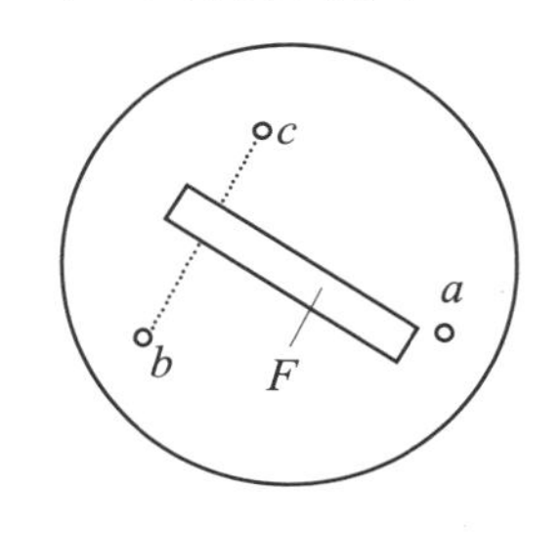

图 3-10-13　平面镜放置图(二)

五、平行光管的调节

1. 平行光管的结构

如图 3-10-14 所示，平行光管由圆筒、狭缝、狭缝套筒、透镜、透镜套筒和紧固螺丝组成。

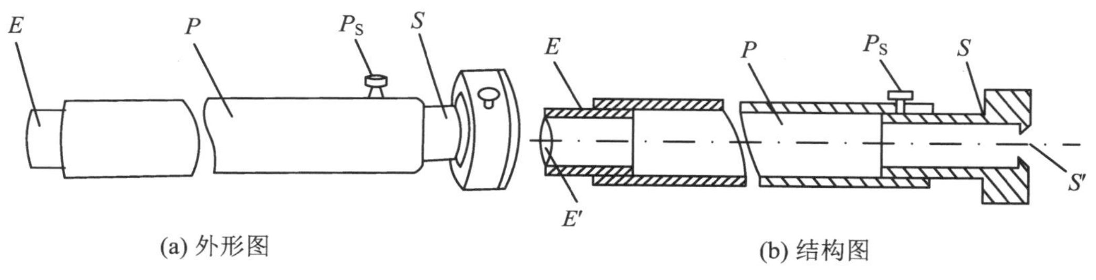

图 3-10-14　平行光管外形及结构示意图

E:透镜套筒；　P:平行光管圆筒；　S:狭缝套筒；　S':狭缝；　P_S:紧固螺丝；　E':透镜

2. 调节平行光管使之可透射平行光

开启汞灯照亮狭缝，将狭缝作为调节平行光管的"光源"。

改变狭缝 S' 与透镜 E' 之间的距离，使 S' 位于 E' 的焦平面上(即 $S'E'$ 等于焦距 f'_E)，那么自 S' 入射的光线经 E' 后必是平行光，如图 3-10-15 所示，具体操作见表 3-10-5。

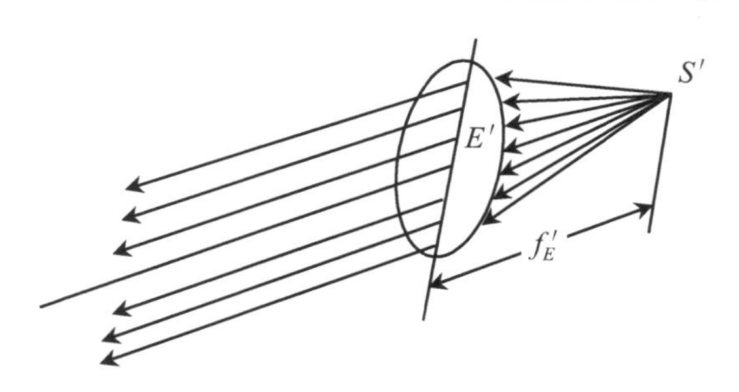

图 3-10-15　平行光管原理

表 3-10-5 调节平行光管具体操作说明表

操作要求	现象观察	说明
A. 调平行光管可透射平行光，使狭缝位于透镜焦平面上		
用已经调好的望远镜对准平行光管，观察狭缝的像	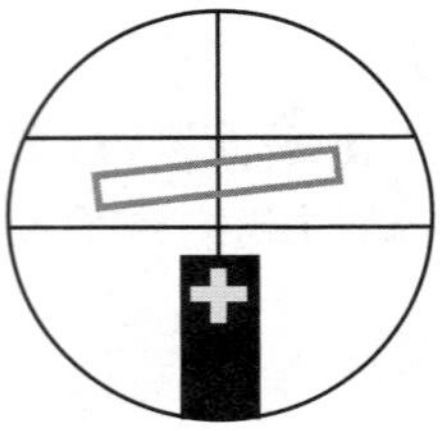	看到模糊的狭缝像，说明这时平行光管透射的不是平行光，即狭缝 S' 不在透镜 E' 的焦平面处（$\overline{S'E'} \neq f'_E$）
松开固定螺丝 P_S，转动狭缝套筒 S 将狭缝横向放置，并前后移动（边旋边移）狭缝套筒 S（如图 3-10-16，下同）	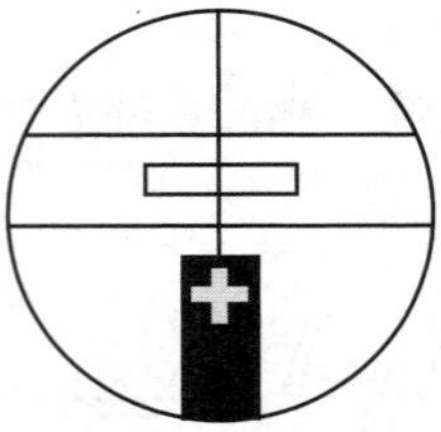	看到清晰的狭缝像（即 $\overline{S'E'} = f'_E$），这时经平行光管的透射光是平行光。调节 S''，将可变狭缝的宽度调至 0.5 mm（如图 3-10-15）
B. 调节平行光管光轴与仪器转轴垂直		
操作要求	现象观察	说明
松开 P_1，调节 P_2，使 X 叉线横向平分狭缝像（如图 3-10-16）	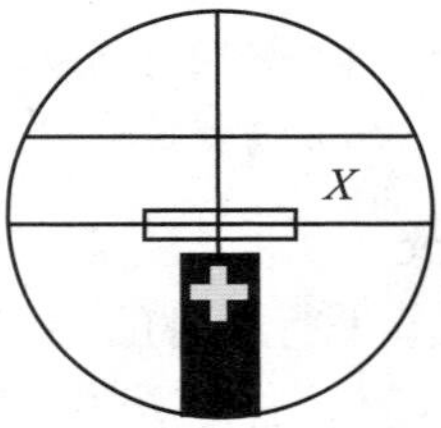 X	平行光管的光轴与望远镜光轴在同一条直线上，即与仪器转轴垂直
转动狭缝套筒 S，将狭缝纵向放置，并仔细微调狭缝 S' 与透镜的距离（移动狭缝套筒 S）（如图 3-10-16）	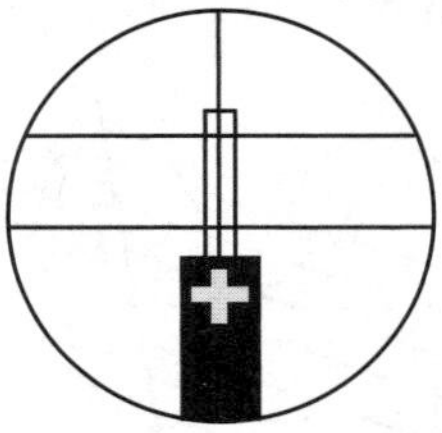	在望远镜视场中看到最清晰的狭缝像，而且无视差

锁紧平行光管上下位置固定螺丝 P_1 和 P_S，平行光管的调节至此完毕。

六、分光计的读数

1. 分光计的读数装置

分光计读数装置由读数游标、手持读数放大镜和刻度盘组成。为消除刻度盘与游标之间偏心引起的系统误差，在刻度盘上有两个位置相差 180°的读数游标，用从这两个读数游标读出的角度值表示望远镜所处位置的角坐标 θ。

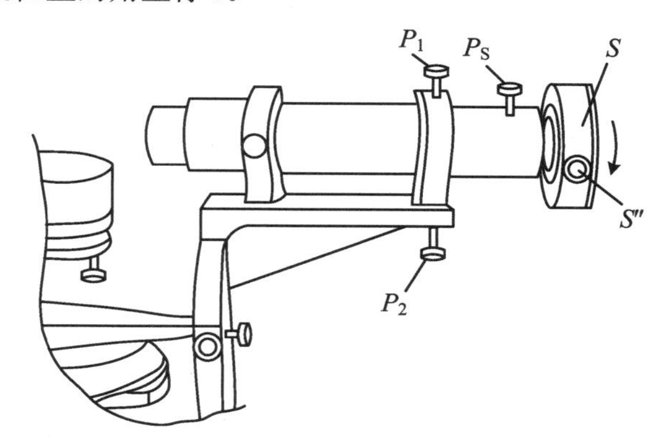

图 3-10-16　平行光管调焦操作示意图

2. 角坐标的读数方法

刻度盘的读数范围为 0～360°,按圆周等分 720 条刻线,每一格的值为 30′。游标的格值为 29′。游标格值与刻度盘格值相差 1′,即游标的精确度(或分光计的分度值)δ 为 1′,如图 3-10-17 所示。

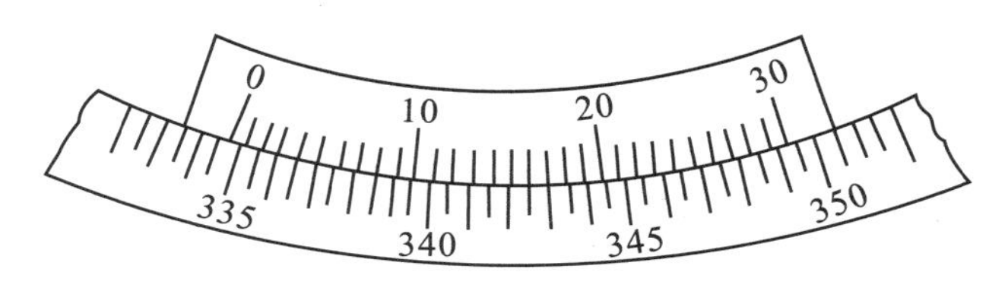

图 3-10-17　游标与刻度盘

从游标的零线所对的刻度盘示数读出度值与 30′值,记为 A。30′以下的 B 值可以根据游标上第 k 条线与刻度盘某刻线对齐而求得,即 $B=k\delta$。望远镜在某位置角坐标 θ 读数按下式计算:

$$\theta=A+B=A+k\delta$$

例如在图 3-10-17 所示情况中,右游标读数为

$$A=334°30',\quad B=17'$$

所以

$$\theta_{右}=334°47'$$

左游标的读数方法类同。

3. 望远镜转角的计算

如图 3-10-18 所示,望远镜从位置Ⅰ转到位置Ⅱ,转过的角度设为 Φ。分别读出望远镜在位置Ⅰ时两个游标的读数 $\theta_{\text{Ⅰ左}}$ 和 $\theta_{\text{Ⅰ右}}$,在位置Ⅱ时两个游标的读数 $\theta_{\text{Ⅱ左}}$ 和 $\theta_{\text{Ⅱ右}}$。现将数据列表见表 3-10-6。

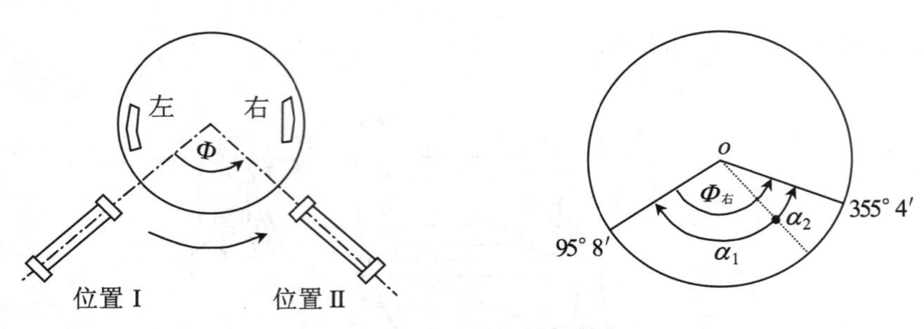

图 3-10-18 望远镜的转角

表 3-10-6 数据列表

位置＼游标	左游标读数	右游标读数
Ⅰ	$\theta_{Ⅰ左}=155°4'$	$\theta_{Ⅰ右}=335°4'$
Ⅱ	$\theta_{Ⅱ左}=275°6'$	$\theta_{Ⅱ右}=95°8'$

设在左右游标测得望远镜的转角分别为 $\Phi_{左}$ 和 $\Phi_{右}$，则有

$$\Phi_{左}=|\theta_{Ⅱ左}-\theta_{Ⅰ左}|=|275°6'-155°4'|=120°2'$$

但在求 $\theta_{右}$ 时，按 $|\theta_{Ⅱ右}-\theta_{Ⅰ右}|$ 计算却大于 180°，遇到这种情况应按下式计算①：

$$\Phi_{右}=360°-|\theta_{Ⅱ右}-\theta_{Ⅰ右}|=360°-|95°8'-335°4'|=120°4'$$

这样望远镜转角 Φ 为

$$\Phi=\frac{\Phi_{左}+\Phi_{右}}{2}=\frac{120°2'+120°4'}{2}=120°3'$$

① 计算望远镜的转角时，应注意望远镜是否经过刻度零线。例如，当望远镜从位置Ⅰ转至位置Ⅱ时（如图 3-10-19），右游标经过刻度零线，这时两个位置的读数之差大于 180°，在这种情形下，可按图 3-10-18 求出望远镜的转角：$\Phi_{右}=\alpha_1+\alpha_2$。式中，$\alpha_1=95°8'$，$\alpha_2=360°-335°4'$。所以 $\Phi_{右}=\alpha_1+\alpha_2=360°-335°4'+95°8'=360°-(335°4'-95°8')=120°4'$。

第四章　基础实验(二)

实验十一　声速的测量

声波是一种在弹性媒质中传播的机械波，频率低于 20 Hz 的声波称为次声波；频率在 20 Hz～20 kHz 的声波可以被人听到，称为可闻声波；频率在 20 kHz 以上的声波称为超声波。

超声波在媒质中的传播速度与媒质的特性及状态因素有关。因而通过媒质中声速的测定，可以了解媒质的特性或状态变化。例如，测量氯气(气体)、蔗糖(溶液)的浓度、氯丁橡胶乳液的比重以及输油管中不同油品的分界面，等等，这些问题都可以通过测定这些物质中的声速来解决。可见，声速测定在工业生产上具有一定的实用意义。同时，通过液体中声速的测量，了解水下声呐技术应用的基本概念。

【实验目的】

(1) 了解压电换能器的功能，加深对驻波及振动合成等理论知识的理解。

(2) 学习用共振干涉法、相位比较法和时差法测定超声波的传播速度。

(3) 通过用时差法对多种介质的测量，了解声呐技术的原理及其重要的实用意义。

【实验原理】

在波动过程中，声速 v、频率 f 和波长 λ 之间存在下列关系：

$$v=f\lambda$$

可见，只要测得声波的频率 f 和波长 λ，就可求得声速 v。其中声波频率 f 可通过电压信号源调节和确定。本实验的主要任务是测量相应的波长 λ，测波长常用的方法有共振干涉法和相位比较法。

声波传播的距离 L 与传播的时间 t 存在下列关系：$L=vt$，只要测出 L 和 t 就可以测出声波传播的速度 v，这就是时差法测量声速的原理。

1. 共振干涉法(驻波法)测量声速的原理

当两束幅度相同、频率相同、方向相反的声波相交时，形成共振干涉，出现驻波。对于波束 1：$F_1=A\cos(\omega t+2\pi x/\lambda)$，波束 2：$F_2=A\cos(\omega t-2\pi x/\lambda)$，它们相遇时叠加后形成的合成波 F_3 为

$$F_3=2A\cos(2\pi x/\lambda)\cos\omega t \tag{4-11-1}$$

这里的 A 为常数，ω 为声波的角频率，t 为经过的时间，x 为经过的距离。式(4-11-1)波动方程的波形图如图 4-11-1 所示。

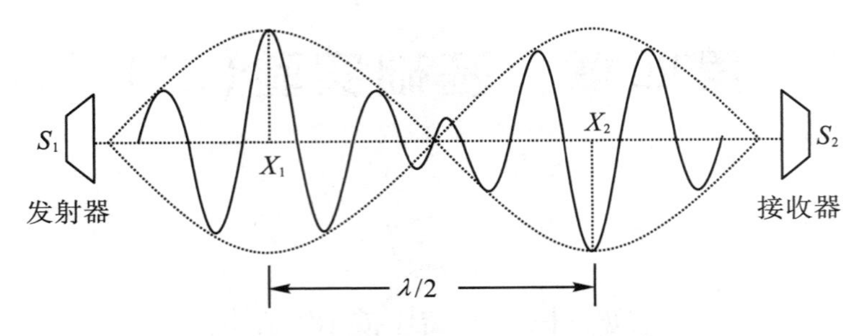

图 4-11-1 波动方程的波形图

合成波为图 4-11-1 实线所描绘的波形，即驻波。它的振幅随超声波的发射器 S_1 与接收器 S_2 之间的位置 x 变化而根据合成波波动方程(4-11-1)中的因子 $2A\cos(2\pi x/\lambda)$ 来变化，即按图中外围的虚线所描绘的余弦规律变化。图 4-11-1 所标出的 X_1 与 X_2 为振幅最大且最相邻的位置，它们的位置可以根据振幅变化的因子 $2A\cos(2\pi x/\lambda)$ 来求出。

当 $2\pi X_1/\lambda=2k\pi$ 时(为整数)，$\cos(2\pi X_1/\lambda)=1$(对应于振幅最大)。得出 $X_1=k\lambda$，即处于波长整数倍位置上的质点，振幅均为最大。

当 $2\pi X_2/\lambda=(2k+1)\pi$ 时(为整数)，$\cos(2\pi X_2/\lambda)=-1$(对应于振幅最大)。得出 $X_2=(k+1/2)\lambda$，即处于这些位置上的质点，振幅宜为最大，并且与 X_1 位置最相邻。

由以上解出的值可得，振幅最大且最相邻的 X_1 与 X_2 之间的距离为 $\lambda/2$。

2. 相位比较法测量声速的原理

相位比较法是通过实现李萨如图形，把李萨如图形周期性变化所出现的特殊现象与波长相联系，从而求出波长。

本实验可以根据李萨如图形产生的条件来实现李萨如图形。将 S_1 的入射波信号输入双踪示波器的 X 输入，将 S_2 的反射波信号输入双踪示波器的 Y 输入。本实验中，由于入射波和反射波的振幅与频率均相同而初相位不同，故两个垂直方向的振动方程可表达为

$$x=A\cos(\omega t+\varphi_1)$$

$$y=A\cos(\omega t+\varphi_2)$$

φ_1 和 φ_2 分别为 X、Y 方向振动的初相位，则合振动方程为

$$x^2+y^2-2xy\cos(\varphi_1-\varphi_2)=A^2\sin^2(\varphi_1-\varphi_2) \tag{4-11-2}$$

此方程轨迹为椭圆，椭圆长、短轴和方位由相位差 $\Delta\varphi=\varphi_1-\varphi_2$ 决定。

当 S_1 发出的平面超声波通过媒质到达接收器 S_2，在发射波和接收波之间产生相位差

$$\Delta\varphi=\varphi_1-\varphi_2=2\pi\frac{L}{\lambda}\quad(L\text{ 为 }S_1\text{ 与 }S_2\text{ 之间的距离}) \tag{4-11-3}$$

当 $\Delta\varphi=2k\pi$ 时(k 为整数)，代入式(4-11-2)、式(4-11-3)，得 $y=x$，此时 $L_1=k\lambda$；

当 $\Delta\varphi=(2k+1)\pi$ 时(k 为整数)，代入式(4-11-2)、式(4-11-3)，得 $y=-x$，此时 $L_2=(k+1/2)\lambda$。即相邻的 $y=x$ 的直线在转为 $y=-x$ 的直线过程中，对应 S_2 所移动的距离 ΔL 为 $\lambda/2$。

当朝同一个方向移动 S_2，即连续改变 S_1 与 S_2 的距离时，李萨如图形在一个周期性变化过程所出现的一些特殊形态如图 4-11-2 所示。

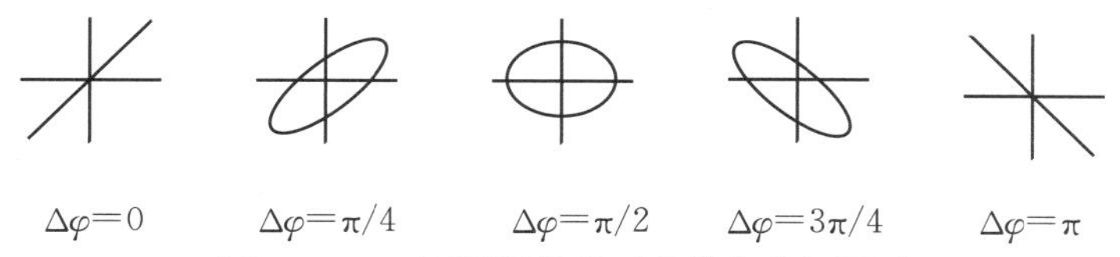

图 4-11-2　不同相位差对应的李萨如图形

3. 时差法测量原理

以上两种方法测声速，都是用示波器观察波谷和波峰(见图 4-11-3)，或观察两个波间的相位差，原理正确，但存在读数误差。较精确测量声速是用时差法，时差法在工程中得到了广泛的应用。它是将经脉冲调制的电信号加到发射换能器上，声波在介质中传播，经过 t 时后，到达距离 L 处的接收换能器，所以可以用以下公式求出声波在介质中传播的速度。

$$速度\ v=\frac{距离\ L}{时间\ t}$$

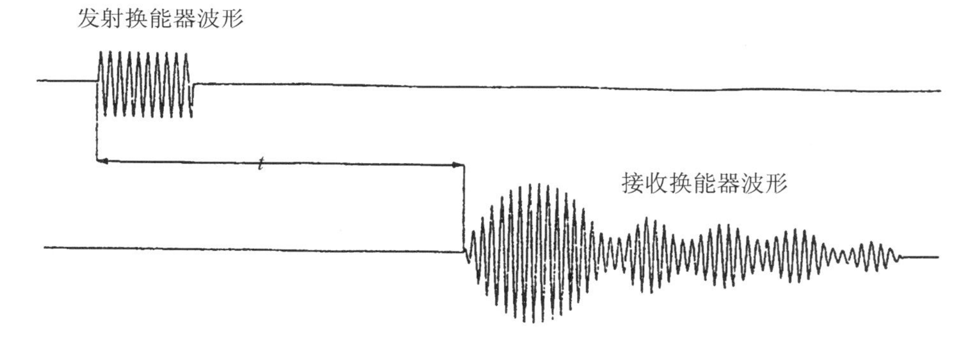

图 4-11-3　时差法测量声速发射和接收波形图

【实验仪器】

实验仪器采用 SV5 型声速测量组合仪及 SV5 型声速测定专用信号源各一台。其外形结构如图 4-11-4 所示。

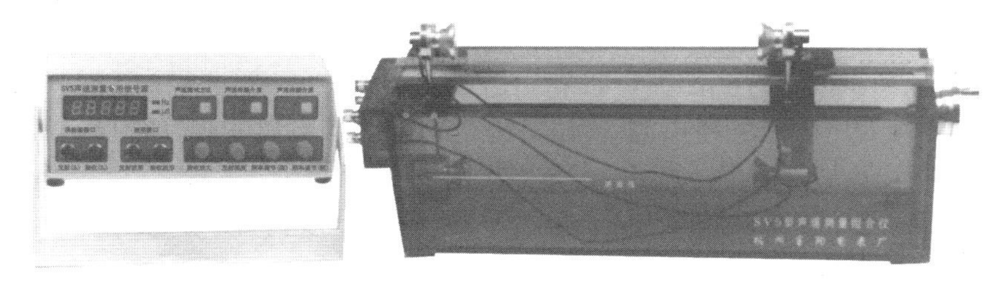

图 4-11-4　SV5 型声速测量组合仪与 SV5 型声速测定专用信号源

组合仪主要由储液槽、传动机构、数显标尺、两副压电换能器等组成。储液槽中的压电换能器供测量液体声速用，另一副换能器供测量空气及固体声速用。作为发射超声波用的换能器 S_1 固定在储液槽的左边，另一只接收超声波用的接收换能器 S_2 装在可移动滑块上。上下两只换能器的相对位移通过传动机构同步行进，并由数显表头显示位移的距离。

S_1 发射换能器超声波的正弦电压信号由声速测定专用信号源供给，换能器 S_2 把接收到的超声波声压转换成电压信号，用示波器观察。用时差法测量时，则还要将接到的专用信号源进行时间测量。

实验时需另配示波器一台。

【实验内容及操作步骤】

1. 声速测量系统的连接

声速测量时，专用信号源、测试仪、示波器之间的连接方法如图 4-11-5 所示。

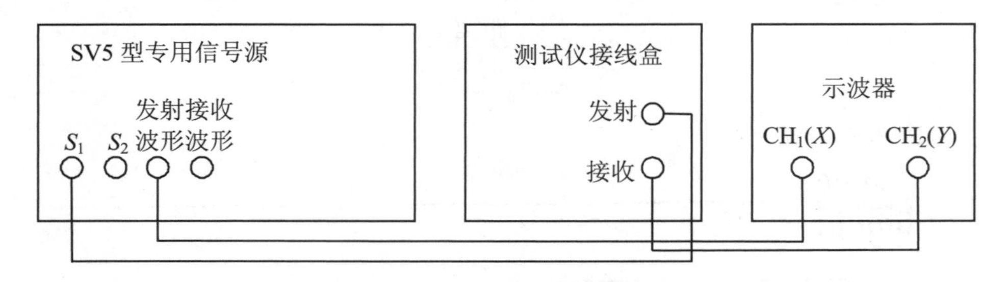

(a) 共振干涉法、相位法测量连接图

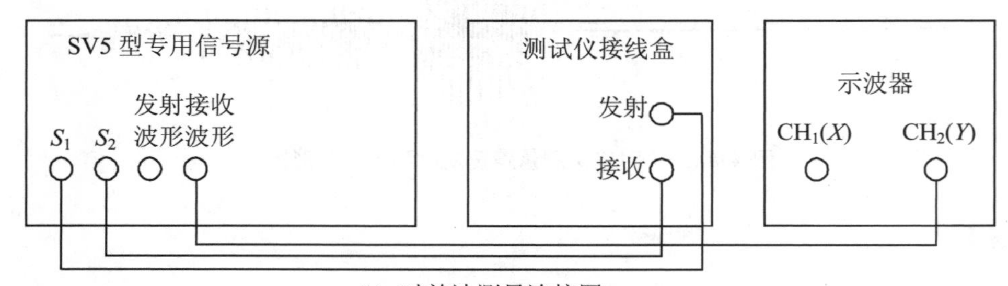

(b) 时差法测量连接图

图 4-11-5 声速测量系统连接图

2. 谐振频率的调节

根据测量要求初步调节好示波器。将专用信号源输出的正弦信号频率调节到换能器的谐振频率，使换能器发射出较强的超声波，能较好地进行声能与电能的相互转换，以得到较好的实验效果，方法如下：

(1) 将专用信号源的“发射波形”端接至示波器，调节示波器，能清楚地观察到同步的正弦波信号。

(2) 改变 S_1、S_2 的距离，使示波器的正弦波振幅最大。再次调节正弦信号频率，直至示波器显示的正弦波振幅达到新的最大值。共测 5 次,取平均频率 f。

3. 共振干涉法、相位法、时差法、测量声速的步骤

(1) 共振干涉法(驻波法)测量波长。

将测试方法设置到连续方式中。按前面实验内容 2 的方法,确定最佳工作频率。观察示波器,找到接收波形的最大值,记录幅度为最大时的距离,由数显尺上直接读出或在机械刻度上读出。记下 S_2 的位置 X_0,然后向着同方向转动距离调节鼓轮,这时波形的幅度会发生变化(同时在示波器上可以观察到来自接收换能器的振动曲线波形发生相移),逐个记下振幅最大的 X_1, X_2,…,X_9 共 10 个点,单次测量的波长 $\lambda_i = 2|X_i - X_{i-1}|$。用逐差法处理这 10 个数据,即可得到波长 λ。

(2) 相位比较法(李萨如图法)测量波长。

将测试方法设置到连续波方式中。确定最佳工作频率,单踪示波器接收波接到"Y",发射波接到"EXT"外触发端。双踪示波器接收波接到"CH_1",发射波接到"CH_2",打到"XY"显示方式,适当调节示波器,出现李萨如图形。转动距离调节鼓轮,观察波形为一定角度的斜线,记下 S_2 的位置 X_0,再向前或者向后(必须是一个方向)移动,使观察到的波形又回到前面所说的特定角度的斜线,这时来自接收换能器 S_2 的振动波形发生了 2π 相移。依次记下示波器屏上斜率负、正变化的直线出现的对应位置 X_1,X_2,…,X_9。单次测量的波长 $\lambda_i = 2|X_i - X_{i-1}|$。多次测定用逐差法处理数据,即可得到波长 λ。

(3) 干涉法、相位法的声速计算。

已知波长 λ 和平均频率 f(频率由声速测试仪信号源频率显示窗口直接读出),则声速为

$$v = \lambda f$$

因声速还与介质温度有关,因此还要记下介质温度 t(℃)。

(4) 时差法测量声速。

将测试方法设置到脉冲波方式。将 S_1 和 S_2 之间调到一定距离(≥50 mm),再调节接收增益,使示波器上显示的接收波信号幅度在 300～400 mV(峰-峰值),以使计时器工作在最佳状态。然后记录此时的距离值和显示的时间值 L_{i-1}、t_{i-1}(时间由声速测试仪信号源时间显示窗口直接读出)。移动 S_2,同时调节接收增益使接收波信号幅度始终保持一致。记录下这时的距离值和显示的时间值 L_1、t_i。则声速 $v_1 = (L_1 - L_{i-1})/(t_1 - t_{i-1})$。

当使用液体为介质测试声速时,先在测试槽中注入液体,直到把换能器完全浸没,但不能超过液面线。然后将信号源面板上的介质选择键切换至"液体",并将连线接至插入接线盒的"液体"接线孔中,即可进行测试,步骤同上。

记下介质温度 t(℃)。

【实验注意事项】

1. 空气介质

测量空气声速时,将专用信号源上"声速传播介质"置于"空气"位置,发射换能器(带有转轴)用紧固螺钉固定,然后将话筒插头插入接线盒中的插座中。

可将 S_2(接收换能器)传动至与 S_1(发射换能器)相隔 1 mm 处(两换能器喇叭形平面),不

要相碰，开启数显表头电源，并置 0，即可进行测量。

2. 液体介质

在储液槽中注入液体，直至将换能器完全浸没，但不能超过液面线。注意：在注入液体时，不能将液体淋在数显表头上。专用信号源上“声速传播介质”置于“液体”位置，换能器的连接端应在接线盒的“液体”专用插座上。

测量液体声速时，由于在液体中声波的衰减较小，因而存在较大的回波叠加，并且在相同频率的情况下，其波长 λ 要大得多。用驻波法和相位法测量时可能会有较大的误差，所以建议采用时差法测量。

3. 固体介质

测量非金属（有机玻璃棒）、金属（黄铜棒）固体介质时，将专用信号源上的“测试方法”置于“脉冲波”位置，“声速传播介质”按测试材质的不同，置于“非金属”或“金属”位置。将待测棒的一端面小螺柱旋入接收换能器螺孔内，再将另一端面的小螺柱旋入能旋转的发射换能器上，使固体棒的两端面与两换能器的平面齐平，紧密接触（旋紧时，应用力均匀，不要用力过猛，以免损坏螺纹及储液槽），然后把发射换能器尾部的连接插头插入接线盒的插座中，即可开始测量。其时间由专用信号源窗口读出，距离即为待测棒的长度，可用游标卡尺测量（厂方提供相同材质但长度不同的三根待测棒），多次测量，然后用逐差法处理数据。

测量过程中，调换测试棒时，应先拔出发射换能器尾部的连接插头，然后旋出发射换能器的一端，再旋出接收换能器的一端。

【数据处理】

(1) 自拟表格记录所有的实验数据，表格的设计要便于用逐差法求相应位置的差值和计算 λ。

(2) 以空气介质为例，计算出共振干涉法和相位法测得的波长平均值 λ，及其标准偏差 S_λ，同时考虑仪器的示值读数误差为 0.01 mm。经计算可得波长的测量结果 $\lambda = \pm\Delta\lambda$。

(3) 按理论值公式 $v_S = v_0\sqrt{\dfrac{T}{T_0}}$，算出理论值 v_S。式中 $v_0 = 331.45$ m/s 为 $T_0 = 273.15$ K 时的声速，$T = (t + 273.15)$ K。

(4) 计算出通过两种方法测量的 v 以及 Δv 值，其中 $\Delta v = v - v_S$。

将实验结果与理论值比较，计算百分比误差。分析误差产生的原因。可写为在室温为________℃时，用共振干涉法（相位法）测得超声波在空气中的传播速度为

$v_{共振} =$ ________ $\pm$ ________ m/s， $\delta = \dfrac{\Delta v}{v_S} =$ ________ %；

$v_{相位} =$ ________ $\pm$ ________ m/s， $\delta = \dfrac{\Delta v}{v_S} =$ ________ %。

(5) 列表记录用时差法测量非金属棒及金属棒的实验数据。

① 三根相同材质，但不同长度待测棒的长度。

② 每根待测棒所测得相对应的声速。

③ 用逐差法求相应的差值,然后通过计算与理论声速传播测量参数进行比较,并计算百分误差。

预习思考题

1. 声速测量中共振干涉法、相位法、时差法有何异同?
2. 本实验为什么要在谐振频率条件下进行声速测量?如何调节和判断测量系统是否处于谐振状态?
3. 要想在示波器上看到李萨如图形,应如何调节?
4. 为什么发射换能器的发射面与接收换能器的接收面要保持互相平行?
5. 用逐差法处理数据的优点是什么?

附录一　超声波的发射与接收——压电换能器

压电陶瓷超声换能器能实现声压和电压之间的转换。压电换能器做波源具有平面性、单色性好以及方向性强的特点。同时,由于频率在超声范围内,一般的音频对它没有干扰。频率提高,波长 λ 就变短,在短距离中可测到许多个 λ,取其平均值,λ 的测定就比较准确。这些都可使实验的精度大大提高。压电换能器的结构示意图如图 4-11-6 所示。

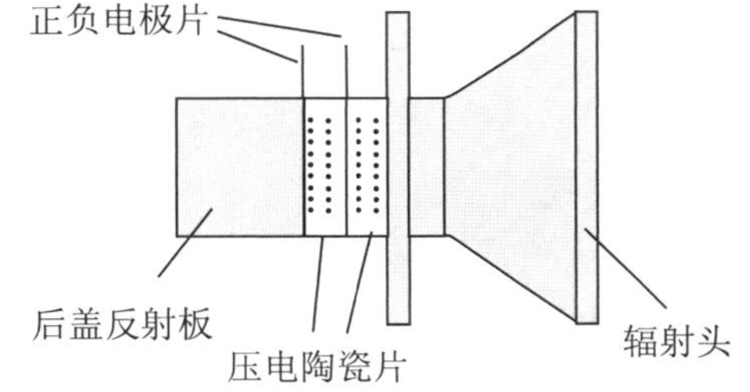

图 4-11-6　压电换能器结构示意图

压电换能器由压电陶瓷片和轻、重两种金属组成。压电陶瓷片(如钛酸钡、锆钛酸铅等)由一种多晶结构的压电材料做成,在一定的温度下经极化处理后,具有压电效应。在简单情况下,压电材料受到与极化方向一致的应力 T 时,在极化方向上产生一定的电场强度 E,它们之间有一简单的线性关系 $E=gT$;反之,当与极化方向一致的外加电压 U 加在压电材料上时,材料的伸缩形变 S 与电压 U 也有线性关系 $S=dU$。比例常数 g、d 称为压电常数,与材料性质有关。由于 E、T、S、U 之间具有简单的线性关系,因此我们可以将正弦交流电信号转变成压电材料纵向长度的伸缩,成为声波的声源。同样也可以使声压变化转变为电压的变化,用来接收声信号。在压电陶瓷片的头尾两端胶粘两块金属,组成夹心形振子。头部用轻金属做成喇叭形,尾部用重金属做成柱形,中部为压电陶瓷圆环,紧固螺钉穿过环中心。这种结构增大了辐射面积,增强了振子与介质的耦合作用。由于振子是以纵向长度的伸缩直接影响头部轻金属做同样的纵向长度伸缩(对尾部重金属作用小),这样所发射的波方向性强,平面性好。

压电换能器谐振频率 35±3 kHz,功率不小于 10 W。

附录二　数显表头的使用方法及维护

声速测量组合仪储液槽上方的测量显示两换能器移动距离的数显表头的使用方法：

(1) “inch/mm”按钮为英/公制转换用，测量声速时用“mm”。

(2) “OFF”“ON”按钮为数显表头电源开关。

(3) “ZERO”按钮为表头数字回零。

(4) 数显表头在标尺范围内，接收换能器处于任意位置都可设置“0”位。摇动丝杆，接收换能器移动的距离为数显表头显示的数字。

(5) 数显表头右下方“▼”处为更换表头内扣式电池处。

(6) 使用时，严禁将液体淋到数显表头上，如不慎淋到液体，可用电吹风吹干(电吹风用低挡，并保持一定距离，温度不超过 70 ℃)。

(7) 数显表头与数显杆尺的配合极其精确，应避免剧烈的冲击和重压。

(8) 仪器使用完毕后，应关掉数显表头的电源，以免不必要的电池消耗。

附录三　不同介质声速传播测量参数(供参考)

1. 空气

标准大气压下传播介质空气，$v=(331.45+0.59t)$ m/s。

2. 液体

(1) 淡水　1480　m/s

(2) 甘油　1920　m/s

(3) 变压器油　1425　m/s

(4) 蓖麻油　1540　m/s

3. 固体

(1) 有机玻璃　1800～2250　m/s

(2) 尼龙　1800～2200　m/s

(3) 聚氨酯　1600～1850　m/s

(4) 黄铜　3100～3650　m/s

(5) 金　2030　m/s

(6) 银　2670　m/s

注：固体材料由于其材质、密度、测试的方法各有差异，故声速测量参数仅供参考。

实验十二　线性电阻和非线性电阻的伏安特性曲线

【实验目的】

(1) 测绘电阻和晶体二极管的伏安特性曲线,学会用图线表示实验结果。
(2) 了解晶体二极管的单向导电特性。
(3) 学会分析伏安法测量的系统误差。

【实验仪器】

毫安表,微安表,伏特表,滑线变阻器,直流稳压电源,装有待测电阻和二极管的接线板,开关等。

【实验原理】

1. 线性元件和非线性元件

根据欧姆定律,如果测出一个元件两端的电压和通过它的电流,就可算出该元件的电阻值。若一个元件两端的电压与通过它的电流成比例,则伏安特性曲线为一条直线,这类元件称为线性元件。若元件两端的电压与通过它的电流不成比例,则伏安特性曲线不再是直线,而是一条曲线,这类元件称为非线性元件。

一般金属导体的电阻是线性电阻,它与所加电压的大小和方向无关,其伏安特性是一条直线,如图 4-12-1 所示。从图 4-12-1 看出,直线通过一、三象限,它表明:当调换电阻两端电压的极性时,电流也换向,而电阻始终为一定值,等于直线斜率的倒数,即 $R=\dfrac{V}{I}$。

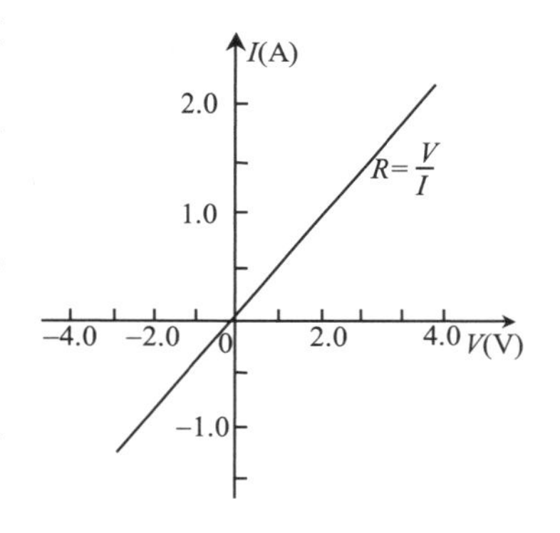

图4-12-1　线性电阻的伏安特性曲线图

半导体二极管是典型的非线性元件。它由 P 型半导体和 N 型半导体结合形成的"P-N"结及正、负极引线组成,如图 4-12-2 所示,它的示意图和在电路中的符号如图 4-12-3。

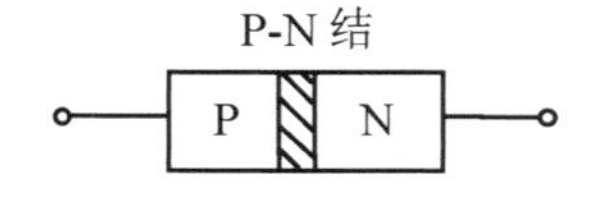

图 4-12-2　半导体二极管 *P-N* 结示意图

图 4-12-3　半导体二极管符号

如果把正向电压加到二极管上(即在二极管的正极端接高电位,负极端接低电位),则二极管中有较大的电流,随着电压的增加,电流 I 也增加,但电流 I 的大小并不和电压成正比。如果在二极管上加反向电压(即二极管的正极端接低电位,负极端接高电位),那么二极管中的电流将很微弱,且电流和电压也不成正比。二极管的伏安特性曲线如图 4-12-4 所示。

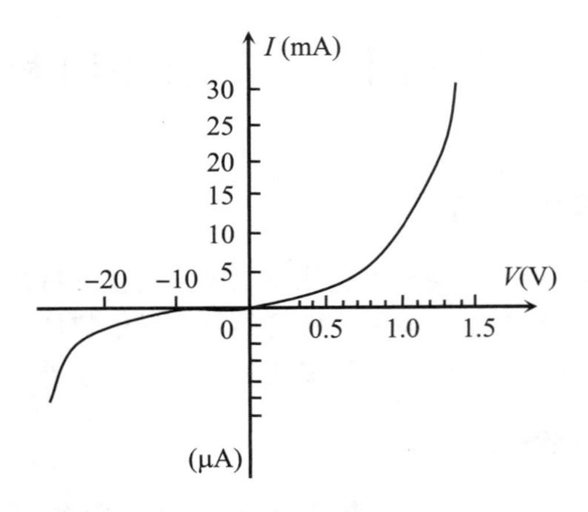

图 4-12-4 二极管伏安特性曲线

从图 4-12-4 可以看出,电流和电压的变化不是线性关系,各点的电阻都不相同。如 12 V、15 W 钨丝灯泡,加在灯泡上的电压与通过灯丝的电流之间的关系为 $I=KVn$,其中 K、n 是与该灯泡有关的常数。

2. 伏安法测量的系统误差

用伏安法测量电阻时,需将电表接入电路,同时测出通过未知电阻 R_X 的电流和其两端的电压,但是由于电表有内阻,就必然会影响测量结果而带来系统误差。伏安法测电阻的可能接法只有两种。图 4-12-5(a)所示的线路叫作电流表内接法(简称内接法),图 4-12-5(b)所示的线路叫作电流表外接法(简称外接法)。设电流表、电压表的内阻分别为 R_A、R_V,现将内、外接法的系统误差介绍如下:

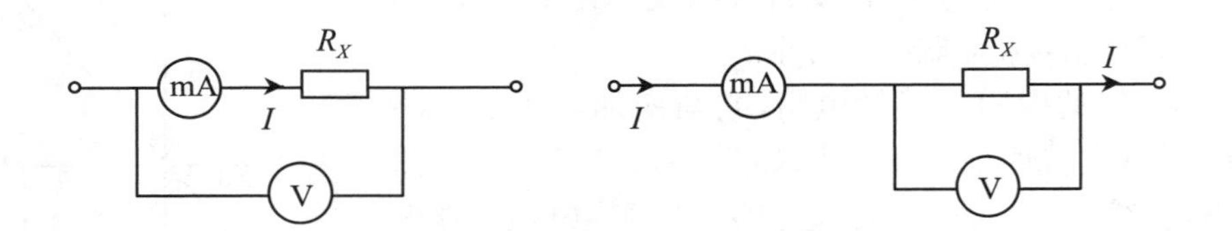

(a) 内接法　　(b) 外接法

图 4-12-5 伏安法测电阻的两种接法

(1) 内接法。

所测电流是通过 R_X 的电流,但所测电压是 R_X 和电流表端电压之和。由欧姆定律有

$$V = I(R_A + R_X)$$

$$R_X = \frac{V}{I} - R_A$$

若把$\frac{V}{I}$作为电阻的测量值,即

$$R_{测} = \frac{V}{I}$$

则测量误差为

$$\Delta R_X = R_{测} - R_X = R_A$$

从上面结果看，采用内接法所得到的 $R_{测}$ 总比实际的 R_X 要大。

测量的相对误差为

$$E_1 = \frac{\Delta R_X}{R_X} = \frac{R_A}{R_X} \tag{4-12-1}$$

可见，只有在 $R_X \gg R_A$ 时，内接法才有一定的准确度。若已知 R_A，可用下式修正系统误差

$$R_X = R_{测} - \Delta R_X = R_{测} - R_A = R_{测}\left(1 - \frac{R_A}{R_{测}}\right)$$

(2) 外接法。

所测电压是 R_X 上的电压，但所测电流是流过电阻 R_X 和电压表的电流总和。电压表和电阻并联，其等效电阻为 $R_V R_X/(R_V + R_X)$，故由欧姆定律可得

$$V = I \cdot \frac{R_V R_X}{R_V + R_X}$$

即

$$R_X = \frac{V}{I}\left(1 + \frac{R_X}{R_V}\right)$$

若把$\dfrac{V}{I}$作为测量值，则

$$R_{测} = \frac{V}{I} = \frac{R_X}{1 + \dfrac{R_X}{R_V}} \tag{4-12-2}$$

测量的系统误差为

$$\Delta R'_X = R_{测} - R_X = \frac{R_X}{1 + \dfrac{R_X}{R_V}} - R_X = -\frac{R_X^2}{R_V + R_X}$$

因此用这种方法测量的电阻总比实际电阻要小。

测量的相对误差为

$$E_2 = \frac{\Delta R_X}{R_X} = -\frac{R_X}{R_V + R_X} \tag{4-12-3}$$

可见，只有在 $R_V \gg R_X$ 时，外接法才有一定的准确度。

若已知 R_V，可从式(4-12-2)导出修正系统误差的公式：

$$R_X = \frac{R_{测}}{1 - \dfrac{R_{测}}{R_V}} \tag{3-12-4}$$

(3) 根据被测电阻选择接法。

用伏安法测量电阻时，究竟采用哪种接法较好？选择的原则取决于相对误差的大小。若两种方法的相对误差都比较小，可以忽略不计，则两种接法都可以选用；若相对误差不可忽略，则在给定仪器的情况下应采用相对误差较小的接法。由式(4-12-1)、式(4-12-2)，并考虑一般电

表均有 $R_V \gg R_A$，可得

$$R_X > \sqrt{R_A R_V} \text{ 时，} \quad |E_2| > E_1;$$

$$R_X < \sqrt{R_A R_V} \text{ 时，} \quad |E_2| < E_1$$

因此选择的原则取决于被测电阻阻值与电流表和电压表内阻的大小。若前者大于后者，则应采用内接法；反之，采用外接法。

【实验内容及数据处理】

1. 测绘碳膜电阻的伏安特性曲线

(1) 按图 4-12-5 接好线路，图中 $R_V \gg R_A$（毫安表的内阻）。记下电压表、毫安表的量程及相应量程的内阻。

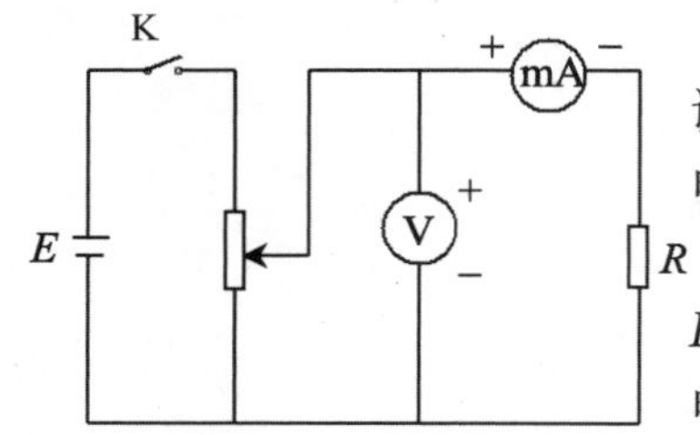

图 4-12-5 电路图(一)

(2) 将分压器的滑动端调至电压为 0 的位置，接通电源，调节滑线变阻器的滑动头，从 0 开始每隔 0.5 V 记录相应的电流值与电压值。

(3) 将电压调为 0，改变加在电阻上的电压方向（可将电阻 R 两端接线对调），从 0 开始每隔 0.5 V 记录相应的电流值与电压值。

(4) 将测得的正、反向电压和相应的电流值填入预先自拟的表格中，以电压为横坐标，电流为纵坐标，在毫米坐标纸上绘出碳膜电阻的伏安特性曲线。根据曲线判断碳膜电阻是线性电阻还是非线性电阻。

(5) 从图 4-12-5 上测出碳膜电阻的阻值，根据图 4-12-5 线路计算该测量法的系统误差并做出修正。

2. 测绘晶体二极管的伏安特性曲线

在未测量前先记录所用晶体二极管的型号及最大正向电流和最大反向电压等主要参数值（由实验室人员事先给出）。

(1) 按图 4-12-6(a)接好电路（变阻器的滑动触头应先置何处?），测量晶体二极管的正向特性。图中 R_0 为保护晶体二极管的限流电阻，电压表的量程取1 V左右。经教师检查线路后，接

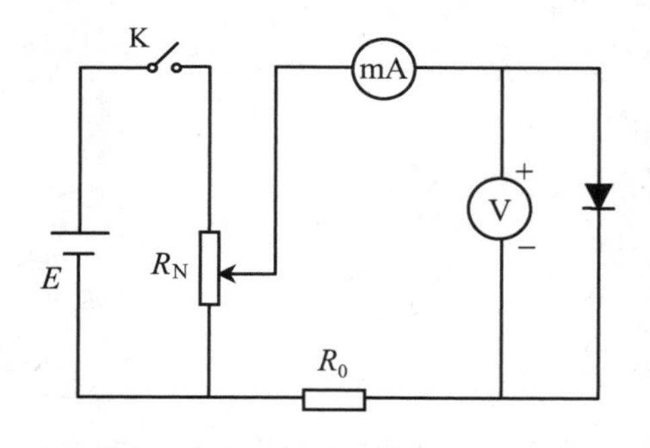

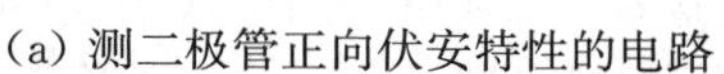

(a) 测二极管正向伏安特性的电路

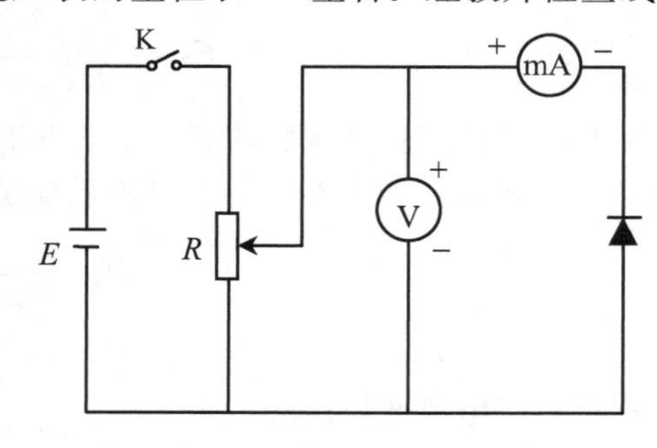

(b) 测二极管反向伏安特性的电路

图 4-12-6 电路图(二)

上电源,从 0 V 开始调节 R_N,缓慢地增加电压,约每隔 0.1 V 读一次相应的电流值和电压值(在电流变化大的地方电压间隔应取小一些),并记录在自拟的表格内(注意:毫安表读数不得超过二极管的最大正向电流!)。最后断开电源。

(2) 按图 4-12-6(b)电路接好线路,测量晶体二极管的反向特性。这时电压表换接比 1 V 大的量程,接上电源,从 0 V 开始逐步改变电压,约每隔 1 V 读一次相应的电流值和电压值(注意:加在二极管上的电压和流过二极管的电流均是反向的。故记录数据时应记录为负值。此外,必须注意二极管两端的电压不得超过其最大反向电压!),记录在自拟的表格内,确认数据无错误和遗漏后断开电源,拆除线路。

(3) 根据所记录的数据,以电压为横坐标,电流为纵坐标,在毫米坐标纸上绘出二极管的伏安特性曲线。因为正、反向电压、电流值相差较大,作图时正、反向可取不同的比例,但必须分别标度,参见图 4-12-3。

预习思考题

1. 什么叫线性元件、非线性元件? 某元件的伏安特性曲线斜率代表什么?
2. 用伏安法测电阻时,产生的系统误差的原因是什么? 如何进行修正?
3. 图 4-12-6(a)、(b)两种接法分属什么接法? 采用这些接法的原因是什么?

作　业　题

1. 用量程为 2.5 V、内阻为 50 kΩ 的电压表和量程为 250 μA、内阻为 400 Ω 的电流表测量阻值为 400 Ω、4 kΩ 和 40 kΩ 左右的三只电阻,确定并画出测量的线路图。

2. 以加在某元件上的电压为横坐标,该元件的电阻(即$\frac{V}{I}$)为纵坐标所作出的曲线称为该元件的伏欧特性曲线,线性元件与非线性元件的伏欧特性曲线有何不同? 根据所测二极管的正向伏安特性曲线用作图法作出二极管的正向伏欧特性曲线。

实验十三　电桥法测电阻

电桥已被广泛地应用于电工技术和非电量电测法中,它是一种用比较法进行测量的仪器,可以测量电阻、电容、电感、频率、温度、压力等许多物理量,也广泛地应用于近代工业生产的自动化控制中。根据用途不同,电桥有许多类型,其性能和结构也各有特点,但基本原理大致相同。本实验使用的单臂电桥仅是其中一种,它是惠斯登于 1943 年发明的,所以也称“惠斯登电桥”。

用伏安法虽可测量电阻,但有很大缺点。这是由于除了使用的电流表与电压表本身的精度误差(仪器误差)外,测量方法也不可避免地带来误差(系统误差)。因为采用伏安法测电阻时,由于电表有内阻,表中总有电流通过,因而不能同时准确地测得电流和电压值(详见实验八)。

电桥法测量电阻就可以避开这个问题,从而获得比较准确的电阻值。

用电桥法测量电阻时,是用被测电阻和标准电阻相比较,由于标准电阻的精度可以做得很高,故电桥测量电阻可达很高的精度。

【实验目的】

(1) 理解并掌握单臂电桥测量电阻的原理和方法。

(2) 学会自搭电桥并学习用交换法(互易法)减少和修正测量误差。

(3) 学会用惠斯登电桥测量中值电阻。

【实验仪器】

直流电源,检流计,万用电表,电阻箱,已知电阻,待测电阻,开关,QJ23 型直流单臂电桥等。

【实验原理】

1. 单臂电桥原理

单臂电桥的电路如图 4-13-1 所示。

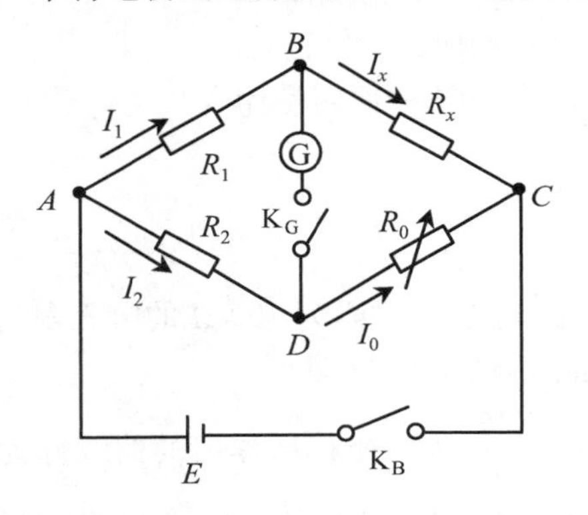

图 4-13-1　单臂电桥电路原理图

图 4-13-1 中,在对角 A 和 C 上加上电源 E,对角 B 和 D 之间连接检流计 G,所谓“桥”就是指 BD 这条对角线,检流计的作用是对“桥”两端的电位 U_B 和 U_D 进行比较。图中 R_x 是待测电阻,R_1 和 R_2 是已知电阻,R_0 是可变电阻(电阻箱)。适当选择 R_1、R_2 的值,调节 R_0 的电阻值,使 B、D 两点的电位相等时,检流计中无电流通过,此时称电桥平衡。

在电桥平衡时,有

$$I_1=I_x,\quad I_2=I_0$$

同时,由于 B、D 两点电位相等,有

$$I_1R_1=I_2R_2,\quad I_xR_x=I_0R_0$$

由上述关系可得

$$\frac{R_1}{R_2}=\frac{R_x}{R_0}$$

即

$$R_x=\frac{R_1}{R_2}R_0 \tag{4-13-1}$$

由此可见,待测电阻 R_x 由 R_1 和 R_2 的比率$\frac{R_1}{R_2}$与 R_0 的乘积决定。所以通常把 R_1、R_2 所在的桥臂称为“比率臂”,R_0 所在桥臂称为“比较臂”,R_x 所在桥臂称为“待测臂”。

用电桥测量电阻时,只需确定比率臂,调节比较臂,使检流计指零,由式(4-13-1)即可计算出待测电阻的阻值。

电桥法测量电阻的误差来源于三个方面，一是 R_1、R_2 及 R_0 本身的误差；二是检流计的灵敏度；三是触点误差。

2. 交换法减小和修正电桥的误差

在用电桥法测量电阻时，采用适当的方法可使由 R_1、R_2 和 R_0 引起的误差减小到最小，通常采用的是交换法。

由式(4-13-1)，根据仪器误差传递公式，有

$$\frac{\Delta R_x}{R_x}=\frac{\Delta R_1}{R_1}+\frac{\Delta R_2}{R_2}+\frac{\Delta R_0}{R_0}$$

若将图 4-13-1 中的桥臂电阻 R_0 与 R_x 交换一下，则就变为图 4-13-2 所示的电桥。调节 R_0 到 R_0'，若电桥平衡，则有

$$\frac{R_1}{R_2}=\frac{R_0'}{R_x}$$

即

$$R_x=\frac{R_2}{R_1}R_0' \qquad (4\text{-}13\text{-}2)$$

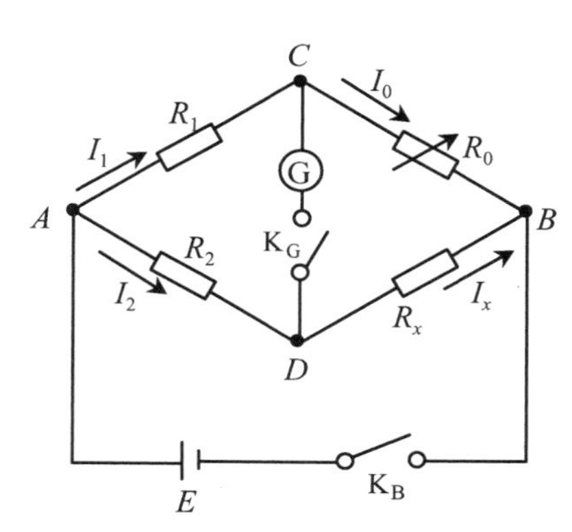

图 4-13-2　交换法测量电阻

将式(4-13-1)与式(4-13-2)相乘得

$$R_x^2=R_0\cdot R_0'$$

即

$$R_x=\sqrt{R_0\cdot R_0'} \qquad (4\text{-}13\text{-}3)$$

此时，根据仪器误差的传递，有

$$\frac{\Delta R_x}{R_x}=\frac{1}{2}\left(\frac{\Delta R_0}{R_0}+\frac{\Delta R_0'}{R_0'}\right)\approx\frac{\Delta R_0}{R_0} \qquad (4\text{-}13\text{-}4)$$

由此可见，使用了交换法，电桥所测电阻阻值的误差只取决于 R_0 的误差。一般 R_0 为精度较高的一种电阻箱，实验室中常用的电阻箱的精度为 0.1 级，根据电阻箱仪器误差计算公式有

$$\Delta R_0=\Delta R_{仪}=0.001R_0+0.002m$$

式中，R_0 为电阻箱的指示值，m 为使用的转盘数。

3. 电桥的灵敏度

检流计在“桥”上的作用是确定桥路中有无电流，从而判断电桥是否达到平衡。为了使电桥测量电阻时的误差小，总是希望检流计的灵敏度高一些，但是灵敏度越高，调节平衡也越困难。

在电桥平衡以后，若比较臂 R_0 改变一个 ΔR_0，则电桥应失去平衡，有电流 I_G 流经检流计，但如果 I_G 小到使检流计反映不出来，那么实验者仍认为电桥处于平衡，因此说 ΔR_0 就是检流计由于灵敏度不够所带来的误差。

电桥的灵敏度 S 可定义为

$$S=\Delta d/\frac{\Delta R_x}{R_x} \qquad (4\text{-}13\text{-}5)$$

式中，Δd 是对应于电桥平衡后待测电阻相对改变量所引起的检流计偏转的格数。所以，电桥的灵敏度 S 越高，对电桥平衡的判断越准确，带来的误差也越小，测量结果就更准确。例如，当 $S=100$ 时，即

$$S=\frac{1}{0.01}$$

这就是说 R_x 变化 1%，检流计偏转 1 格。事实上，检流计只要偏转 0.2 格，实验者就可以察觉。因此，对于灵敏度为 100 的电桥，有

$$S=\frac{0.2}{\Delta R_x/R_x}=100$$

即

$$\frac{\Delta R_x}{R_x}=0.2\%$$

这就是说相对误差在 0.2%之内。

在实验测量时，为方便起见，式(4-13-5)也可写成

$$S=\frac{\Delta d}{\Delta R_0/R_0} \tag{4-13-6}$$

【仪器简介】

QJ23 型惠斯登电桥

QJ23 型惠斯登电桥面板示意图如图 4-13-3 所示。图 4-13-4 为 QJ23 型电桥电路原理图。

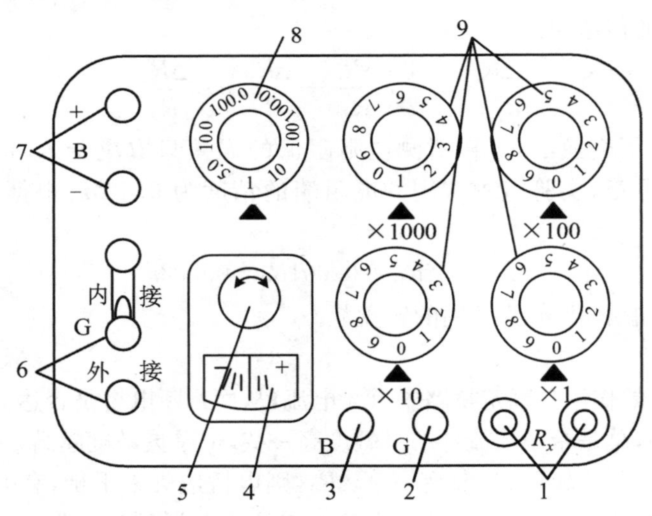

图 4-13-3　QJ23 型电桥面板

1. 待测电阻 R_x 接线柱； 2. 检流计按钮开关 G； 3. 电源按钮开关 B；
4. 检流计； 5. 检流计调零旋钮； 6. 外接检流计接线柱； 7. 内外接开关；
8. 比率臂，即上述电桥电路中的 R_1/R_2，直接刻在转盘上；
9. 比较臂，即上述电桥电路中的电阻 R_0（本处为 4 个转盘）

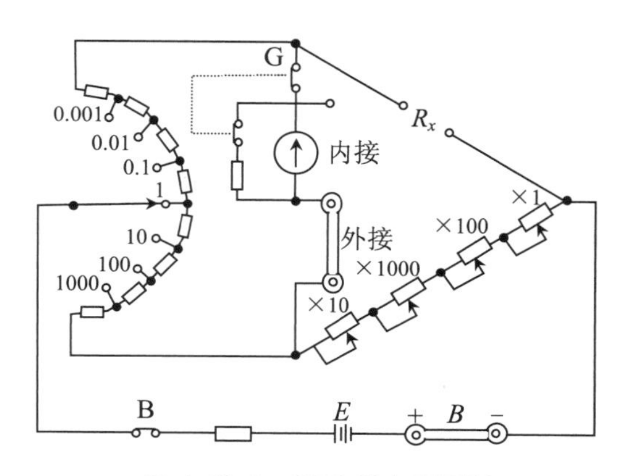

图 4-13-4　QJ23 型电桥原理

表 4-13-1 列出了 QJ23 型电桥不同倍率时的准确度。

从表 4-13-1 可看出 QJ23 型电桥测量中值电阻($10\sim9.999\times10^3$ Ω)的误差较小。

使用 QJ23 型电桥可按如下方法进行：

(1) 接上待测电阻 R_x 和直流电源，取下图 4-13-3 中内接短路片，与“外接”连接。

(2) 估计 R_0 值，选择比率臂，检查并调节检流计机械零点。

(3) 先按 B，后按 G(图 4-13-3 中的 3 与 2)，调节旋盘，使电桥平衡(检流计指“0”)。记下 R_0 值，则

$$待测电阻 R_x=比率臂读数\times旋盘总读数 R_0$$

当待测电阻 R_x 值超过 50 kΩ 时，或在测量中转动比较臂最小一挡转盘，已很难分辨检流计读数时，此时需外接高灵敏的检流计，短接内附检流计接线柱，以保证测量结果的准确性。

表 4-13-1　QJ23 型电桥的准确度

倍率(比率臂)	测量范围(Ω)	检流计	电源电压(V)	准确性
$\times10^{-3}$	$1\sim9.999$	内附	4.5	±2%
$\times10^{-2}$	$10\sim99.99$	内附	4.5	±0.2%
$\times10^{-1}$	$100\sim999.9$	内附	4.5	±0.2%
×1	$10^3\sim9999$	内附	4.5	±0.2%
×10	$10^4\sim4\times10^4$	外接	6	±0.5%
×10	$4\times10^4\sim9.999\times10^4$	外接	15	±0.5%
×100	$10^5\sim9.999\times10^5$	外接	15	±0.5%
×1000	$10^6\sim9.999\times10^6$	外接	15	±2%

【实验内容和数据处理】

1. 实验准备

(1) 用万用表粗测待测电阻 R_{x_1}、R_{x_2}、R_{x_3} 的值。

(2) 按所选定的比率臂估算 R_0 的值。这是因为若电桥处于严重不平衡状态，就会有过大电流通过检流计，为避免事故，使实验顺利进行，应根据所选定的比率臂和待测电阻粗测值，大致估算 R_0 的值。

(3) 调节、检查稳压电源，使其输出为"0"。

2. 用自搭单臂电桥测量电阻

(1) 按图 4-13-1 连接测量线路。

(2) 选择比率臂，确定好 R_1/R_2 的值。

(3) 打开检流计锁扣、检查，调节检流计的机械零点。

(4) 加电压并调节 R_0，使电桥平衡，分别测量 R_{x_1}、R_{x_2}。

对使用的稳压电源，可先输出一个较小的电压(如 1 V)，先合 K_B，后合 K_G，观察检流计偏转情况。若检流计指针剧烈偏转，说明电桥离开平衡状态很远，实验不能进行，应立刻先断开 K_G，后断开 K_B，并分析检查原因；若指针偏转很小，属正常情况，可逐步增加电源电压至规定值(检流计指针应不超过满刻度)。调节电阻箱的转盘以改变 R_0，使检流计指针指"0"，记下 R_0 值，用式(4-13-1)计算 R_{x_1}、R_{x_2} 的值。

为了保护检流计，应特别注意开关 K_B 和 K_G 的合、断顺序：先合 K_B，后合 K_G；先断 K_G，后断 K_B。

3. 用不同比率臂测量电阻

(1) 仍用自搭单臂电桥线路。

(2) 对 R_{x_3} 用不同比率臂分别测量其阻值，比较一下，可得出什么结论？

4. 运用交换法研究电桥的误差

(1) 选取比率臂，确定好 R_1/R_2 的值。

(2) 按图 4-13-1 连接线路，并记下电桥平衡时的 R_0 值。

(3) 按图 4-13-2 连接线路，即将图 4-13-1 中 R_0 与 R_x 互换，再记下电桥平衡时的 R_0' 值。

(4) 分别按式(4-13-1)、式(4-13-2)、式(4-13-3)计算 R_{x_3}。

(5) 用式(4-13-4)计算交换法所测电阻的相对误差，并用仪器误差表示交换法测量结果。

5. 用 QJ23 型惠斯登电桥，选择合适的比率臂，测量 R_{x_1}、R_{x_2}、R_{x_3}

(1) 根据待测电阻值的大小，选择合适的比率臂。

(2) 选择原则：待测电阻值应是选取的比率臂与电桥上所有读数旋盘上读数的乘积。

6. 测量 QJ23 型惠斯登电桥的灵敏度

为了便于观察，减少测量时读数不准所带来的影响，在应用式(4-13-6)测量单臂电桥的灵敏度时，将 Δd 取为一格(在此范围内检流计指针偏转基本与电流 I_G 呈线性关系)。

在电桥平衡的基础上，将 R_0 的值增加(或减少)一个 ΔR_0，使指针偏转一格，则所测电桥的灵敏度为

$$S=\frac{1}{\Delta R_0/R_0}$$

上述各项实验内容所用仪器的有关技术数据及测量数据记录表格，由实验者自行设计。

预习思考题

1. 电桥测量电阻的原理是什么？实验中如何粗略估算 R_0 的值？为什么要这样估算？

2. 下列因素是否会使电桥测量误差增大？

(1) 电源电压不太稳定。

(2) 导线电阻不能完全忽略。

(3) 检流计没有调好零点。

(4) 检流计灵敏度不够高。

3. 如果测量电阻要求相对误差小于万分之五，那么电桥灵敏度为多大？

4. 试写出使电桥较快地达到平衡的操作步骤。

作　业　题

1. 有一电阻，其阻值为 20 Ω 左右，当用 QJ23 型惠斯登电桥测量其阻值时要求测得的值应有四位有效数字，则比率臂应选取多大？

2. 在图 4-13-1 中，若取 $R_1=R_2$ 调节电桥平衡，得出第一个 R_0 值为 R_{01}，如果把 R_1 和 R_2 对调后，电桥不再平衡，这说明什么问题？此时重新调节 R_0，得出第二个 R_0 值为 R_{02}。试证明，在这情形下，R_x 的测量值应为

$$R_x=\sqrt{R_{01}\cdot R_{02}}$$

3. 在图 4-13-1 中，取 $R_1=R_2$，调节电桥平衡，如果从 A、B、C、D 各点到电桥各臂的导线长短粗细都一样，但导线电阻不可忽略，这时导线电阻是否影响测量结果？R_1 不等于 R_2 的情况又如何呢？

4. 当电桥达到平衡后，若互换电源与检流计的位置，电桥是否仍保持平衡？试证明之。

5. 有一种滑线式惠斯登电桥，其外形如图 4-13-5 所示。图中 AC 为一段粗细均匀的电阻丝，它固定在一根米尺上，R_0 为电阻箱(即已知电阻)，R_x 为待测电阻，D 为电键，它可在电阻丝上滑动，当按下滑动电键 D 时，串接有检流计 G 的桥路与电阻丝接通。推导这种电桥平衡时 R_x 的表达式(以 l_1、l_2、R_0 表示)。若米尺的仪器误差为 0.5 mm，请计算出由米尺的仪器误差而引起的 R_x 的相对误差(设 $l_1=l_2=5.000\times10^{-1}$ m)。

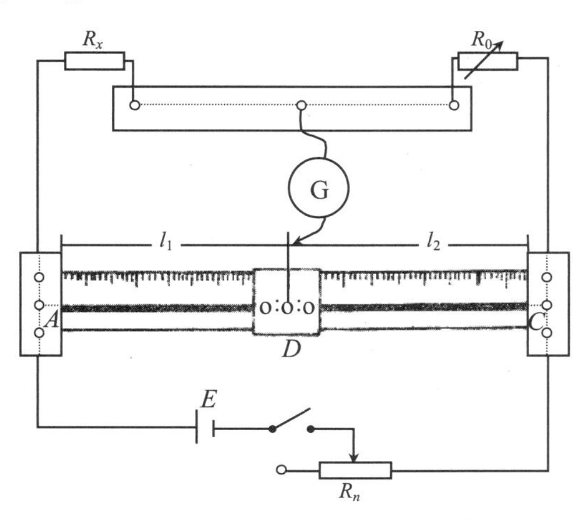

图 4-13-5　滑线式电桥

实验十四　电位差计的使用

【实验目的】

(1) 掌握补偿法测量电位差或电动势原理。
(2) 了解电位差计的工作原理和结构特点。
(3) 掌握电位差计的使用方法。

【实验仪器】

板式电位差计,箱式电位差计,标准电池,甲电池,待测电池,电阻箱,滑线变阻器,双刀双掷开关,单刀开关,毫伏表,温度计。

【实验原理】

以前我们常用伏特表去测量电路中两点间电势差或电池电动势,稍加分析就会发现这种测量结果是不准确的:实际伏特表内阻并非理想状态——无穷大,故接入待测电路后自然就会有电流通过,那么接入一个伏特表相当于给待测电路加接了一个电阻,从而会改变待测电路的状态,造成测得的值有所偏差。如图4-14-1(a)中测得R两端电压比实际值小,图4-14-1(b)中测得值其实是电池的输出端电压。

为此我们设计了如图4-14-2的电路来测电压。E_x为待测电势差(电动势),用于测量的电路包括一可调而且可以直接读数的电源E_0和一检流计G,调节E_0使检流计指针指零,那么此时$E_0=E_x$,完全抵消(我们称此时电路中E_0和E_x达到补偿),E_0的示数就是E_x的值。值得一提的是,最后检流计的指针指零,也就是说后接入的那部分用于测量的电路虽然接到待测电路当中,但却没有电流通过,对待测电路自然就无影响,测量结果就相对准确。据此原理测量电动势或电势差的方法称为补偿法。电位差计就是依据补偿法原理而设计的。

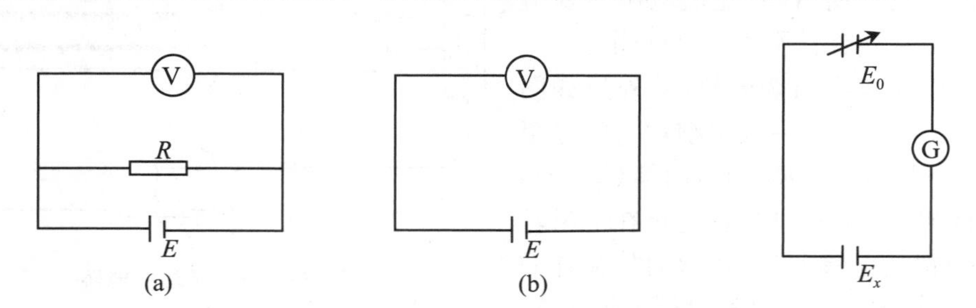

图4-14-1　伏特表测电路图　　**图4-14-2　测电压电路图**

可见,构成电位差计需要有一个E_0,而且它要满足两项要求:
(1) 它的大小便于调节,以使E_0能够和E_x补偿。
(2) 它的电压很稳定,并能准确读出。

图 4-14-3(a)、(b)电路就是两种最常见电位差计的原理图。

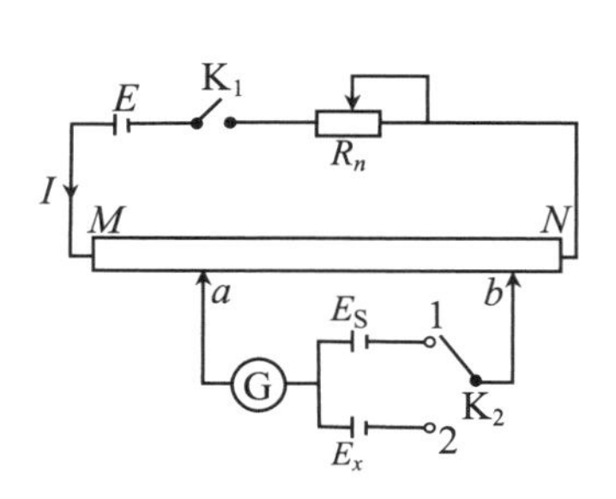

(a) 板式电位差计原理图

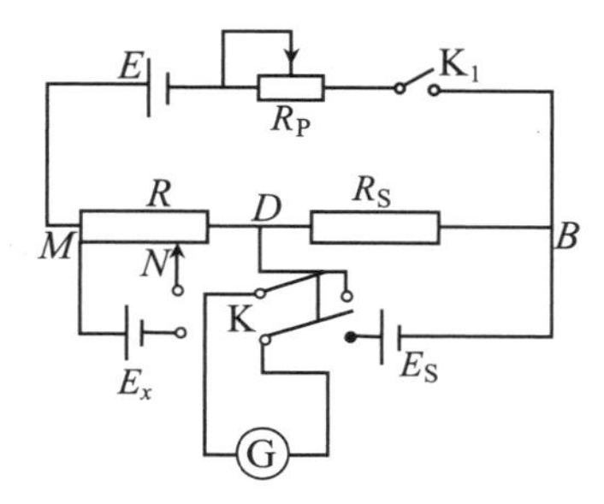

(b) 箱式电位差计原理图

图 4-14-3　电位差计原理图

E:工作电池；　E_S:标准电池；　E_x:待测电动势(或待测电势差)

图 4-14-3(a)为板式电位差计的原理图。其中 MN 是一根粗细非常均匀的电阻丝。在 K_2 不与 1 和 2 接通的情况下，接通 K_1，适当调节 R_n，使流过电阻丝 MN 的电流为 I，则 $U_{ab}=Ir_0L_{ab}$(r_0 为单位长度电阻丝的电阻，L_{ab} 为 a、b 之间电阻丝的长度。)，然后将 K_2 扳向 1，若 $U_{ab}\neq E_S$，则检流计指针偏转，调节 a、b 之间的长度，直到 a、b 间长度为 L_S 时，检流计指针不偏转(达到补偿)，根据补偿条件，有

$$Ir_0L_S=E_S$$

之后，将 K_2 扳向 2，调节 a、b 间长度，使 a、b 间长度为 L_x 时，检流计指针不偏转则根据补偿条件有

$$Ir_0L_x=E_x$$

上述两式相比较，可得

$$E_x=\frac{E_S}{L_S}L_x$$

式中，E_S 为已知的标准电池的电动势，L_S、L_x 均可测量，故 E_x 可测得。

图 4-14-3(b)为箱式电位差计的原理图。其中 R_S 为阻值已知的标准电阻，R 为可读出 MN 之间阻值的可调电阻。双刀双掷开关 K 用来转换与 E_S 和 E_x 的连接。当 K 扳向右边时，E_S 与 U_{DB} 比较，调节 R_P，使检流计指针不偏转，则有

$$U_{DB}=E_S=IR_S$$

因此，在 E_S 与 U_{DB} 补偿条件下，流过电阻 R、R_S、R_P 的电流均为$\frac{E_S}{R_S}$；然后，将 K 扳向左边，调节动触头 N，使 E_x 与 U_{MN} 补偿，因此有

$$E_x=U_{MN}=IR_{MN}=\frac{E_S}{R_S}R_{MN}$$

式中，E_S、R_S、R_{MN} 均为已知，故可测出 E_x。

【仪器简介】

1. 板式电位差计(11 线电位差计)

板式电位差计具有结构简单、直观、便于分析讨论等优点，而且测量结果亦较准确。具体结构如图 4-14-4 所示。图中的电阻丝 AB 长 11 m，往复绕在木板的 11 个接线插孔 0，1，2，…，10 及接线柱 B 上，每两个插孔间电阻丝长为 1 m。插头 C 可选插在插孔 0，1，2，…，10 中任一个孔内。电阻丝 OB 旁边附有毫米刻度的米尺，接头 D 在它上面滑动，则 CD 间的电阻丝长度可在 0～11 m间连续变化。R_n 为可变电阻，用来调节工作电流。双刀双掷开关 K_2 用来选择接通标准电池 E_S 或待测电池 E_x。电阻 R 是用来保护标准电池和检流计的。在电位差计处于补偿状态进行读数前，必须关闭 K_3，使电阻 R 短路，以提高测量的灵敏度。

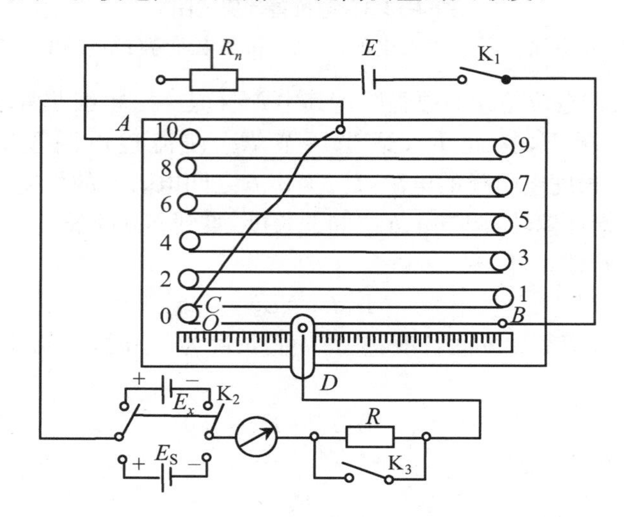

图 4-14-4　11 线电位差计实验线路

2. 标准电池

这是一种用来做电动势标准的原电池。由于内电阻高，在充放电情况下会极化，因此不能用它来供电。当温度恒定时，它的电动势稳定。在不同温度(0～40 ℃)时，标准电池的电动势 $E_S(t)$要按下述公式换算：

$$E_S(t)=E_S(20)-39.94\times10^{-6}(t-20)-0.929\times10^{-6}(t-20)^2$$
$$+0.0090\times10^{-6}(t-20)^3\,(\mathrm{V})$$

其中，$E_S(20)$是 20 ℃时标准电池的电动势，其值应根据所用标准电池的型号确定。

使用标准电池要注意：

(1) 必须在温度波动小的条件下保存，应远离热源，避免太阳光直射。

(2) 正、负极不能接错。通入或取自标准电池的电流不应大于 10^{-5} A。不允许将两电极短路连接或用电压表去测量它的电动势。

(3) 标准电池内装有化学物质的玻璃容器，要防止振动和摔坏，一般不可倒置(具体情形要看标准电池外壳上的说明)。

3. 箱式电位差计

箱式电位差计是用来精确测量电池电动势或电位差的专门仪器。其类型很多,现以 UJ36 型电位差计为例加以说明。

UJ36 型电位差计面板示意图如图 4-14-5 所示。

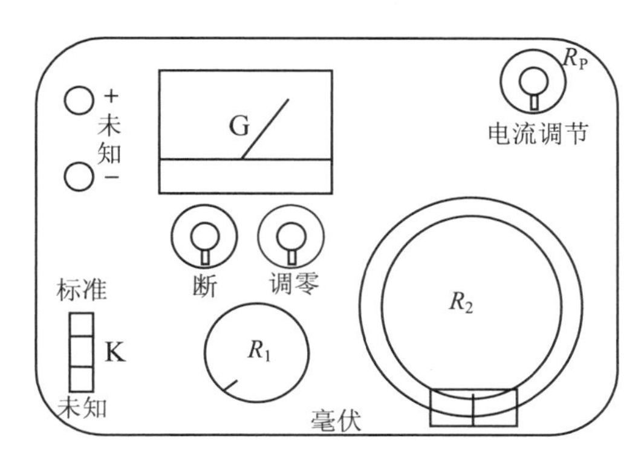

图 4-14-5　UJ36 型电位差计面板

使用说明(供参考):

(1) 将待测电压(电动势)接在"+""−"接线柱上(注意电势高低)。

(2) 根据待测电压(电动势)大小,将倍率旋钮(×1、断、×0.2)放在所需位置上,同时接通检流计和电位差计工作电源。待预热 5 min 后(主要是让仪器内各元件参数达到一相对稳定的值),调节调零旋钮,使检流计指针第一次指零。

(3) 将电键 K 打向标准挡,调节 R_P,使检流计指针第二次指零。

(4) 调节换挡旋钮 R_1 和步进旋钮 R_2,使其示数之和乘以倍率的值等于待测电压(电动势)的估算值,然后将电键 K 打向未知挡,调节 R_1、R_2,使检流计指针第三次指零。此时外电压(电动势) $E_x=(R_1$ 示数$+R_2$ 示数$)\times$倍率。

注:① 调节 R_1 和 R_2 其实是分两步调节,图 4-14-3(b)中的可调电阻 R,R_1 为粗调,不同挡接不同大小的电阻,R_2 为细调,是一圈电阻丝和一触头相连接,改变接入电阻丝的长度进一步调节 R。厂家为方便使用,将原电阻刻度乘上了流过 R 的电流值 E_S/R_S,换算成了相应的电压刻度,直接读数即可。

② R_2 调到没有刻度的区域时,检流计指针总会指零,这是因为此处电阻丝有一断口,触头接触不上,电路断路,无电流,故指零。调节至此处不可读数。

(5) 每次测量电压时,均须按步骤(2)、(3)、(4)进行。

注:因仪器内元件不可能绝对稳定,它们的参数会随时间发生改变,故必须按步骤(2)、(3)重新调试仪器。

(6) 使用完毕,将倍率旋钮旋回"断",以免仪器仍通电,电键 K 置于正中(实验完毕教师必须检查)。

UJ36 型电位差计测量范围和技术参数见表 4-14-1。

表 4-14-1 UJ36 型电位差计测量范围和技术参数

倍 率	测量范围	最小分度值	工作电流	检流计灵敏度	准 确 度
×1	0～120 mV	50 μA	50 mA	约 100 μV/mm	±0.1% V_{max}
×0.2	0～24 mV	100 μA	1 mA	约 24 μV/mm	±0.1% V_{max}

【实验内容及数据处理】

1. 用板式电位差计测电池的电动势

(1) 按图 4-14-4 连接电路。

接线时需断开所有的开关，并特别注意工作电池 E 的正、负极应与标准电池 E_S 和待测电压 E_x 的正、负极相对，否则检流计指针无法指到零。

(2) 标准电位差计。

首先可选定电阻丝单位长度上的电压降为 A V/m(相当于 Ir_0)。测量室温 t，并由此换算出室温下标准电池的电动势 $E_S(t)$ V(本实验使用的标准电池的 $E_S(20)=1.0186$ V)，调节 C、D 两活动接头，使 C、D 间电阻丝长度为

$$L_S=\frac{E_S(t)}{A}\ \text{m}$$

例如，若 $E_S(t)=1.0186$ V，设选定 $A=0.10000$ V/m，则 $L_S=10.186$ m。

然后接通 K_1，将 K_2 倒向 E_S，调节 R_n，同时断续按下接头 D，直到 G 的指针不偏转。去掉保护电阻(接通 K_3)，再次微调 R_n，使 G 的指针无偏转，则此时电阻丝上已校准每米的电压降为 A V。

(3) 断开 K_2，固定 R_n(为什么?)。

将 K_2 倒向 E_x，滑动接头 D 移到米尺左边零处，按下接头 D，同时改动插头 C，找出使检流计指针偏转方向改变的两相邻插孔，将插头 C 插在其中数码较小的插孔内，然后向右移动接头 D，当 G 的指针不偏转时记下 C、D 间电阻丝的长度 L_x(注意：接通 K_3)。重复这一步骤，求出 L_x 的平均值 $\overline{L}_x$，于是 $E_x=A\overline{L}_x$ V。

(4) 确定测量结果的误差。

按下并分别向左、右两边缓慢地移动 D，若测得 G 的指针开始向左偏转时 C、D 间电阻丝的长度为 L，开始向右偏转时 L'，则 L_x 的最大误差

$$\Delta L_x=\frac{|L-L'|}{2}$$

由于检流计指针本身的惯性，在通过的电流小于某一电流值时指针不能反映出来，使得电阻丝上每米的电压降 A 存在误差 ΔA，而 $A=E_S/L_S$，因 $\frac{\Delta E_S}{E_S}\approx 0$，则 $\frac{\Delta A}{A}\approx\frac{\Delta L_S}{L_S}\approx\frac{\Delta L_x}{L_x}$，因此有

$$\Delta E_x=\left(\frac{\Delta A}{A}+\frac{\Delta L_x}{L_x}\right)\overline{E}_x=2\,\frac{\Delta L_x}{L_x}\overline{E}_x$$

将有关实验数据填入表 4-14-2。

表 4-14-2　实验数据表

$E_S(20)=$____ V；　$t=$____ ℃；　$E_S(t)=$____ V；　$A=$____ V/m；　$L_S=$____ m

实际次数	1	2	3	4	5
L_x					
ΔL_x					
E_x					

$\overline{E}_x=$____ V；　$\Delta\overline{L}_x=$____ m；　$\Delta E_x=$____ V；　$E_x=($____$\pm$____$)$ V

2. 用箱式电位差计校准毫伏表

实验时可采用图 4-14-6 电路。图中 E、R_1、R_2 组成分压器，分出的电压 U_{AB} 可由待校正的毫伏表直接读出。同时也可由电位差计测得。由于后者精度大大高于前者，因此该毫伏表可用电位差计校正。

图 4-14-6 中，电位差计可用 UJ36 或 UJ37 型电位差计，毫伏表可选用 C31-V 型多量程电压表(先取 75 mV 量程)。

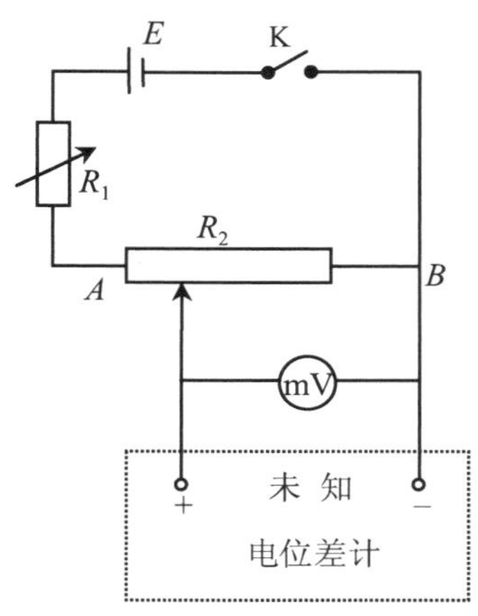

图 4-14-6　用电位差计校准毫伏表

【实验步骤】

(1) 调节电路，使毫伏表示数指在所取值上(即毫伏表测得此时外电路的电压值)。

(2) 用电位差计测量此时外电路的电压(测量数据填入表 4-14-3)。

表 4-14-3　测量数据

电压表读数(mV)	0.00	7.50	15.00	22.50	…	67.50	75.00
电位差计数 V_P							

(3) 由所测数据计算被校毫伏表的级别，即计算：

$$S=\frac{|V-V_P|_{max}}{V_m}\times 100$$

式中，V 为被校毫伏表的读数；V_m 为被校毫伏表的量程。

(4) 以 V 为横坐标，$V-V_P$ 为纵坐标作误差曲线图(注意：误差曲线是将相邻的两个误差点用直线连接起来，因此总的曲线是由许多折线组成的，这是因为各误差点之间没有一个确定的关系)。

3. 选做实验内容

(1) 用箱式电位差计校正电流表。

可采用图 4-14-7(a)电路，图中 R_S 为标准电阻，R_1、R_2 分别为高、低阻值的滑线变阻器。

(2) 用箱式电位差计测量电阻。

可采用图 4-14-7(b)电路，图中 R_S 为标准电阻，R_x 为待测电阻，K_2 为双刀双掷开关。

(3) 用板式电位差计测量电池的内阻。

可采用图 4-14-7(c)电路，图中 E_x 为被测电池的电动势，R 是一个标准低值电阻，L_1、L_2 分别是 K_2 断开和接通时检流计指针不偏转时电阻丝的长度，被测电池的内阻为

$$r=R\frac{L_1-L_2}{L_2}$$

利用图 4-14-7(c)电路并不需要标准电池，但此电路实际上仍利用了补偿原理。

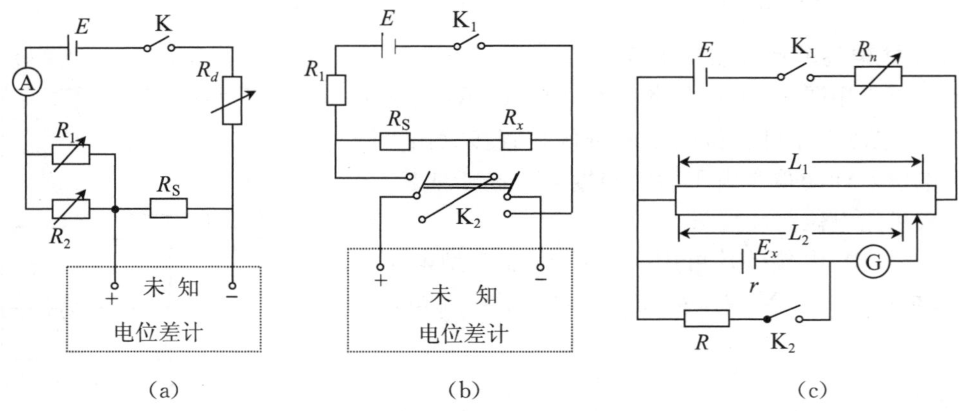

图 4-14-7 电位差计实验电路图

预习思考题

1. 简述电位差计测量电池的电动势的原理。所测值是否是真正的电动势？

2. 在实验中，如发现检流计指针总往一边偏，无法调到平衡，试分析产生这种情况的原因有哪些？

3. 在用电位差计测量电动势过程中，标准电池起着何种作用？

作 业 题

1. 当用板式电位差计测量电池内阻时，试根据图 4-14-7(c)电路证明：

$$r=R\frac{L_1-L_2}{L_2}$$

并根据 R、L_1、L_2 的误差 ΔR、ΔL_1、ΔL_2 写出内阻 r 的误差 Δr。

2. 写出由图 4-14-7(a)电路校准电流表的实验步骤，并拟出有关数据表格。

实验十五 光的干涉

【实验目的】

(1) 观察等厚干涉现象——牛顿环和劈尖干涉。

(2) 利用干涉法测量透镜的曲率半径及微小厚度。

【实验仪器】

读数显示镜,钠光灯,牛顿环装置,劈尖等。

【实验原理】

将从同一点光源发出的一束光分成两束,经不同的路径相遇,便发生干涉现象。在相遇处,这两束光引起的两个分振动的频率相同,振动方向相同,位相差恒定。这两束光称为相干光。光的干涉现象证明了光也是一种波。

1. 牛顿环

将一块曲率半径为 R 的较大平凸透镜置于一光学平玻璃板上,在透镜凸面和平玻璃板间就形成一层形同劈的空气膜,膜的厚度从中心接触点到边缘逐渐增加。当一束波长为 λ 的平行单色光垂直向下入射时,入射光将在此薄膜上、下两界面依次反射,这两束反射光为相干光,在空气膜的表面(或透镜凸面)相遇时便产生干涉现象,呈现出干涉条纹图样。因这两束反射光在相遇时的光程差取决于相遇处对应的空气膜厚度,所以对于同一条干涉条纹来说,其对应处空气膜厚度应一样,显然整个干涉图样呈现以接触点为中心的一系列明暗交替的同心圆环——牛顿环。其光路图和干涉图样如图 4-15-1 所示。

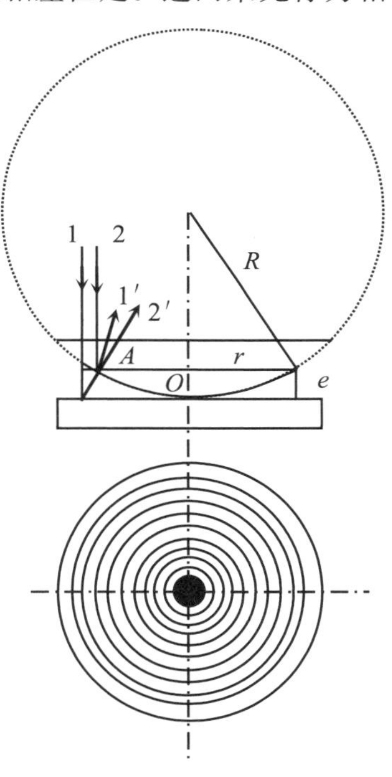

图 4-15-1 光路图与干涉图

由图可知,对于参考点 A 有如下几何关系

$$r^2=R^2-(R-e)^2=2Re-e^2$$

式中,R 为平凸透镜的曲率半径,r 为 A 点至中心 O 的距离,e 为 A 点处的空气膜厚度。

因为

$$R\gg e$$

所以

$$2Re\gg e^2$$

略去 e^2，于是

$$e\approx\frac{r^2}{2R} \tag{4-15-1}$$

在空气膜上、下界面的反射光 1′、2′在 A 点相遇时的光程差为

$$\delta=2e+\frac{\lambda}{2} \tag{4-15-2}$$

式(4-15-2)中的 $\frac{\lambda}{2}$ 是由于光从光疏媒质入射到光密媒质时，其反射光有半波损失所产生的附加光程差。

形成牛顿环处的空气膜厚度 e，适合下列条件时：

$$\left.\begin{aligned}&2e+\frac{\lambda}{2}=K\lambda \quad (K=1,2,3,\cdots) &&\text{明环}\\ &2e+\frac{\lambda}{2}=(2K+1)\frac{\lambda}{2} \quad (K=0,1,2,3,\cdots) &&\text{暗环}\end{aligned}\right\} \tag{4-15-3}$$

将式(4-15-1)代入式(4-15-3)，则得到明、暗环的半径分别为

$$\left.\begin{aligned}&r_K=\sqrt{\frac{2K-1}{2}\cdot R\lambda} \quad (K=1,2,3,\cdots) &&\text{明环}\\ &r_K=\sqrt{KR\lambda} \quad (K=0,1,2,3,\cdots) &&\text{暗环}\end{aligned}\right\} \tag{4-15-4}$$

如果已知入射光的波长 λ，并测得第 K 级条纹的半径 r_K，则可由式(4-15-4) 算出透镜的曲率半径 R。

由于暗纹比亮纹容易测得准确，所以选择暗纹进行观测。又由于接触压力引起玻璃弹性形变，接触点不可能是一个理想的点，故实际牛顿环的中心不是一个暗点，而是一个不规则的暗斑，从而不易确定其中心位置，即直接测 r_K 的方法常会带来很大的误差。比较准确的方法是测量距中心较远处(较近处的暗纹可能是不太规则的圆环)的两个暗环的直径。设较远处的第 m 级和第$m+n$级暗环直径为 D_m 和 D_{m+n}，由$r_K^2=KR\lambda$得 $D_K^2=4KR\lambda$，从而

$$D_{m+n}^2-D_m^2=4nR\lambda \tag{4-15-5}$$

则被测透镜的曲率半径

$$R=\frac{D_{m+n}^2-D_m^2}{4n\lambda} \tag{4-15-6}$$

由式(4-15-6)可知，只要测出暗环直径 D_m 和 D_{m+n}，便可算出 R。

为了减少所测量的级数相差 n 的两暗环直径平方差 $D_{m+n}^2-D_m^2$ 的相对误差，应使 n 取较大的值(为什么?)。

为了减少由于平面玻璃和凸透镜的表面缺陷以及读数显微镜的刻度值不均匀而引进的未定系统误差，我们不是只选测一组直径的平方差，而是选测相继的若干组直径的平方差(即 m 取连续的若干个整数值)，然后求其平均值。

考虑到上述因素，本实验平凸透镜曲率半径的测量公式为

$$R=\frac{D_{m+n}^2-D_m^2}{4n\lambda} \tag{4-15-7}$$

2. 劈尖

将两块光学玻璃板叠在一起,在一端插入一薄片(或细丝),则在两玻璃板间形成一空气劈尖。当用平行单色光垂直照射时,在厚度为 e 的空气劈尖薄膜上、下界面反射的两束光发生干涉,其光程差由式(4-15-2)表示,即 $\delta=2e+\frac{\lambda}{2}$。产生的干涉条纹是一系列与两玻璃板的交线平行且间隔相等的明暗交替的平行条纹,如图 4-15-2 所示。

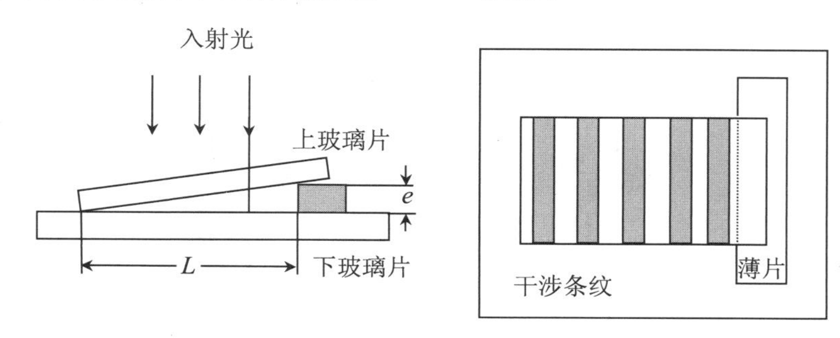

图 4-15-2 劈尖干涉

当 $\delta=2e+\frac{\lambda}{2}=(2K+1)\frac{\lambda}{2}$,$(K=0,1,2,\cdots)$为暗纹时,则与第 K 级暗纹对应的空气膜厚度为

$$e=K\frac{\lambda}{2} \tag{4-15-8}$$

一般说来,K 值较大,为避免在测量中计数 K 出现差错,可先测出某长度 L_x 间的干涉暗条纹的数目 n,则单位长度内的暗条纹数为 n/L_x,若薄片与劈尖棱边的距离为 L,则劈尖共出现的暗条纹数 $K=L\cdot\frac{n}{L_x}$,代入式(4-15-8)得薄片的厚度为

$$e=L\cdot\frac{n}{L_x}\cdot\frac{\lambda}{2} \tag{4-15-9}$$

【实验内容】

1. 测量平凸透镜的曲率半径

(1) 调整测量装置。

由于干涉条纹间距很小,我们采用读数显微镜进行测量。实验装置图如图 4-15-3 所示。先将镜筒水平移至中间放置,再将牛顿环装置置于物镜正下方。

① 照明:适当调节读数显微镜的位置或方位,使目镜中的视野为均匀且最明亮的黄色光场(钠光灯发出的光波波长取 $\lambda=589.3$ nm)。

② 调焦:调节目镜,使十字叉丝清晰、无视差,并与平台 x 轴、y 轴分别平行。从镜筒外侧观察并调节物镜调焦手轮使镜筒向下接近牛顿环装置(切勿触及),然后从目镜中观察,同时反

方向缓缓转动物镜调焦手轮，使物镜自下而上移动，直至观察到清晰的牛顿环。

③ 对准：适当移动牛顿环装置的位置，使牛顿环的中央大致处于十字叉丝的中心。

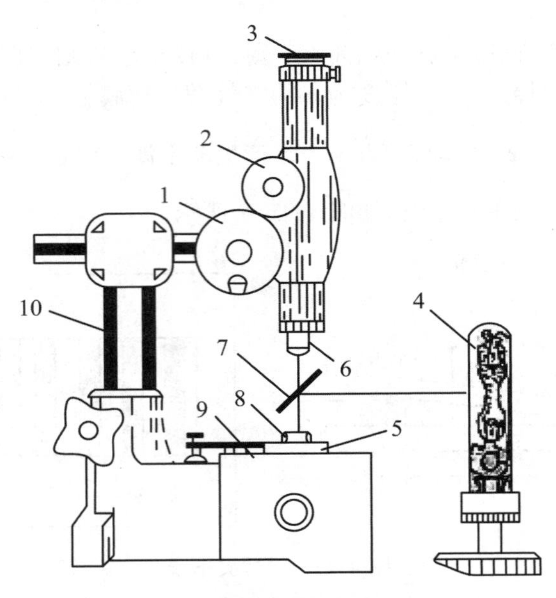

图 4-15-3　实验装置示意图

1. 读数鼓轮；　2. 物镜调节螺钉；　3. 目镜；　4. 钠光灯；　5. 平晶；
6. 物镜；　7. 反射玻璃片；　8. 平凸(凹)透镜；　9. 载物台；　10. 支架

(2) 测定牛顿环暗条纹直径。

依据式(4-15-7)，取 $n=5$，$m=15$、16、17、18、19，则实验中需测 D_{15}、D_{16}、D_{17}、D_{18}、D_{19}、D_{20}、D_{21}、D_{22}、D_{23}、D_{24}。

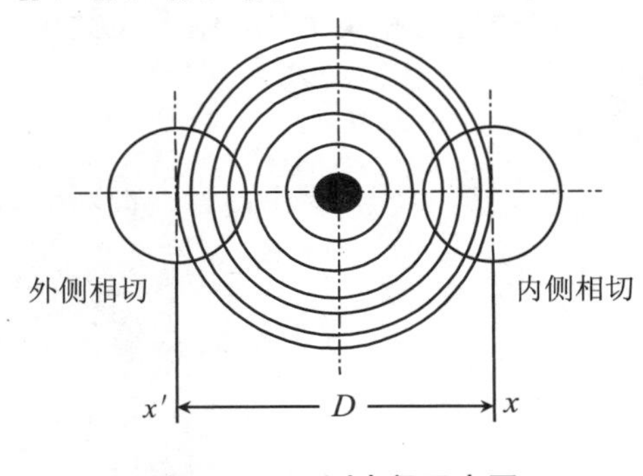

图 4-15-4　测直径示意图

转动测微手轮，使镜筒向右移动，同时计数暗环序号(中心圆斑为 0)，计数至第 30 环时，再缓慢反转测微手轮(牢记转动方向!)，退至第 24 环，且垂直叉丝与第 24 环外侧相切时，记下对应读数值 x'。如此直至第 15 环，分别记下对应读数值 x'。然后越过中央圆斑继续沿同方向移动镜筒，同时计数暗环序号，当垂直叉丝与第 15 环内侧相切时，记下对应读数值。如此直至第 24 环，分别记下对应读数值。同一环两边读数差的绝对值 $|x-x'|$ 即为该环直径的测量值(参见图 4-15-4)。

(3) 用逐差法求出 $D_{24}^2-D_{19}^2$、$D_{23}^2-D_{18}^2$、$D_{22}^2-D_{17}^2$、$D_{21}^2-D_{16}^2$、$D_{20}^2-D_{15}^2$，然后再取它们的平均值代入式(4-15-7)，即可求出平凸透镜曲率半径的测量值 R。

2. 用劈尖干涉法测量微小长度(细丝直径)

(1) 将劈尖(被测细丝已夹在两平板玻璃间的一端) 置于读数显微镜工作平台中央，物镜下方,用观察牛顿环的类似方法调节物镜聚焦,使干涉条纹清晰。

(2) 测出相继的 10 条($n=10$)干涉条纹间长度 L_x 及 L 的两边读数 x、x'(操作方法同测牛顿环直径 D 的方法),各测 5 次。

(3) 求出平均值$\overline{L_x}$、$\overline{L}$,代入式(4-15-9),算出细丝直径的测量值,并以算术平均误差表示测量结果。

【注意事项】

(1) 牛顿环装置和劈尖的有关光学表面切勿用手触摸,如表面不洁,要用专门的擦镜纸轻轻擦拭。

(2) 牛顿环装置和劈尖有关的螺钉已经调试好,严禁拧动。

(3) 计数显微镜的测微手轮在每一次测量过程中只能朝一个方向旋转,中途不能进进退退。若发生进退现象,则该测量过程中已测所有数据作废,需重新测量。

【数据处理】

1. 测量平凸透镜曲率半径(记入表 4-15-1)

$\lambda=$________ nm,$m=$________,$n=$________。

表 4-15-1　平凸透镜曲率半径数据表

$m+nm$	x(mm)	x'(mm)	$D=\|x-x'\|$	D^2(mm)^2	$D^2_{m+n}-D^2_m$(mm)^2	$\Delta(D^2_{m+n}-D^2_m)$(mm)^2
24						
19						
23						
18						
22						
17						
21						
16						
20						
15						
平　均　值						

$\overline{R}=\dfrac{\overline{(D^2_{m+n}-D^2_m)}}{4n\lambda}=$______,$\overline{\Delta R}=\dfrac{\overline{\Delta(D_{m+n}-D^2_m)}}{\overline{D^2_{m+n}-D^2_m}}\cdot\overline{R}=$______,

$R=\overline{R}\pm\overline{\Delta R}=$______。

2. 用劈尖干涉法测量微小长度(细丝直径)(记入表 4-15-2)

$\lambda=$________ nm, $n=$________。

$\bar{e}=L\cdot\dfrac{n}{L_x}\cdot\dfrac{\lambda}{2}=$________, $E_r=$________。

$\Delta e=$________, $e=\bar{e}\pm\Delta e=$________。

表 4-15-2 用劈尖干涉法测量微小长度数据表

次数	测 L_x(mm)				次数	测 L(mm)			
	x	x'	$L_x=\|x-x'\|$	$\Delta L_x=\|\overline{L_x}-L_x\|$		x	x'	$L=\|x-x'\|$	$\Delta L=\|\overline{L}-L\|$
1					6				
2					7				
3					8				
4					9				
5					10				
平均值					平均值				

预习思考题

1. 牛顿环中央为什么会是暗斑而不是一个暗点?会不会观察到明斑?其原因是什么?对本实验测平凸透镜的曲率半径 R 有无影响?

2. 若测量的是明条纹,式(4-15-5)和式(4-15-7)是否仍然成立?

3. 测量牛顿环直径时,如果目镜叉线与平台 x 轴、y 轴不平行,那么测量结果是偏大还是偏小抑或是正确?为什么?

作 业 题

1. 在实验中,若叉线中心并没有通过牛顿环的圆心,则当叉丝中心对准暗纹所测的并不是直径而是弦长,那么以弦长代替直径代入式(4-15-5)计算,仍然能得出同样结果。试从几何的角度加以证明。

2. 为什么说读数显微镜测量的是牛顿环的直径,而不是目镜内牛顿环的放大像的直径?如果改变放大倍率,是否会影响测量结果?

实验十六　光栅衍射和光波波长的测定

【实验目的】

(1) 进一步熟悉分光计的调整和使用。

(2) 观察光通过光栅后的衍射现象。

(3) 学会利用光栅测定光波波长的方法。

【实验仪器】

分光计,光栅,汞灯。

【实验原理】

光栅是根据多缝衍射原理制成的、将复色光分解成光谱的一种分光元件,它能产生谱线间距较宽的匀排光谱,不仅适用于可见光,还能用于红外和紫外光波,常被用来精确地测定光波的波长及进行光谱分析。由于基质材料及制作方法的不同,光栅有多种类别。本实验选用全息光栅。

用光学刻线机在涂膜的薄光学玻璃片上刻一组很密集的等宽度、等间距的平行刻痕即制成透射式平面刻痕光栅。当光入射到光栅面上时,刻痕处因发生漫射而不能透光,光线只能从两条刻痕之间的狭缝中通过。所以平面光栅可以看成是一系列密集的、均匀且平行排列的狭缝,如图 4-16-1 所示。

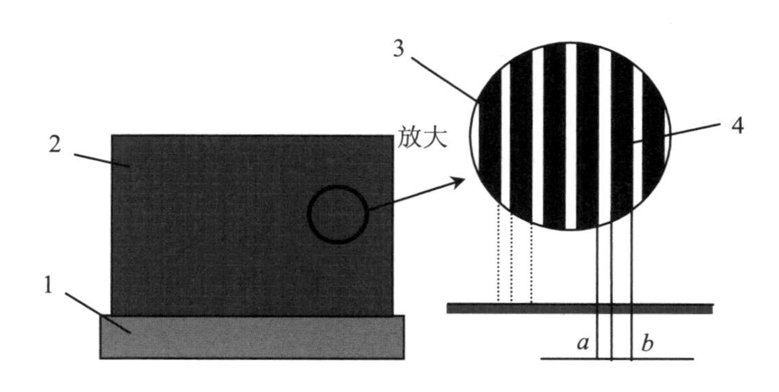

图 4-16-1　光栅结构

1. 框架;　2. 光栅平面;　3. 刻痕;　4. 狭缝

图 4-16-1 中 a 和 b 分别为狭缝和刻痕的宽度。相邻两狭缝对应点之间的距离 $d=a+b$ 称为光栅常数。若以单色平行光垂直照射在光栅面上,则透过各狭缝的光线因衍射将向各个方向传播。经透镜汇聚后相互干涉,并在透镜焦平面上形成一系列彼此平行的明条纹——衍射光

谱。明条纹的位置由下式决定：

$$d\sin \Phi_K = K\lambda \quad (K=0,\pm 1,\pm 2,\cdots) \tag{4-16-1}$$

式(4-16-1)称为光栅方程，式中 λ 为入射光波长，K 为明条纹(光线谱)的级数，Φ_K 是 K 级明条纹的衍射角，如图 4-16-2 所示。

当有多种波长的复色光垂直入射时，由式(4-16-1)可以看出，光的波长不同，同一级谱线的衍射角不相同，从而按波长长短的顺序依次排列成一组彩色谱线，组成入射复色光的该级光谱，于是复色光被分解为单色光。而在光谱的中央 $K=0$、$\Phi_K=0$ 处，各单色光仍重叠在一起，组成中央明条纹，如图 4-16-2 所示。

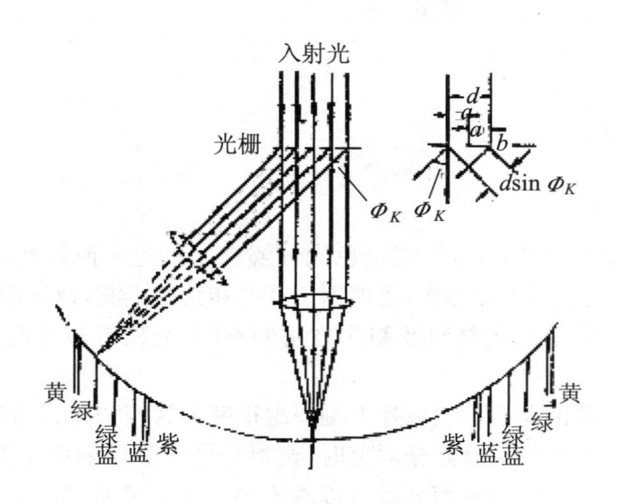

图 4-16-2 光栅衍射光谱示意图

如果已知光栅常数 d，用分光计测出 K 级光谱中某一明条纹的衍射角 Φ_K，再由光栅方程式(4-16-1)即可求出该明条纹所对应的单色光的波长 λ；反之，若已知入射光波长 λ，测出对应衍射角 Φ_K，则可求出光栅常数 d。

【实验内容】

1. 调整分光计

具体的调整要求、方法、步骤见实验十的附录，按整个“分光计调整操作图表”顺序操作。

2. 安置光栅

要求为：

(1) 平行入射光垂直照射光栅表面。

(2) 平行光管的狭缝与光栅刻痕相平行。

具体的调节步骤为：

(1) 在完成了对分光计的基本调整后，因望远镜、平行光管的光轴皆垂直于分光计的中心转轴，故只需调节光栅平面使之与望远镜光轴垂直(注意：望远镜不得再调节!)，则平行光管射出的平行光必与光栅面垂直。为此，将光栅按图 4-16-3 所示，放在载物台上。先目视粗调使光栅平面大致与望远镜轴线垂直,通过俯视观察、侧面观察,调节载物台的螺钉 b、c,使光栅面从这两个方向观察都基本垂直于望远镜光轴。

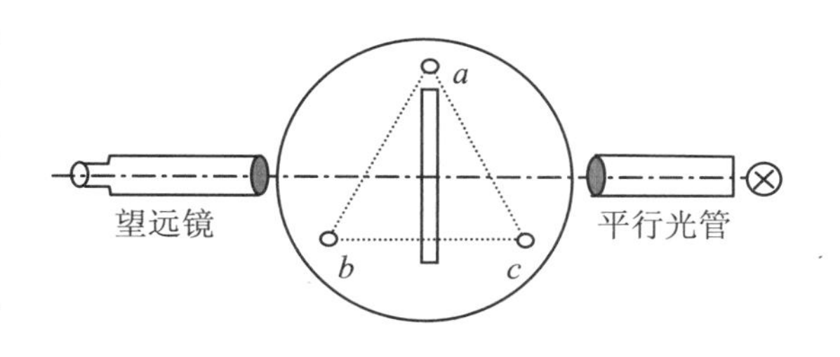

图 4-16-3 仪器调节示意图(一)

然后暂时遮住平行光管,利用望远镜内照明电路,以光栅面作为反射面(相当于一个平面反射镜),仍用自准法细调光栅面与望远镜光轴垂直。可选调载物台螺钉 b、c 中的一个,使亮十字与分划板上方的十字线重合(不可为此动望远镜,光栅也无须转 180°),这时与望远镜同轴的平行光管光轴自然也垂直于光栅平面,即保证由狭缝发出的平行入射光垂直照射光栅表面,如图 4-16-4 所示。最后,将载物台紧固。

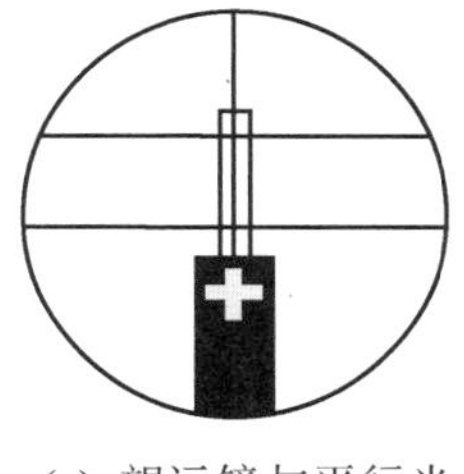
(a) 望远镜与平行光管共轴时

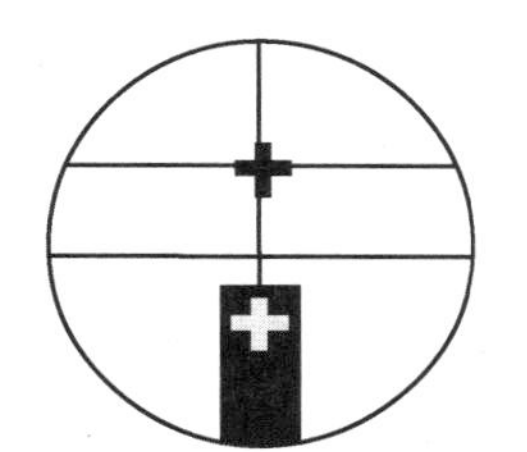
(b) 遮住平行光管放上光栅,达自准时

图 4-16-4 仪器调节示意图(二)

(2) 紧固刻度盘,沿两侧转动望远镜并观察中央明纹两侧的谱线是否等高,若不等高(如图 4-16-5(a))需调节载物台的螺钉 a,直至两边等高为止(如图4-16-5(b))。最后,再用望远镜复查上一步的十字重合即自准状态,若有变动,可再次调节载物台螺钉 b、c 中的一个,以恢复自准状态。

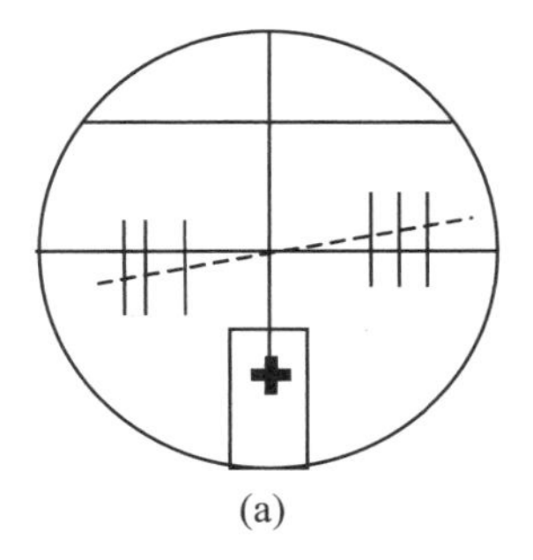
(a)

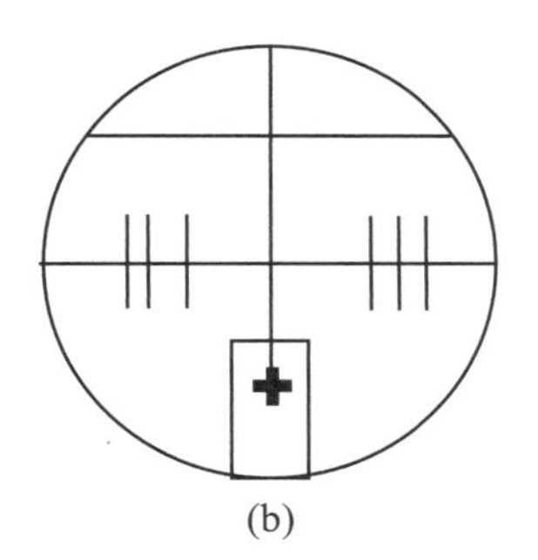
(b)

图 4-16-5 仪器调节示意图(三)

3. 测定光栅常数

操作过程如图 4-16-6 所示,先将望远镜向右转,使分划板垂直叉丝对准 $K=+1$ 的绿色谱线(波长 546.1 nm) 的某一侧边(必须使用望远镜的微调螺钉确实对准),记录对应的两个角坐

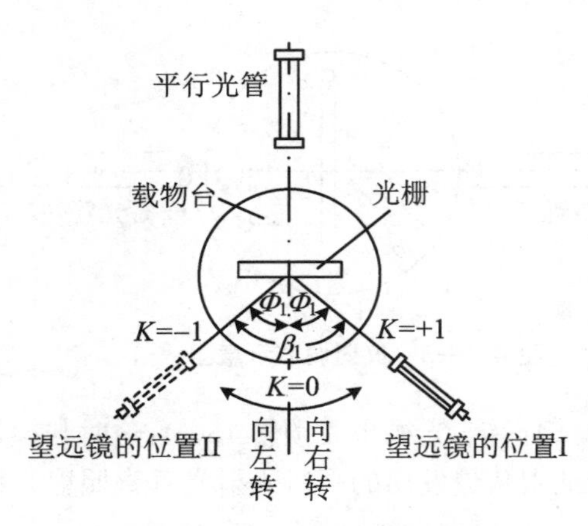

图 4-16-6　实验光路及操作示意图

标；再将望远镜向左转通过中央明纹后，使垂直叉丝对准 $K=-1$ 的绿色谱线的同一侧边，记录对应的另外两个角坐标。如此，来回测 3 次，再求出平均值 $\bar{\beta}_1$，则衍射角 $\bar{\Phi}_1=\frac{\bar{\beta}_1}{2}$。最后根据式(4-16-1)，求出光栅常数 d。

4. 测定汞灯光谱线中紫光、黄外光波长

记录实验室给定的光栅常数 d 的值。用上述同样的方法，求出 $K=\pm1$ 的紫光、黄外光的衍射角的平均值，再由式(4-16-1)求出紫光、黄外光的波长。最后，将黄外光波长的测量值与公认值比较，计算相对误差。

【注意事项】

(1) 光栅是精密光学元件，严禁用手触摸，以免弄脏或损坏。

(2) 汞灯的紫外光很强，不可直视，以免灼伤眼睛。

【数据处理】

(1) 绿光波长 $\lambda=546.1\ \text{nm}=$______ mm，分光计的分度值 $\delta=$______。

$\bar{\beta}_1=\frac{1}{2}(|\theta_{\text{II左}}-\theta_{\text{I左}}|+|\theta_{\text{II右}}-\theta_{\text{I右}}|)$。

$\bar{\Phi}_1=\frac{\bar{\beta}_1}{2}=$______，$\bar{d}_1=\frac{\lambda}{\sin\bar{\Phi}_1}=$______。

将测量结果记入表 4-16-1。

表 4-16-1　测量数据表(一)

测量次数	$\theta_{\text{I左}}$	$\theta_{\text{I右}}$	$\theta_{\text{II左}}$	$\theta_{\text{II右}}$
1				
2				
3				
平均值	$\bar{\theta}_{\text{I左}}$	$\bar{\theta}_{\text{I右}}$	$\bar{\theta}_{\text{II左}}$	$\bar{\theta}_{\text{II右}}$

(2) 光栅常数 $d=$______ mm。

黄外光波和公认值 $\lambda_{\text{公}}=579.0\ \text{nm}$。

紫光衍射角 $\bar{\Phi}_1=\frac{\bar{\beta}_1}{2}=\frac{1}{4}(|\bar{\theta}_{\text{II左}}-\bar{\theta}_{\text{I左}}|+|\bar{\theta}_{\text{II右}}-\bar{\theta}_{\text{I右}}|)$。

波长 $\bar{\lambda}=d\cdot\sin\bar{\Phi}_1=$______。

黄外光衍射角 $\bar{\Phi}_1=$______。

波长 $\lambda=$______。

$$E=\frac{|\bar{\lambda}-\lambda_{公}|}{\lambda_{公}}\times 100\%=$$______。

将测量结果记入表 4-16-2。

表 4-16-2　测量数据表(二)

测量次数		$\theta_{Ⅰ左}$	$\theta_{Ⅰ右}$	$\theta_{Ⅱ左}$	$\theta_{Ⅱ右}$
紫光	1				
	2				
	3				
	平均值				
黄外光	1				
	2				
	3				
	平均值				

预习思考题

1. 用式(4-16-1)测 d 或测 λ 时要求满足什么条件？实验中是如何实现的？
2. 为什么光栅要放在载物台两调节螺钉 b、c 连线的中垂线上？

作　业　题

1. 根据光栅方程怎样计算波长 λ 的测量误差？
2. 当平行光斜入射到光栅平面时，式(4-16-1)要做何变动？这时入射角和衍射角应如何测量？

实验十七　光的偏振——布儒斯特角法

【实验目的】

(1) 观察反射光的偏振现象。

(2) 学会用布儒斯特角法测玻璃的折射率。

(3) 进一步熟悉分光计的调节和使用。

【实验仪器】

分光计,钠光灯,平板玻璃片,偏振片。

【实验原理】

如图 4-17-1 所示,当自然光以入射角 i 射到折射率分别为 n_1 和 n_2 的两种介质的分界面时,会产生反射和折射。由光的电磁理论可知,在反射光中,垂直于入射面的光振动较强;在折射光中,入射面内的光振动较强。反射光和折射光都是部分偏振光。

如果改变入射角 i,反射光的偏振程度也随之改变。如图 4-17-2 所示,当入射角 $i=i_0$ 满足一定条件,即

$$\tan i_0=\frac{n_2}{n_1} \tag{4-17-1}$$

时,反射光成为完全偏振光,其光振动垂直于入射面;而折射光仍为部分偏振光。这一规律称为布儒斯特定律。i_0 称为布儒斯特角,又称起偏振角。

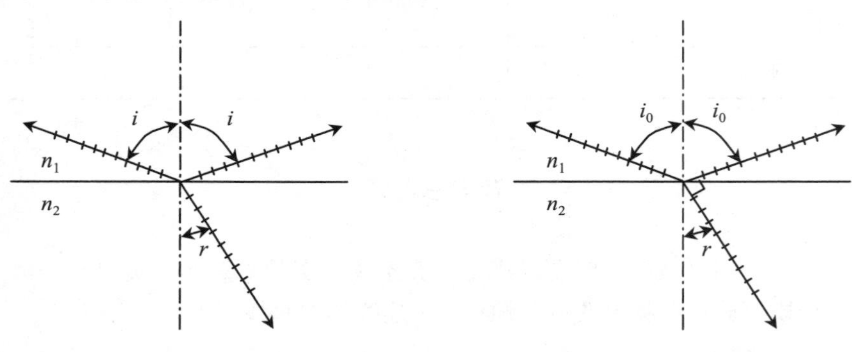

图 4-17-1 反射光和折射光的偏振 **图 4-17-2 入射角为布儒斯特角时,反射光为偏振光**

在本实验中,$n_1=1$ 为空气的折射率;n_2 为玻璃的折射率,式(4-17-1)可简化为

$$\tan i_0=n_2 \tag{4-17-2}$$

图 4-17-3 是实验装置的示意图。S 为钠光灯;Q 为分光计的平行光管;L 为平板玻璃片;P 为望远镜;R 为分光计的载物台。

光源 S 发出的单色光,经平行光管后,射到平板玻璃片面上,于是从望远镜中可观察到反射光。当入射角 $i=i_0$ 时,反射光成为完全偏振光。此时若用偏振片作为检偏器,套在望远镜的物镜上,当旋转偏振片时,可以观察到偏振现象。测出布儒斯特角 i_0 后,根据式(4-17-2),即可求出玻璃的折射率 n_2。

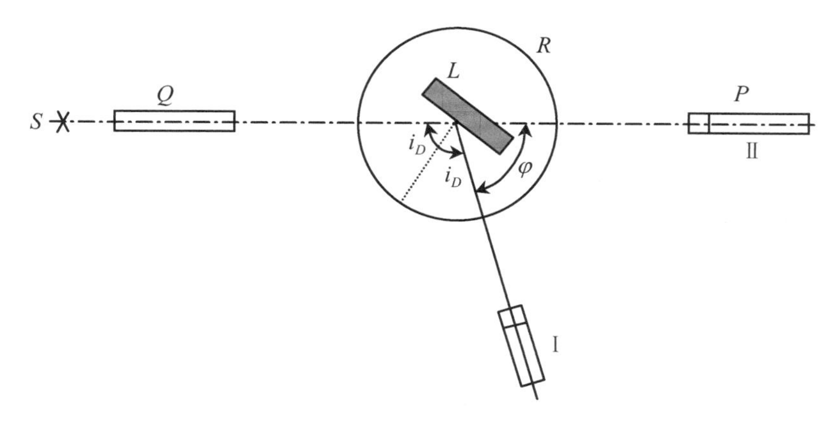

图 4-17-3　实验装置示意图

S:钠光灯；　Q:平行光管；　L:平板玻璃片；　P:望远镜；　R:载物台

【实验步骤】

1. 调节分光计

调节方法见实验十。本实验中调整的要求为：

(1) 使望远镜对无穷远聚焦。

(2) 平行光管能发出平行光。

(3) 望远镜的光轴和平行光管的光轴与仪器的主轴相垂直。还要使载物台平面与仪器的主轴相垂直。

2. 测量布儒斯特角

(1) 将平板玻璃片放到分光计的载物台上,并按图 4-17-3 放置。

(2) 打开钠光灯,调节平行光管的狭缝宽度为 0.15 mm 左右。当光线经平行光管以入射角 i 射到平板玻璃片面时,将望远镜转到适当位置,使能看到清晰的狭缝反射像。此时将偏振片套在望远镜的物镜上,并旋转偏振片,可观察到狭缝反射像的光强变化。

(3) 取下偏振片,转动分光计的游标盘,并同时转动望远镜,使狭缝反射像始终在望远镜的视场中,这时可以观察到狭缝反射像的光强逐渐变弱。当望远镜转到位置Ⅰ时(图 4-17-2),光强最弱。此时将偏振片套在望远镜的物镜上,并旋转偏振片,可观察到狭缝反射像的光强除有强弱变化外,还出现消光现象。此时入射角即为布儒斯特角。微调望远镜位置,使视场中垂直刻度线对准狭缝反射像中央。从左、右游标上读取角度 θ 和 θ',并填入表 4-17-1。

(4) 测定入射光方向。保持载物台不动,移去平板玻璃片。将望远镜对准平行光管,微调望远镜位置,使视场中垂直刻线对准狭缝像中央,从左、右游标上读取角度 θ 和 θ' 并填入表 4-17-1。

(5) 按 $\varphi=\frac{1}{2}(|\theta-\theta_0|+|\theta'-\theta_0'|)$ 计算出 φ 值,再按 $i_0=\frac{1}{2}(180°-\varphi)$ 计算出布儒斯特角 i_0。重复测量 3 次,算出 i_0 的平均值。

(6) 将 i_0 代入式(4-17-2),计算出玻璃的折射率 n_2。

【实验数据】

测量数据记入表 4-17-1。

表 4-17-1　测量布儒斯特角

次数	游标	反射光线位置	入射光线位置	$\varphi=\frac{1}{2}(\lvert\theta-\theta_0\rvert+\lvert\theta'-\theta_0'\rvert)$	i_0
1	左	θ	θ_0		
	右	θ'	θ_0'		
2	左	θ	θ_0		
	右	θ'	θ_0'		
3	左	θ	θ_0		
	右	θ'	θ_0'		

$\bar{i}_0=$________;$n_2=$________。

作　业　题

如何用布儒斯特角测定非透明物质的折射率?

实验十八　霍尔效应及其研究

【实验目的】

(1) 了解霍尔效应实验原理以及有关霍尔器件对材料要求的知识。
(2) 学习用“换向法”消除负效应的影响,测绘试样的 V_H - I_S 和 V_H - I_M 曲线。
(3) 确定试样的导电类型、载流子浓度及迁移率。
(4) 了解应用霍尔效应测量磁场的方法。

【实验仪器】

QS-H 型霍尔效应组合仪,直流稳压电源,干电池,滑线变阻器,电阻箱,UJ31 型电位差计,电流表,霍尔探头,直螺线管,双刀双掷开关等。

【实验原理】

1. 实验原理

置于磁场中的载流体,如果电流方向与磁场垂直,则在垂直于电流和磁场的方向会产生一附加的横向电场,这个现象是霍尔于 1879 年发现的,后被称为霍尔效应。如今霍尔效应不但是测定半导体材料电学参数的主要手段,而且利用该效应制成的霍尔器件已广泛用于非电量电测、自动控制和信息处理等方面。在工业生产要求自动检测和控制的今天,作为敏感元件之一的霍尔器件,将有着更广阔的应用前景。了解和掌握这一富有实用价值的实验,对日后的工作将大有益处。

霍尔效应从本质上讲是运动的带电粒子在磁场中受洛仑兹力作用而引起的偏转。当带电粒子(电子或空穴)被约束在固体材料中,这种偏转就导致在垂直电流和磁场的方向上产生正负电荷的聚积,从而形成附加的横向电场。对于图 4-18-1 所示的半导体试样,若在 X 方向通以电流 I,在 Z 方向加磁场 B,则在 Y 方向即试样 A、A' 两侧就开始聚积异号电荷而产生相应的附加电场。电场的指向取决于试样的导电类型。显然,该电场将阻止载流子继续向侧面偏移,当载流子所受的横向电场力 eE_H 与洛仑兹力 evB 相等时,样品两侧电荷的积累就达到平衡,故有

$$eE_H = e\bar{v}B \tag{4-18-1}$$

其中,E_H 称为霍尔电场,$\bar{v}$ 是载流子在电流方向上的平均漂移速度。

设试样的宽度为 b,厚度为 d,载流子浓度为 n,则

$$I = ne\bar{v}bd \tag{4-18-2}$$

由式(4-18-1)、式(4-18-2)两式可得

$$V_H = E_H \cdot b = \frac{1}{ne} \cdot \frac{IB}{d} = R_H \cdot \frac{IB}{d} \tag{4-18-3}$$

即霍尔电压 V_H(点 A 与点 A' 之间的电压)与 $I \cdot B$ 乘积成正比,与试样厚度 d 成反比。比例系数 $R_H = \frac{1}{ne}$ 称为霍尔系数,它是反映材料霍尔效应强弱的重要参数,只要测出 V_H(伏)以及已知 I(安)、B(特斯拉)和 d(厘米),可按下式计算 R_H($\mathrm{cm^3/C}$)

$$R_H = \frac{V_H \cdot d}{I \cdot B} \tag{4-18-4}$$

(1) 根据 V_H 的正负(或 R_H 的正负)判断半导体的导电类型。当电流和磁场的方向一定时,样品中载流子的正负决定了 A、A' 两点电压的符号。因此,通过 A、A' 两点电压的测定,就可以判断出样品中的载流子究竟是带正电还是带负电。

实验证实:大多数金属导体中的载流子带负电(即电子),半导体中的载流子有两种,带正电(即空穴)的称为 P 型半导体,而带负电(即电子)的称为 N 型半导体。例如按图 4-18-1 所示的 I 和 B 的方向,若测得的 $V_H<0$(即 $V_{AA'}<0$,$R_H<0$),样品属于 N 型,反之则为 P 型。

(2) 由 R_H 求载流子浓度 n,即 $n = \frac{1}{|R_H| e}$。应该指出,这个关系式是假定所有载流子都具有相同的漂移速度而得到的,严格一点,考虑载流子的速度统计分布,需引入 $\frac{3\pi}{8}$ 的修正因子(可参阅黄昆、谢希德著的《半导体物理学》)。

(3) 电导率 σ 的测量。σ 可以通过图 4-18-1 所示的 A、C 电极进行测量,设 A、C 之间的距离为 L,样品的横截面积 $S = b \cdot d$,流经样品的电流为 I。在零磁场下,若测得 A、C 间的电位差为 V_{AC},可由下式求得

$$\sigma=\frac{I\cdot L}{V_{AC}\cdot S} \tag{4-18-5}$$

(4) 求载流子的迁移率 μ。电导率 σ 与载流子浓度 n 以及迁移率 μ 之间有如下关系：

$$\sigma=ne\mu \tag{4-18-6}$$

即 $\mu=|R_H|\sigma$,测出 σ 值即可求 μ。

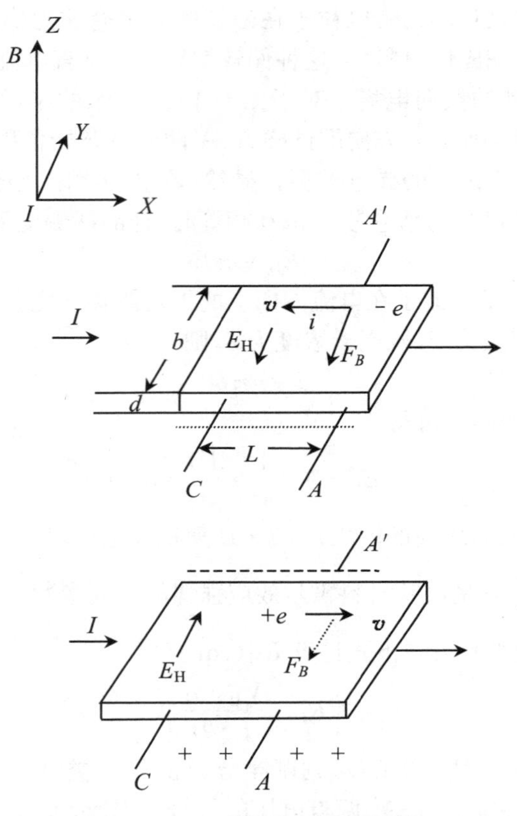

图 4-18-1 电导率 σ 的测量图

根据式(4-18-6)可知,要得到大的霍尔电压,关键是要选择霍尔系数大(即迁移率高,电阻率 ρ 亦较高)的材料。因 $|R_H|=\mu\rho$,就金属导体而言,μ 和 ρ 都很低,而不良导体 ρ 虽高,但 μ 极小,因而上述两种材料的霍尔系数都很小,不能用来制造霍尔器件。半导体 μ 高、ρ 适中,是制造霍尔元件较理想的材料。由于电子的迁移率比空穴迁移率大,所以霍尔元件多采用 N 型材料。其次霍尔电压的大小与材料的厚度成反比,因此薄膜型的霍尔器件的输出电压较片状要高得多。就霍尔器件而言,其厚度是一定的,所以实用上采用 $R_H=\frac{1}{ned}$ 来表示器件的灵敏度,K_H 称为霍尔灵敏度,单位为 mV/(mA·T)或 mV/(mA·kg·s)。目前一种用高迁移率的锑化铟为材料的薄膜型霍尔器件,其 K_H 可高达 300 mV/(mA·T),而通常片状的硅霍尔器件的 K_H 仅为 2 mV/(mA·T)。

(5)对于确定的霍尔元件(R_H、d 一定),如果通过它的电流 I 保持不变,则霍尔电压 V_H 和

磁感应强度 B 成正比。我们可以通过测量 V_H 来求得外磁场的磁感应强度，因此霍尔元件可以用来制作测量磁场的仪器，即特斯拉计。

从式(4-18-4)可得

$$B=\frac{V_H \cdot d}{R_H \cdot I}=\frac{V_H}{K_H \cdot I} \tag{4-18-7}$$

式(4-18-7)说明对于 K_H 确定的霍尔元件，当电流 I 一定时，霍尔电压 V_H 与该处的磁感应强度 B 成正比，因此可以通过测量霍尔电压 V_H 来间接测出磁感应强度 B。

以上的讨论和结果都是在磁场与电流垂直的条件下进行的，此时霍尔电压最大，因此在测量时应转动霍尔片，使其平面与被测磁感应强度的方向垂直，这样测量才能得到正确的结果。

2. 实验中的负效应及其消除方法

在产生霍尔效应的同时还伴随着各种负效应，因此测得的 V_H 并不是真正的霍尔电压值，它包含着由各种负效应所引起的系统误差。如图 4-18-2 所示，由于电极 A、A'的位置不在一个等势面而引起的电压 V_0 称为不等势电压。很显然，V_0 的符号与磁场无关，随电流方向而变，因此 V_0 可以通过改变 I 的方向予以消除。

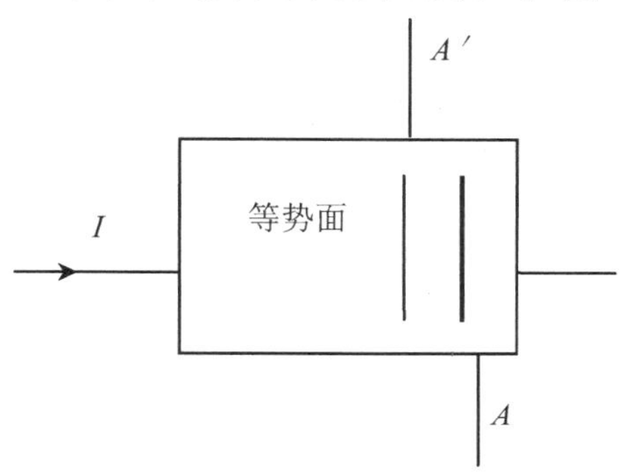

图 4-18-2　不等势电压图

除 V_0 外还存在由热电效应和热磁效应所引起的各种负效应(详见本实验附录)，不过这些负效应除个别外，均可通过改变 I 和磁场 B 的方向加以消除。具体方法是在规定了电流和磁场正、反方向后，分别测量由下列四组不同方向的 I 和 B 组合的 $V_{AA'}$(A、A'两点的电位差)即

$$+B, +I \qquad V_{AA'}=V_1$$
$$-B, +I \qquad V_{AA'}=-V_2$$
$$-B, -I \qquad V_{AA'}=V_3$$
$$+B, -I \qquad V_{AA'}=-V_4$$

然后求 V_1、V_2、V_3 和 V_4 的绝对值平均

$$V_H=\frac{V_1-V_2+V_3-V_4}{4} \tag{4-18-8}$$

通过上述的测量方法，虽然还不能消除所有的负效应，但其引入的误差不大，可以略而不计。

3. 仪器简介

实验组合仪由实验台和测试仪两大部分组成。

实验台包括：

(1) 电磁铁：磁铁线包绕向为顺时针(操作者面对实验台，如图 4-18-3 所示)，根据励磁电流 I_M 的大小和方向可确定磁场强度的数值和方向。

(2) 样品和样品架：样品材料为半导体硅，宽度 $b=5.0$ mm，厚度 $d=0.20$ mm，A、C 电极的间距$L=5.0$ mm，样品置放的方位(操作者面对实验台)如图 4-18-4 所示。

(3) I_S 和 I_M 换向开关以及 V_H 和 V_σ(即 V_{AC})测量选择开关。

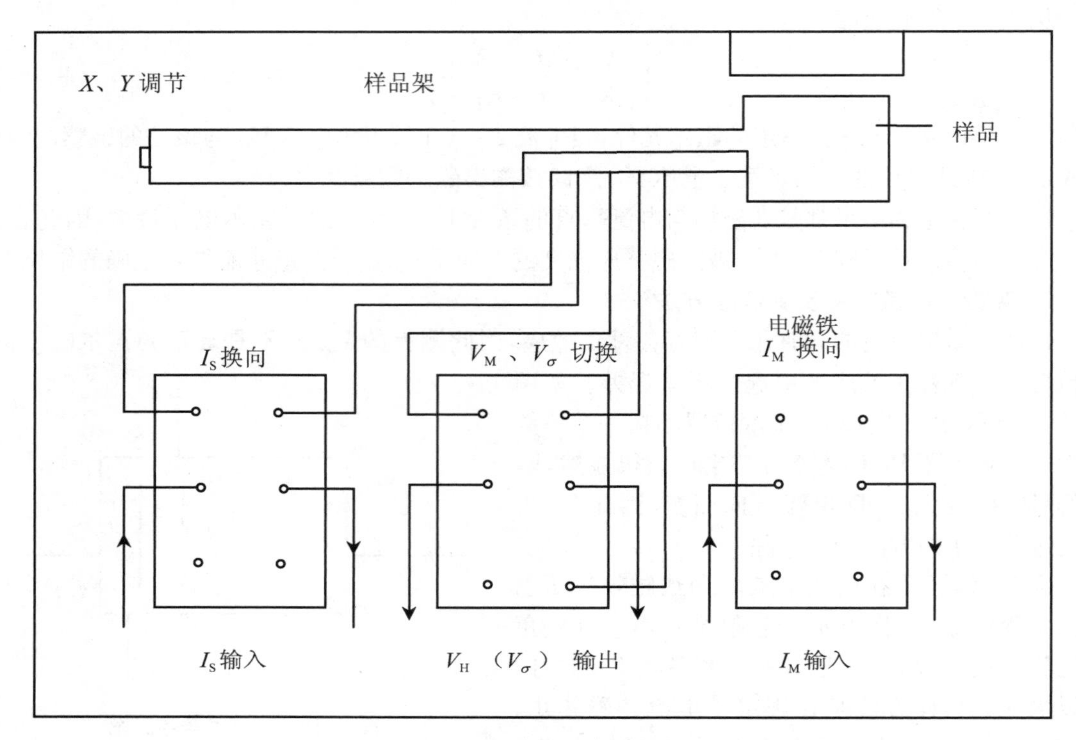

图 4-18-3 实验台平面图

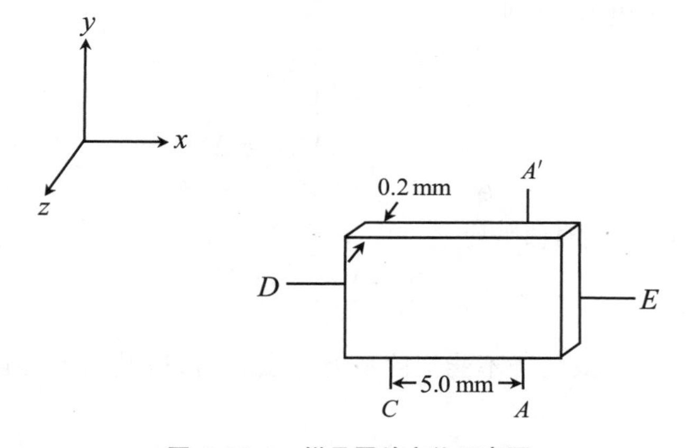

图 4-18-4 样品置放方位示意图

测试仪包括：

(1) 0～1 A 的励磁电源 I_M 和 0～10 mA 的样品工作电源 I_S，两组电流均连续可调，I_S 和 I_M 用同一只数字表测量，用测量选择键进行切换按键测 I_M，放键测 I_S。

(2) 0～200 mV 数字表用来测量 V_H 和 V_σ。

【测试仪面板分布说明】

1. I_M 恒流源

在测试仪面板(如图 4-18-5)的右上侧红接线柱、黑接线柱分别为该电源输出的正、负极。"I_M 调节"采用 16 周多圈电位器,"测量选择"置"I_M",则右数字显示窗显示"I_M 输出"的电流值,其单位为 A。

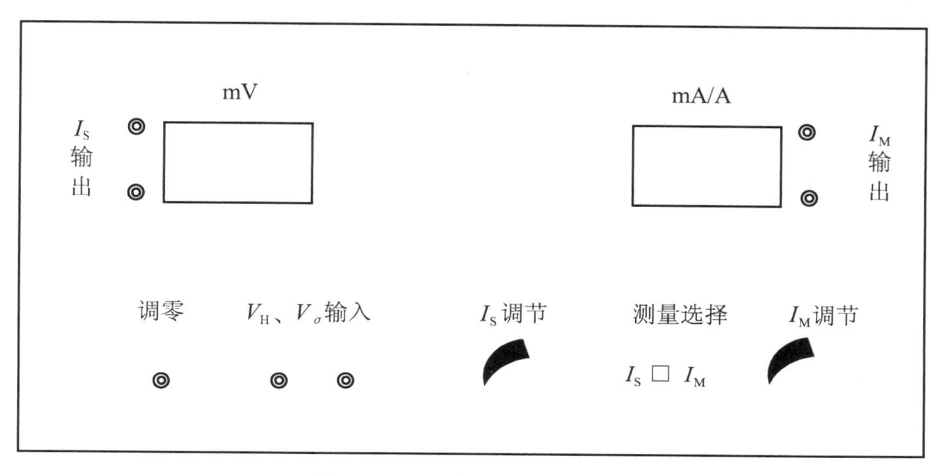

图 4-18-5　测试仪面板分布图

2. I_S 恒流源

在测试仪面板的左上侧,红接线柱("+"极)、黑接线柱("-"极)为该电源的输出端。"I_S 调节"也采用 16 周多圈电位器,"测量选择"置"I_S",则右数字显示窗显示"I_S 输出"的电流值,其单位为 mA。

3. V_H、V_σ 输入

在测试仪面板的左下方为霍尔电压 V_H(即 $V_{AA'}$)和 V_σ(即 V_{AC})输入端,红接线柱、黑接线柱分别为正、负极性,左数字显示窗显示 V_H 或 V_σ 输入的测量值,若实验台上电键置于"V_H 输出",则数显窗显示的是 V_H;若电键置于"输出",则数显窗显示的是 V_σ。

【仪器使用说明】

(1) 先将测试面板上"I_S 输出""I_M 输出"和"V_H 输入"三对接线柱分别与实验台上的三对相应的接线柱正确相连。切不可将 I_M 电流接到样品电流 I_S 上去,否则有可能烧坏样品。

(2) 测试仪开机前将 I_S、I_M 调节旋钮逆时针方向旋到底,使 I_M、I_S 输出为 0.00。

(3) 打开测试仪机箱后的电源开关,预热数分钟方可进行实验。

(4) "I_S 调节"和"I_M 调节"两旋钮分别用来控制样品工作电流和励磁电流大小,其电流值随旋钮顺时针方向转动而增加,调节精度分别为 0.01 mA 和 0.001 A,I_M 和 I_S 读数可通过"测量选择"按键开关来实现。

(5) 关机前,将“I_M 调节”“I_S 调节”旋钮逆时针旋到底,此时,右数字显示窗读数为“000”,切断电源。

【实验内容】

1. 利用 QS-H 型霍尔效应组合仪测半导体样品的有关电学参数

(1) 保持 I_M 不变(可取 I_M=0.600 A),测绘 V_H - I_S 曲线(I_S 取 1.00,2.00,…,6.00 mA)。

(2) 保持 I_S 不变(取 I_S=6.00 mA),测绘 V_H - I_M 曲线(I_M 取 0.100,0.200,…,0.6 A)。

(3) 在零磁场下,取 I_S=0.100 mA,测 V_{AC}(即 V_σ)。

注意: I_S 的取值不要大于 0.100 mA,否则 V_{AC} 电压过大,毫伏表将超出量程。

(4) 确定样品的导电类型,并求 R_H、n、σ 和 μ。

将测量值记入表 4-18-1 和表 4-18-2,并计算。

表 4-18-1 数据测量值表(一)

I_S(mA)	V_1(mV)	V_2(mV)	V_3(mV)	V_4(mV)	$V_H=\frac{V_1-V_2+V_3-V_4}{4}$(mV)
	$+B,+I_S$	$-B,+I_S$	$-B,-I_S$	$+B,-I_S$	
1.00					
2.00					
3.00					
4.00					
5.00					
6.00					

表 4-18-2 数据测量值表(二)

I_M(mA)	V_1(mV)	V_2(mV)	V_3(mV)	V_4(mV)	$V_H=\frac{V_1-V_2+V_3-V_4}{4}$(mV)
	$+B,+I_S$	$-B,+I_S$	$-B,-I_S$	$+B,-I_S$	
0.100					
0.200					
0.300					
0.400					
0.500					
0.600					

2. 利用霍尔效应测定长直螺线管中心轴线上的磁场分布

(1) 直螺线管中心轴线上磁场的理论计算。

当中空螺线管通以电流 I 时，则管内轴线上任意一点的磁感应强度为

$$B=\frac{1}{2}\mu_0 n_0 I(\cos\hat{a}_1-\cos\hat{a}_2) \tag{4-18-9}$$

式(4-18-9)中，i_0 为真空磁导率，n_0 为单位长度线圈的匝数，$\hat{a}_1$，$\hat{a}_2$ 分别为螺线管轴上某一点到两端的张角，如图 4-18-6 所示。

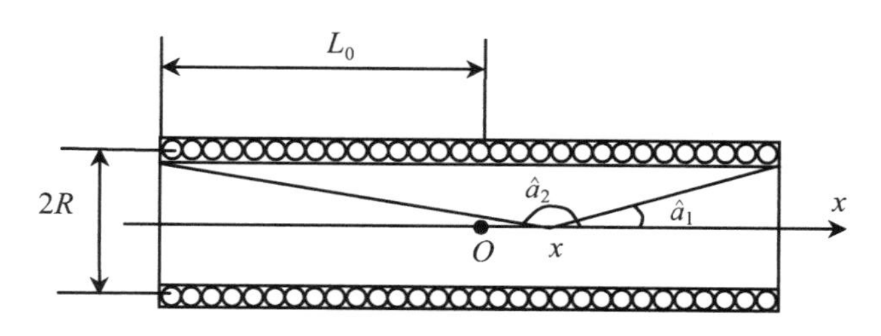

图 4-18-6　螺线管

当螺线管为无限长时($\hat{a}_1=0$，$\hat{a}_2=\pi$)，则磁感应强度为

$$B=\mu_0 n_0 I \tag{4-18-10}$$

如果螺线管长度为 $2L$，直径为 $2R$，取螺线管的中点 O 为 x 轴原点，那么式(4-18-9)可写作

$$B_x=\frac{1}{2}\mu_0 n_0 I\left[\frac{L_0-x}{\sqrt{R^2+(L_0-x)^2}}+\frac{L_0+x}{\sqrt{R^2+(L_0+x)^2}}\right] \tag{4-18-11}$$

令 $R/L_0=m$，$x/L_0=n$，则上式可以写成

$$B_x=\frac{1}{2}\mu_0 n_0 I\left[\frac{1-n}{\sqrt{m^2+(1-n)^2}}+\frac{1+n}{\sqrt{m^2+(1+n)^2}}\right] \tag{4-18-12}$$

对于 $x=0$(即 $n=0$)处，有

$$B_x=\frac{1}{2}\left(\frac{\mu_0 n_0 I}{\sqrt{m^2+1}}\right) \tag{4-18-13}$$

所以中心轴相对磁场分布为

$$\frac{B_x}{B_0}=\frac{1}{2}\sqrt{m^2+1}\left[\frac{1-n}{\sqrt{m^2+(1-n)^2}}+\frac{1+n}{\sqrt{m^2+(1+n)^2}}\right] \tag{4-18-14}$$

以 n 为横坐标，B_x/B_0 为纵坐标，如果取三种 m 值，则按式(4-18-14)得到的轴向相对磁场分布如图 4-18-7 所示。

由图 4-18-7 可知 m 、n 值越小，磁场越均匀。当 $m\to 0$ 时，在 $x=L_0$(即 $n=1$，亦即管口中心)处，$B_x/B_0=1/2$，即无限长螺线管管口的场强等于中心处场强的一半。

(2) 根据霍尔效应测量螺线管中心轴线上的磁感应强度分布。

① 认识霍尔元件的引线和电位差计(UJ31 型)，熟悉它们的使用方法和操作注意事项。

② 按图 4-18-8 线路接线，未经教师检查不得接通开关 K_1、K_2 和 K_3。

③ 将霍尔元件置于螺线管中部(即 $x=0$ 处)，并把滑线变阻器 R_1、R_2 的阻值调到最大，K_1

倒向 A，调节 R_2，使工作电流 I 小于霍尔元件的额定电流，将稳压电源输出调到零，K_2 倒向 A，增大电源输出，使励磁电流 I_m 达到规定值（I、I_m 的具体数值可由实验室给出）。

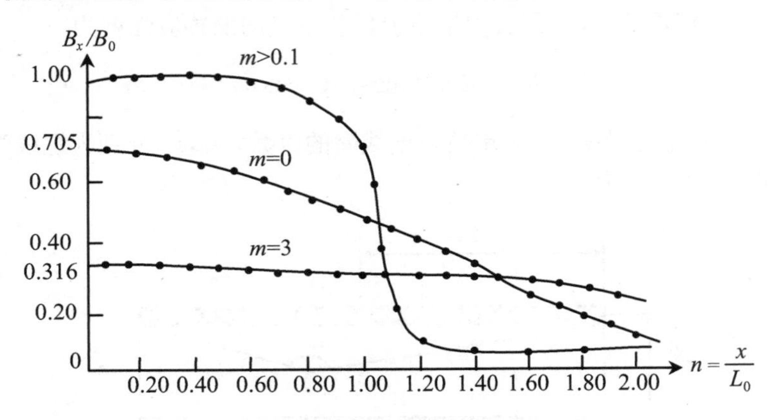

图 4-18-7 螺线管磁场相对分布

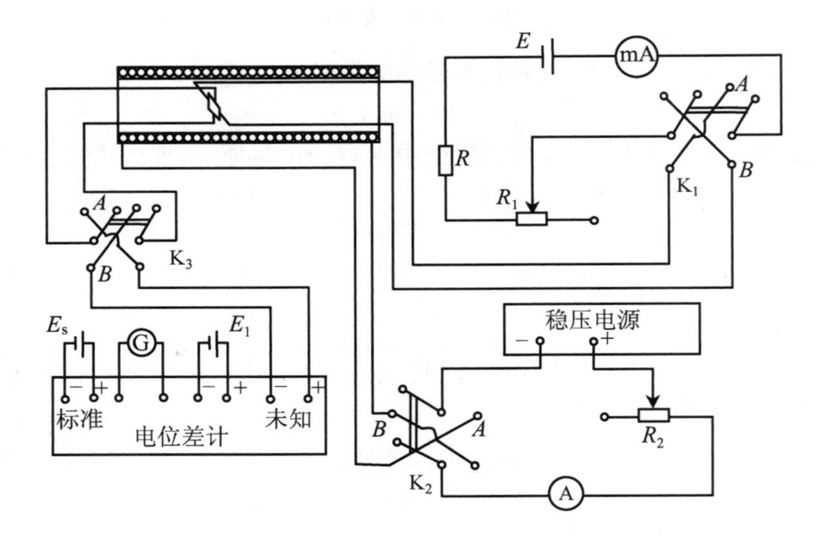

图 4-18-8 实验线路图

④ 按电位差计使用说明将电位差计调整好，将 K_3 倒向 A，调节电位差计的步进旋钮，若无论怎么调节，电位差计的检流计指针都偏向一边，则应将 K_3 倒向 B 再进行测量。

⑤ 按原理中所述的顺序将 B、I 换向（B、I 换向可分别通过换向开关 K_2、K_1 进行），用电位差计测量出相应的 4 个电位差。可假设第一次测量电位差时，K_1、K_2、K_3 倒向的那边分别表示测得的工作电流 I、螺线管轴上磁场 B、电位差计示值 V 为正，那么，当换向开关 K_1、K_2 或 K_3 拨向相反的一边就表示相应的量为负（注意：K_1 或 K_2 换向，K_3 也应换向）。

⑥ 保持工作电流 I 和励磁电流 I_m 不变。向右约隔 3 cm 逐次移动霍尔元件（在螺线管口附近需每隔 1 cm 逐次移动），仿照上述方法，顺序将 B、I 换向，分别测出各个位置上相应的 4 个电位差，直至螺线管顶部。

⑦ 记录实验室给出的螺线管长度 $2L_0$、直径 $2R$、总匝数 N 和霍尔灵敏度 K_H 数值。

⑧ 将有关数据填入表 4-18-3,并计算相应的值。

仪器编号:________________;霍尔灵敏度:________________;

工作电流:________________;励磁电流:________________;

螺线管长度 $2L_0$:________________;螺线管直径 $2R$:________________。

螺线管线圈匝数 N:$m=R/L_0$;$n_0=N/2L_0$。

表 4-18-3　数据记录表

位置 x(cm)											
$n(=x/L_0)$											
$V_1(+B,+I)$											
$V_2(+B,-I)$											
$V_3(-B,+I)$											
$V_4(-B,-I)$											
V_H											
B											

【实验处理】

(1) 按式(4-18-13)计算螺线管中心处(即 $x=0$ 处)磁感应强度的理论值 B_0(式中 i_0 取 12.57×10^{-7} h/m,I 为励磁电流 I_m)。

(2) 以 n 为横坐标,B_x/B_0 为纵坐标(B_x/B_0 的理论值可由式(4-18-14)计算),在坐标纸上作出螺线管中心轴线上磁感应强度相对分布的理论曲线,按 $B_x/B_0=V_{Hx}/V_{H0}$(式中 V_{Hx}、V_{H0} 分别是在 x 处和原点处所测的霍尔电压,$B_x/B_0=V_{Hx}/V_{H0}$ 可由式(4-18-14)导出),在同一张坐标纸上作出螺线管中心轴线上磁感应强度相对分布的实验曲线,比较这两条曲线,若误差太大,分析其原因。

附录　实验中的负效应及其消除方法

在测量霍尔电压 V_H 时,不可避免地伴随着许多负效应,这些负效应所产生的附加电压有时甚至远大于霍尔电压,形成测量过程中的系统误差,为减少和消除这些负效应所引起的附加电压,有必要在测量过程中采取一些措施。实验中存在以下几个主要负效应。

1. 不等势电压

由于在工艺制作时很难将霍尔电压电极 A、A' 的位置做到在一个理想的等势面上,因此当有电流流过样品时,即使不加磁场,在 A、A' 间也会产生一电压 V_0。$V_0=Ir$(r 是沿 X 轴方向 AA' 间的电阻)。显然 V_0 的正负只与电流有关而与磁场无关。

2. 埃廷豪森效应

当霍尔元件的 X 方向通以电流，Z 方向加一磁场时，即使在稳定情况下，霍尔元件内部的载流子速度也并不都等于平均速度 $\bar{v}$，它们的速度服从统计分布，有快有慢，在磁场的作用下慢速的载流子与快速的载流子将在洛仑兹力和霍尔电场力的共同作用下，沿 Y 轴向相反的两侧偏转。偏转的载流子的动能转化为热能，使两侧的温升不同，因此造成在 Y 方向上两侧的温度差。因为霍尔电极和样品两者的材料不同，电极和样品就形成热电耦，从而在 A、A'间产生了温差电动势 V_E，$V_E\ I \propto B$。V_E 的正负、大小取决于 I、B 的方向和大小。

3. 能斯脱效应

由于两个电流电极和霍尔元件的接触电阻不同，因此在两电极处将产生不同的焦耳热，引起两电极间的温差电动势，此电动势又产生温差电流（称为热电流）Q，热电流在磁场的作用下将发生偏转（与霍尔效应的机理相同），结果在 Y 方向上产生附加电压 V_N，且 $V_N \propto Q_B$。因此 V_N 的正负只与 B 有关。

4. 里纪-勒杜克效应

以上谈到的热电流 Q 在磁场的作用下，除了在 Y 方向产生电压外，还将在 Y 方向上引起样品两侧的温差，此温差又在 Y 方向上产生附加电压 V_R。$V_R \propto Q_B$。因此 V_R 的正负也只与 B 有关。

综上所述，实际测量 A、A'电极间的电压 $V_{AA'}$，不仅仅是 V_H，还包含了 V_0、V_E、V_N 和 V_R，为了减少和消除这些负效应所引起的附加电压，我们利用这些附加电压与电流 I、磁场 B 的关系

$$(+B,+I) \qquad V_1 = +V_H + V_0 + V_E + V_N + V_R \tag{4-18-15}$$

$$(-B,+I) \qquad V_2 = -V_H + V_0 - V_E - V_N - V_R \tag{4-18-16}$$

$$(-B,-I) \qquad V_3 = +V_H - V_0 + V_E - V_N - V_R \tag{4-18-17}$$

$$(+B,-I) \qquad V_4 = -V_H - V_0 - V_E + V_N + V_R \tag{4-18-18}$$

进行如下计算：$V_1 - V_2 + V_3 - V_4$，并取平均值，可得

$$\frac{1}{4}(V_1 - V_2 + V_3 - V_4) = V_H + V_E$$

这样，除了埃廷豪森效应以外，其他负效应产生的电压全部消除了，考虑到 V_E 一般比 V_H 小得多，在误差范围内可以忽略，所以霍尔电压 V_H 为

$$V_H = \frac{1}{4}(V_1 - V_2 + V_3 - V_4)$$

第五章　综合应用性实验

实验十九　液晶电光效应综合实验

液晶是介于液体与晶体之间的一种物质状态。一般的液体内部分子排列是无序的，而液晶既具有液体的流动性，其分子又按一定规律有序排列，使它呈现晶体的各向异性。当光通过液晶时，会产生偏振面旋转、双折射等效应。液晶分子是含有极性基团的极性分子，在电场作用下，偶极子会按电场方向取向，导致分子原有的排列方式发生变化，从而液晶的光学性质也随之发生改变，这种因外电场引起的液晶光学性质的改变称为液晶的电光效应。

1888 年，奥地利植物学家 Reinitzer 在做有机物溶解实验时，在一定的温度范围内观察到液晶。1961 年美国 RCA 公司的 Heimeier 发现了液晶的一系列电光效应，并制成了显示器件。从 20 世纪 70 年代开始，日本公司将液晶与集成电路技术结合，制成了一系列的液晶显示器件，至今在这一领域保持领先地位。液晶显示器件由于具有驱动电压低(一般为几伏)、功耗极小、体积小、寿命长、环保无辐射等优点，在当今各种显示器件的竞争中独领风骚。

【实验目的】

(1) 在掌握液晶光开关的基本工作原理的基础上，测量液晶光开关的电光特性曲线，并由电光特性曲线得到液晶的阈值电压和关断电压。

(2) 测量驱动电压周期变化时，液晶光开关的时间响应曲线，并由时间响应曲线得到液晶的上升时间和下降时间。

(3) 测量由液晶光开关矩阵所构成的液晶显示器的视角特性以及在不同视角下的对比度，了解液晶光开关的工作条件。

(4) 了解液晶光开关构成图像矩阵的方法，学习和掌握这种矩阵所组成的液晶显示器构成文字和图形的显示模式，从而了解一般液晶显示器件的工作原理。

【实验原理】

1. 液晶光开关的工作原理

液晶的种类很多，仅以常用的 TN(扭曲向列)型液晶为例，说明其工作原理。

TN 型光开关的结构如图 5-19-1 所示。在两块玻璃板之间夹有正性丝状相液晶，液晶分子的形状如同火柴一样，为棍状。棍的长度为十几埃(Å)(1 Å$=10^{-10}$ m)，直径为 4～6 Å，液晶层厚度一般为 5～8 μm。玻璃板的内表面涂有透明电极，电极的表面预先做了定向处理(可用软绒布朝一个方向摩擦，也可在电极表面涂取向剂)，这样，液晶分子在透明电极表面就会躺倒在摩擦所形成的微沟槽里。电极表面的液晶分子按一定方向排列，且上下电极上的定向方向相互垂直。上下电极之间的那些液晶分子因范德瓦尔斯力的作用，趋向于平行排列。然而由于上下电极上液晶的定向方向相互垂直，所以从俯视方向看，液晶分子的排列从上电极的沿－45°方向排列逐步地、均匀地扭曲到下电极的沿＋45°方向排列，整个扭曲了 90°。如图 5-19-1(a)所示。

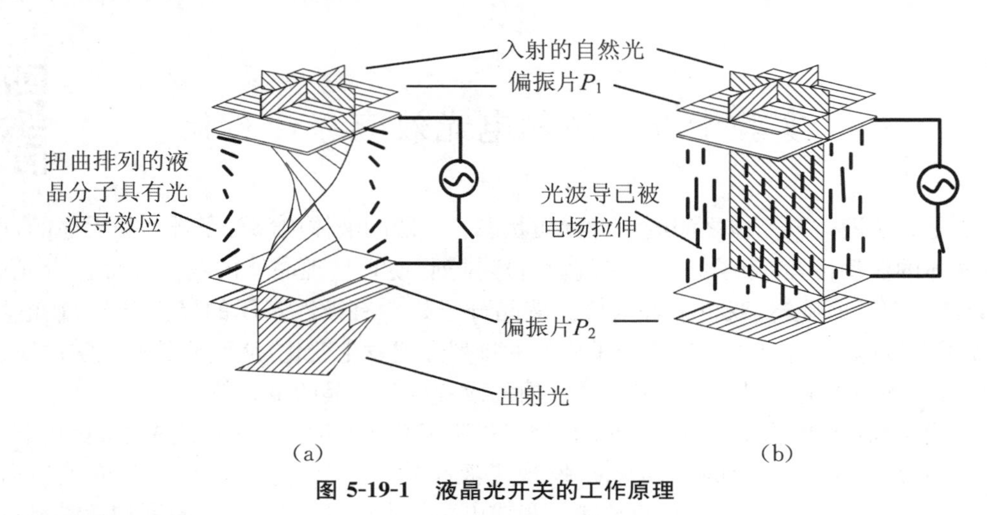

图 5-19-1 液晶光开关的工作原理

理论和实验都证明，上述均匀扭曲排列起来的结构具有光波导的性质，即偏振光从上电极表面透过扭曲排列起来的液晶传播到下电极表面时，偏振方向会旋转 90°。

取两张偏振片贴在玻璃的两面，P_1 的透光轴与上电极的定向方向相同，P_2 的透光轴与下电极的定向方向相同，于是 P_1 和 P_2 的透光轴相互正交。

在未加驱动电压的情况下，来自光源的自然光经过偏振片 P_1 后只剩下平行于透光轴的线偏振光，该线偏振光到达输出面时，其偏振面旋转了 90°。这时光的偏振面与 P_2 的透光轴平行，因而有光通过。

在施加足够电压的情况下(一般为 1～2 V)，在静电场的作用下，除了基片附近的液晶分子被基片"锚定"以外，其他液晶分子趋于平行于电场方向排列。于是原来的扭曲结构被破坏，成了均匀结构，如图 5-19-1(b)所示。从 P_1 透射出来的偏振光的偏振方向在液晶中传播时不再旋转，保持原来的偏振方向到达下电极。这时光的偏振方向与 P_2 正交，因而光被关断。

由于上述光开关在没有电场的情况下让光透过，加上电场的时候光被关断，因此叫作常通型光开关，又叫作常白模式。若 P_1 和 P_2 的透光轴相互平行，则构成常黑模式。

液晶可分为热致液晶与溶致液晶。热致液晶在一定的温度范围内呈现液晶的光学各向异性，溶致液晶是溶质溶于溶剂中形成的液晶。目前用于显示器件的都是热致液晶，它的特性随温度的改变而有一定变化。

2. 液晶光开关的电光特性

图 5-19-2 为光线垂直液晶面入射时，本实验所用液晶相对透射率(以不加电场时的透射率

为 100%)与外加电压的关系。

由图 5-19-2 可见,对于常白模式的液晶,其透射率随外加电压的升高而逐渐降低,在一定电压下达到最低点,此后略有变化。可以根据此电光特性曲线图得出液晶的阈值电压和关断电压。

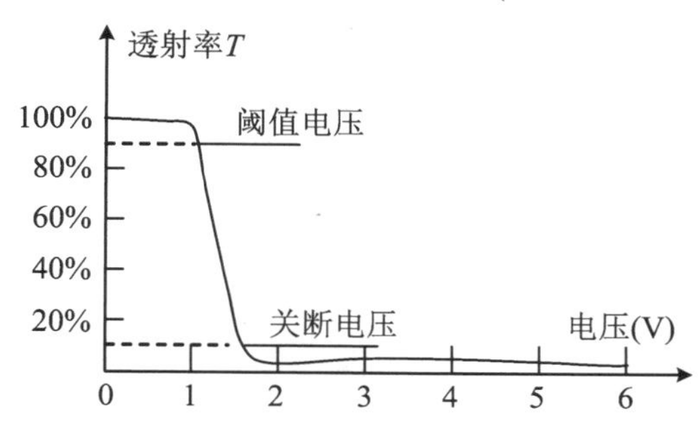

图 5-19-2　液晶光开关的电光特性曲线

阈值电压:透过率为 90%时的驱动电压;关断电压:透过率为 10%时的驱动电压。

液晶的电光特性曲线越陡,即阈值电压与关断电压的差值越小,由液晶开关单元构成的显示器件允许的驱动路数就越多。TN 型液晶最多允许 16 路驱动,故常用于数码显示。在电脑、电视等需要高分辨率的显示器件中,常采用 STN(超扭曲向列)型液晶,以改善电光特性曲线的陡度,增加驱动路数。

3. 液晶光开关的时间响应特性

加上(或去掉)驱动电压能使液晶的开关状态发生改变,是因为液晶的分子排序发生了改变,这种重新排序需要一定时间,反映在时间响应曲线上,用上升时间 τ_r 和下降时间 τ_d 描述。给液晶开关加上一个如图 5-19-3 所示的周期性变化的电压,就可以得到液晶的时间响应曲线,上升时间和下降时间。

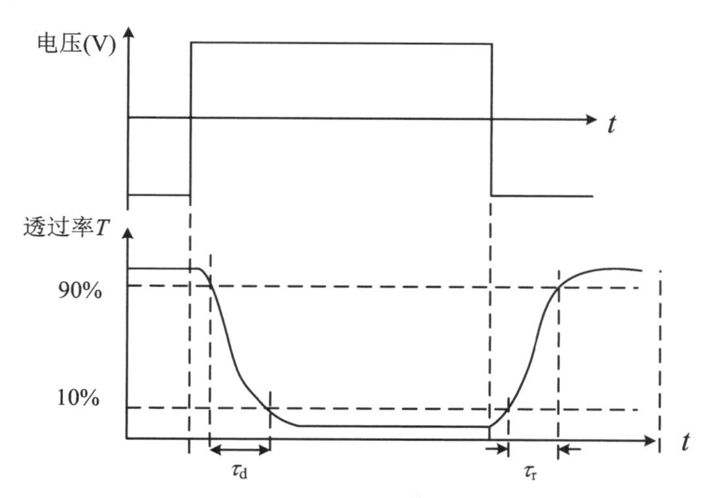

图 5-19-3　液晶驱动电压和时间响应图

上升时间:透过率由 10%升到 90%所需时间;下降时间:透过率由 90%降到 10%所需时间。

液晶的响应时间越短,显示动态图像的效果越好,这是液晶显示器的重要指标。早期的液晶显示器在这方面逊色于其他显示器,现在通过结构方面的技术改进,已达到很好的效果。

4. 液晶光开关的视角特性

液晶光开关的视角特性表示对比度与视角的关系。对比度定义为光开关打开和关断时透

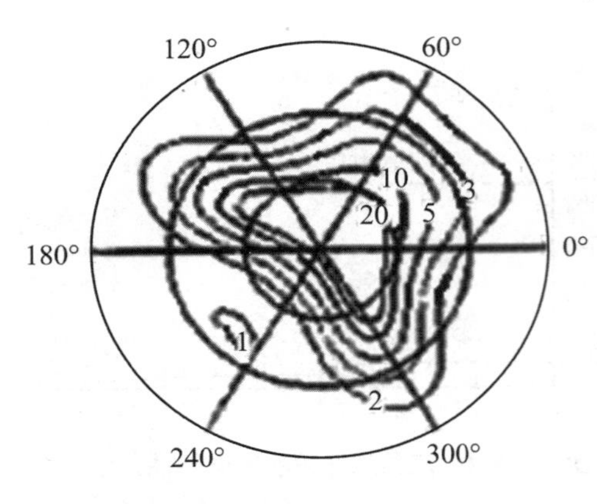

图 5-19-4　液晶的视角特性

射光强度之比，对比度大于 5 时，可以获得满意的图像，对比度小于 2，图像就模糊不清了。

图 5-19-4 表示了某种液晶视角特性的理论计算结果。在图 5-19-4 中，用与原点的距离表示垂直视角（入射光线方向与液晶屏法线方向的夹角）的大小。

图 5-19-4 中，3 个同心圆分别表示垂直视角为 30°、60°和 90°。90°同心圆外面标注的数字表示水平视角（入射光线在液晶屏上的投影与 0°方向之间的夹角）的大小。图 5-19-4 中的闭合曲线为不同对比度时的等对比度曲线。

由图 5-19-4 可以看出，液晶的对比度与垂直和水平视角都有关，而且具有非对称性。若我们把具有图 5-19-4 所示视角特性的液晶开关逆时针旋转，以 220°方向向下，并由多个显示开关组成液晶显示屏。则该液晶显示屏的左右视角特性对称，在左、右和俯视 3 个方向，垂直视角接近 60°时对比度为 5，观看效果较好。在仰视方向对比度随着垂直视角的加大迅速降低，观看效果差。

5. 液晶光开关构成图像显示矩阵的方法

除了液晶显示器以外，其他显示器靠自身发光来实现信息显示功能。这些显示器主要有：阴极射线管显示（CRT）、等离子体显示（PDP）、电致发光显示（ELD）、发光二极管（LED）显示、有机发光二极管（OLED）显示、真空荧光管显示（VFD）、场发射显示（FED）。这些显示器因为要发光，所以要消耗大量的能量。

液晶显示器通过对外界光线的开关控制来完成信息显示任务，为非主动发光型显示，其最大的优点在于能耗极低。正因为如此，液晶显示器在便携式装置的显示方面，例如电子表、万用表、手机、传呼机等具有不可代替的地位。下面我们来看看如何利用液晶光开关来实现图形和图像显示任务。

矩阵显示方式是把图 5-19-5(a)所示的横条形状的透明电极制在一块玻璃片上，叫作行驱动电极，简称行电极（常用 X_i 表示），而把竖条形状的电极制在另一块玻璃片上，叫作列驱动电

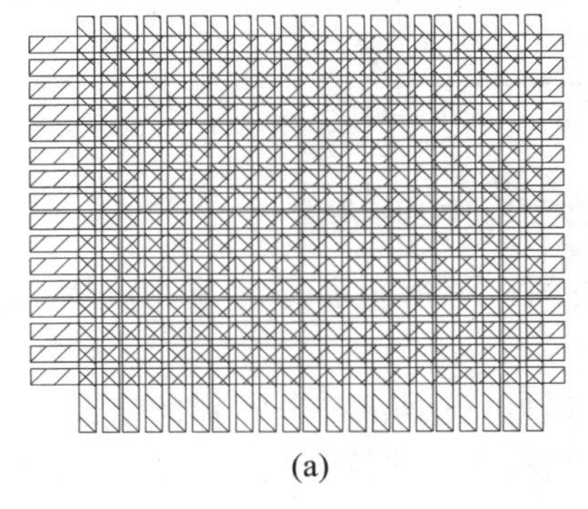

(a)

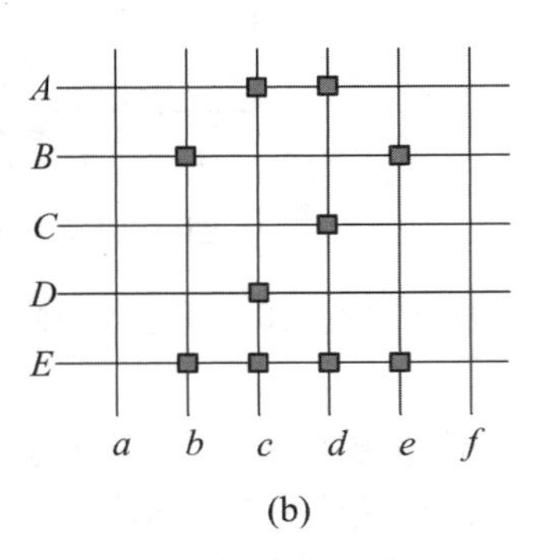

(b)

图 5-19-5　液晶光开关组成的矩阵式图形显示器

极，简称列电极（常用 S_i 表示）。把这两块玻璃片面对面组合起来，把液晶灌注在这两片玻璃之间构成液晶盒。为了画面简洁，通常将横条形状和竖条形状的ITO电极抽象为横线和竖线，分别代表扫描电极和信号电极，如图5-19-5(b)所示。

矩阵型显示器的工作方式为扫描方式。显示原理可依以下的简化说明做一介绍。

要想显示图5-19-5(b)的那些有方块的像素，首先在第 A 行加上高电平，其余行加上低电平，同时在列电极的对应电极 c、d 上加上低电平，于是 A 行的那些带有方块的像素就被显示出来了。然后第 B 行加上高电平，其余行加上低电平，同时在列电极的对应电极 b、e 上加上低电平，于是 B 行的那些带有方块的像素被显示出来了。然后是第 C 行、第 D 行……依此类推，最后显示出一整场的图像。这种工作方式称为扫描方式。

这种分时间扫描每一行的方式是平板显示器的共同的寻址方式，依这种方式，可以让每一个液晶光开关按照其上的电压的幅值让外界光关断或通过，从而显示出任意文字、图形和图像。

【实验仪器简介】

本实验所用仪器为液晶光开关电光特性综合实验仪，其外部结构如图5-19-6所示。下面简单介绍仪器各个按钮的功能。

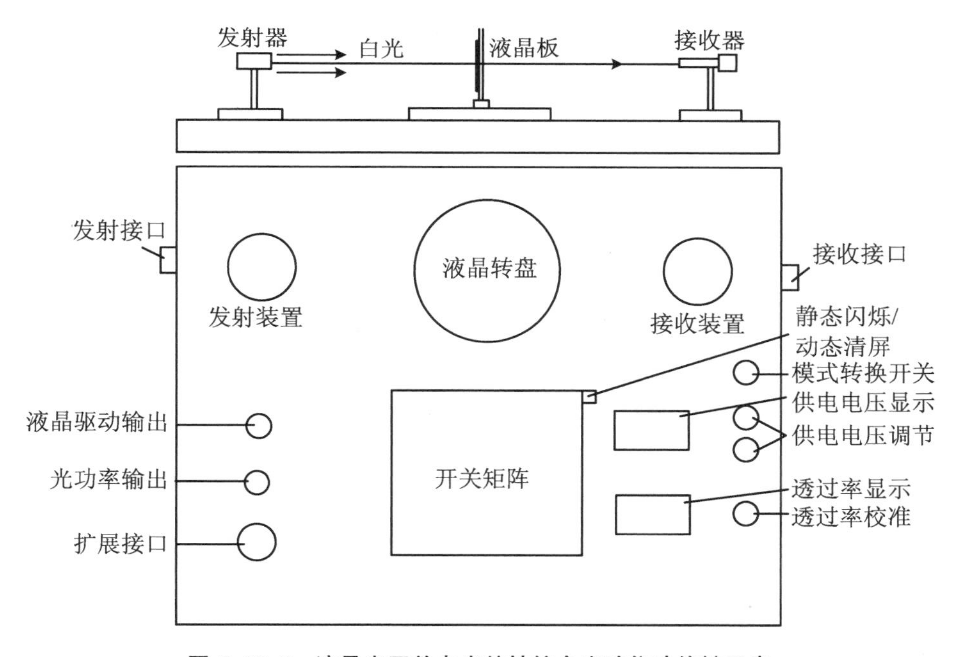

图 5-19-6　液晶光开关电光特性综合实验仪功能键示意

模式转换开关：切换液晶的静态和动态（图像显示）两种工作模式。在静态时，所有的液晶单元所加电压相同，在（动态）图像显示时，每个单元所加的电压由开关矩阵控制。同时，当开关处于静态时打开发射器，当开关处于动态时关闭发射器。

静态闪烁/动态清屏切换开关：当仪器工作在静态的时候，此开关可以切换到闪烁和静止两种方式；当仪器工作在动态的时候，此开关可以清除液晶屏幕因按动开关矩阵而产生的斑点。

供电电压显示：显示加在液晶板上的电压，范围为 0.00～7.60 V。

供电电压调节按键：改变加在液晶板上的电压，调节范围为 0～7.6 V。其中单击"＋"按键（或"－"按键）可以增大（或减小）0.01 V。一直按住"＋"按键（或"－"按键）2 s 以上，可以快速增大（或减小）供电电压，但当电压大于或小于一定范围时，需要单击按键才可以改变电压。

透过率显示：显示光透过液晶板后光强的相对百分比。

透过率校准按键：在接收器处于最大接收状态时（即供电电压为 0 V 时），如果显示值大于"250"，则按住该键 3 s 可以将透过率校准为 100%；如果供电电压不为 0，或显示小于"250"，则该按键无效，不能校准透过率。

液晶驱动输出：接存储示波器，显示液晶的驱动电压。

光功率输出：接存储示波器，显示液晶的时间响应曲线，可以根据此曲线来得到液晶响应的上升时间和下降时间。

扩展接口：连接 LCDEO 信号适配器的接口，通过信号适配器可以使用普通示波器观测液晶光开关特性的响应时间曲线。

发射器：为仪器提供较强的光源。

液晶板：本实验仪器的测量样品。

接收器：将透过液晶板的光强信号转换为电压输入到透过率显示表。

开关矩阵：此为 16×16 的按键矩阵，用于液晶的显示功能实验。

液晶转盘：承载液晶板一起转动，用于液晶的视角特性实验。

电源开关：仪器的总电源开关。

【实验内容】

（1）液晶的电光特性测量实验，可以测得液晶的阈值电压和关断电压。

（2）液晶的时间特性实验，测量液晶响应的上升时间和下降时间。

（3）液晶的视角特性测量实验（液晶板方向可以参照图 5-19-7 所示）。

（4）液晶的图像显示原理实验。

【实验步骤】

将液晶板金手指 1（如图 5-19-7）插入转盘上的插槽，液晶凸起面必须正对光源发射方向。打开电源开关，点亮光源，使光源预热 10 min 左右。

在正式进行实验前，首先需要检查仪器的初始状态，看发射器光线是否垂直入射到接收器。在静态 0 V 供电电压条件下，透过率显示经校准后是否为"100%"。如果显示正确，则可以开始实验，如果不正确，指导教师可以根据附录 1 的调节方法将仪器调整好再让学生进行实验。

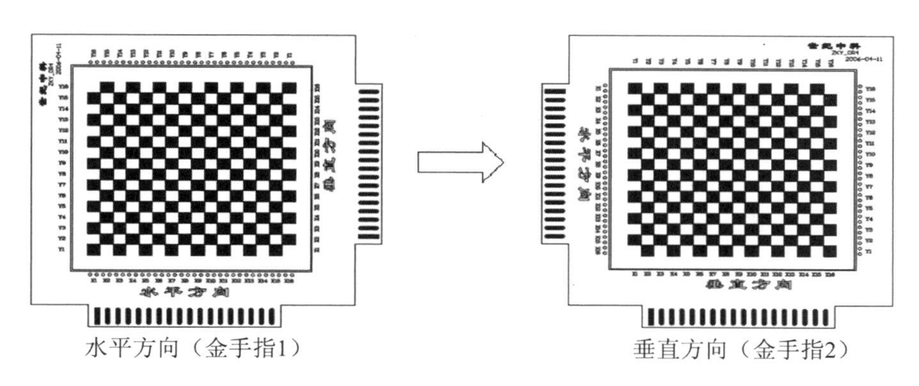

图 5-19-7　液晶板方向(视角为正视液晶屏凸起面)

1. 液晶光开关电光特性测量

将模式转换开关置于静态模式，将透过率显示校准为 100%，按表 5-19-1 的数据改变电压，使得电压值在 0～6 V 之间变化，记录相应电压下的透射率数值。重复 3 次并计算相应电压下透射率的平均值，记入表 5-19-1，依据实验数据绘制电光特性曲线，可以得出阈值电压和关断电压。

表 5-19-1　液晶光开关电光特性测量

电压(V)		0	0.5	0.8	1.0	1.2	1.3	1.4	1.5	1.6	1.7	2.0	3.0	4.0	5.0	6.0
透射率	1															
	2															
	3															
	平均															

2. 液晶的时间响应的测量

将模式转换开关置于静态模式，透过率显示调到 100%，然后将液晶供电电压调到 2.00 V，在液晶静态闪烁状态下，用存储示波器观察此光开关时间响应特性曲线，可以根据此曲线得到液晶响应的上升时间 τ_r和下降时间 τ_d。

3. 液晶光开关视角特性的测量

(1) 水平方向视角特性的测量。将模式转换开关置于静态模式。首先将透过率显示调到 100%，然后再进行实验。确定当前液晶板为金手指 1 插入的插槽，如图 5-19-7 所示。在供电电压为 0 V 时，按照表 5-19-2 所列举的角度调节液晶屏与入射激光的角度，在每一角度下测量光强透过率最大值 T_{max}。然后将供电电压设置为 2 V，再次调节液晶屏角度，测量光强透过率最小值 T_{min}，并计算其对比度。以角度为横坐标，对比度为纵坐标，绘制水平方向对比度随入射光入射角而变化的曲线。

(2) 垂直方向视角特性的测量。关断总电源后，取下液晶显示屏，将液晶板旋转 90°，将金手指 2(垂直方向)插入转盘插槽，如图 5-19-7 所示。重新通电，将模式转换开关置于静态模式。按照与(1)相同的方法和步骤，可测量垂直方向的视角特性。并记入表 5-19-2。

表 5-19-2 液晶光开关视角特性测量

角度		$-75°$	$-70°$	…	$-10°$	$-5°$	$0°$	$5°$	$10°$	…	$70°$	$75°$
水平方向视角特性	T_{max}											
	T_{min}											
	T_{max}/T_{min}											
垂直方向视角特性	T_{max}											
	T_{min}											
	T_{max}/T_{min}											

4. 液晶显示器显示原理

将模式转换开关置于动态(图像显示)模式。液晶供电电压调到 5 V 左右。

此时矩阵开关板上的每个按键位置对应一个液晶光开关像素。初始时各像素都处于开通状态,按 1 次矩阵开光板上的某一按键,可改变相应液晶像素的通断状态,所以可以利用点阵输入关断(或点亮)对应的像素,使暗像素(或点亮像素)组合成一个字符或文字。以此让学生体会液晶显示器件组成图像和文字的工作原理。矩阵开关板右上角的按键为清屏键,用以清除已输入在显示屏上的图形。

实验完成后,关闭电源开关,取下液晶板妥善保存。

【注意事项】

(1) 禁止用光束照射他人眼睛或直视光束,以防伤害眼睛。

(2) 在进行液晶视角特性实验中,更换液晶板方向时,务必断开总电源后再进行插取,否则将会损坏液晶板。

(3) 液晶板凸起面必须要朝向光源发射方向,否则实验记录的数据为错误数据。

(4) 在调节透过率 100%时,如果透过率显示不稳定,则可能是光源预热时间不够,或光路没有对准,需要仔细检查,调节好光路。

(5) 在校准透过率 100%前,必须将液晶供电电压显示调到 0.00 V 或显示大于“250”,否则无法校准透过率为 100%。在实验中,电压为 0.00 V 时,不要长时间按住“透过率校准”按钮,否则透过率显示将进入非工作状态,本组测试的数据为错误数据,需要重新进行本组实验数据记录。

实验二十 万用表的使用和基本电路连接、检查练习

【实验目的】

(1) 熟悉电磁学实验常用仪器的使用。

（2）学习按电路图连接线路和检查电路故障的一般方法。

（3）学习万用表的使用。

【实验仪表】

（数显）电流表，数显电压表，滑线变阻器，电阻箱，双刀双掷开关，数字直流稳压电源，万用表，碳膜电阻，导线（包括有故障的导线）若干。

【仪器简介】

万用表

万用表主要由表头（电流计）和由转换开关控制的测量电路组成。它可以用来测量电阻、直流电压、交流电压、直流电流，有的还可以测量交流电流。

在万用表的面板上，有各种刻度以指示相应的值。如电阻值、电压值、电流值（有交、直流之分）等。

对于某一测量对象，一般都分成大小不同的几挡。例如，测量电阻时，每挡标明的是倍率。其他测量内容，每挡标明的是量程，即使用该挡测量时允许的最大值。

万用表有各种型号，但基本结构和功能大致相同。本实验用的 MF47 型万用表的面板如图 5-20-1 所示。

使用万用表测量时，要特别注意测量对象（交流或直流电流、电压或电阻，根据测量内容选择相应挡，采用相应接法。如测电压时必须并接，测电流时必须串接等），根据测量对象值的大小选择合格的量程（当不知待测量大小时，一般应先选择最大量程进行试测，根据试测结果再选择合适量程），在直流情况下还应注意“＋”“－”端。测量电阻时，必须将被测元件从电路中断开，在每次测量前应先校正电阻挡的零点，即用表棒对接（短路）后，使用调零器使指针调到“0” Ω 值（若指针调不到“0”，可能万用表内电池的电压不足，应报告教师更换新电池）。使用时要养成习惯，不在万用表接入电路并处于工作状态下转动转换开关旋钮，否则易在转换开关接触点上产生电弧，损坏电表。万用表使用结束后应将转换开关旋钮旋至交流电压最高量程挡或空挡。

随着数字电路和数字显示技术的日趋成熟，数字万用表或其他形式数字显示仪表在电工测量和电子技术测量中被广泛应用，数字万用表能将被测量的电阻、电压、电流等值在液晶屏上以数字的形式显示出来，使测量更为方便、迅速、准确。数字万用表的面板如图 5-20-2 所示。

【实验内容和数据处理】

1. 测量电压

仔细看图 5-20-3 所示电路，找出电路板上对应于图中的 A、B 两点，再接入 220 V 交流电网（插座安装在分线板上），选择万用表的适当的电压量程，测出 A、B 间电压（注意是交流电压）。请将交流电压量程大小的选择经过和测量记录下来（只测 1 次）。

2. 测量电阻

选择万用表的适当的电阻量程，测量给定的 3 个碳膜电阻 R_1、R_2、R_3 的阻值，请将测量量程及测量值记录下来(每次测量前应注意什么？请书面回答)。

图 5-20-1 MF47 型万用表面板

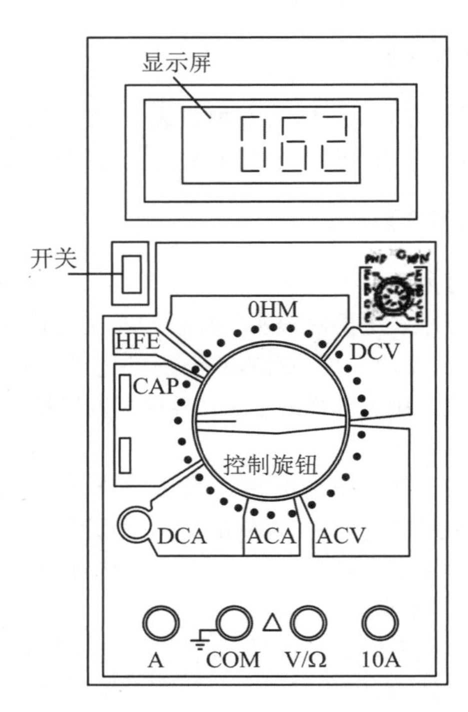

图 5-20-2 数字万用表面板

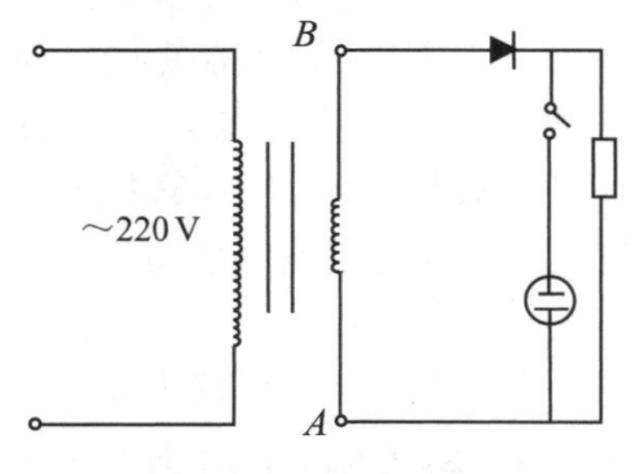

图 5-20-3 电路图

3. 检查电路故障

(1) 根据实验室规定的电源电压(由数字直流稳压电源提供输出电压,实验时可事先用万用表测量其大致电压)及给定的电阻箱的额定功率,通过简单计算,选择适当的电阻箱的阻值 R_B 及电流表、电压表量程,按图 5-20-4(a)接成制流电路,检查接线无误(滑线变阻器的动触头应放在什么位置),接通电源后,如电流表或电压表无动作,请按如下办法检查故障。

选择适当的万用表电压量程,将万用表的负极与电源的负极相接触,正极端分别与 D、F、G、H、J、L、C、A、M、N 及电源正极接触,若万用表指示电压反常,则应着重检查相应部分,直到与期望值完全一致为止(如当万用表正极端与 C 点接触时,指针不指零,则 CF 段导线及与其相关的部分有故障)。这种找出故障所在部分的检查电路的方法叫作电压检查法。然后,可检查 CF 段导线两端接头处是否良好,若接触良好,可将 CF 段导线拆下用万用表的电阻挡测量其是否断路等,直到检查出产生故障的具体元件或位置,这种用测量每个元件电阻来找出电路故障的方法叫作电阻检查法。注意,切勿带电测量电阻！请将结果填入表 5-20-1。

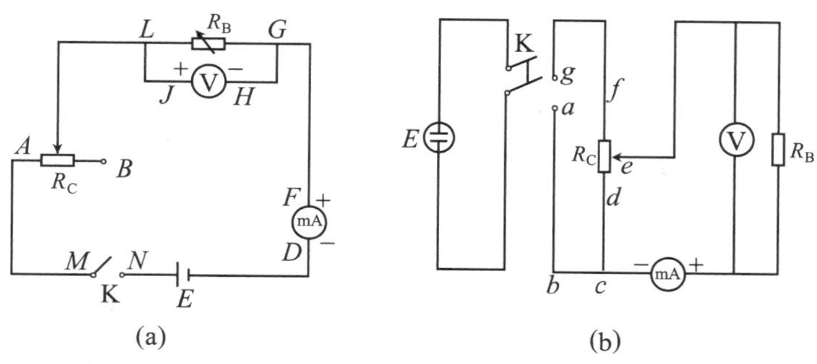

图 5-20-4　制流电路与分压电路

表 5-20-1　测量值表(一)

测量点	D	F	H	J	L	C	A	M	N	P
期望值(V)										
实测值(V)										

故障所在部分____________________;故障原因____________________。

待电路完全正常后,记录以下数据:

电压表准确度________级;电流表准确度________级;电压表量程________ V;电流表量程________ mA;R_B=________;I_{max}=________ mA;I_{min}=________ mA。

5 次改变滑线变阻器阻值 R_C,记录下电压表、电流表读数,填入表 5-20-2。

表 5-20-2　测量值表(二)

测量次数		1	2	3	4	5
电压	读数(V)					
	含仪器误差的读数(V)					
电流	读数(V)					
	含仪器误差的读数(V)					
电阻电阻 $R_B=V/I$						

计算 R_B 的 5 次测量值的平均值及其算术平均误差,用算术平均误差表示测量结果。并按仪器误差传递公式计算第 3 次测量的仪器误差。

(2) 仍利用图 5-20-4(a)中的滑线变阻器和电阻箱(其阻值 R_B 不变),按图 5-20-4(b)接成分压电路,检查接线无误后接通电源(滑线变阻器动触头应先置何位置再接通电源?),移动滑动触头 e,若电压表、电流表指示不正常,按电压检查法检查电路,直到电路完全正常为止(实验检查时可按各个独立回路检查,如图 5-20-4(b)电路,K 接通后,要检查回路 a、b、c、d、e、f、g、a 时,可先将 e 从回路中断开,然后将万用表负极端接 a,正极端分别接 b、c、d、f、g,根据万用表的指示找出故障所在)。依照表 5-20-1 填写找出故障的经过。

改变滑线变阻器 5 次,依照表 5-20-1 填写测量值。

预习思考题

1. 对于多量程电表，应如何选择合适的量程？量程选择不当，对测量结果有何影响？
2. 使用电表时如何消除读数视差？
3. 滑线变阻器的制流、分压接法的作用是什么？
4. 使用晶体管直流稳压电源应注意什么？
5. 做电磁学实验时应按什么规程进行？请用自己的语言简要叙述这些规程的内容。

作　业　题

1. 某旋转式电阻箱示值为425.2 Ω，该变阻器准确度等级为0.1级，试计算对应的仪器误差。若此时有6.3 mA的电流通过电阻箱，设测量电流的毫安表的准确度等级为1.5级，求电阻箱两端电压的仪器误差，并用仪器误差表示电压的测量结果。

2. 分析用图5-20-4(b)电路测量电阻 R_B 的方法误差(设电压表内阻为 R_V，电流表内阻为R_A)。

实验二十一　金属杨氏弹性模量的测定
——霍尔位置传感器测量法

【实验目的】

(1) 进一步掌握基本长度测量，学会微小位移量的测量方法。

(2) 学习对霍尔位置传感器的输出电压与位移量线性关系的定标，从而学会测量微小位移量的非电量测量新方法。

(3) 掌握逐差法处理测量数据的方法。

【仪器和器材】

霍尔位置传感器杨氏模量测定仪(底座固定箱，读数显微镜，95型集成霍尔位置传感器及其输出信号测量仪，含直流数字电压表，永久磁铁两块，砝码：10 g×6个、20 g×3个，待测材料样品：黄铜片和铸铁片各一块)，米尺，螺旋测微计。

【实验原理】

1. 霍尔传感器

将霍尔元件置于磁感应强度为 B 的磁场中，在垂直于磁场方向上通以电流 I，则与磁场和电流垂直的方向上将产生霍尔电势差

$$U_{\mathrm{H}} = KIB \tag{5-21-1}$$

式(5-21-1)中，K 为霍尔元件的霍尔灵敏度，如果保持电流大小、方向不变而使霍尔元件在均匀梯度的磁场中移动时，则输出的霍尔电势差变化量为

$$\Delta U_{\mathrm{H}} = KI\frac{\mathrm{d}B}{\mathrm{d}Z}\Delta Z \tag{5-21-2}$$

式(5-21-2)中，ΔZ 为霍尔元件的移动位移量。此式说明，若磁场梯度$\frac{\mathrm{d}B}{\mathrm{d}Z}$为常数时，$\Delta U_{\mathrm{H}}$ 与 ΔZ 呈线性关系。

为实现均匀梯度的磁场，可将两块相同的磁铁(磁铁截面积及表面磁感应强度相同)的同性磁极相对放置，如图 5-21-1 所示，即 N 极与 N 极相对。两磁铁之间留有等间距间隙，霍尔元件平行于磁铁放在该间隙的中轴上，磁铁截面积远大于霍尔元件的几何线度，以尽可能减少边缘效应，提高测量精确度。

若两磁铁间隙内中心截面处磁感应强度为 0，霍尔元件位于该处时，输出的霍尔电压应该为 0。当霍尔元件偏离磁铁间隙内的中心截面沿 Z 轴发生位移时，霍尔元件会产生相应的电压输出，其大小用数字电压表显示出来。由此可以将霍尔电压为 0 时霍尔元件所处的位置作为位移参考 0 点。

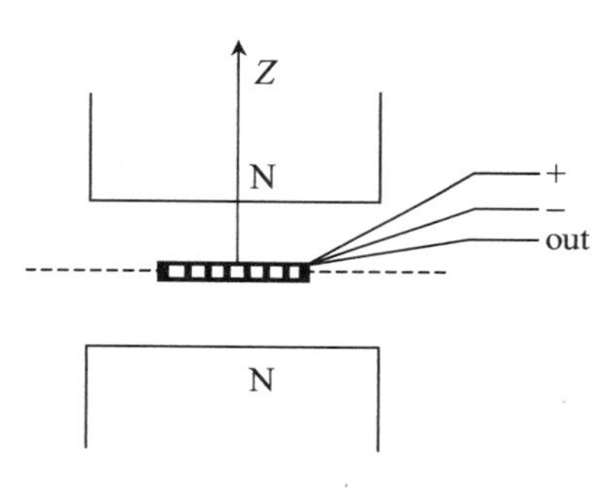

图 5-21-1　磁铁(N 极相对放置)

霍尔电势差的变化量 ΔU_{H} 与位移量 ΔZ 之间存在一一对应的关系。当位移量较小(<2 mm)时这一对应关系具有良好的线性，写作 $\Delta U_{\mathrm{H}} = K\Delta Z$。这样如果知道了霍尔元件的霍尔灵敏度 K，便可由输出的霍尔电压变化值推知相应的位移量，从而实现了把微小的位移变化测量归结为霍尔电压的测量。

2. 杨氏模量

杨氏模量测定仪主体装置如图 5-21-2 所示，在横梁(即待测金属样品制成薄板状)弯曲的情况下，材料的杨式模量 Y 可用下式表示：

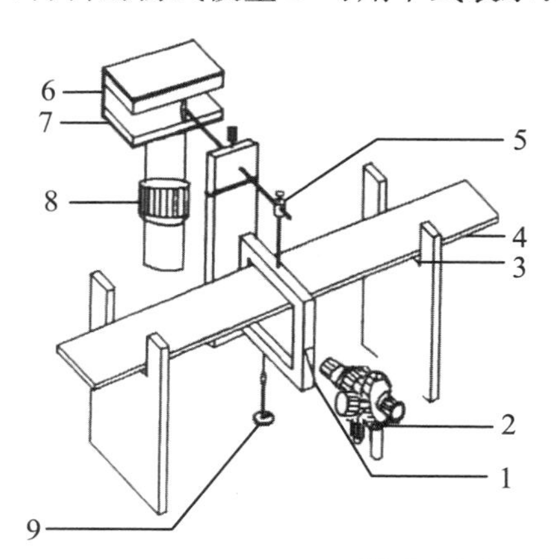

1. 铜刀口上的基线；
2. 读数显微镜；
3. 刀口；
4. 横梁；
5. 铜杠杆(顶端装有 9A 型集成霍尔传感器)；
6. 磁铁盒；
7. 磁铁(N 极相对放置)；
8. 调节架；
9. 砝码

图 5-21-2　杨氏模量测定仪主体装置图

$$Y=\frac{d^3Mg}{4a^3b\Delta Z} \tag{5-21-3}$$

其中,d 为两刀口之间的距离,M 为所加砝码的质量,a 为横梁厚度,b 为横梁的宽度,ΔZ 为横梁中心因砝码外力作用而下降的距离(即位移量),g 为重力加速度。

【实验内容】

(1) 弯曲法测量黄铜的杨氏模量。

(2) 在测量黄铜的杨氏模量的同时,对霍尔位置传感器定标,并测出霍尔元件的霍尔灵敏度。

(3) 用霍尔位置传感器测量铁的杨氏模量。

【实验步骤】

(1) 检查杠杆水平,刀口应该垂直放置,挂砝码的刀口应处于横梁中央,杠杆安放在磁铁中间(两磁铁间隙的中轴位置)。千万注意:霍尔元件不能与金属外壳接触。

(2) 在挂砝码之前,调节底座箱下面的三个螺旋使整个装置水平,再调节图 5-21-2 中的调节架"8"使霍尔位置传感器输出信号初读数为 0,最后再调节读数显微镜使十字叉丝的水平线与显微镜中观察的铜刀口上的基线(即图 5-21-2 中的"1")重合,记下显微镜的初读数 Z_0。

(3) 细心轻巧地挂上 20.00 g 砝码,记下霍尔传感器的输出显示器的读数 U_1(mV)。

(4) 调节读数显微镜使十字叉丝与铜刀口上的基线再度重合,记下此时显微镜的读数 Z_1。

(5) 依次重复上述步骤(3)、(4)5 次,可以将待测样品在各次砝码总重量作用下所对应的霍尔电压值和显微镜的一系列读数都记下,填入表 5-21-1。

表 5-21-1 读数记录表

砝码总质量 M(g)	20.00	40.00	60.00	80.00	100.00	120.00
霍尔电压 U(mV)						
显微镜读数 Z(mm)						
霍尔灵敏度 K(mV/mm)						
黄铜的杨氏模量 Y_{Cu}						

(6) 用逐差法求出黄铜样品在 20 g 砝码作用下的位移量 $\Delta\overline{Z}$ 和黄铜材料的杨氏模量Y_{Cu} 以及霍尔元件的霍尔灵敏度 $K=\frac{\Delta U}{\Delta\overline{Z}}$($\Delta U$ 为逐差法所求)。

(7) 取下所有砝码、黄铜片,代之以铁样品,横梁按步骤(1)放置好,再调节霍尔传感器输出显示器,使初读数为 0,不使用读数显微镜,仍将按上述步骤(3)、(5)测出铁样品在各次砝码总重量作用下霍尔传感器输出的一系列霍尔电压值填入表 5-21-2。

用逐差法求出在 20 g 砝码作用下霍尔电压值 ΔU 和定标求出的 K 值,算出相应的位移量 ΔZ,从而求出铸铁的杨式模量 Y_{Fe}填入表 5-21-2。

表 5-21-2　数据记录表

砝码总质量 M(g)	20.00	40.00	60.00	80.00	100.00	120.00
霍尔电压 U(mV)						
位移量 $\Delta Z=\dfrac{\Delta U}{K}$						
铸铁的杨氏模量 Y_{Fe}						

附录　公式 $Y=\dfrac{d^3Mg}{4a^3b\Delta Z}$ 的推导

一段长为 l、横截面积为 S 的固体，在其两端沿长度方向施加等值反向的外力 F，其长度发生改变 Δl，则称 F/S 为应力，相对长变 $\dfrac{\Delta l}{l}$ 为应变。在弹性限度内，按胡克定律有

$$\frac{F}{S}=Y\frac{\Delta l}{l}$$

这里 Y 称为杨氏弹性模量，其值与物质材料性质有关。

在横梁发生微小形变时，其内部存在一个中性面，面上部发生压缩形变，面下部发生拉伸形变，所以整体来说，可以理解为横梁发生长变，因而可用杨氏模量来描述横梁材料的力学性质。

如图 5-21-3(a)所示，虚线表示弯曲横梁内部的中性面，既不拉伸也不压缩，以水平横梁的几何中心为原点 O，沿横梁长度方向且与中性面相切于 O 点的直线为 X 轴，与横梁垂直的直线为 Y 轴，建立如图 5-21-3(b)所示坐标系，在中性面上坐标为 X 处取长为 $\mathrm{d}x$ 弧元小段，它所在位置对应的曲率半径与 x 有关，记为 $R(x)$，$\mathrm{d}x$ 弧段对曲率中心 C 的张角为 $\mathrm{d}\theta$，则

$$\mathrm{d}x=R(x)\mathrm{d}\theta \tag{5-21-4}$$

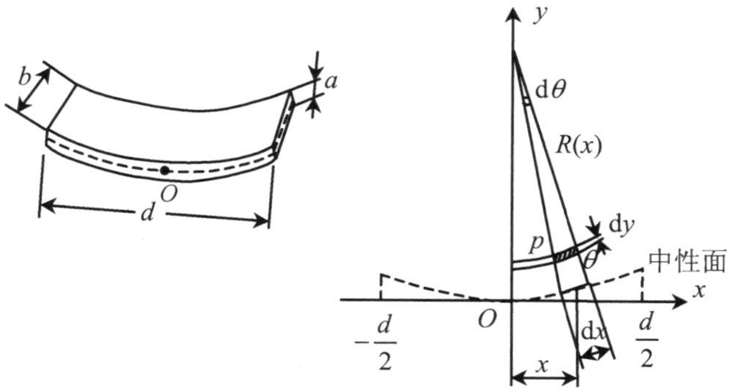

图 5-21-3　横梁弯曲示意图

在中性面上部(压缩形变区域)坐标为 Y 处取厚度为 $\mathrm{d}y$ 的薄层为研究对象，在此薄层上，

考虑与 $\mathrm{d}x$ 弧元具有同一张角的 $\mathrm{d}\theta$ 弧元 $\widehat{PQ}$，因梁弯曲 $\widehat{PQ}$ 的长度为 $[R(x)-y]\mathrm{d}\theta$，所以对同一张角 $\mathrm{d}\theta$ 的这两个弧元来讲，长度变化量为

$$\mathrm{d}l=[R(x)-y]\mathrm{d}\theta-\mathrm{d}x \tag{5-21-5}$$

由式(5-21-4)得 $\mathrm{d}\theta=\mathrm{d}x/R(x)$，并代入式(5-21-5)得此长度变化量为

$$\mathrm{d}l=[R(x)-y]\mathrm{d}\theta-\mathrm{d}x=[R(x)-y]\frac{\mathrm{d}x}{R(x)}-\mathrm{d}x=-\frac{y}{R(x)}\mathrm{d}x$$

$\widehat{PQ}$ 处的应变为 $\dfrac{\mathrm{d}l}{\mathrm{d}x}=-\dfrac{y}{R(x)}$。

按胡克定律：$\dfrac{\mathrm{d}F}{\mathrm{d}S}=-Y\dfrac{y}{R(x)}$，而 $\mathrm{d}S=b\mathrm{d}y$ 为所考虑薄层的横截面积。

故 $\mathrm{d}F=-Y\dfrac{y}{R(x)}\mathrm{d}S=-Y\dfrac{yb}{R(x)}\mathrm{d}y$ 为作用于该薄层横截面上的力，由于横梁形变微小，$\mathrm{d}F$ 的方向可以认为与该横截面垂直，即垂直于 y 轴，$\mathrm{d}F$ 对中性面的转矩大小为

$$\mathrm{d}\mu(x)=|\mathrm{d}F|\cdot y=Y\cdot\frac{by^2}{R(x)}\mathrm{d}y$$

此式对 y 积分可得在坐标为 x 处横梁截面上的应力对中性面的转矩

$$\mu(x)=\int\mathrm{d}\mu(x)=\int_{-\frac{a}{2}}^{\frac{a}{2}}Y\frac{by^2}{R(x)}\mathrm{d}y=\frac{1}{3}Y\frac{b}{R(x)}y^3\Big|_{-\frac{a}{2}}^{\frac{a}{2}}=\frac{Yba^3}{12R(x)} \tag{5-21-6}$$

对于梁上各点 (x,y) 有

$$\frac{1}{R(x)}=\frac{y''}{(1+y'^2)^{3/2}} \tag{5-21-7}$$

因梁形变弯曲微小，各处均有 $y'(x)=0$，代入式(5-21-7)得

$$R(x)=\frac{1}{y''}=\frac{1}{y''(x)} \tag{5-21-8}$$

梁平衡时式(5-21-6)所代表的转矩应与梁右端支撑力 $(1/2)Mg$ 对 x 的力矩平衡，所以有

$$\mu(x)=\frac{Yba^3}{12R(x)}=\frac{1}{2}Mg\left(\frac{d}{2}-x\right) \tag{5-21-9}$$

由式(5-21-8)、式(5-21-9)可得 $y''(x)=\dfrac{6Mg\left(\dfrac{d}{2}-x\right)}{Yba^3}$，结合边界条件 $y(0)=0$，$y'(0)=0$，解此微分方程可得

$$y(x)=\frac{3Mg}{Yba^3}\left(\frac{d}{2}x^2-\frac{1}{3}x^3\right)$$

将 $x=\dfrac{d}{2}$ 代入，得此横梁右端点的 y 值

$$y\Big|_{x=\frac{d}{2}}=\frac{Mgd^3}{4Yba^3}$$

此值即为形变位移量 ΔZ，即 $y\Big|_{x=\frac{d}{2}}=\Delta Z$，所以

$$Y=\frac{Mgd^3}{4ba^3\Delta Z}$$

作　业　题

1. 材料相同，截面积和长度不同的金属棒，它们的杨氏模量是否相同？为什么？
2. 用霍尔位置传感器测量杨氏模量的优点是什么？

实验二十二　非线性电路混沌实验

长期以来，人类在认识和描述运动时，大多只局限于线性动力学描述方法，即确定的运动有一个完美确定的解析解。但是自然界在相当多情况下，非线性现象却大量存在。1963 年美国气象学家 Lorenz 在分析天气预报模型时，首先发现空气动力学中的混沌现象，该现象只能用非线性动力学来解释。于是 1975 年，混沌作为一个新的科学名词首次出现在科学文献中。从此，非线性动力学迅速发展，并成为有丰富内容的研究领域。该学科涉及非常广泛的科学范围，从电子学到物理学，从气象学到生态学，从数学到经济学等。

混沌通常相应于不规则或非周期性，这是由非线性系统本质产生的。本实验将引导学生自己建立一个非线性电路，该电路包括有源非线性负阻、LC 振荡器和 RC 移相器三部分。

【实验目的】

(1) 用 LC 振荡器产生的正弦波与经过 RC 移相器移相的正弦波合成的相图(李萨如图)，观测振动周期发生的分岔及混沌现象。

(2) 学会测量非线性单元电路的电流——电压特性，即测量非线性器件伏安特性的方法。

(3) 学习制作和测量一个带铁磁材料介质的电感器。

【实验仪器】

非线性电路混沌实验组合仪，双踪示波器，信号发生器，电阻箱，电表等。

【实验原理】

1. 非线性电路与非线性动力学

实验电路如图 5-22-1 所示，图中只有一个非线性元件 R，它是一个有源非线性负阻器件。电感器 L 和电容器 C_2 组成一个损耗可以忽略的谐振回路，可变电阻 R_V($R_{V1}+R_{V2}$)和电容器 C_1 串联将振荡器产生的正弦信号移相输出。本实验所用的非线性元件 R 是一个三段分段线性元件。图 5-22-2 所示的是该电阻的伏安特性曲线，可以看出加在此非线性元件上的电压与通过它的电流极性是相反的。由于加在此元件上的电压增加时，通过它的电流却减小，因而将此

元件称为非线性负阻元件。

图 5-22-1 电路的非线性动力学方程为

$$C_1 \frac{\mathrm{d}U_{C_1}}{\mathrm{d}t} = G(U_{C_2} - U_{C_1}) - gU_{C_1} \tag{5-22-1}$$

$$C_1 \frac{\mathrm{d}U_{C_2}}{\mathrm{d}t} = G(U_{C_1} - U_{C_2}) + i_L \tag{5-22-2}$$

$$L \frac{\mathrm{d}i_L}{\mathrm{d}t} = -V_{C_2} \tag{5-22-3}$$

式(5-22-1)、式(5-22-2)、式(5-22-3)中，导纳 $G=1/R_V$，U_{C_1} 和 U_{C_2} 分别表示加在电容器 C_1 和 C_2 上的电压，i_L 表示流过电感器 L 的电流，g 表示非线性电阻的导纳。

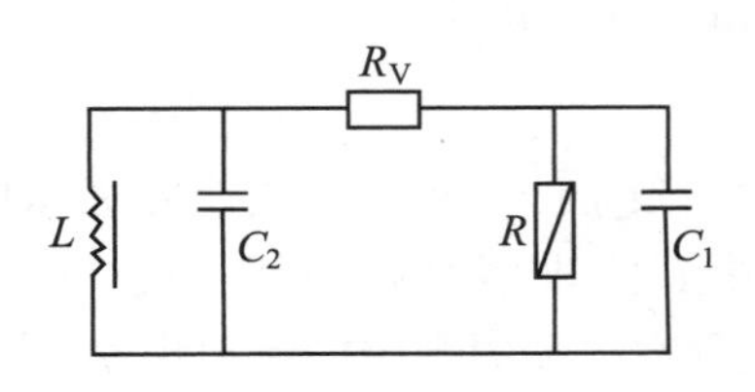

图 5-22-1 非线性电路原理

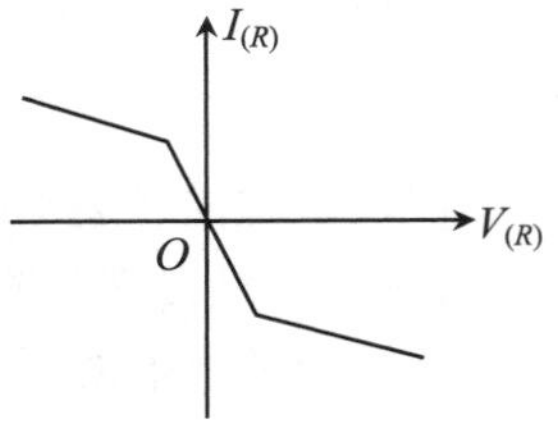

图 5-22-2 非线性元件伏安特性

2. 有源非线性负阻元件的实现

有源非线性负阻元件实现的方法有多种，这里使用的是一种简单的电路，采用两个运算放大器(一个双运放 TL082)和六个配制电阻来实现，其电路如图 5-22-3 所示，它的伏安特性曲线如图 5-22-4 所示，由于实验所要研究的是该非线性元件对整个电路的影响，只要知道它主要是一个负阻电路(元件)，能输出电流维持 LC_2 振荡器不断振荡，而非线性负阻元件的作用是使振动周期产生分岔和混沌等一系列非线性现象。

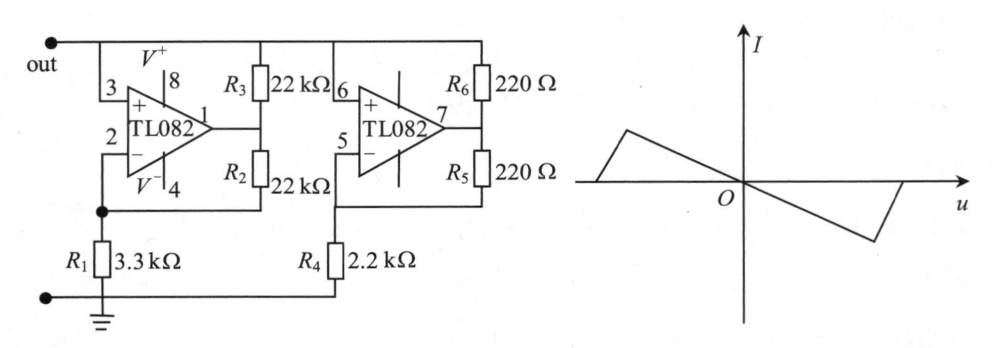

图 5-22-3 有源非线性器件

图 5-22-4 双运放非线性元件的伏安特性

实际非线性混沌实验电路如图 5-22-5 所示。

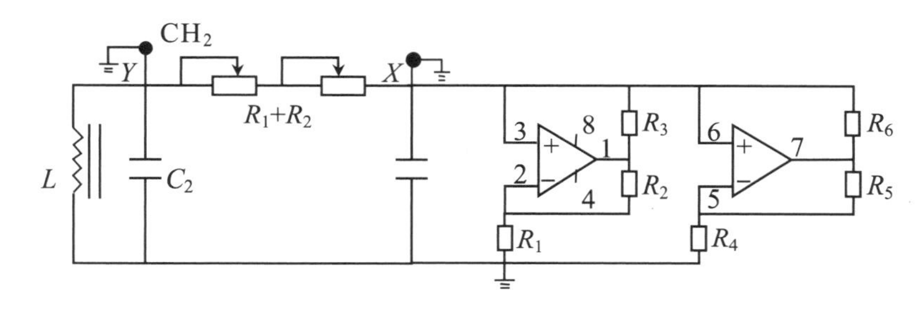

图 5-22-5　非线性电路混沌实验电路

【实验内容】

1. 定性研究

将铁氧体介质电感与面板上对应接线柱相接。用同轴电缆线将实验仪面板上的 CH_2 插座连接示波器 Y 输入，CH_1 插座连接示波器的 X 输入，并置 X 和 Y 输入为 DC。观测两个正弦波构成的李萨如图形，开启示波器电源，调节 W_1 粗调电位器和 W_2 细调电位器，改变 RC 移向器中 R 的阻值，观测相图周期的变化，观测倍周期分岔，阵发混沌，三倍周期，吸引子（混沌）和双吸引（混沌）等现象。

注意：

（1）若直流数字电压表数字闪烁，表示输入电压超过量程。

（2）双运算放大器的正负极不能接反，地线与电源接地点必须接触良好。

（3）关掉电源以后，才能拆实验板上的接线。

2. 倍周期分岔和混沌现象的观测及相图描绘

（1）按图 5-22-5 接好实验面板图，将式（5-22-1）中的 $1/G$ 即 $R_{V1}+R_{V2}$ 值调到较大某值，这时示波器出现李萨如图，用扫描挡观测为两个具有一定相移（相位差）的正弦波。

（2）逐步减小 $1/G$ 值，开始出现两个“分列”的环图，出现分岔现象，即由原来 1 倍周期变为 2 倍周期。

（3）继续减小 $1/G$ 值，出现 4 倍周期、8 倍周期、16 倍周期与阵发混沌交替现象。

（4）再减小 $1/G$ 值，出现 3 倍周期，图像十分清楚稳定。根据 Yorke 的著名论断“周期 3 意味着混沌”说明电路即将出现混沌。

（5）继续减少 $1/G$，则出现单个吸引子的混沌现象。

（6）再减少 $1/G$，出现双吸引子的混沌现象。

（7）画出 1 倍周期、2 倍周期、4 倍周期，3 倍周期的图像并测量 4 个周期图像横向和纵向的最大电压。

3. 定量测量

（1）测量带铁磁材料介质的电感量。

利用串联谐振法测电感器的电感量，CH_2 测量 R 两端电压。保持信号发生器输出电压不变，调节频率，当 CH_2 测得的电压最大时，LC 串联电路达到谐振。

把电感器、电容器、电阻箱（取 10～30 Ω）串联，并与低频信号发生器相连接。用示波器测

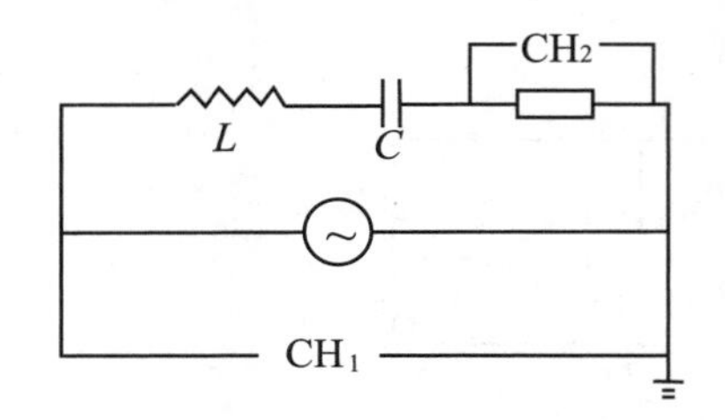

图 5-22-6 测量电感的电路

量电阻两端的电压，调节正弦波频率，使电阻两端电压达到最大值，测量电感的电路如图5-22-6。

电感谐振时有

$$\omega L=\frac{1}{\omega C},\quad f_0=\frac{1}{2\pi\sqrt{LC}}$$

$$L=\frac{1}{4\pi C f_0^2},\quad U_R=\frac{U_{CH_2}}{R}$$

回路中电流的有效值

$$I=\frac{U_R}{R}$$

其中，f_0 为谐振频率，U_{CH_2} 表示 CH_2 波形的峰谷间距，U_R 表示电阻 R 两端输出的电压。

电感 L 随电流 I 的增加而增大，由此可得出电感中有铁芯，当电流增加到一定值后，电感量达到基本饱和后再增加电流，电感量会逐渐减小，这是因为电感中通过电流越大，其磁环的磁导率 μ 就会下降。所以电感量就会随之减小。电感 L 随电流 I 变化情况记入表 5-22-1。

表 5-22-1 电感 L 随电流 I 变化

f_0(kHz)	I(mA)	L(mH)

(2) 有源非线性负阻元件的伏安特性。

双运算放大器中 2 个对称放大器各自配置电阻相差 100 倍，这就使得 2 个放大器输出电流的总和在不同的工作电压段，随电压变化关系不相同(其中一个放大器达到电流饱和，另一个尚未饱和)，因而出现了非线性的伏安特性，实验电路如图 5-22-7 所示。

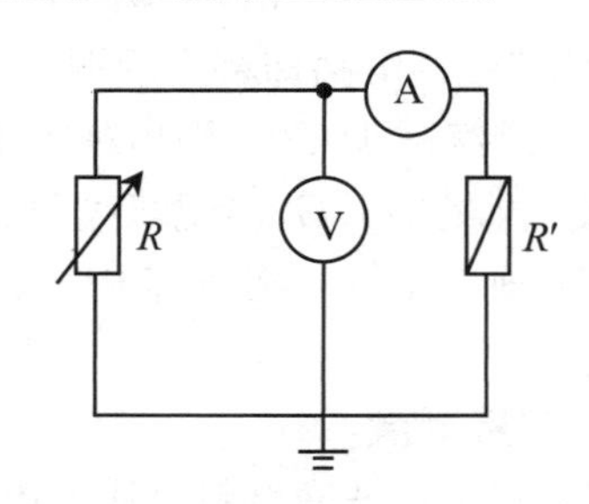

图 5-22-7 有源非线性负阻元件伏安特性原理图

图中，R'为有源非线性负阻(接通电源的双运放)，R 为外接电阻。

有源非线性负阻元件一般满足“蔡氏电路”的特性曲

线。实验中将电阻的 LC 振荡部分与非线性电阻直接断开，伏特表用来测量非线性元件两端电压，测量数据记入表 5-22-2。由于非线性电阻是有源的，因此回路中始终有电流流过，R 使用的是电阻箱，其作用是改变非线性元件的对外输出。

表 5-22-2　非线性电路伏安特性

电压(V)	电流(mA)	电压(V)	电流(mA)	电压(V)	电流(mA)

对表 5-22-2 数据分段进行线性拟合，根据方程 $I=AV+B$ 计算得参数：A 斜率，B 截距，r 线性相关系数。

对曲线三段分段进行，可对非线性元件的电压-电流特性曲线在一定范围内做分段性近似。对正向电压部分的曲线，由理论计算是与反向电压部分曲线关于原点 180°对称的。

思　考　题

1. 实验中需用的电感器的电感量与哪些因素有关？此电感量可用哪些方法测量？
2. 非线性负阻电路(元件)，在本实验中的作用是什么？
3. 为什么要采用 RC 移相器，并且用相图来观测倍周期分岔等现象？
4. 通过做本实验，阐述周期分岔、混沌、奇怪吸引子概念的物理含义。

实验二十三　灵敏电流计的研究

【实验目的】

(1) 了解灵敏电流计的构造、原理与性能。

(2) 通过测量电流计常数、内阻和外临界电阻，学会使用灵敏电流计。

【实验仪器】

光点电流计，毫伏表，微安表，变阻器，电阻箱，直流稳压电源，单刀开关，双刀双掷开关，阻尼开关，标准低值电阻，限流电阻。

【实验原理与仪器简介】

灵敏电流计是一种高灵敏度的仪表，用来测量微弱电流（$10^{-6}\sim10^{-11}$ A）或微小电压（$10^{-3}\sim10^{-8}$ V），如光电流、生物电流、温差电动势等。更常用作检流计，如电桥、电位差计中零示器。

1. 灵敏电流计的结构

如图 5-23-1 所示，主要分为三部分：

（1）磁场部分：永久磁铁 N、S 产生磁场，圆柱形软铁心 J 使磁场呈均匀辐射状。

（2）偏转部分：线圈 C 可以在磁场内转动，上、下两端用金属丝 E 绷紧（张丝），金属丝同时作为线圈两端的电流引线。由于用张丝代替了普通电表的转轴和轴承，消除了机械摩擦，因此检流计的灵敏度较高。

（3）读数部分：小平面镜 m 固定在线圈上，它把光源射来的光反射到标尺上并且形成一个光标，如图 5-23-2 所示。当电流流过线圈时，线圈带动小镜 m 转过 α 角，因而反射光线转过 2α 角。光标在标尺上移动的距离 $n=l\cdot2\alpha$（l 为小镜 m 至标尺距离）。因为线圈的偏转角 α 正比于电流，所以由光标的偏转 n（读数以毫米为单位）可测得电流的大小。采用"光指针"代替普通电表的金属指针，相当于大大地加长了指针的长度，进一步提高了灵敏检流计的灵敏度。

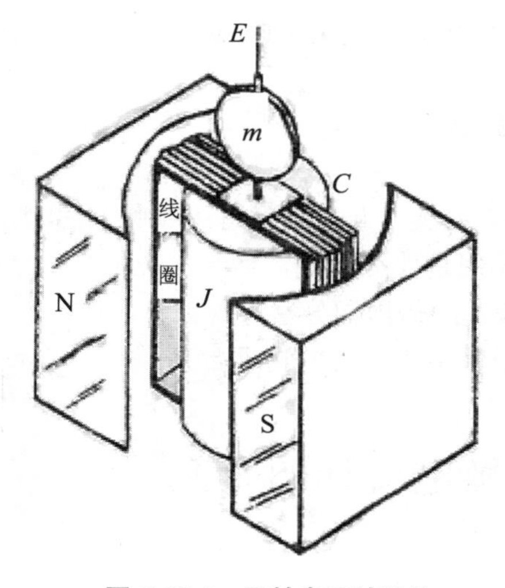

图 5-23-1 灵敏电流计结构

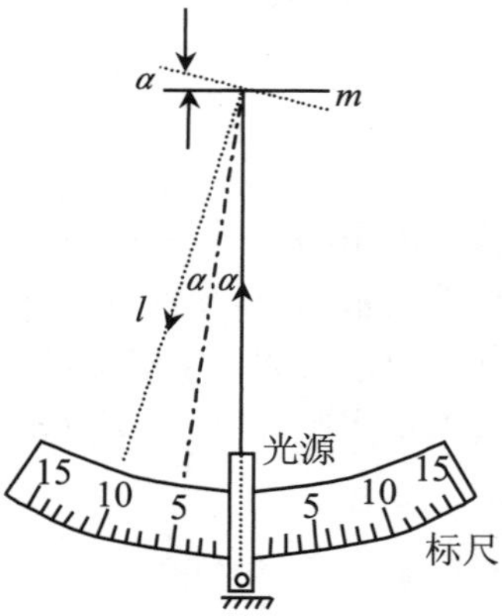

图 5-23-2 灵敏电流计读数部分光标图

2. 灵敏电流计的使用

（1）如何从标尺读数求出电流。

光点在标尺上的移动距离 n 是用毫米为单位读数的，它到底代表多大的电流呢？已知 n 是与 I 成正比的，也就是说

$$I = K \cdot n \tag{5-23-1}$$

K 是比例常数，称为电流计常数，$K=\dfrac{I}{n}$，单位是 A/mm，也就是光点偏转1 mm所对应的电流数值。K 的倒数$\dfrac{1}{K}=S_1$ 称为电流计的电流灵敏度，表示单位电流引起的偏转。显然 S_1 越大（K 越小）电流计就越灵敏。

因此要从标尺读数求出电流，就必须知道 S_1 或 K 的数值，一般在电流计出厂时就在铭牌上给出 K 的数值。但由于调整、检修或长期使用，这个值往往会有些改变，所以用灵敏电流计测量电流时，需要重新修订 K 值。

(2) 如何控制灵敏电流计的运动状态。

在使用灵敏电流计的过程中，我们会发现，在某些情况下，当通过电流计的电流发生变化后，光标会来回摆动很久才逐渐停在新的平衡位置上，这样将会延长我们的读数时间。

在一般的指针式电表中，由于机械摩擦较大，加之采用了机械平衡结构（游丝），能使指针很快地停在新的平衡位置上。而灵敏电流计的线圈是用金属丝悬起来的，线圈在运动过程中阻尼很小，其平衡是用控制电磁阻尼来确定的。

由电磁感应定律知道，线圈在磁场中运动会产生感应电动势，电流计工作时，由它的内阻 R_g 与外电路上总电阻 $R_{外}$ 构成回路。这个感应电流产生的磁场与原磁场的相互作用，就产生了阻止线圈运动的电磁阻尼力矩 M，它的大小与电路总电阻成反比，即

$$M \propto \frac{1}{R_g + R_{外}} \tag{5-23-2}$$

由此可见，控制 $R_{外}$ 就可控制 M，从而控制了线圈的运动状态。

线圈（光点）的运动状态可分为三种，如图 5-23-3 所示。

① $R_{外}>R_C$ 阻尼振动状态（欠阻尼状态）；

② $R_{外}<R_C$ 过阻尼状态；

③ $R_{外}=R_C$ 临界状态。

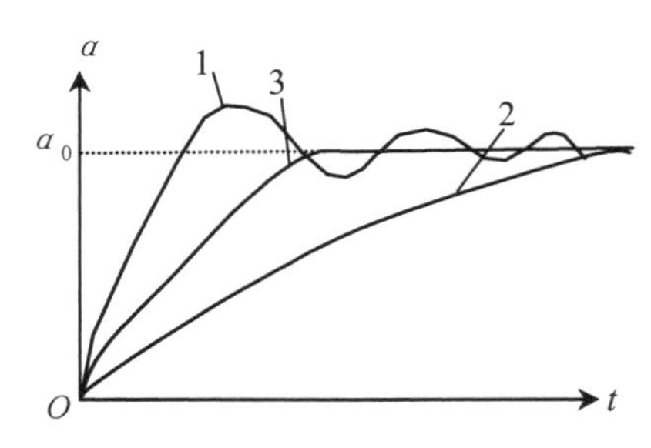

图 5-23-3　线圈的三种运动状态

a. 当 $R_{外}$ 较大时，M 较小，线圈在平衡位置左右做振幅逐渐衰减的振动，光标需较长时间才能停止在新的平衡位置上。这种运动状态称为阻尼振动状态或阻尼状态。如图 5-23-3 中曲线 1 所示。$R_{外}$ 越大，M 越小，振动时间越长。

b. 当 $R_{外}$较小时，M 较大，线圈（光点）缓慢地趋向新的平衡位置，且不会越过平衡位置，这种状态称为过阻尼状态，如图 5-23-3 中曲线 2 所示。$R_{外}$越小，M 越大，达到平衡位置的时间也就越长。利用这个特性，我们常在电流计两端并联一个按钮 S(图 5-23-4)，当按 S 时，$R_{外}=0$，电磁阻尼很大，线圈的运动立即变得缓慢，如断开外电路，在光点返到零点的瞬间按下 S，线圈就会立即停在

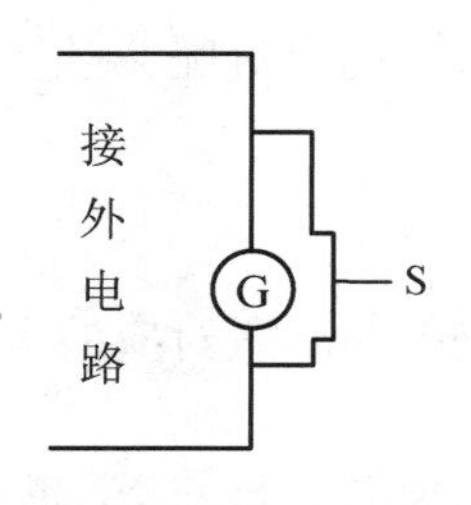

图 5-23-4　阻尼开关

零点，这就大大方便我们的调节，S称为阻尼开关。

c. 当 $R_{外}$ 适当时，线圈能很快地达到平衡位置而又不发生振动，这是前两种状态的中介状态，称为临界状态，如图 5-23-3 中曲线 3 所示。这时对应的 $R_{外}$ 称为外临界电阻 R_C。

显然，电流计工作于临界状态时最便于测量。因此，在实际工作中，我们必须考虑使电流计工作在或接近工作在临界状态。当外电路电阻 $R_{外}$ 与电流临界电阻 R_C 相差很大时，除选择适当的电流计外，一般可采取下面的措施使得其 R_C 接近 $R_{外}$：

当 $R_{外} \gg R_C$ 时，可在电流计上串联一个电阻 R'，使得 $R'+R_{外}=R_C$，如图 5-23-5(a)所示；当 $R_C \gg R_{外}$ 时，可在电流计上并联一个电阻 R'，使得 $R' \cdot R_{外}/(R'+R_{外})=R_C$，如图5-23-5(b)所示。不过，在以上两种接法中，由于 R' 的存在，使得整个电路的灵敏度受到影响。

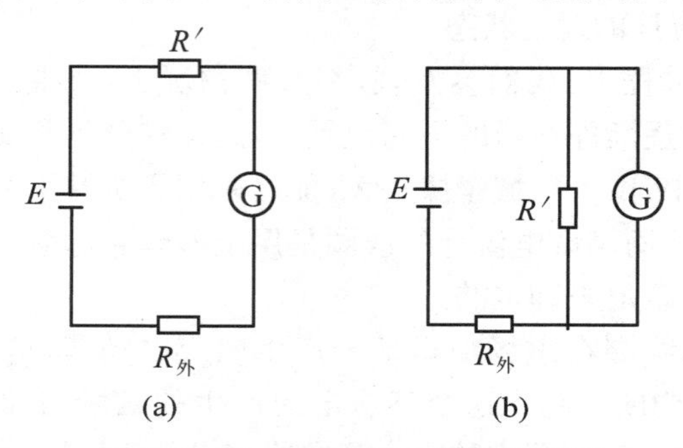

图 5-23-5　电流计上串联或并联 R'

3. 电流计外临界电阻、内阻、电流计常数的测量原理

虽然电流计外临界电阻 R_C、内阻 R_g、电流计常数 K，一般在电流计的标牌上都标出，但在电流计使用一段时间或经维修调整以后，就有必要重新测定。通常利用图 5-23-6 所示的测量线路。

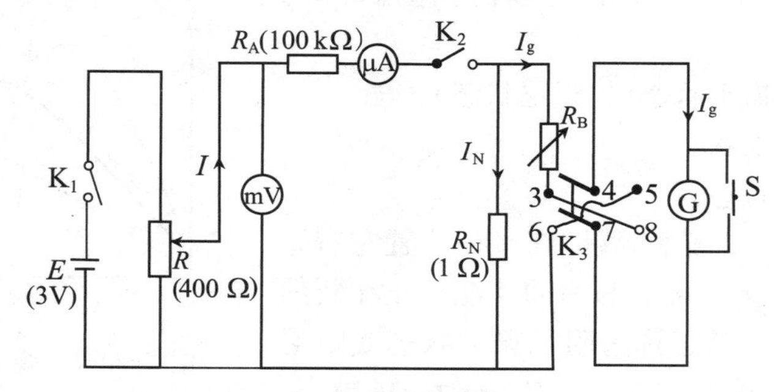

图 5-23-6　测量电路图

由于通常低压直流电源的电动势远超过灵敏电流计所能承受的电压，故需经二次分压才能获得适宜的电压。图 5-23-6 能够满足这一要求：

在图 5-23-6 电路中，当 K_1、K_3、K_2 合上时，有

$$I_g(R_B+R_g)=I_N R_N$$

$$I_N=I-I_g$$

则

$$I_g=\frac{IR_N}{R_N+R_B+R_g}$$

电流计常数

$$K=\frac{I_g}{n}=\frac{R_N I}{n(R_N+R_B+R_g)} \tag{5-23-3}$$

由于 $R_B+R_g \gg R_N$（实验时 R_N 取得很小），所以有

$$K=\frac{R_N I}{n(R_B+R_g)} \tag{5-23-4}$$

式(5-23-4)中，若 R_N、R_B、R_g 已知，测出 I 和 n（偏转格数）后，就可计算出电流计常数 K。

(1) 电流计外临界电阻的测量。

由大到小逐步改变 R_B 值，观察各 R_B 值在断开 K_2 时光标“回零”过程，当光标迅速地回零且不超过零点时的 R_B 值即为外临界电阻 R_C。

(2) 电流计内值的测量（半偏法）。

置 $R_B=0$，调节 R 以改变 I，使光标偏转 n 格，由式(5-23-3)有

$$K=\frac{R_N I}{n(R_N+R_g)}$$

调节 R_B 和 R，保持 I 不变，并使光标偏转$\frac{n}{2}$格，此时有

$$K=R_N I\,\frac{1}{2}n(R_N+R_B+R_g) \tag{5-23-5}$$

比较上述两式，得

$$R_g=R_B-R_N \tag{5-23-6}$$

实验时，因 R_N 取得很小，即 $R_B \gg R_N$，所以有

$$R_g \approx R_B \tag{5-23-7}$$

用这种使原来电流减少一半来测量未知量的方法称“电流减半法”。又由于测量时使光标偏转到原来的一半来读数，故又称“半偏法”。

(3) 电流计常数的测量。

① 临界阻尼法。

测量时若取 $R_B=R_C$，改变 I。同时读出对应的标尺读数 n，利用式(5-23-3)可算出不同偏转下的电流计常数 K。因为测量时电流计处于临界阻尼状态，故称“临界阻尼法”。

② 等偏法。

若在改变 I 的同时，也改变 R_B，使 n 保持不变，可测得电流计常数。因为测量时保持电流计偏转不变，故称为“等偏法”。

【实验内容与数据处理】

1. 调整电路工作状态

(1) 按图 5-23-6 接好线路，调节稳压电源，使其输出为“0”，调节滑线变阻器 R，使其输出

电压为"0"。(滑动触头应置于哪端?)

(2) 电流计应水平放置(如仪器带有水准器,应将底脚螺丝仔细调节),以使电流计内悬丝垂直,保证转动时不会使磁极与柱形软铁发生摩擦和相碰。电流计分流器开关置于"直读"挡,并调节好电流计的机械"0"点。

(3) 由电源输出一个较小的电压(约 1 V),闭合 K_1、K_2,缓慢增加滑线变阻器的输出电压,若接线正确,此时毫伏表、微安表均有指示,且随 R 而变。

2. 测量外临界电阻 R_C

(1) 置 R_B 为较大值(R_B=10 kΩ 左右),闭合 K_2,调节 R,使光标偏离"0"点约 25 格,断开 K_2,观察光标回零过程(若光标回零时来回晃动,可在光标经"0"时按下阻尼按钮 S,经反复几次即可使光标很快静止在"0"点(为什么?)。

(2) 逐步减小 R_B 值,重复上述过程,直至光标最迅速回零且不超越零点,记下此时的 R_B 值,该值即为电流计的外临界电阻 R_C。

3. 测量电流计内阻 R_g

(1) 调节 R,使滑线变阻器输出电压(由毫伏表读得)为"0",闭合 K_2、K_3,取 R_B=0。

(2) 缓慢增加滑线变阻器 R 的输出电压,使检流计偏转 n 格。

(3) 调节 R_B,使电流计偏转$\frac{n}{2}$,记下 R_B 值。

(4) 用 K_2 换向,调 R_B,使检流计向另一方向偏转$\frac{n}{2}$格,记下此时的 R_B'值(这里,对 R_B 采用了"对称测量法"),由式(5-23-7),则

$$R_B=\frac{1}{2}(R_B+R_B')$$

(5) 重复两次(每次可使检流计偏转格数不同),求出相应的 R_g。

(6) 取三次测得的 R_g 的平均值,即得到电流计内阻 R_g。

将每次测量数据记入表 5-23-1,并以算术平均误差表示测量结果。

表 5-23-1 数据记录表(一)

次 数	1	2	3
$\frac{n}{2}$(格)			
R_B(Ω)			
R_B'(Ω)			
R_g(Ω)			

4. 临界阻尼法测量电流计常数

(1) 取 $R_B=R_C$,调节滑线变阻器 R,使光标偏转满刻度的$\frac{2}{3}$以上,记下微安表读数 I_1 及偏转格数 n_1。

(2) 用 K_2 反复换向三次，每次换向后都要调节 R，使微安表读数都要保持在 I_1，记下每次换向后光标偏转格数 n_1'、n_1''、n_1'''，并求出 $n_1'\sim n_1'''$ 的平均值 $\bar{n}_1$，由式(5-23-4)计算出 K_1。

(3) 调小微安表读数，记下 I_2、n_2，重复步骤(2)(注意每次换向后都要保持微安表读数不变)，计算出 K_2。

(4) 重复步骤(2)，计算出 K_2。

(5) K、K_1、K_2 的平均值即为被测电流计的常数 K 的测量值。

将每次测量的数据记入表 5-23-2，并以算术平均误差表示测量结果。

表 5-23-2 数据记录表(二)

偏转 电流(μA)	n	n'	n''	n'''	$\bar{n}$	电流计常数 K(A/mm)
I_1						
I_2						
I_3						

注意：用毕或搬动电流计时，必须将电流计两端短路或用止动器锁住。不允许用万用表、欧姆表等测量电流计的内阻。

预习思考题

1. 灵敏电流计之所以有较高的灵敏度是由于在其结构上做了哪些改进？
2. 使用电流计时，如果发现电流处于阻尼振荡状态应该怎么办？处于过阻尼状态呢？
3. 为什么图 5-23-6 采用二级分压？用一级分压是否可行？

作 业 题

在本实验中，对电流计常数 K 及内阻 R_g 的测量均存在着一定的系统误差，试讨论其成因。

实验二十四 多普勒效应综合实验

对于机械波、声波、光波和电磁波而言，当波源和观察者(或接收器)之间发生相对运动，或者波源、观察者不动而传播介质运动，或者波源、观察者、传播介质都在运动时，会出现观察者接收到的波的频率和发出的波的频率不相同的现象，称为多普勒效应。

多普勒效应在核物理、天文学、工程技术、交通管理、医疗诊断等方面都有着十分广泛的应用。如用于卫星测速、光谱仪、多普勒雷达、多普勒彩色超声诊断仪等。

【实验目的】

(1) 了解声波的多普勒效应现象，掌握智能多普勒效应实验仪的应用。

(2) 测量超声接收器运动速度与接收频率的关系,验证多普勒效应。

(3) 观察物体不同类型的变速运动的规律。

(4) 掌握用时差法测量空气中声波的传播速度。

(5) 超声换能器特性测量。

【实验仪器】

智能多普勒效应实验仪。

【仪器介绍】

智能多普勒效应实验仪由智能型实验仪和测试架组成。

智能型实验仪由信号发生器和功率放大器、接收放大器、微处理器、液晶显示器等组成。

测试架由步进电机,电机控制模块,超声收、发射换能器,光电门,小车等组成,如图 5-24-1 所示。

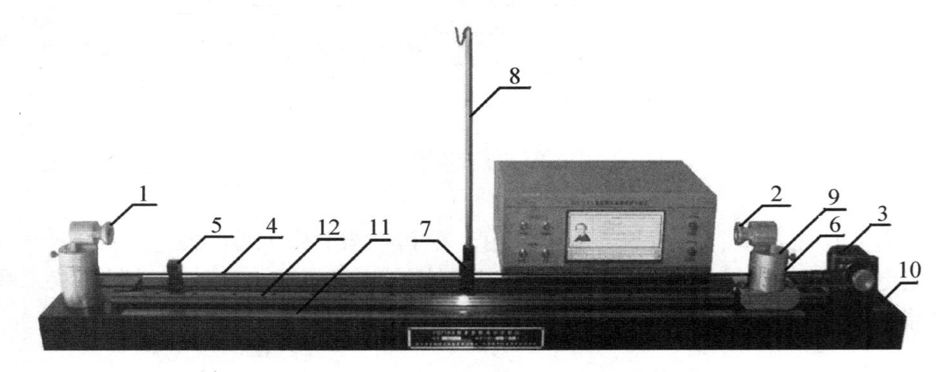

图 5-24-1 FB718 型多普勒效应实验仪测试架结构图

1. 发射换能器; 2. 接收换能器; 3. 步进电机; 4. 同步带; 5. 左限位光电门; 6. 右限位光电门; 7. 测速光电门; 8. 接收线支架; 9. 小车; 10. 底座; 11. 标尺; 12. 导轨

【实验原理】

1. 声波的多普勒效应

设声源在原点,声源振动频率为 f,接收点运动和声波传播都在 x 方向。对于三维情况,处理稍复杂一点,但结果相似。声源、接收器和传播介质不动时,在 x 方向传播的声波的数学表达式为

$$p = p_0 \cos\left(\omega t - \frac{\omega}{u}x\right) \tag{5-24-1}$$

(1) 声源运动速度为 v_S,介质和接收点不动。

设声速为 u,在时刻 t ,声源移动的距离为

$$v_S\left(t - \frac{x}{u}\right)$$

因而声源实际的距离为

$$x = x_0 - v_S\left(t - \frac{x}{u}\right)$$

所以

$$\begin{aligned} x &= (x_0 - v_S t)\Big/\left(1 - \frac{v_S}{u}\right) \\ &= (x_0 - v_S t)/(1 - M_S) \end{aligned} \tag{5-24-2}$$

其中，$M_S = v_S/u$ 为声源运动的马赫，声源向接收点运动时 v_S（或 M_S）为正，反之为负，将式(5-24-2)代入式(5-24-1)得

$$p = p_0 \cos\left[\frac{\omega}{1 - M_S}\left(t - \frac{x_0}{u}\right)\right]$$

可见接收器接收到的频率变为原来的$\frac{1}{1-M_S}$，即

$$f_S = \frac{f}{1 - M_S} \tag{5-24-3}$$

(2) 声源、介质不动，接收器运动速度为 v_R，同理可得接收器接收到的频率

$$f_R = (1 + M_R)f = \left(1 + \frac{v_R}{u}\right)f \tag{5-24-4}$$

其中，$M_R = \frac{v_R}{u}$为接收器运动的马赫，接收点向着声源运动时 v_R（或 M_R）为正，反之为负。

(3) 介质不动，声源运动速度为 v_S，接收器运动速度为 v_R，可得接收器接收到的频率

$$f_{RS} = \frac{1 + M_R}{1 - M_S}f \tag{5-24-5}$$

(4) 介质运动，设介质运动速度为 v_M，则

$$X = X_0 - v_M t$$

根据式(5-24-1)可得

$$p = p_0 \cos\left[(1 + M_M)\omega t - \frac{\omega}{u}x_0\right] \tag{5-24-6}$$

其中，$M_M = v_M/u$ 为介质运动的马赫。介质向着接收点运动时 v_M（或 M_M）为正，反之 v_M（或 M_M）为负。可见若声源和接收器不动，则接收器接收到的频率

$$f_M = (1 + M_M)f \tag{5-24-7}$$

若声源和介质一起运动，则频率不变。

为了简单起见，本实验只研究第二种情况：声源、介质不动，接收器运动速度为 v_R。据式(5-24-4)可知，改变 v_R 就可得到不同的 f_R，从而验证了多普勒效应。另外，若已知 v_R、f，并测出 f_R，则可算出声速 u，可将用多普勒频移测得的声速值与用时差法测得的声速值做比较。若将仪器的超声换能器用作速度传感器，就可用多普勒效应来研究物体的运动状态。

2. 时差法测量声速的原理(驻波法、相位法在此忽略)

(1) 超声波与压电陶瓷换能器。

在弹性介质中传播的机械振动为声波，高于 20 kHz 称为超声波，超声波的传播速度就是声

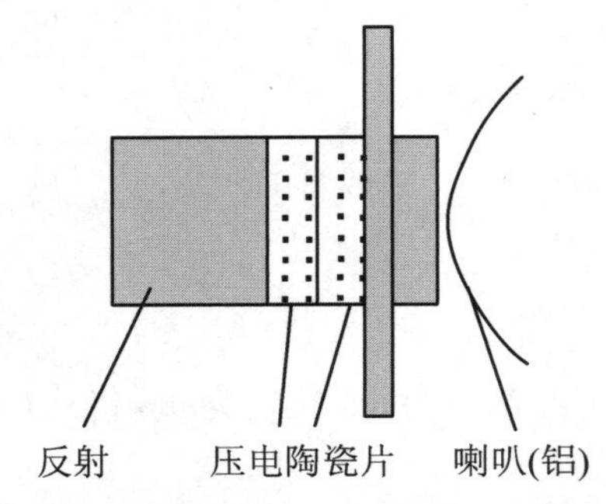

图 5-24-2 纵向压电换能器结构简图

波的传播速度,而超声波具有波长短,易于定向发射等优点。声速实验所采用的声波频率一般都在20～60 kHz,在此频率范围内,采用压电陶瓷换能器作为声波的发射器、接收器效果最佳。

压电陶瓷换能器根据它的工作方式,分为纵向(振动)换能器、径向(振动)换能器及弯曲振动换能器。声速教学实验中大多数采用纵向换能器。图5-24-2是纵向换能器的结构简图。

(2) 时差法(脉冲波)测量声速的原理。

连续波经脉冲调制后由发射换能器发射至被测介质中,声波在介质中传播,经过时间 t 后,到达距离 L 处的接收换能器。由运动定律可知,声波在介质中传播的速度可由下式求出:

$$v=\frac{L}{t}$$

通过测量发射、接收换能器端面之间距离 L 和时间 t,就可以计算出声波在当前介质中的传播速度。图 5-24-3 为示波器上观察到的发射波形和接收波形。

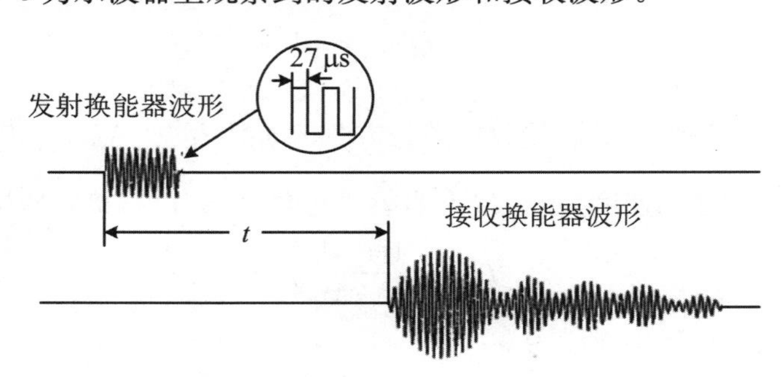

图 5-24-3 示波器上观察到的发射波形和接收波形

声速理论值

$$u_0 = 331.45\sqrt{1+\frac{t}{273.16}}\,(\text{m/s}) \quad 或 \quad u_0 \approx 331.45 + 0.61\times t\ (\text{m/s}) \tag{5-24-8}$$

其中,t 为室温,单位为℃。

【实验内容与步骤】

一、实验内容

(1) 超声换能器频率特性测量,找寻探头的谐振频率。

(2) 测量超声接收换能器的运动速度与接收频率的关系,验证多普勒效应。

(3) 用步进电机控制超声接收换能器的运动速度,通过测频求出空气中的声速。

(4) 将超声换能器作为速度传感器,用于研究匀速直线运动、匀加(减)速直线运动、简谐运动等。

(5) 单探头测量物体距离。

(6) 在直射式和反射式两种情况下,用时差法测量空气中的声速。

(7) 若另配示波器,可用“驻波法”和“相位法”测量声速(仪器有收、发波形输出口),可参阅相关资料进行。

二、实验步骤

1. 参数设定

(1) 把智能多普勒效应实验仪、测试架用专用连接线连接起来。先打开工作电源,液晶屏显示主菜单(如图 5-24-4)。

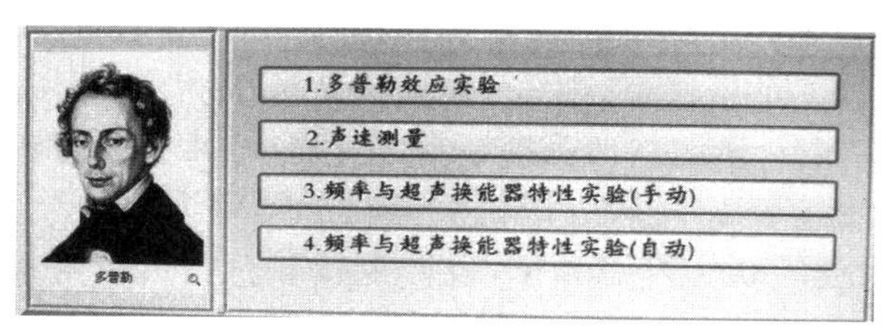

图 5-24-4　主菜单

仪器预热 15 分钟后,进行实验。

(2) 先按触一下液晶屏主菜单“1. 多普勒效应实验”选项,液晶屏显示子菜单(如图 5-24-5)。

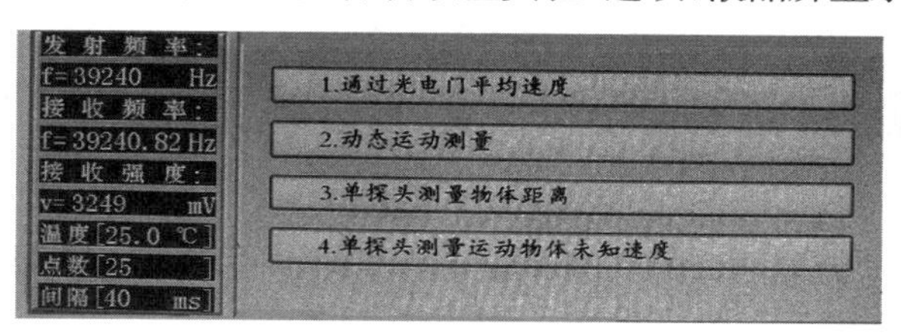

图 5-24-5　子菜单

其中显示的(环境)温度、(采集)点数、(采集)间隔值是仪器出厂时的预置值,可修改(除环境温度须重新设置外,其他参数保持不变,按原预置值运行)。

(3) 环境温度值设置:若要把“25.0 ℃”修改到环境温度“XX. X ℃”,操作步骤见表 5-24-1。

表 5-24-1　环境温度值设置步骤

数据查看	向上	数据保存	频率设定	速度/距离	运动方式
退出	向下	确认	参数设定	执行⇐	停止⇒

按触菜单下部的“参数设定”及子菜单的“环境温度”,在设置窗口输入“XX. X”(如图 5-24-6)。

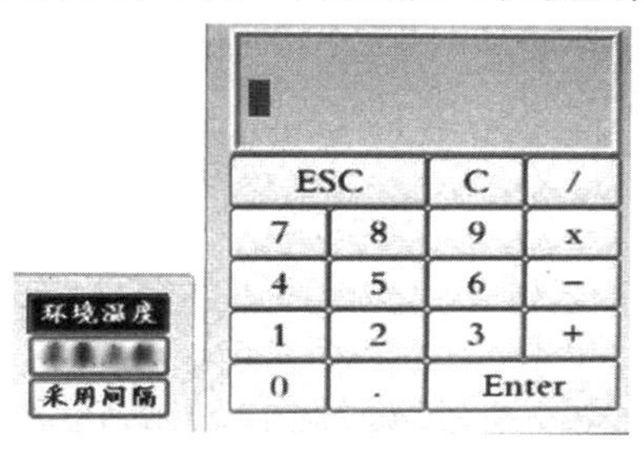

图 5-24-6　输入数据

设置完毕按“Enter”键存入修改结果并退出设置状态(注意:必须待参数输入完毕才能退出设置窗口;如果参数输入有误,则保持上一次设置的数据)。

2. 超声换能器频率特性实验

(1) 用手移装有接收探头的小车至测试架中间位置,按触主菜单的“4. 频率与超声换能器特性实验(自动)”,进入超声换能器频率特性实验,先把“发射强度”旋钮顺时针调到较大,“接收强度”旋钮顺时针调到中间位。检查调节使接收、发射头圆盘座上刻线与底座角度指示尺的“0”对准,按触菜单下部的“执行”,声源频率(发射频率)开始逐渐由小增大,接收强度随之增大,信号源输出频率达到接收探头的谐振频率附近(参见探头上的标志),在液晶屏上可观察到接收强度极大值,此后声源频率继续增大,接收强度减小,仪器会记录不同频率下的接收强度,同时绘出曲线(如图 5-24-7),最后确定接收强度极大值对应频率为中心频率(接收探头的谐振频率),此后各项实验都自动默认为声源频率,以确保接收探头灵敏度最高。按触菜单下部的“退出”,回到上层菜单。

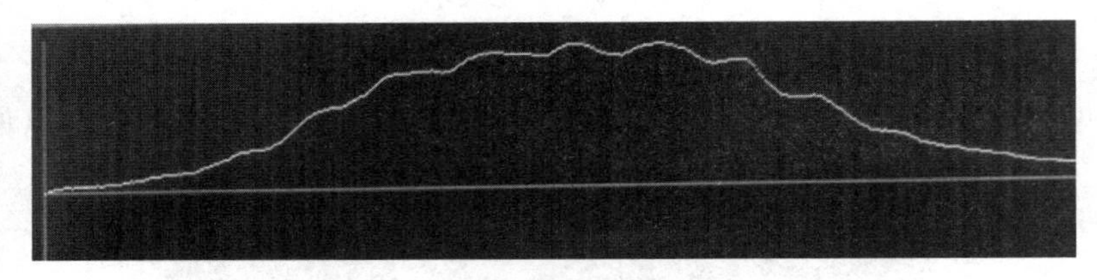

图 5-24-7 频率曲线(一)

(2) 按触主菜单的“3. 频率与超声换能器特性实验(手动)”,进入超声换能器频率特性实验,声源频率(发射频率)由手点触屏显“Exit”两边的“▶”或“◀”,以 50 Hz 步进方式增、减,并给出不同发射频率对应的接收强度值,绘出曲线(如图 5-24-8),以便观察分析超声换能器频率特性。找寻接收强度极大值对应的频率为中心频率(接收探头的谐振频率),并人工记录,仪器不保存此数据。

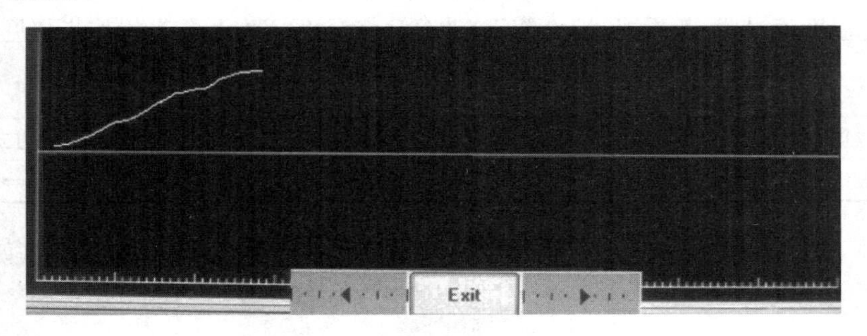

图 5-24-8 频率曲线(二)

3. 观察并验证多普勒效应

按下测试架右侧电源按钮,指示灯亮。按触一下主菜单“1. 多普勒效应实验”选项,再按子菜单的“1. 通过光电门平均速度”,按触“执行”键,小车从导轨的一端,按照预置速度匀速运动到另一端,FB718A 屏幕上显示出一次实验结果:$v=0.\text{XX}$ m/s,$f=\text{XXX}$ Hz,$\Delta f=\text{XXX}$ Hz(如图

5-24-9)。各显示值分别是小车通过中间光电门的平均速度 v，接收到的声波频率 f 以及多普勒频移 Δf 数据(Δf 数据前有"－"号表示是接收传感器远离发射传感器的运动)。

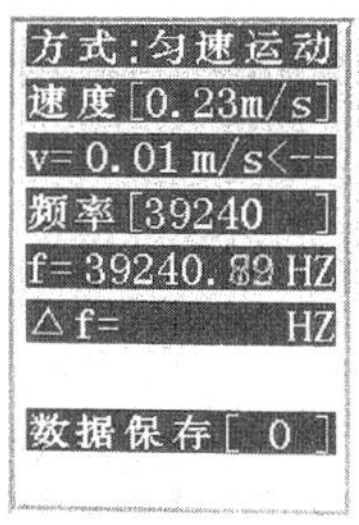

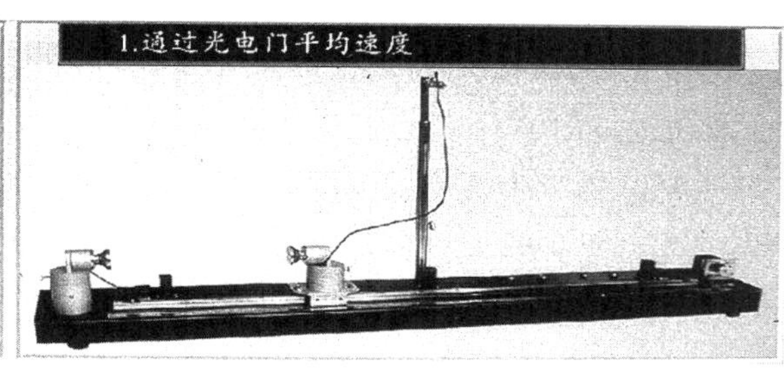

图 5-24-9　实验结果显示

按触菜单下部的"速度/距离"，可改变预置速度，手点触屏显"Exit"两边的"▶"或"◀"，以 0.01 m/s 步进方式增、减，按"Enter"键存入修改结果并退出设置(参数允许设置范围：0.04～0.43 m/s)。改变速度设置值，在不同速度条件下重复进行多次测量。

"频率设定"一般不需重置，因换能器频率特性实验已确定接收强度极大值对应频率为中心频率。

做一次"过光电门的平均速度"实验，按触"数据保存"记录一组数据，内容包括："平均速度 v"和"多普勒频移 Δf"。最多可以保存 48 组实验数据。要查看这些数据，只要重复按"数据查看"键，即可显示各组实验数据。如此至少做 10 次不同速度下的测量，记录到表 5-24-2 中，做完后，按"退出"键，仪器回到上层菜单。

表 5-24-2　多普勒效应实验数据记录　　环境温度：＿＿＿＿℃

次数	小车运动速度 v (m/s)	接收头频率 f (Hz)	多普勒频移 Δf (Hz)	多普勒频移理论值 (Hz)	相对误差 (%)
1					
2					
3					
4					
5					
6					
7					
8					
9					
10					

断电(关电源) 实验数据将丢失，设置自动恢复上一次设置参数。

4. 观察变速运动的规律

智能多普勒效应实验仪可控制小车做多种方式运动，以观察变速运动的规律。

按触子菜单的“动态运动测量”，再按触菜单下部的“运动方式”，可选择不同的变速运动(如图 5-24-10)。

匀速运动
往复匀速
匀加速
匀减速
变速1
变速2
简谐运动
步进运动

图 5-24-10 运动方式

(1) 观察小车“匀速运动”：按触菜单下部的“运动方式”及子菜单的“匀速运动”，按“执行”键，小车将回到起点，开始做匀速运动，到终点停止。据采集点数及采集间隔记录下小车接收声波频率值，并在液晶屏上画出 Δf-T 曲线如图 5-24-11 所示。

每做完一次匀速运动实验，自动记录一组“Δf”值。要查看这些数据，只要重复按“数据查看”键，可翻页显示实验数据。

按“退出”键，回到上层菜单。

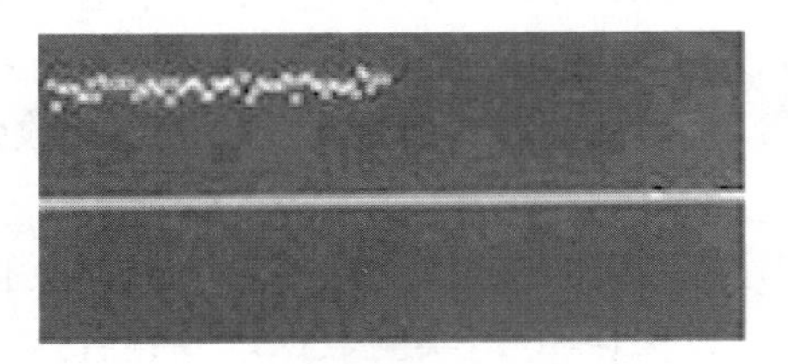

图 5-24-11 “匀速运动”Δf-T 曲线图

(2) 观察小车“往复匀速”：按触菜单下部的“运动方式”及子菜单的“往复匀速”，按“执行”键，小车将回到起点，开始做匀速运动，到终点停止；然后反向做匀速运动，往复进行，直到按触“停止”。据采集点数及采集间隔记录下小车接收声波频率值，并在液晶屏上画出 Δf-T 曲线如图 5-24-12 所示(下部是反向运动曲线)。

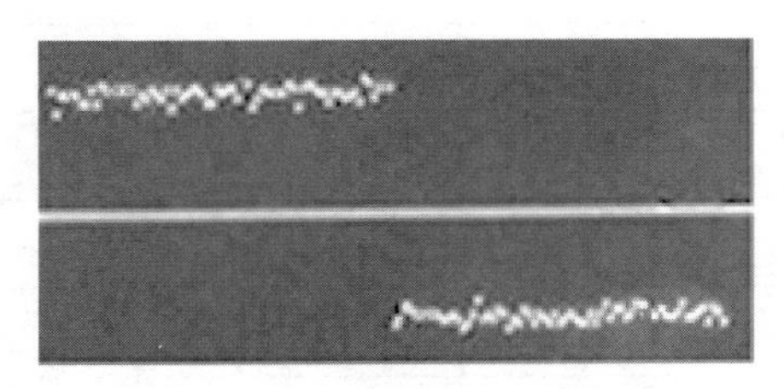

图 5-24-12 “往复匀速”Δf-T 曲线图

每做一次单程匀速运动实验，自动记录一组“Δf”值(反向匀速运动时，清除原记录，记录新数据)。要查看单程匀速运动实验，小车将到终点停止前按触“停止”，此单程记录保存。

(3) 观察小车“匀加速”：小车在二限位光电门之间任意位置，按触菜单下部的“运动方式”及子菜单的“匀加速”，按“执行”键小车先回到起点，从右向左逐渐匀加速运动，直到达左端限位光电门后换向，从左向右逐渐反向匀加速运动，如此往复匀加速运动，在液晶屏上画出 Δf-T 曲线如图 5-24-13 所示(下部是反向运动曲线)。

每做一次单程匀加速运动实验，自动记录一组“Δf”值(反向匀加速运动时，清除原记录，记录新数据)。要查看单程匀加速运动实验，小车将到终点停止前按触“停止”，此单程记录保存。

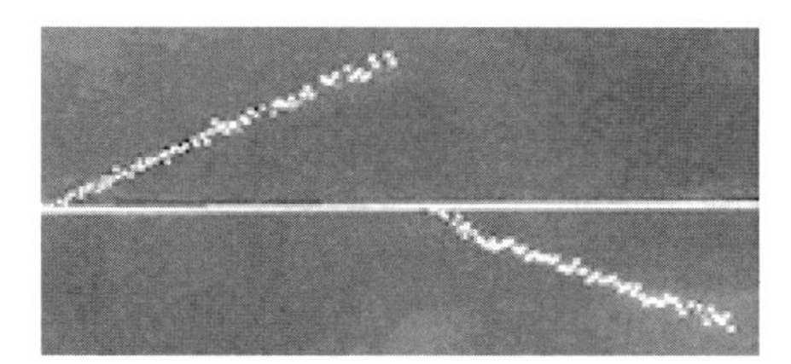

图 5-24-13　“匀加速”Δf-T 曲线图

(4) 观察小车“匀减速”:方法同上。Δf-T 曲线如图 5-24-14 所示。

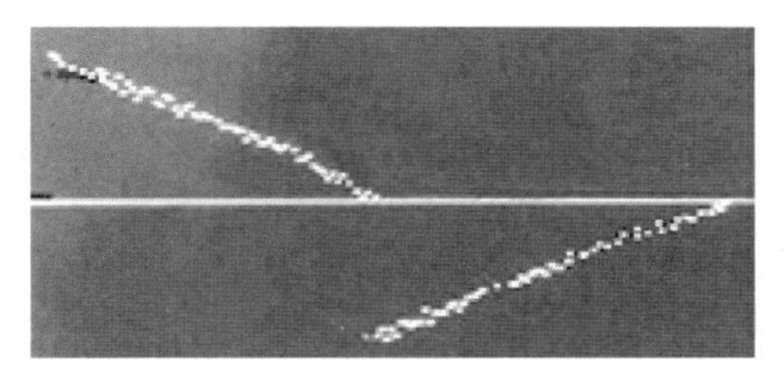

图 5-24-14　“匀减速”Δf-T 曲线图

(5) 观察小车“变速 1”:方法同上。Δf-T 曲线如图 5-24-15 所示。

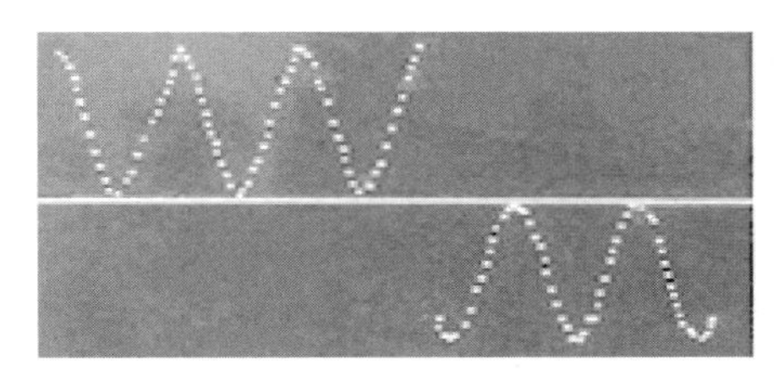

图 5-24-15　“变速 1”Δf-T 曲线图

(6) 观察小车“变速 2”:方法同上。Δf-T 曲线如图 5-24-16 所示。

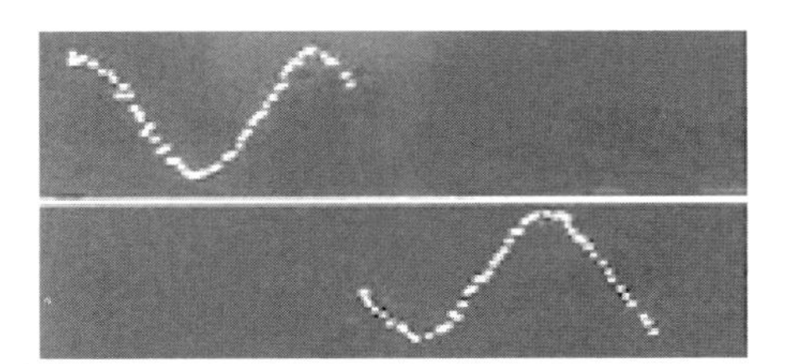

图 5-24-16　“变速 1”Δf-T 曲线图

(7) 观察小车“简谐运动”:方法同上。Δf-T 曲线如图 5-24-17 所示。

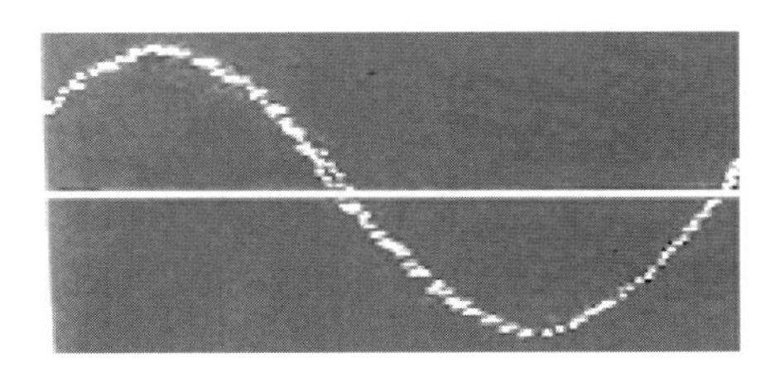

图 5-24-17　“简谐运动”Δf-T 曲线图

5. 单探头测量物体距离

智能多普勒效应实验仪可以用单探头测量能反射声波的物体至探头的距离。

按触子菜单的“单探头测量物体距离”，调节“发射强度”为最大，“接收强度”为适中。

取下小车上的接收探头，换为反射板（注意反射板平面正对发射探头），手工移动小车至 30 cm 外（30 cm 内为测量盲区），可见液晶屏上显示反射板至发射探头距离，手工移动小车，距离数会随之变动。

6. 用时差法测声速

（1）自动（电机移距）。

① 在主菜单中选取“2. 声速测量”，再按子菜单的“2. 时差法测量声速”，再按触菜单下部的“速度/距离”，可设定不同移动距离。小车的起始位置必须在左右限位光电门内，才能正常控制小车运动。

② 按“执行⇐”（或“停止/⇒”）选择小车移动方向，小车开始做匀速运动，移动所选距离停止，液晶屏会显示出时间值（μs），记录该时间值，可计算出时差。可重复按“执行/⇐”（或“停止⇒”），观察变化规律 。

（**说明：**接收、发射换能器距离在 20～70 cm，测量结果较为准确。太近会相互干扰，太远则接收信号渐渐变弱，其第一个反射脉冲慢慢消失，计时器可能记录到第二个反射脉冲，这时候就会产生 27 μs 的误差（一个脉冲间隔时间）。因此，若从 t_1 到 t_2 跨过一个不稳定区（跃变区），则 t_2-t_1 会多出 27 μs，这时实际时差应该是 $\Delta t=t_2-t_1-27$ μs，假设实验过程中收发换能器距离变化为 30～350 mm，那么大约会出现 3 段跃变区，需扣除若干倍 27 μs 才是实际时差）。

③ 如果在小车向右移动一个设置行程时，时间显示值跳动不稳定，不能正确读数，那么可以放弃这组读数，往右继续移动小车，直到再出现稳定读数时，再记录，但必须记住对应的位置读数。越过不稳定区的时差值，应该包含 27 μs 的整数倍的误差，然后在数据处理时予以剔除。

④ 如此至少做 10 组数据，记录于表 5-24-3，由于此时位移量已经不再是等间距，不能使用逐差法处理数据，只能把相邻实验数据相减，用对应的时差值计算声速，然后求算术平均值。

（2）手动（手工移距）。

① 在主菜单中选取“2. 声速测量”，再按子菜单的“2. 时差法测量声速”。待电机复位完毕，关闭测试架电源。手工移动小车的起始位置远离发射头。

② 手工旋转步进电机转轴旋钮，顺时针（或反时针）选择小车移动方向，按照测试架上标尺刻度，移动“自动”时所选距离停止，液晶屏会显示出时间值（μs），记录该时间值，继续移动同样距离，重复进行（说明等同“自动”）。

③ 如此至少做 10 组数据，记录于表 5-24-4，计算出时差、声速。

7. 反射法测声速（时差法）（选做内容）

先转动接收、发射换能器各 90°，两换能器平行且都垂直面对反射板（附件），反射板要远离两换能器，调整两换能器之间的距离、两换能器和反射板之间的夹角 θ 以及垂直距离 L，如图 5-24-18所示，使数字示波器（双踪，由脉冲波触发）接收到稳定波形；利用数字示波器观察波形，通过调节示波器使接收波形的某一个波头 bn 的波峰位于示波器屏幕某一刻度（x 坐标），然后向前或向后水平调节反射板的位置，使移动 ΔL，记下此时示波器中先前那个波头 bn 在时间轴上移动的时间 Δt，如图 5-24-19 所示，从而得出声速值 u，$u=\dfrac{\Delta x}{\Delta t}=\dfrac{2\Delta L}{\Delta t\sin\theta}$，用数字示波器测量时间同样适用于直射式测量，而且可以使测量范围增大。将实验中得到的多个声速值与理论值公式(5-24-8)相比较。

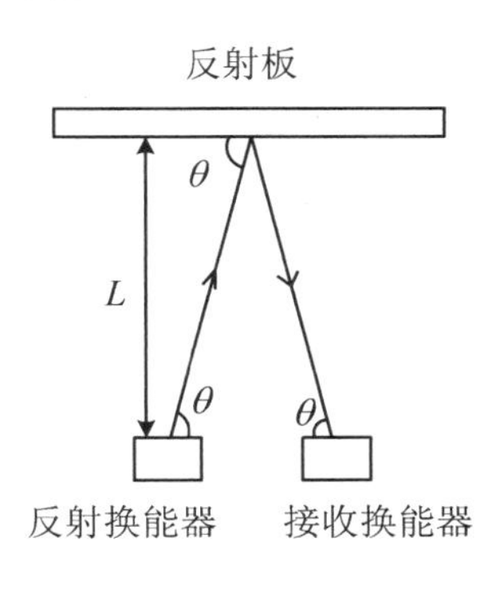

图 5-24-18　反射法测声速

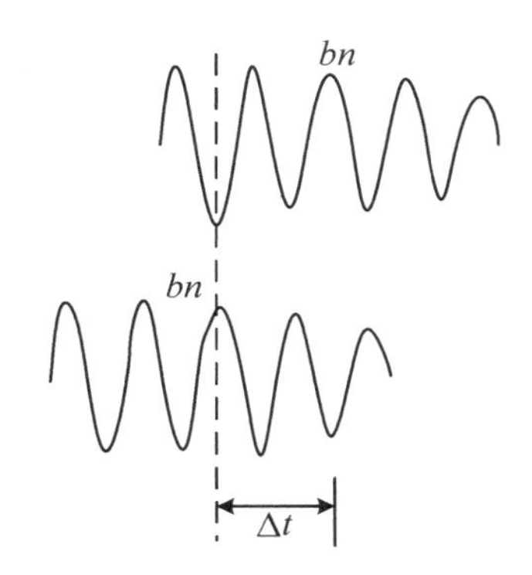

图 5-24-19　接收波形

【数据记录与处理】

(1) 把不同速度下的多普勒效应实验数据记录于表 5-24-2。

(2) 根据公式(5-24-8)计算实验环境条件下声速的理论值。

(3) 根据公式(5-24-4)计算实验环境条件下多普勒频移的理论值。

(4) 与理论值比较，计算多普勒效应实验的相对误差，验证多普勒效应方程。

(5) 从液晶屏上观察各种不同规律运动的 Δf-T 实验曲线。调出并记录存储的实验数据，根据实验环境下声速的理论值和发射信号频率，把各采样点记录的频率数值换算成小车的运动速度，从而了解和研究各种变速运动的规律(表格请同学们自行设计)。

(6) 将“时差法测量声速”测量到的各对应时差值记录于表 5-24-3、表 5-24-4。

表 5-24-3　用“时差法测量声速”(自动)实验数据记录及处理　　环境温度:________℃

测量次数	小车位置 X_i(cm)	时差读数值 t_i(μs)	$X_{i+1}-X_i$ (cm)	$t_{i+1}-t_i$ (μs)	空气中的声速 u_i(m/s)
1			—	—	—
2					
3					
4					
5					
6					

续表

测量次数	小车位置 X_i(cm)	时差读数值 t_i(μs)	$X_{i+1}-X_i$ (cm)	$t_{i+1}-t_i$ (μs)	空气中的声速 u_i(m/s)
7					
8					
9					
10					

表 5-24-4 用"时差法测量声速"(手动)实验数据记录及处理 环境温度:__________℃

测量次数	小车位置 X_i(cm)	时差读数值 t_i(μs)	$X_{i+1}-X_i$ (cm)	$t_{i+1}-t_i$ (μs)	空气中的声速 u_i(m/s)
1			—	—	—
2					
3					
4					
5					
6					
7					
8					
9					
10					

① 计算时差法测量声速的实验平均值。

$$\bar{u}=\frac{1}{n}\sum_{i=1}u_i=\_\_\_\_\_\_\_\_\_\_(\mathrm{m/s})$$

② 计算实验环境温度下声速在空气中的传播速度的理论值。

$$u_0\approx 331.45+0.61t=\_\_\_\_\_\_\_\_\_\_(\mathrm{m/s})$$

③ 把实验结果与理论值比较,计算相对误差。

$$E=\left|\frac{\bar{u}-u_0}{u_0}\right|\times 100\%=\_\_\_\_\_\_\_\_\_\_\%$$

④ 如果误差太大,请对误差产生的原因进行分析。

作 业 题

1. 马赫是什么单位?它的定义是什么?
2. 请举例说明多普勒效应在生活中的应用。

实验二十五　迈克耳孙干涉仪的调节与使用

【实验目的】

(1) 了解迈克耳孙干涉仪的结构、原理及调节方法。

(2) 观察点光源非定域干涉的现象，了解其形成条件和条纹特点。

(3) 用迈克耳孙干涉仪测量 He-Ne 激光的波长。

【实验仪器】

迈克耳孙干涉仪，He-Ne 激光器，扩束镜。

【实验原理】

迈克耳孙干涉仪所产生的两相干光束是由两片光学平面镜 M_1 和 M_2 的反射而形成的。画出 M_1 被 G_1 反射所形成的虚像 M_1'，则研究干涉花样时，M_1' 和 M_1 完全等效。根据 M_1 和 M_2 相对位置及所使用的光源在迈克耳孙干涉仪中可观察到：①点光源产生的非定域干涉条纹；②点、面光源等倾干涉条纹；③面光源等厚干涉条纹。本实验主要观察第①种条纹，并利用这种条纹进行测量。

点光源产生的非定域花样是这样形成的：由图 5-25-1 可见光源 S 经扩束镜会聚后的激光束，是一个线度小、有足够强度的点光源。点光源经 M_1M_2 反射后，相当于由两个虚光源 S_1'、S_2 发生的相干光束，S_1' 和 S_2 间的距离为 M_2 和 M_1' 的距离 d 的两倍，即 $S_1'S_2=2d$。

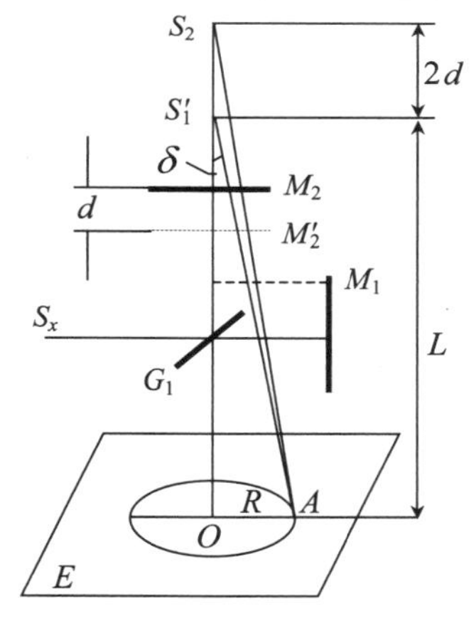

图 5-25-1　干涉花样的形成

虚光源 S_1'、S_2 发出的球面波在它们相遇的空间处相干，因此是非定域的干涉花样。

若用观察屏接收干涉花样时，不同的位置可以观察到圆、椭圆、双曲线、直线状的条纹（在迈克耳孙干涉仪，放置屏的空间是有限的，只有圆和椭圆容易出现）。通常，把屏 E 放在垂直于 $S_1'S_2$ 的连线 EA 外，对应的干涉花样是一组同心圆，圆心在 $S_1'S_2$ 延长线和屏的交点上。

由 $S_1'S_2$ 到屏上任一点 A 两光线的光程差 Δr 为

$$\begin{aligned}\Delta r &= S_2A-S_1'A=\sqrt{(L+2d)^2+R^2}-\sqrt{L^2+R^2}\\ &=\sqrt{L^2+R^2}\sqrt{1+\frac{4Ld+4d^2}{L^2+R^2}}\end{aligned} \tag{5-25-1}$$

通常 $L\gg d$ 利用展开式为

$$\sqrt{1+x}=1+\frac{1}{2}x-\frac{1}{2\times4}x^2+\cdots$$

可将式(5-25-1)改写成

$$\Delta r=\sqrt{L^2+R^2}\left[\frac{1}{2}\frac{4Ld+4d^2}{L^2+R^2}-\frac{1}{8}\frac{16L^2d^2}{(L^2+R^2)^2}\right]$$

$$=\frac{2Ld}{\sqrt{L^2+d^2}}\left[1+\frac{dR^2}{L(L^2+R^2)^2}\right]$$

由图 5-25-1 中的三角关系，上式可写成

$$\Delta r=2d\cos\delta\left(1+\frac{d}{L}\sin^2\delta\right) \tag{5-25-2}$$

略去二级无穷小项可得

$$\Delta r=2d\cos\delta \tag{5-25-3}$$

$$\Delta r=2d\cos\delta=\begin{cases}K\lambda & 明纹\\(2K+1)\lambda & 暗纹\end{cases} \tag{5-25-4}$$

式(5-25-4)中，$K=0,1,2,\cdots$。

这种由光源产生的圆环干涉条纹，无论将观察屏 E 和沿 $S_1'S_2$ 方向移动到什么位置都可以看到。由式(5-25-4)可知：

① 当 $\delta=0$ 时的光程差 Δr 最大，即圆心点所对的干涉级别最高。摇动蜗杆移动 M_2，若 d 增加时，相当于减小了和 K 相应的 δ 角(或圆锥角)。可以看到圆环一个个从中心“涌出”往外扩张；若 d 减小时，圆环逐渐收缩，最后“淹没”在中心处。每“涌出”或“淹没”一个圆环，相当于 $S_1'S_2$ 的光程差改变了一个波长 λ。设 M_2 移动了 Δd 距离，相应地“涌出”或“淹没”的圆环数为 N，则

$$\Delta\lambda=2\Delta d=N\lambda$$

$$\Delta d=\frac{1}{2}N\lambda \tag{5-25-5}$$

从仪器上读出 Δd 及数出相应 N，就可以测出光波的波长 λ。

② d 增大时，光程 Δr 每改变一个波长所需的 δ 的变换值减小，即两亮环(或两暗环)之间的间隔变小，看上去条纹变细变密。反之，d 减小时，条纹变粗变疏。

③ 若以将 λ 作为标准值，测出“涌出”(或“淹没”)N 个圆环时的 $\Delta d_{实}$(M_2 移动的距离)与由式(5-25-5)计算出的理论值 $\Delta d_{理}$ 比较，可以校准仪器传动系统的误差。

④ 若以传动系统作为基准，则由 N 和 $\Delta d_{理}$ 可测定单色光源的波长 λ。实验时，光源都有一定的大小和形状，要获得一个比较理想的点光源，实验中往往用光栏和透镜将光束改变成较理想的发散光束。

【仪器简介】

迈克耳孙干涉仪的结构如图 5-25-2 所示。图 5-25-3 是迈克耳孙干涉仪的光路图。

从光源 S 出发的光束射到分光板 G_1(4)上(G_1 的前后两个面严格平行，后表面是镀铝或银的半反半透膜)，光束被半透膜分成为两束，图中 2 表示反射的一束光，1 表示透射的一束光。因为 G_1 和平面镜(反射镜)M_1(1)和 M_2(2)均成 45°，所以两束光分别近于垂直地入射 M_1、M_2。

两光束经反射后在观察屏(6)E处相遇,形成干涉条纹。G_2(5)为一补偿板,其材料和厚度与G_1完全相同。G_2的作用是补偿光束Ⅰ的光程,使光束Ⅰ和光束Ⅱ在玻璃中的光程相等。G_1与G_2平行。

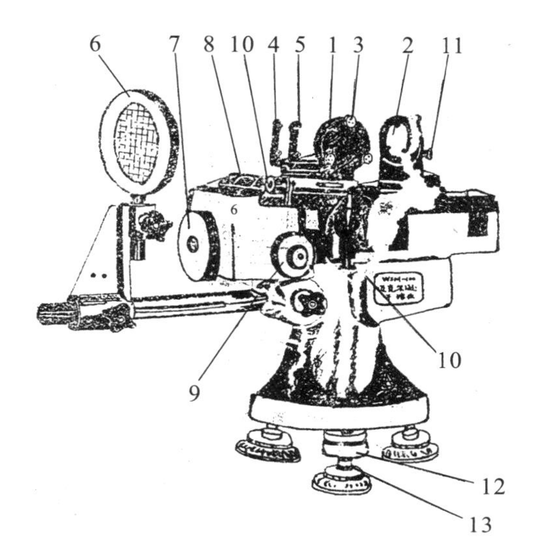

图 5-25-2　迈克耳孙干涉仪的结构

1. 反射镜M_1;　2. 反射镜M_2;　3. M_1镜面调节螺针;　4. 分光板;　5. 补偿玻璃板G_2;
6. 观察屏;　7. 粗调平轮;　8. 读数窗口;　9. 微调鼓轮;　10. M_1调节装置;
11. M_2镜面调节螺针;　12. 锁紧圈;　13. 调平螺钉

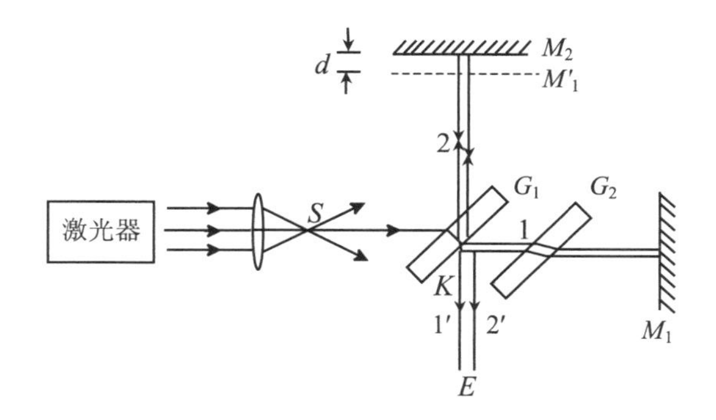

图 5-25-3　迈克耳孙干涉仪光路图

反射镜M_1是固定的,M_2可在精密导轨上前后移动以改变两束光的光程差。M_2的移动采用了蜗杆传动系统,移动距离的毫米数可在机体的侧面的毫米刻度上读得。通过读数窗口在刻度盘上读到0.01 mm。转动微动手轮经1∶100蜗轮副传动,可实现微动,微动手轮的分度值为0.0001 mm。

M_1、M_2的背面各有螺钉(3,11),用以调节M_1、M_2平面的倾度。M_1的下端还有两个相互垂直、附有拉簧的微动螺丝(10),用以细致地调节M_1的方位。

【实验内容】

1. 调节迈克耳孙干涉仪

(1) 先粗调底座上三只调平螺钉,使仪器主体大致水平,并拧紧锁紧圈,以保持座架稳定。

(2) 打开 He-Ne 激光器开关。使 He-Ne 激光束大致垂直于 M_1,即调节 He-Ne 激光器高低左右位置,使反射回来的光束按原路返回(图 5-25-2)。

(3) 转动粗调手轮,使 M_1、M_2 与 G_1 大致等距。

(4) 装上观察屏 E,可看到分别由 M_1 和 M_2 反射至屏的两排光点,每排三个光点,中间一个亮,旁边两个暗一些。调节 M_1 和 M_2 板面上的三个螺钉,使两排光点一一重合,这时 M_1 与 M_2 相互垂直。

(5) 在 He-Ne 激光器实际光路加进扩束镜(短焦距透镜),使扩束光照在 G_1 上,此时一般在屏上就会出现干涉条纹,再调节细调拉簧微动螺钉(10),以便能看到位置适中、清晰的圆环状非定域干涉条纹。

(6) 观察条纹变化,转动粗动手轮和微动手轮,可看到条纹的"涌出"或"淹没"。判别 $M_1'M_2$ 之间的距离是变大还是变小,观察条纹粗细和密度大小的关系。

2. 测量 He-Ne 激光波长

轻微调节粗动手轮,可以清晰地看到条纹一个一个地"涌出"或"淹没"现象。确定好"涌出"或"淹没"(选一种),记下初读数 d_0,始终向一个方向调节微动手轮,眼睛盯牢中心圆环(根据自己的习惯选明纹或暗纹)。每当"涌出"或"淹没"$N=100$ 个圈时读下 d_i,连续测量 10 次,记下 10 个 d 值,每测一次算出相应的 $\Delta d_i=|d_i-d_{i-1}|$,以便及时核对检查 N 是否数错。

表 5-25-1　数据处理

测量次数 (i)	d_i ($\times10^{-5}$ mm)	测量次数 ($i+5$)	d_{i+5} ($\times10^{-5}$ mm)	$\Delta d_i=\|d_i-d_{i-1}\|$ ($\times10^{-5}$ mm)
1		6		
2		7		
3		8		
4		9		
5		10		
平　均　值				$\overline{\Delta d}$

(1) 用逐差法处理数据,得$\overline{\Delta d}$。

(2) 按 $\Delta d=\frac{1}{2}N\lambda$ 算出 $\overline{\lambda_{实}}$,并与标准 $\lambda=632.8$ nm 比较,求出相对误差。

【注意事项】

(1) 迈克耳孙干涉仪是精密光学仪器,各光学元件的光学面绝对不能用手触摸。

(2) 调节 M_1 和 M_2 背面螺丝(3,11)、拉簧微动螺钉(10)时均应缓缓旋转。

(3) 严禁眼睛直视激光!

预习思考题

1. 玻璃板 G_1、G_2 的名称及作用各是什么?

2. 两块平面发射镜 M_1 和 M_2 严格垂直时,入射光在观察屏上将形成什么形状的干涉条纹? 当 M_2 与 M_1'间距增大或缩小时,干涉条纹有何变化?

作　业　题

1. He-Ne 激光波长为 632.8 nm,当 $N=100$ 条时,Δd 应为多大?

2. 什么是非定域干涉条纹? 它是等倾还是等厚干涉条纹?

实验二十六　太阳能电池特性研究与应用

太阳能的利用和太阳能电池特性研究是 21 世纪新型能源开发的重点课题。目前硅太阳能电池应用领域除人造卫星和宇宙飞船外,已大量应用于民用领域,如太阳能汽车、太阳能游艇、太阳能收音机、太阳能计算机、太阳能乡村电站等。太阳能是一种清洁、绿色能源,因此,世界各国十分重视对太阳能电池的研究和利用。本实验的目的主要是探讨太阳能电池的基本特性,太阳能电池能够吸收光的能量,并将所吸收的光子能量转换为电能。

【实验目的】

(1) 在没有光照时,太阳能电池主要结构为一个二极管,测量该二极管在正向偏压时的伏安特性曲线,并求得电压和电流关系的经验公式。

(2) 测量太阳能电池在光照时的输出伏安特性,作伏安特性曲线图,由图求得它的短路电流(I_{SC})、开路电压(U_{OC})、最大输出功率 P_{max}及填充因子$FF[P_{max}/(I_{SC}\cdot U_{OC})]$。填充因子是代表太阳能电池性能优劣的一个重要参数。

(3) 测量太阳能电池的光照特性:测量短路电流 I_{SC}和相对光强度 $J/J_0(=x_0/x)$之间关系,画出 I_{SC}与相对光强 $J/J_0(=x_0/x)$之间的关系图。测量开路电压 U_{OC}和相对光强度 $J/J_0(=x_0/x)$ 之间的关系,画出 U_{OC}与相对光强 $J/J_0(=x_0/x)$之间的关系图。

【实验原理】

太阳能电池在没有光照时其特性可视为一个二极管,其正向偏压 U 与通过电流 I 的关系式为

$$I = I_0 \cdot (e^{\beta U} - 1) \tag{5-26-1}$$

式(5-26-1)中，I_0 和 β 是常数。

由半导体理论可知，二极管主要是由能隙为 E_C-E_V 的半导体构成，如图 5-26-1 所示。E_C 为半导体导电带，E_V 为半导体价电带。当入射光子能量大于能隙时，光子会被半导体吸收，产生电子和空穴对。电子和空穴对会分别受到二极管内电场的影响而产生光电流。

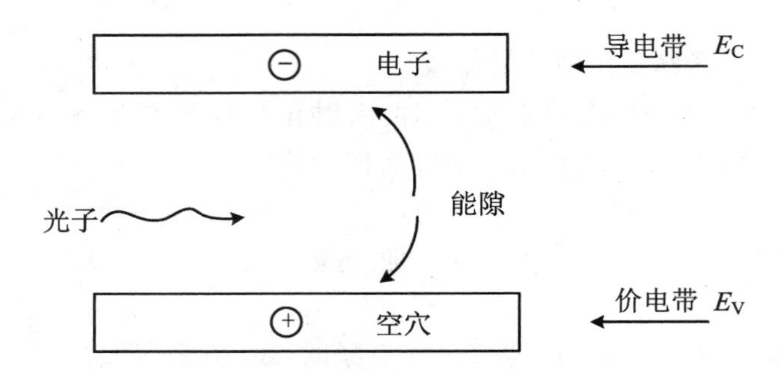

图 5-26-1 电子和空穴在电场的作用下产生光电流

假设太阳能电池的理论模型由一个理想电流源(光照产生光电流的电流源)、一个理想二极管、一个并联电阻 R_{SH} 与一个电阻 R_S 所组成，如图 5-26-2 所示。

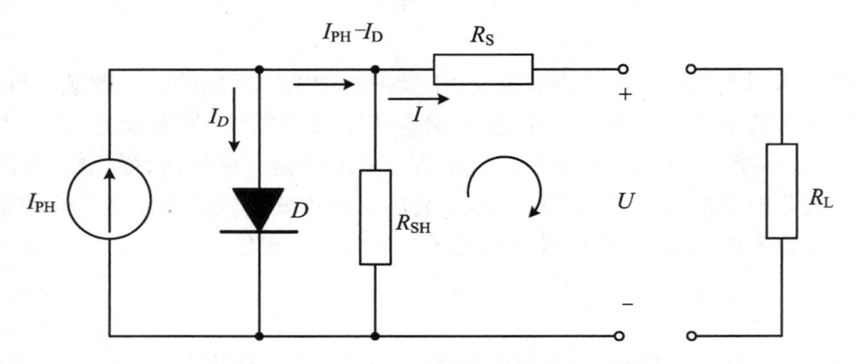

图 5-26-2 太阳能电池的理论模型电路图

图 5-26-2 中，I_{PH} 为太阳能电池在光照时的等效电源输出电流，I_D 为光照时通过太阳能电池内部二极管的电流。由基尔霍夫定律得

$$IR_S+U-(I_{PH}-I_D-I)R_{SH}=0 \tag{5-26-2}$$

式(5-26-2)中，I 为太阳能电池的输出电流，U 为输出电压。由式(5-26-1)可得

$$I\left(1+\frac{R_S}{R_{SH}}\right)=I_{PH}-\frac{U}{R_{SH}}-I_D \tag{5-26-3}$$

假定 $R_{SH}=\infty$ 和 $R_S=0$，太阳能电池可简化为图 5-26-3 所示的电路。这里，$I=I_{PH}-I_D=I_{PH}-I_0(e^{\beta U}-1)$。

在短路时，$U=0$，$I_{PH}=I_{SC}$；而在开路时，$I=0$，$I_{SC}-I_0(e^{\beta U}_{OC}-1)=0$。所以

$$U_{OC}=\frac{1}{\beta}\ln\left(\frac{I_{SC}}{I_0}+1\right) \tag{5-26-4}$$

式(5-26-4)即为在 $R_{SH}=\infty$ 和 $R_S=0$ 的情况下，太阳能电池的开路电压 U_{OC} 和短路电流 I_{SC} 的关系式。其中，U_{OC} 为开路电压，I_{SC} 为短路电流，而 I_0、β 是常数。

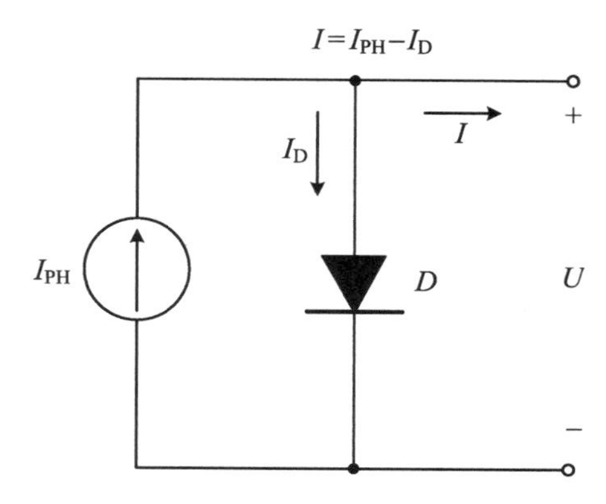

图 5-26-3　太阳能电池的简化电路图

【实验装置】

光具座、滑块支架、具有引出接线的盒装太阳能电池板、数字万用表 1 只(用户自备)、电阻箱 1 只(用户自备)、碘钨灯白光光源 1 只(功率 220 V/100 W)、直流稳压电源(0～15 V 连续可调)、导线若干、遮光罩 1 个。

实验仪器结构图如图 5-26-4 所示。

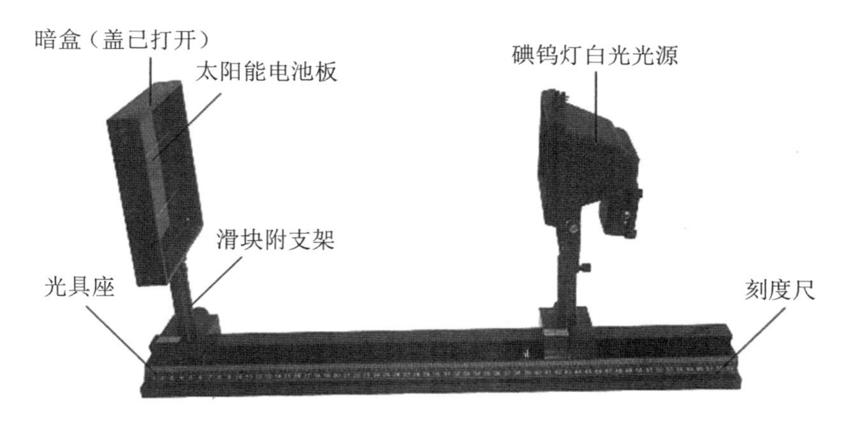

图 5-26-4　FB736A 型太阳能电池特性研究与应用综合实验仪结构图

【实验内容】

一、太阳能电池的特性研究

(1) 在无光源(全黑)的条件下，测量太阳能电池施加正向偏压时的 I-U 特性：

① 按实验要求画出测量的实验线路图。

② 根据正向偏压时 I-U 关系测量数据，画出 I-U 曲线并求得常数 β 和 I_0 的值。

(2) 在白光光源照射下，不加偏压，测量太阳能电池光照特性。注意此时光源到太阳能电池距离保持 20 cm 不变。

① 画出测量线路图。

② 测量电池在不同负载电阻下，I 对 U 变化关系，画出 I-U 曲线图。

③ 用外推法求短路电流 I_{SC} 和开路电压 U_{OC}。

④ 求太阳能电池的最大输出功率和最大输出功率时对应的负载电阻。

⑤ 计算填充因子 $FF=P_{max}/(I_{SC}\cdot U_{OC})$。

(3) 测量太阳能电池的光照特性：

在暗箱中(用遮光罩挡光)，我们把太阳能电池在距离白光光源 $x_0=20$ cm的水平距离接受到的光照强度作为标准光照强度 J_0，然后改变太阳能电池到光源的距离 x_i，根据光照强度和距离成反比的原理，计算出各点对应的相对光照强度 $J/J_0=x_0/x_i$ 的数值。测量太阳能电池在不同相对光照强度 J/J_0 时，对应的短路电流 I_{SC} 和开路电压 U_{OC} 的值。

① 描绘短路电流 I_{SC} 和相对光强度 J/J_0 之间的关系曲线，求短路电流 I_{SC} 与相对光照强 J/J_0 之间近似函数表达式。

② 描绘出开路电压 U_{OC} 和相对光照强度 J/J_0 之间的关系曲线，求开路电压 U_{OC} 与相对光照强度 J/J_0 之间近似函数表达式。

1. 在全暗的情况下，测量太阳能电池正向偏压下流过太阳能电池的电流 I 和太阳能电池的输出电压 U

测量电路如图 5-26-5 所示，改变电阻箱的阻值，用万用表量出各种阻值下太阳能电池与电阻箱两端的电压，算出电流测量结果记入表 5-26-1。

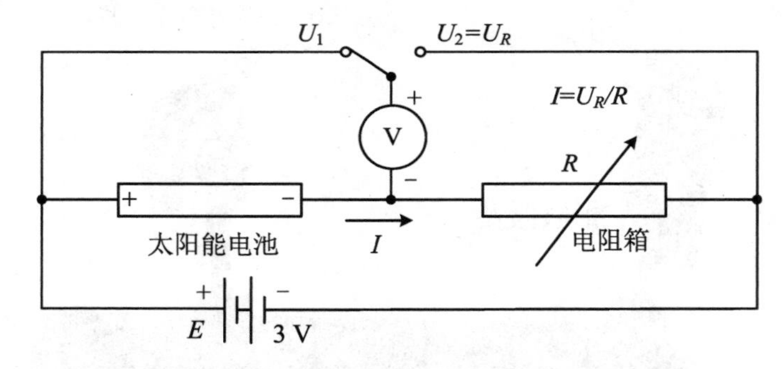

图 5-26-5　全暗时太阳能电池在外加偏压时的伏安特性测量线路(一)

表 5-26-1　全暗情况下太阳能电池在外加偏压时伏安特性数据记录

R(kΩ)	U_1(V)	U_2(V)	$I(\mu A)=U_2/R$	$\ln I$
50.00				
45.00				
40.00				
35.00				

续表

R(kΩ)	U_1(V)	U_2(V)	$I(\mu A)=U_2/R$	$\ln I$
30.00				
25.00				
20.00				
15.00				
8.00				
5.00				
2.00				
1.00				
0.00				

全暗情况下太阳能电池外加偏压时的伏安特性曲线如图 5-26-6。

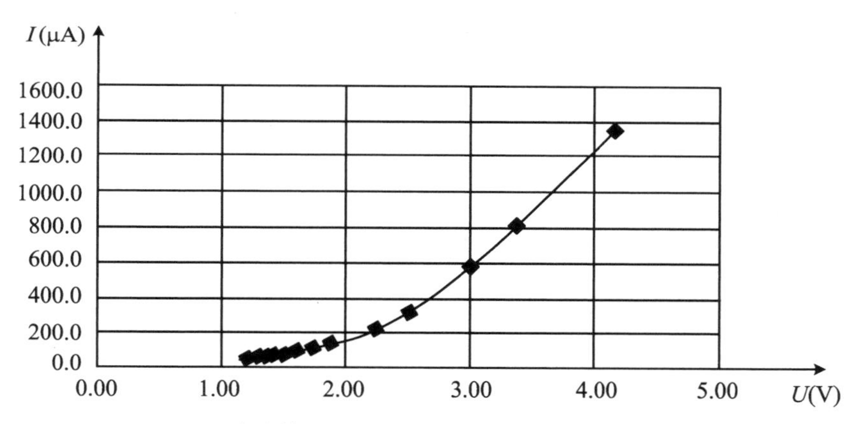

图 5-26-6　全暗情况下太阳能电池外加偏压时的伏安特性曲线

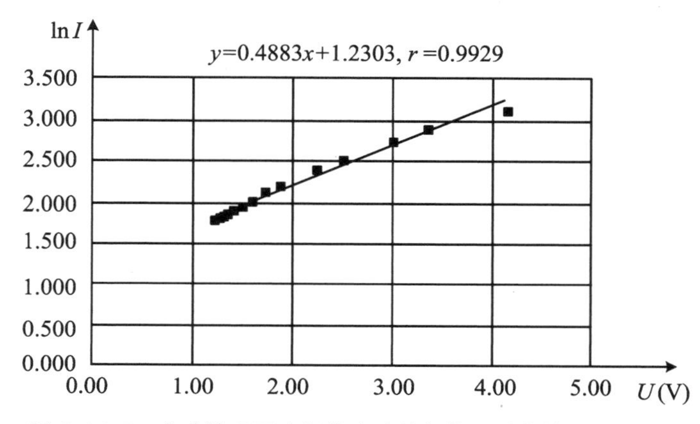

图 5-26-7　全暗情况下太阳能电池外加偏压时的伏安对数曲线

根据图 5-26-7 可以看出，电流与电压的指数关系得到验证。

如果用户有 0～3.0 V 直流可调电源，则可采用图 5-26-8 所示实验电路（正向偏压在 0～3.0 V 变化，$R=1000\ \Omega$）。实验步骤与表格请同学自拟。

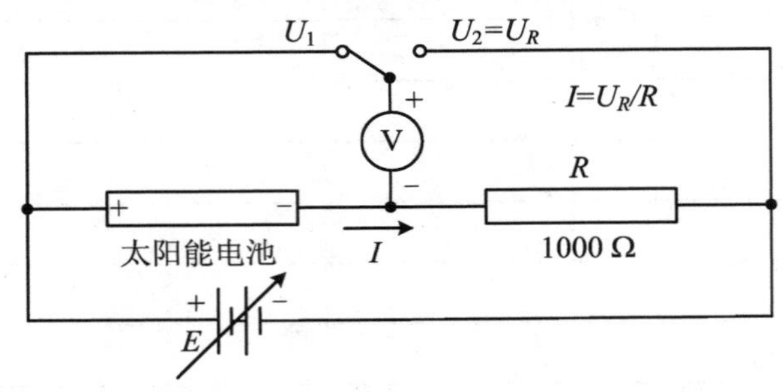

图 5-26-8 全暗时太阳能电池在外加偏压时的伏安特性测量线路（二）

2. 不加偏压，在使用遮光罩条件下，保持白光源到太阳能电池距离 20 cm，测量太阳能电池的输出电流 I 对太阳能电池的输出电压 U 的关系

测量电路与图 5-26-5 一样。测量结果记入表 5-26-2。

表 5-26-2 恒定光照下太阳能电池在不加偏压时伏安特性数据记录

R(Ω)	U_1(V)	I(mA)	P(mW)
5			
10			
15			
20			
25			
30			
35			
40			
45			
50			
55			
60			
65			
70			
75			
80			

续表

$R(\Omega)$	U_1(V)	I(mA)	P(mW)
85			
90			
95			
100			
150			
200			
500			
800			
1000			

由图 5-26-9 得短路电流 $I_{SC}\approx 0.102$ A，开路电压 $U_{OC}\approx 5.88$ V。太阳能电池在光照时，输出功率 $P=I\times U$ 与负载电阻 R 的关系如图 5-26-10 所示，由图 5-26-10 可得到最大输出功率

$$P_m \approx 446\ \text{mW}$$

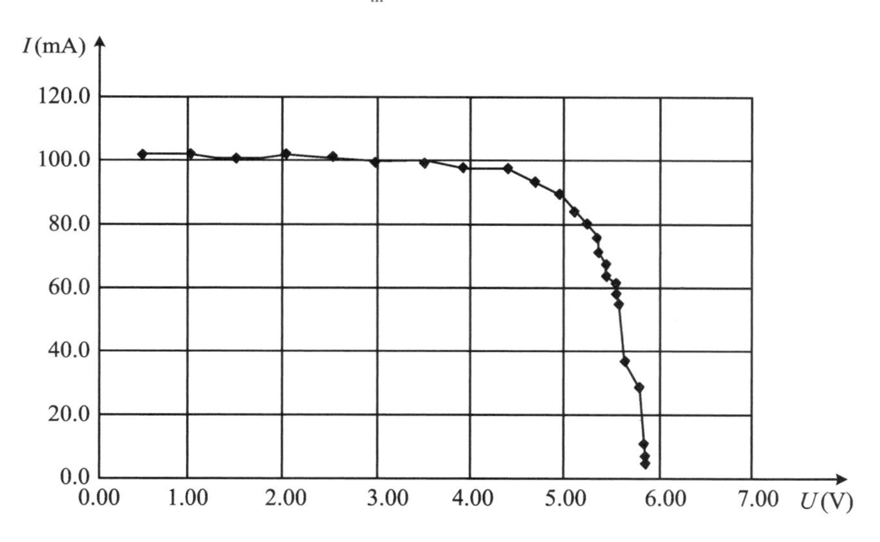

图 5-26-9　恒定光照下太阳能电池不加偏压时的伏安特性曲线

此时负载电阻 $R\approx 55\ \Omega$，于是得填充因子如下：

$$FF=\frac{P_{max}}{I_{SC}\cdot U_{OC}}\approx\frac{446\times 10^{-3}}{0.102\times 5.88}=0.744$$

3. 测量太阳能电池短路电流 I_{SC} 和开路电压 U_{OC} 与相对光照强度 J/J_0 的相对关系

对于短路电流 I_{SC} 可以直接用万用表的电流挡测量，开路电压 U_{OC} 可以直接用万用表的电压挡测量。把测量结果记入表 5-26-3。

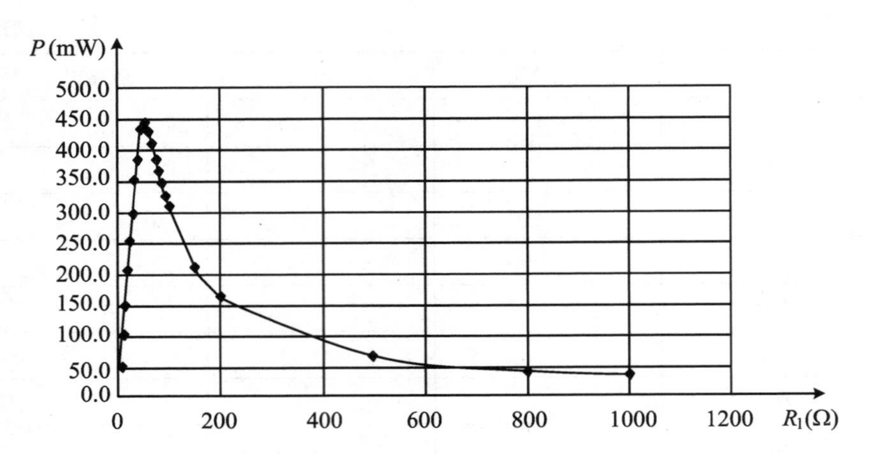

图 5-26-10 恒定光照无偏压太阳能电池输出功率与负载电阻的关系曲线

表 5-26-3 太阳能电池短路电流 I_{SC}、开路电压 U_{OC} 与相对光照强度 J/J_0 的对应关系

灯与太阳能电池距离 x_i(cm)	相对光照强度 J/J_0	I_{SC}(A)	U_{OC}(V)
50	0.400		
48	0.417		
46	0.435		
44	0.455		
42	0.476		
40	0.500		
38	0.526		
36	0.556		
34	0.588		
32	0.625		
30	0.667		
28	0.714		
26	0.769		
24	0.833		
22	0.909		
20	1.000		

从图 5-26-11 和图 5-26-12 中找出短路电流 I_{SC}、开路电压 U_{OC} 与相对光强 J/J_0 的近似函数关系为

$$I_{SC} = A(J/J_0) \tag{5-26-5}$$

$$U_{OC} = BI_n(J/J_0) + C \tag{5-26-6}$$

利用最小二乘法拟合，得 $I_{SC} = 0.1332 \times (J/J_0) - 0.033$，相关系数 $r = 0.9980$；

$U_{OC}=-1.5463\times|\ln(J/J_0)|+1.4763$，相关系数 $r=0.9920$（如图 5-26-13）。从最小二乘法拟合中，可知对短路电流 I_{SC} 和开路电压 U_{OC} 关系的式（5-26-5）和式（5-26-6）成立。

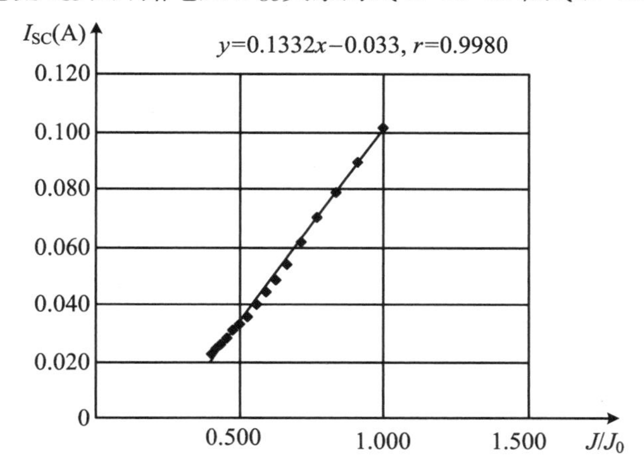

图 5-26-11　太阳能电池短路电流与相对光强的关系曲线

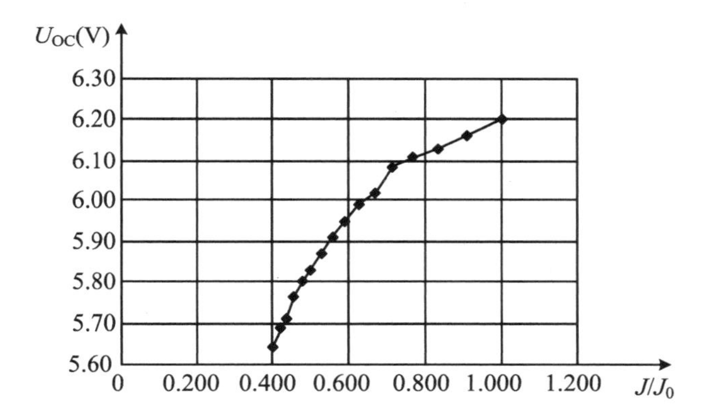

图 5-26-12　太阳能电池开路电压与相对光强的关系曲线

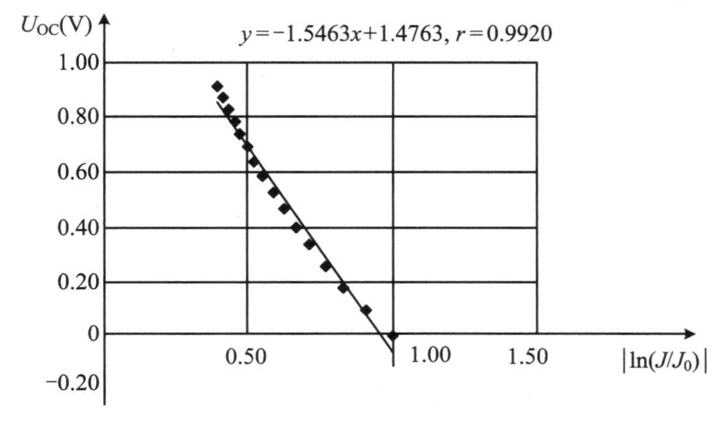

图 5-26-13　太阳能电池开路电压与相对光强对数的绝对值关系曲线

二、太阳能电池的应用及相关电路实验

(1) 太阳能光伏发电在不远的将来会占据世界能源消费的重要席位，不但要替代部分常规能源，而且将成为世界能源供应的主体。预计到2030年，可再生能源在总能源结构中将占到30%以上，而太阳能光伏发电在世界总电力供应中的占比也将达到10%以上；到2040年，可再生能源将占总能耗的50%以上，太阳能光伏发电将占总电力的20%以上；到21世纪末，可再生能源在能源结构中将占到80%以上，太阳能发电将占到60%以上。这些数字足以显示出太阳能光伏产业的发展前景及其在能源领域重要的战略地位。由此可见，太阳能电池市场前景广阔。

目前太阳能电池主要包括晶体硅电池和薄膜电池两种，它们各自的特点决定了它们在不同应用中拥有不可替代的地位。但是，未来10年晶体硅太阳能电池所占份额尽管会因薄膜太阳能电池的发展等原因而有所下降，但其主导地位仍不会改变；而薄膜电池如果能够解决转换效率不高、制备薄膜电池所用设备价格昂贵等问题，会有巨大的发展空间。

① 如图5-26-14所示，在九孔板上插上相应元器件，并用导线或短接桥接通电路，如图5-26-15。

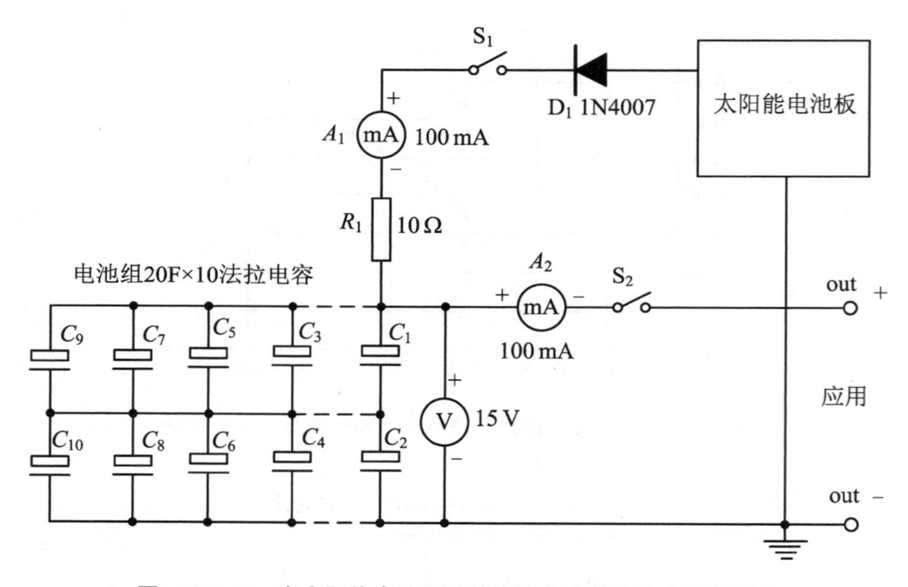

图 5-26-14 由太阳能电池和法拉电容组成的充电电路(电源)

② 太阳能电池板和白光光源装在光具座上，相对距离取10～20 cm。

③ 闭合白光光源电源开关，闭合开关S_1。

④ 调节充电电流，让太阳能电池板产生的电压对法拉电容充电，充电电流大小由电流表A_1指示。

⑤ 当电容充电充足后，即相当于一个电池组，可以对外供电。

(2) 直流升压就是将较低的直流电压(如电池)提升到需要的直流电压值。

其基本的工作过程是：高频振荡产生低压脉冲-脉冲变压器升压到预定电压值-脉冲整流获

得高压直流电，因此直流升压电路属于 *DC-DC* 电路的一种。在使用电池供电的便携设备中，都是通过直流升压电路获得电路中所需要的高电压，这些设备包括：手机、传呼机等无线通信设备，照相机中的闪光灯，便携式视频显示装置，电蚊拍等电击设备等。本实验是将太阳能电池产生的电压进行升压，演示实际的升压系统。实验步骤如下：

① 在九孔实验板上按图 5-26-16 选择元器件并连接实验线路如图 5-26-17。

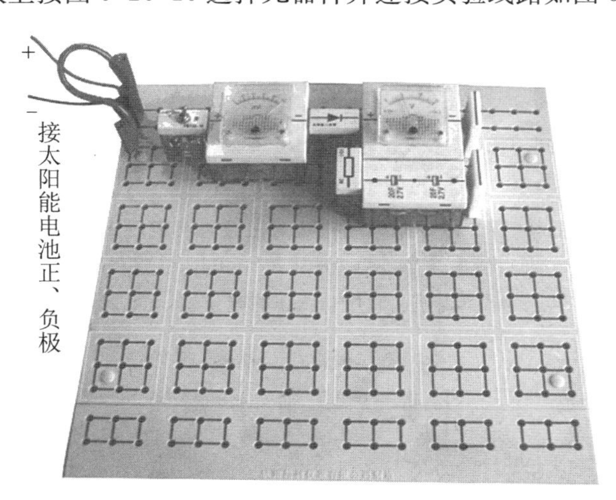

图 5-26-15　太阳能电池对法拉电容充电接线图

注：图中太阳能电池、白光光源及导轨等未画出，仅画出九孔实验板上的部分元器件，由于法拉电容的容量大，但耐压太低，所以本实验由两只串联组成，以满足耐压需要。实际使用时，用户可根据自身需要，如图 5-26-14 中的虚线所示，把多个大电容串联起来，可满足储存大容量的要求

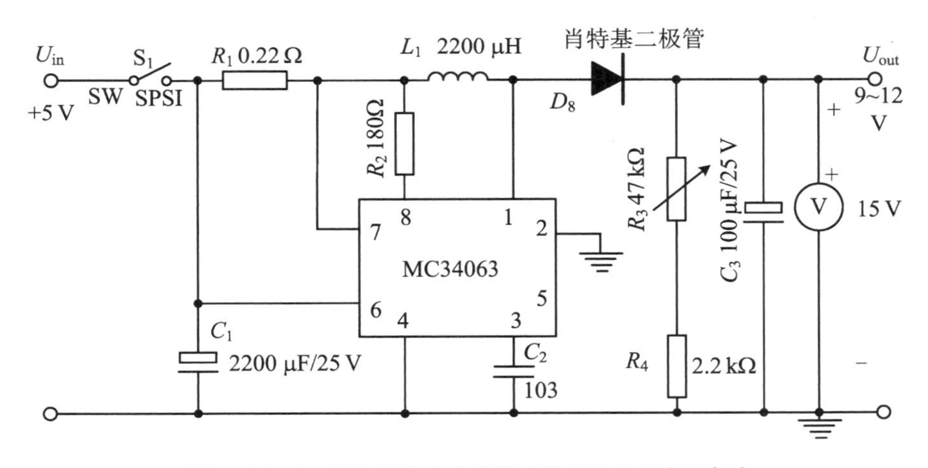

图 5-26-16　用专用集成电路构成的 *DC-DC* 升压电路

② 将太阳能电池的输出电压作为线路的输入电压，闭合开关 S_1，适当调节 R_3，使电压表显示输出电压值等于 9～12 V。

③ 按图 5-26-18 所示线路图连接实验线路，如图 5-26-19，重复以上步骤。

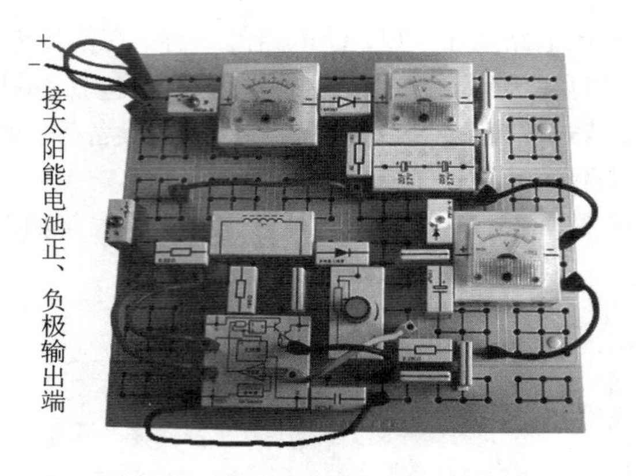

图 5-26-17　用专用集成电路对法拉电容电压进行升压

注：图中用专用集成电路块实现直流电压 DC-DC 升压，输入电压是法拉电容储存的太阳能电池的输出电压，电压值为 5 V。输出电压为直流电压，通过47 kΩ 的电位器，可以获得 9～12 V 的不同输出电压

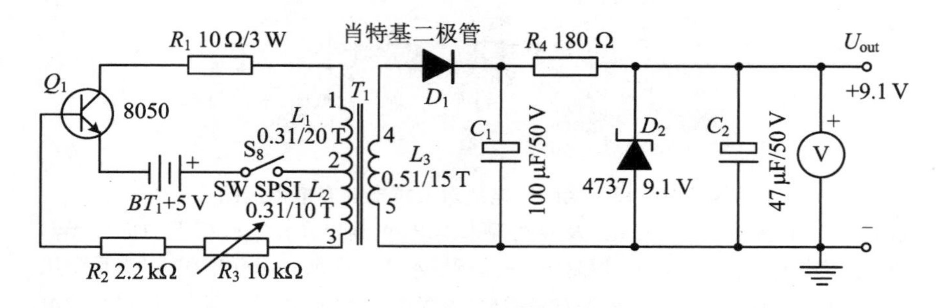

图 5-26-18　用晶体三极管构成的 DC-DC 升压电路

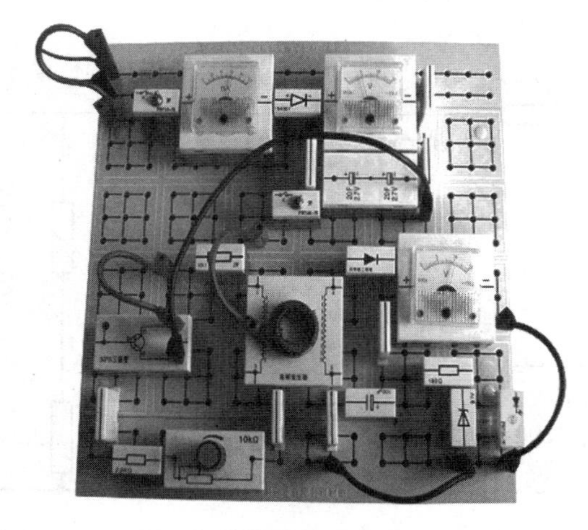

图 5-26-19　用三极管构成的 DC-DC 升压电路接线图

注：太阳能电池把法拉电容充电充足后，法拉电容就相当于一组电池组。该电源驱动由晶体管、电阻、电感组成的振荡电路，产生脉冲电压，经脉冲变压器变压后，再经过整流、滤波，得到升高的直流电压，再经过稳压管的稳压作用，在输出端获得一组稳定的直流电压。通过线路中的 10 kΩ 的电位器，可以改变脉冲变压器的输出电压。整流、滤波后的直流压必需大于稳压管的动态电压值，否则稳压管将失去作用

(3) 用光控的应急电路实验:参照以上内容,自拟实验步骤(可参考图 5-26-20至图 5-26-23)。

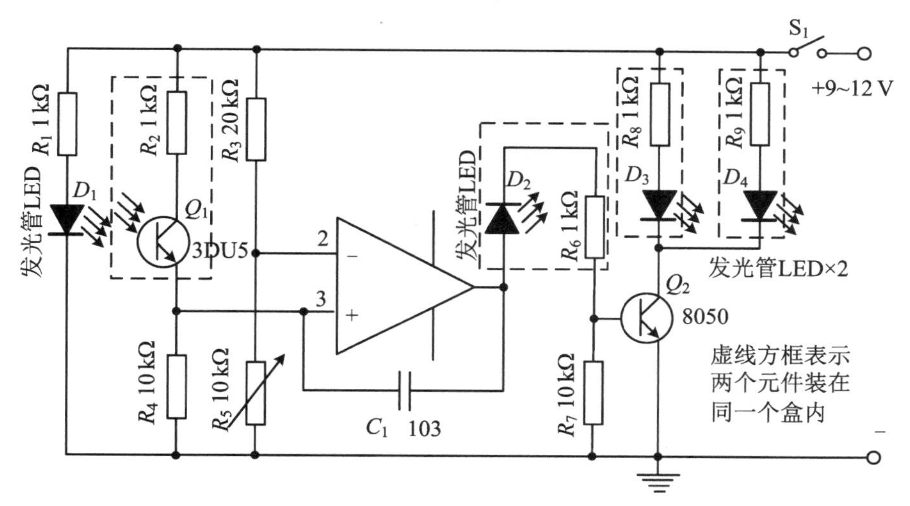

图 5-26-20　用光敏三极管制作的应急电路(光发射/当接收实验线路)

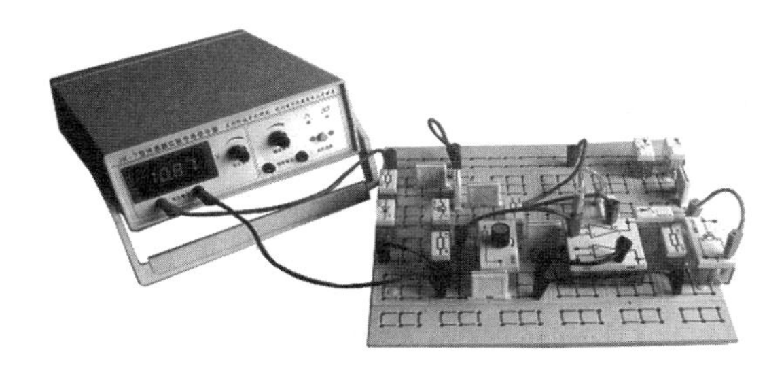

图 5-26-21　用发光二极管和光敏三极管构成的应急电路接线图

注:该电路接通电源时,正对光敏三极管的发光二极管点亮,三极管 8050 导通,右上角的高亮发光管点亮,当发光的二极管与光敏三极管之间有物体挡住光时,电路翻转,右上角的高亮发光管熄灭。如果把该电路的控制目标更换成继电器,则可以完成许多电器控制任务。线路中的 10 kΩ 电位器用于调节电路的灵敏度

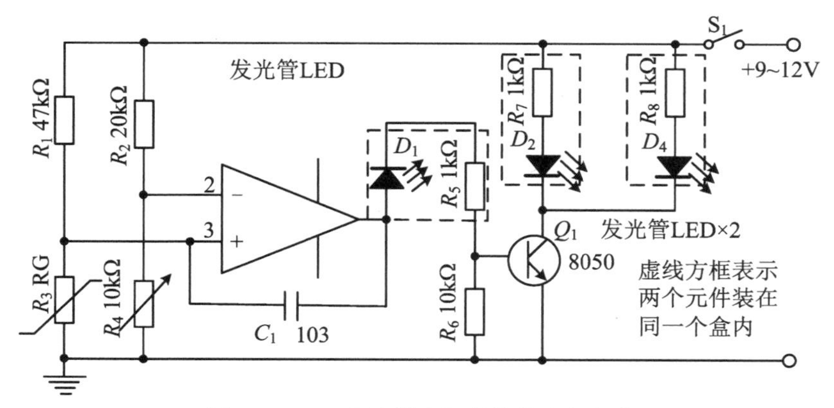

图 5-26-22　用光敏电阻制作的应急电路

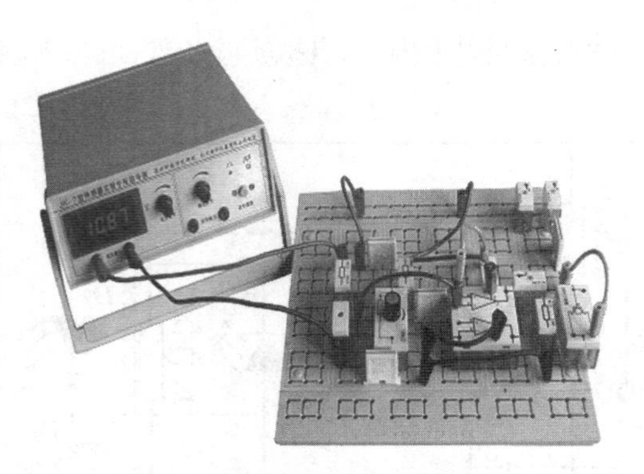

图 5-26-23 用光敏电阻控制的应急电路接线图及简要说明

注:图中实验线路用 JK-7 电源供电,光敏电阻作为控制元件。当光敏电阻有光照时,处于低电阻状态,右上角的高亮发光管不亮。当用手挡住光敏电阻的通光窗口时,光敏电阻恢复高阻状态,电路翻转,三极管导通,使高亮发光管点亮。该电路可以模拟自动路灯控制模式。电位器可以调节电路控制灵敏度

(4) 简单的光通信演示实验:参照以上内容,自拟实验步骤(可参考图 5-26-24 及图 5-26-25)。

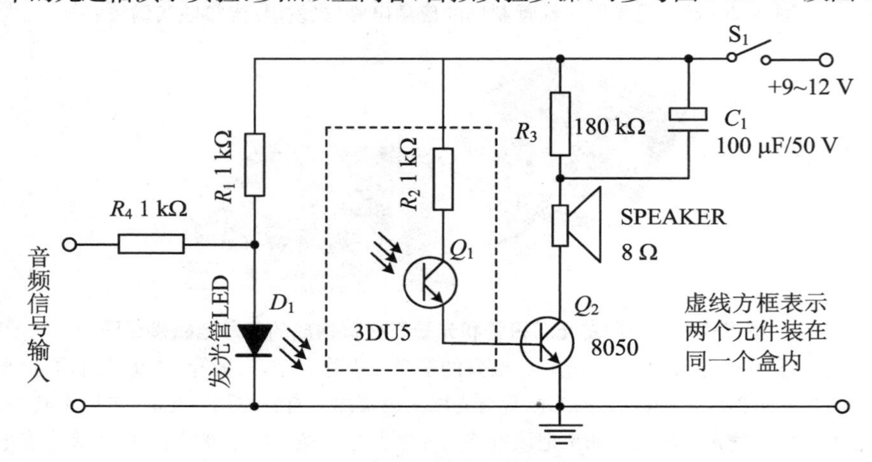

图 5-26-24 用发光元件与光敏元件进行音频信号传输通信

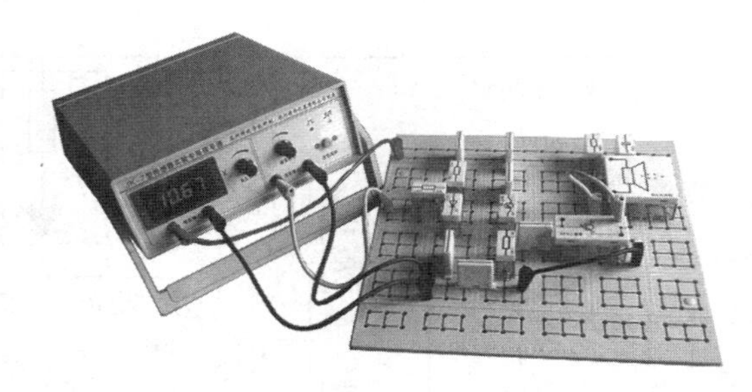

图 5-26-25 用发光二极管、光敏三极管组成的光通信(音频调制)接线图

注:该电路中,用音频信号对发光二极管进行调制,使发光二极管发出的光中,带有音频信息,光敏三极管接收到带调制信息的光波,将信号转换成电信号,经 8050 三极管检波并放大,由扬声器播放出输入的音频信号。从而通过光的媒介,完成音频信号的传输(通信)任务

实验二十七　玻尔共振实验

共振是一种既重要又普遍的运动形式，在日常生活中，在物理学、无线电学和各种工程技术领域中都会见到。其中，受迫共振现象具有使用价值，许多仪器和装置都是利用共振原理设计制作的。例如，电磁共振是无线电技术的基础，机械共振产生声响，物质对电磁场的特征吸收和耗散吸收可用共振现象来描述，利用核磁共振和顺磁共振研究物质结构等。在利用共振现象的同时，也要防止共振现象引起的破坏，如共振引起建筑物的垮塌、电器元件的烧毁等。因此，研究受迫振动很有必要，也具有重大意义。

本实验采用玻尔共振仪来定量研究物体在周期外力作用下做受迫振动的幅频特性和相频特性，并采用频闪法来测定动态的物理量——相位差。

【实验目的】

(1) 研究玻尔共振仪中弹性摆轮受迫振动的幅频特性和相频特性。

(2) 研究不同阻尼力矩对受迫振动的影响，观察共振现象。

(3) 学习用频闪法测定运动物体的某些量，例如相位差。

(4) 学习系统误差的修正。

【实验原理】

物体在周期外力的持续作用下发生的振动称为受迫振动，这种周期性的外力称为强迫力。

本实验中，由纯铜圆形摆轮和蜗卷弹簧组成弹性摆轮，可绕转轴摆动。摆轮在摆动过程中受到与角位移 θ 成正比、方向指向平衡位置的弹性恢复力矩的作用；与角速度 $\mathrm{d}\theta/\mathrm{d}t$ 成正比、方向与摆轮运动方向相反的阻尼力矩的作用；以及按简谐规律变化的外力矩 $M_0\cos\omega t$ 的作用。根据转动规律，可列出摆轮的运动方程

$$J\frac{\mathrm{d}^2\theta}{\mathrm{d}t^2}=-k\theta-b\frac{\mathrm{d}\theta}{\mathrm{d}t}+M_0\cos\omega t \tag{5-27-1}$$

式(5-27-1)中，J 为摆轮的转动惯量，$k\theta$ 为弹性力矩，k 为弹性力矩系数，b 为电磁阻尼力矩系数，M_0 为强迫力矩的幅值，ω 为强迫力的圆频率。

令 $\omega_0^2=\dfrac{k}{J}$，$2\beta=\dfrac{b}{J}$，$m=\dfrac{M_0}{J}$，则(5-27-1)式变为

$$\frac{\mathrm{d}^2\theta}{\mathrm{d}t^2}+2\beta\frac{\mathrm{d}\theta}{\mathrm{d}t}+\omega_0^2\theta=m\cos\omega t \tag{5-27-2}$$

当强迫外力为零时，即式(5-27-2)等号右边为零时，方程(5-27-2)就变为了二阶常系数线性齐次微分方程，根据微分方程的相关理论，当 ω_0 远大于 β 时，其解为

$$\theta=\theta_1\mathrm{e}^{-\beta t}\cos(\omega_1 t+\alpha) \tag{5-27-3}$$

此时摆轮做阻尼振动，振幅 $\theta_1\mathrm{e}^{-\beta t}$ 随时间 t 衰减，振动频率为

$$\omega_1 = \sqrt{\omega_0^2 - \beta^2}$$

式中，ω_0 称为系统的固有频率，β 为阻尼系数。当 β 也为零时，摆轮以 ω_0 做简谐振动。

当强迫外力不为零时，方程(5-27-2)为二阶常系数线性非齐次微分方程，其解为

$$\theta = \theta_1 e^{-\beta t} \cos(\omega_1 t + \alpha) + \theta_2 \cos(\omega t + \varphi) \tag{5-27-4}$$

式(5-27-4)中，第一部分表示阻尼振动，经过一段时间后衰减消失；第二部分为稳态解，说明振动系统在强迫力作用下，经过一段时间后即可达到稳定的振动状态。如果外力是按简谐振动规律变化，那么物体在稳定状态时的运动也是与强迫力同频率的简谐振动，具有稳定的振幅 θ_2，并与强迫力之间有一个确定的相位差 φ。

将 $\theta=\theta_2\cos(\omega t+\varphi)$代入方程(5-27-2)，要使方程在任何时间 t 恒成立，θ_2 与 φ 需满足一定的条件，由此解得稳定受迫振动的幅频特性及相频特性表达式为

$$\theta_2 = \frac{m}{\sqrt{(\omega_0^2 - \omega^2)^2 + 4\beta^2\omega^2}} \tag{5-27-5}$$

$$\varphi = \arctan\frac{-2\beta\omega}{\omega_0^2 - \omega^2} = \arctan\frac{-\beta T_0^2 T}{\pi(T^2 - T_0^2)} \tag{5-27-6}$$

由式(5-27-5)和式(5-27-6)可以看出，在稳定状态时振幅和相位差保持恒定，振幅 θ_2 与相位差 φ 的数值取决于 β、ω_0、m 和 ω，也取决于 J、b、k、M_0 和 ω，而与振动的起始状态无关。当强迫力的频率 ω 与系统的固有频率 ω_0 相同时，相位差为$-90°$。

由于受到阻尼力的作用，受迫振动的相位总是滞后于强迫力的相位，即式(5-27-6)中的 φ 应为负值，而反正切函数的取值范围为$(-90°,90°)$，当由式(5-27-6)计算得出的角度数值为正时，应减去 180°将其换算成负值。

图 5-27-1、图 5-27-2 分别表示了在不同 β 时稳定受迫振动的幅频特性和相频特性。

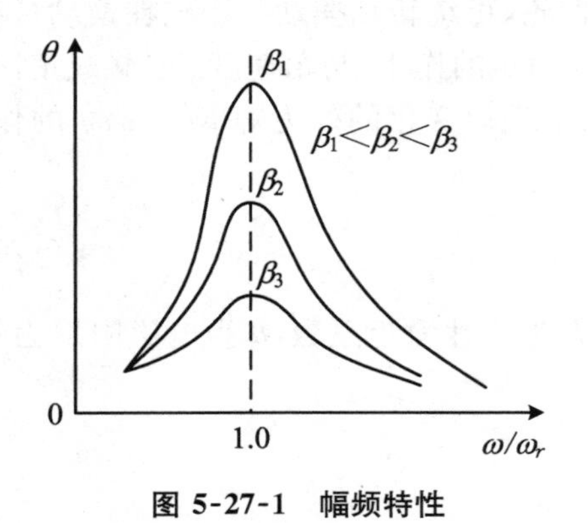

图 5-27-1　幅频特性

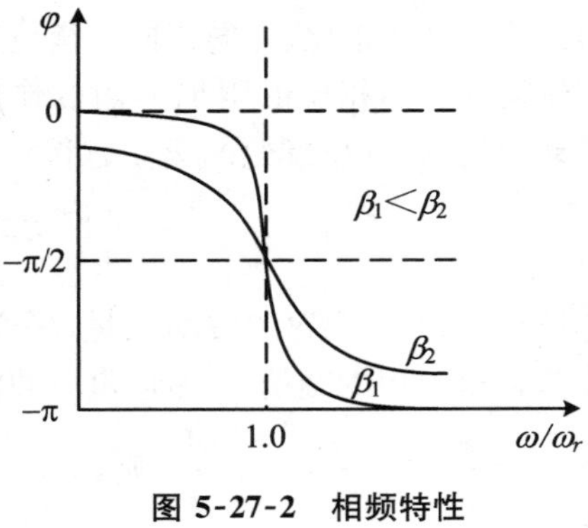

φ
0
β1<β2
−π/2
β2
β1
−π
1.0
ω/ωr

图 5-27-2　相频特性

由式(5-27-5)，将 θ_2 对 ω 求极值可得出：当强迫力的圆频率 $\omega=\sqrt{\omega_0^2-2\beta^2}$ 时，θ 有极大值，产生共振。若共振时圆频率和振幅分别用 ω_r、θ_r 表示，则有

$$\omega_r = \sqrt{\omega_0^2 - 2\beta^2} \tag{5-27-7}$$

$$\theta_r = \frac{m}{2\beta\sqrt{\omega_0^2 - \beta^2}} \tag{5-27-8}$$

将式(5-27-7)代入式(5-27-6)，得到共振时的相位差为

$$\varphi_r = \arctan \frac{-\sqrt{\omega_0^2 - 2\beta^2}}{\beta} \tag{5-27-9}$$

式(5-27-7)、式(5-27-8)、式(5-27-9)表明，阻尼系数 β 越小，共振时的圆频率 ω_r 越接近系统的固有频率 ω_0，振幅 θ_r 越大，共振时的相位差越接近$-90°$。

由图 5-27-1 可见，β 越小，θ_r 越大，θ_2 随 ω_0 偏离 ω_0 而衰减得越快，幅频特性曲线越陡峭。在峰值附近，$\omega \approx \omega_0$，$\omega_0^2 - \omega^2 \approx 2\omega_0(\omega_0 - \omega)$，而式(5-27-5)可近似表达为

$$\theta_2 = \frac{m}{2\omega_0 \sqrt{(\omega_0 - \omega)^2 + \beta^2}} \tag{5-27-10}$$

由式(5-27-10)可见，当$|\omega_0 - \omega| = \beta$时，振幅降为峰值的$\frac{1}{\sqrt{2}}$，根据幅频特性曲线的相应点可确定$\beta$的值。

【仪器介绍】

玻尔共振仪由振动仪与电器控制箱两部分组成。振动仪部分如图 5-27-3 所示，铜质圆形摆轮 A 安装在机架转轴上，可绕转轴转动。蜗卷弹簧 B 的一端与摆轮相连，另一端与摇杆 M 相连。自由振动时，摇杆不动，蜗卷弹簧对摆轮施加与角位移成正比的弹性恢复力矩。在摆轮下方装有阻尼线圈 K，电流通过线圈会产生磁场，铜质摆轮在磁场中运动，会在摆轮中形成局部的涡电流，涡电流磁场与线圈磁场相互作用，形成与运动速度成正比的电磁阻尼力矩。强迫振动时，电动机带动偏心轮及传动连杆 E 使摇杆摆动，通过蜗卷弹簧传递给摆轮，产生强迫外力矩，强迫摆轮做受迫振动。

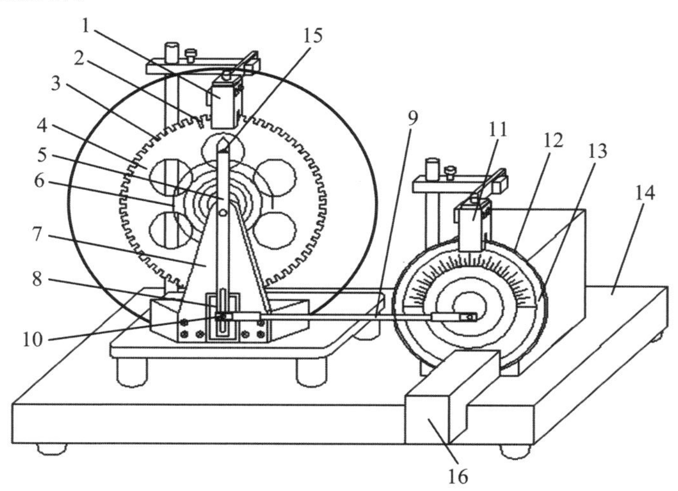

图 5-27-3　玻尔振动仪

1. 光电门 H；　2. 长凹槽 C；　3. 短凹槽 D；　4. 铜质摆轮 A；　5. 摇杆 M；　6. 蜗卷弹簧 B；　7. 支承架；　8. 阻尼线圈 K；　9. 连杆 E；　10. 摇杆调节螺丝；　11. 光电门 I；　12. 角度盘 G；　13. 有机玻璃转盘 F；　14. 底座；　15. 弹簧夹持螺钉 L；　16. 闪光灯

在摆轮的圆周上每隔 2°开有许多凹槽，其中一个凹槽（用白漆线标志）比其他凹槽长许多。摆轮正上方的光电门架 H 上装有两个光电门：一个对准长型凹槽，在一个振动周期中长型凹槽两次通过该光电门，光电测控箱由该光电门的开关时间来测量摆轮的周期，并予以显示；另一个对准短凹槽，由一个周期中通过该光电门的凹槽的个数，即可得出摆轮振幅并予以显示。光电门的测量精度为 2°。

电动机轴上装有固定的角度盘 G 和随电机一起转动的有机玻璃角度指针盘 F，角度指针上方有挡光片。调节控制箱上的十圈电机转速调节旋钮，可以精确改变加于电机上的电压，使电机的转速在实验范围（30～45 转/分）内连续可调，由于电路中采用特殊稳速装置、电动机采用惯性很小的带有测速发电机的特种电机，所以转速极为稳定。在角度盘正上方装有光电门 I，有机玻璃转盘的转动使挡光片通过该光电门，光电检测箱记录光电门的开关时间，测量强迫力的周期。

受迫振动时，摆轮与外力矩的相位差是利用小型闪光灯来测量的。置于角度盘下方的闪光灯受摆轮长型凹槽光电门的控制，每当摆轮上长型凹槽 C 通过平衡位置时，光电门 H 接受光，引起闪光，这一现象称为频闪现象。在受迫振动达到稳定状态时，在闪光灯的照射下可以看到角度指针好像一直“停在”某一刻度处（实际上，角度指针一直在匀速转动）。所以，从角度盘上直接读出摇杆相位超前于摆轮相位的数值，其负值为相位差 φ。

波耳共振仪电器控制箱的前面板和后面板分别如图 5-27-4 和图 5-27-5 所示。

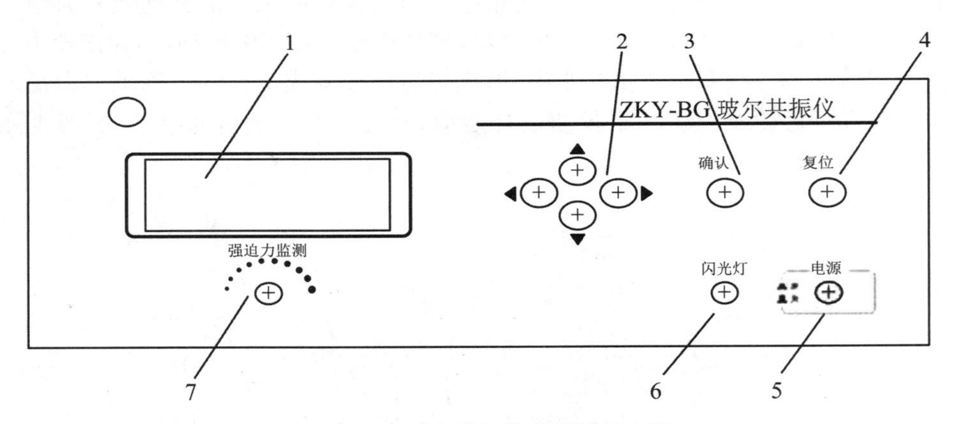

图 5-27-4　玻尔共振仪前面板示意图

1. 液晶显示屏幕；　2. 方向控制键；　3. 确认按键；　4. 复位按键；
5. 电源开关；　6. 闪光灯开关；　7. 强迫力周期调节电位器

电机转速调节旋钮，可改变强迫力矩的周期。可以通过软件控制阻尼线圈内直流电流的大小，达到改变摆轮系统的阻尼系数的目的。阻尼挡位的选择通过软件控制，共分 3 挡，分别是“阻尼 1”“阻尼 2”“阻尼 3”。阻尼电流由恒流源提供，实验时根据不同情况进行选择（可先选择在“阻尼 2”处，若共振时振幅太小则可改用“阻尼 1”），振幅在 150°左右。

闪光灯开关用来控制闪光与否，当按住闪光按钮、摆轮长缺口通过平衡位置时便产生闪光，由于频闪现象，可从相位差读盘上看到刻度线似乎静止不动的读数（实际有机玻璃 F 上的刻度线一直在匀速转动），从而读出相位差数值。为使闪光灯管不易损坏，采用按钮开关，仅在测量相位差时才按下按钮。

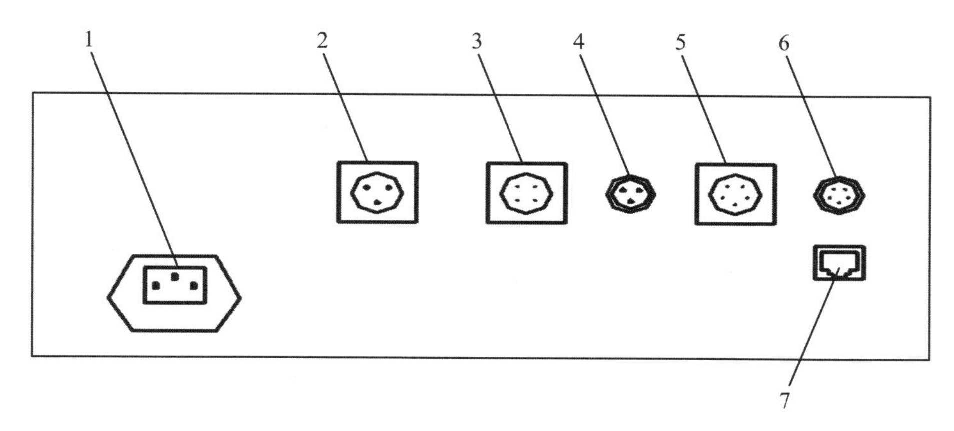

图 5-27-5　玻尔共振仪后面板示意图

1. 电源插座(带保险)；　2. 闪光灯接口；　3. 阻尼线圈；
4. 电机接口；　5. 振幅输入；　6. 周期输入；　7. 通信接口

电器控制箱与闪光灯和玻尔共振仪之间通过各种专业电缆相连接。不会产生接线错误的弊病。

【实验内容与步骤】

1. 实验准备

按下电源开关后，屏幕上出现欢迎界面，其中 NO. 0000X 为电器控制箱与电脑主机相连的编号。过几秒钟后屏幕上显示如图①“按键说明”字样。符号“◀”为向左移动；“▶”为向右移动；“▲”为向上移动；“▼”向下移动。下文中的符号不再重新介绍。

注意：为保证使用安全，三芯电源线须可靠接地。

2. 选择实验方式

根据是否连接电脑选择联网模式或单机模式。这两种方式下的操作完全相同，故不再重复介绍。

3. 自由振荡——摆轮振幅 θ 与系统固有周期 T_0 的对应值的测量

自由振荡实验的目的，是为了测量摆轮的振幅 θ 与系统固有振动周期 T_0 的关系。

在图 5-27-6(a)状态按确认键，显示图 5-27-6(b)所示的实验类型，默认选中项为自由振荡，字体反白为选中。再按确认键显示如图 5-27-6(c)。

用手转动摆轮 160°左右，放开手后按“▲”或“▼”键，测量状态由“关”变为“开”，控制箱开始记录实验数据，振幅的有效数值范围为 50°～160°(振幅小于 160°测量开，大于 50°测量自动关闭)。测量显示关时，此时数据已保存并发送主机。

查询实验数据，可按“◀”或“▶”键，选中回查，再按确认键如图 5-27-6(d)所示，表示第一次记录的振幅 $\theta_0=134°$，对应的周期 $T=1.442$ s，然后按“▲”或“▼”键查看所有记录的数据，该数据为每次测量振幅相对应的周期数值，回查完毕，按确认键，返回到图 5-27-6(c)状态。此法可

做出振幅 θ 与 T_0 的对应表。该对应表将在稍后的“幅频特性和相频特性”数据处理过程中使用。

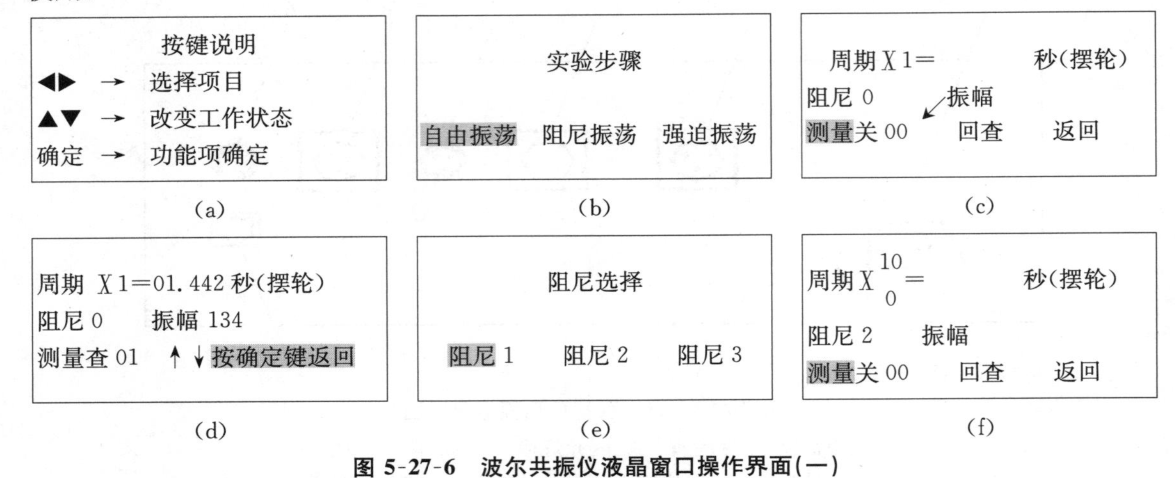

图 5-27-6 波尔共振仪液晶窗口操作界面(一)

若进行多次测量可重复操作,自由振荡完成后,选中返回,按确认键回到图 5-27-6(b)进行其他实验。

因电器控制箱只记录每次摆轮周期变化时所对应的振幅值,因此有时转盘转过光电门几次,测量才记录一次(其间能看到振幅变化)。当回查数据时,有的振幅数值被自动剔除了(当摆轮周期的第 5 位有效数字发生变化时,控制箱记录对应的振幅值。控制箱上只显示 4 位有效数字,无法看到第 5 位有效数字的变化情况,但在电脑主机上则可以清楚地看到)。

4. 测定阻尼系数 β

在图 5-27-6(b)状态下,根据实验要求,按“▶”键,选中阻尼振荡,按确认键显示阻尼,如图 5-27-6(e)所示。阻尼分三个挡次,阻尼 1 挡最小,根据实验要求选择阻尼挡,例如选择阻尼 2 挡,按确认键显示:如图 5-27-6(f)。

首先将角度盘指针 F 放在 0°位置,用手转动摆轮 160°左右,选取 θ_0 在 150°左右,按“▲”或“▼”键,测量由“关”变为“开”并记录数据,仪器记录十组数据后,测量自动关闭,此时振幅大小还在变化,但仪器已经停止记数。

阻尼振荡的回查同自由振荡类似,请参照上面操作。若改变阻尼挡测量,重复阻尼 1 的操作步骤即可。

从液显窗口读出摆轮做阻尼振动时的振幅数值 $\theta_1,\theta_2,\theta_3,\cdots,\theta_n$,利用公式

$$\ln\frac{\theta_0 e^{-\beta t}}{\theta_0 e^{-\beta(t+nT)}} = n\beta\overline{T} = \ln\frac{\theta_0}{\theta_n} \tag{5-27-11}$$

求出 β 值,式(5-27-11)中,n 为阻尼振动的周期次数,θ_n 为第 n 次振动时的振幅,$\overline{T}$ 为阻尼振动周期的平均值。此值可以测出 10 个摆轮振动周期值,然后取其平均值。一般阻尼系数需测量 2~3 次。

5. 测定受迫振动的幅度特性和相频特性曲线

在进行强迫振荡前必须先做阻尼振荡,否则无法实验。

仪器在图 5-27-6(b)状态下，选中强迫振荡，按确认键显示：如图 5-27-7(a)默认状态选中电机。

按“▲”或“▼”键，让电机启动。此时保持周期为 1，待摆轮和电机的周期相同，特别是振幅已稳定，变化不大于 1，表明两者已经稳定了(如图 5-27-7(b))，方可开始测量。

测量前应先选中周期，按“▲”或“▼”键把周期由 1(如图 5-27-7(a))改为 10(如图 5-27-7(c))，目的是减少误差，若不改周期，测量无法打开。再选中测量，按下“▲”或“▼”键，测量打开并记录数据(如图 5-27-7(c))。

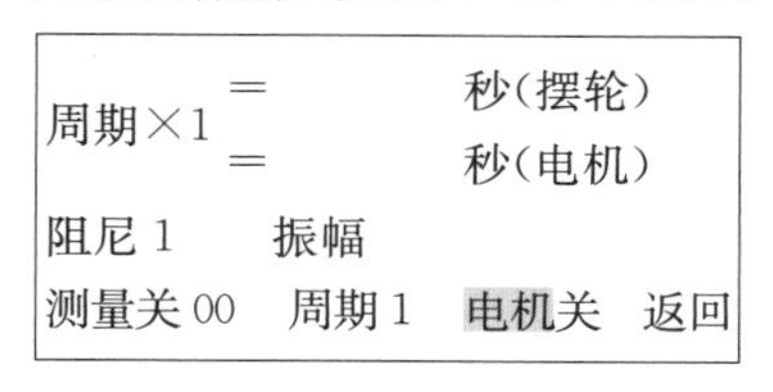

(a)

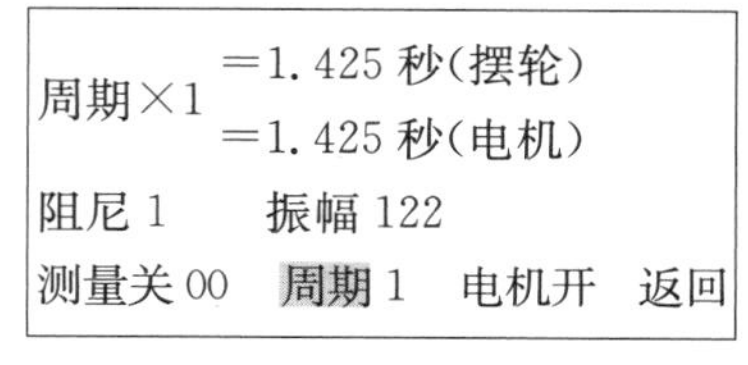

(b)

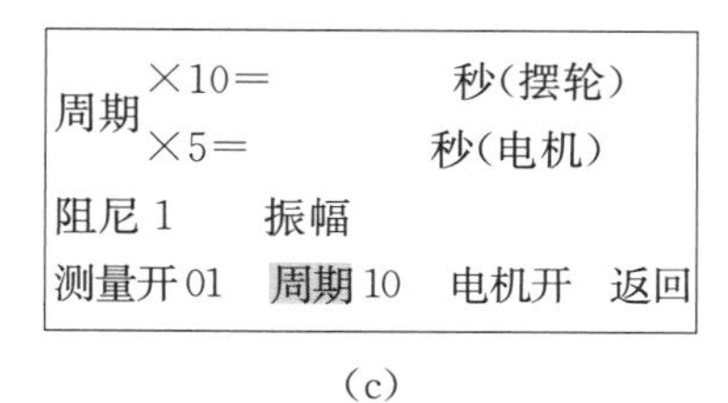

(c)

图 5-27-7　波尔共振仪液晶窗口操作界面(二)

一次测量完成，显示测量关后，读取摆轮的振幅值，并利用闪光灯测定受迫振动位移与强迫力间的相位差。

调节强迫力矩周期电位器，改变电机的转速，即改变强迫外力矩频率 ω，从而改变电机转动周期。电机转速的改变可按照 $\Delta\varphi$ 控制在 10°左右来定，可进行多次这样的测量。

每次改变了强迫力矩的周期，都需要等待系统稳定，约需 2 min，即返回到图 5-27-7(b)状态，等待摆轮和电机的周期相同，然后再进行测量。

在共振点附近由于曲线变化较大，因此测量数据相对密集些，此时电机转速的极小变化都会引起 $\Delta\varphi$ 很大改变。电机转速旋钮上的读数(例 5.50)是一参考数值，建议在不同 ω 时都记下此值，以便实验中快速寻找要重新测量时参考。

测量相位时应把闪光灯放在电动机转盘前下方，按下闪光灯按钮，根据频闪现象来测量，仔细观察相位位置。

强迫振荡测量完毕，按“◀”或“▶”键，选中返回，按确定键，重新回到图 5-27-6(b)状态。

6. 关机

在图 5-27-6(b)状态下，按住复位按钮保持不动，几秒钟后仪器自动复位，此时所做实验数据全部清除，然后按下电源按钮，结束实验。

【注意事项】

(1) 强迫振荡实验时，调节仪器面板“强迫力周期”旋钮，从而改变不同电机转动周期，该实验必须做 10 次以上，其中必须包括电机转动周期与自由振荡实验时的自由振荡周期相同的数值。

(2) 在做强迫振荡实验时，须待电机与摆轮的周期相同(末位数差异不大于 2)，即系统稳定后方可记录实验数据。且每次改变了变强迫力矩的周期，都需要重新等待系统稳定。

(3) 因为闪光灯的高压电路及强光会干扰光电门采集数据，因此须待一次测量完成，显示测量关后(参看“玻尔共振电器控制箱使用方法”中图 5-27-7(b)),才可使用闪光灯读取相位差。

【数据记录和处理】

1. 摆轮振幅 θ 与系统固有周期 T_0 的关系(表 5-27-1)

表 5-27-1　振幅 θ 与系统固有振动周期 T_0 的关系

振幅 θ	固有周期 T_0(s)	振幅 θ	固有周期 T_0(s)	振幅 θ	固有周期 T_0(s)

2. 阻尼系数 β 的计算

利用公式(5-27-11)对所测数据(表 5-27-2)按逐差法处理,求出 β 值。

$$5\beta \overline{T} = \ln \frac{\theta_i}{\theta_{i+5}}$$

式中,i 为阻尼振动的周期次数,θ_i 为第 i 次振动时的振幅。

表 5-27-2　数据记录表(一)　　阻尼挡位________

序号	振幅 θ	序号	振幅 θ	$\ln \frac{\theta_i}{\theta_{i+5}}$
θ_1		θ_6		
θ_2		θ_7		
θ_3		θ_8		
θ_4		θ_9		
θ_5		θ_{10}		
$\ln \frac{\theta_i}{\theta_{i+5}}$ 平均值				

$10T=$________ s;$\overline{T}=$________ s。

3. 幅频特性和相频特性测量

(1) 将记录的实验数据填入表 5-27-1,并查询振幅 θ 与固有频率 T_0 的对应表,获取对应的 T_0 值,也填入表 5-27-1。

(2) 利用表 5-27-3 记录的数据,将计算结果填入表 5-27-4。

以 ω/ω_r 为横轴,$(\theta/\theta_r)^2$ 为纵轴,作幅频特性 $(\theta/\theta_r)^2$-ω/ω_r 的曲线;以 ω/ω_r 为横轴,相位差 φ

为纵轴，作相频特性曲线。

表 5-27-3　幅频特性和相频特性测量数据记录表　　阻尼挡位________

强迫力矩周期(s)	相位差 φ 读取值	振幅 θ 测量值	查表 5-27-1 得出的与振幅 θ 对应的固有频率 T_0

表 5-27-4　数据记录表(二)

强迫力矩周期(s)	φ 读取值	θ 测量值	$\frac{\omega}{\omega_r}$	$\left(\frac{\theta}{\theta_r}\right)^2$	$\varphi=\arctan\frac{-\beta T_0^2 T}{\pi(T^2-T_0^2)}$

在阻尼系数较小(满足 $\beta^2\leqslant\omega_0{}^2$)和共振位置附近($\omega=\omega_0$)，由于 $\omega_0+\omega=2\omega_0$，从式(5-27-4)和式(5-27-7)可得出

$$\left(\frac{\theta}{\theta_r}\right)^2=\frac{4\beta^2\omega_0^2}{4\omega_0^2(\omega-\omega_0)^2+4\beta^2\omega_0^2}=\frac{\beta^2}{(\omega-\omega_0)^2+\beta^2}$$

据此可由幅频特性曲线求 β 值。

当 $\theta=\frac{1}{\sqrt{2}}\theta_r$，即 $\left(\frac{\theta}{\theta_r}\right)^2=\frac{1}{2}$，由上式可得

$$\omega-\omega_0=\pm\beta$$

此 ω 对应于图 $\left(\frac{\theta}{\theta_r}\right)^2=\frac{1}{2}$ 处两个值 ω_1，ω_2，由此得出

$$\beta=\frac{\omega_2-\omega_1}{2}\quad\text{（此内容一般可不做）}$$

将此法与逐差法求得的 β 值做一比较并讨论，本实验重点应放在相频特性曲线的测量上。

附录　玻尔共振仪调整方法

玻尔共振仪各部分经校正，请勿随意拆装改动，电器控制箱与主机有专门电缆相接，不会混淆，在使用前请务必清楚各开关与旋钮的功能。

经过运输或实验后若发现仪器工作不正常可自行调整，具体步骤如下：

(1) 将角度盘指针 F 放在“0”处。

(2) 松连杆上锁紧螺母，然后转动连杆 E，使摇杆 M 处于垂直位置，然后再将锁紧螺母固定。

(3) 此时摆轮上一条长形槽口(用白漆线标志)应基本上与指针对齐，若发现明显偏差，可将摆轮后面三只固定螺丝略松动，用手握住蜗卷弹簧 B 的内端固定处，另一手即可将摆轮转

动，使白漆线对准尖头，然后再将三只螺丝旋紧：一般情况下，只要不改变弹簧 B 的长度，此项调整极少进行。

(4) 若弹簧 B 与摇杆 M 相连接处的外端夹紧螺钉 L 放松，此时弹簧 B 外圈即可任意移动(可缩短、放长)，缩短距离不宜少于 6 cm。在旋紧处端夹拧螺钉时，务必保持弹簧处于垂直面内，否则将明显影响实验结果。

将光电门 H 中心对准摆轮上白漆线(即长狭缝)，并保持摆轮在光电门中间狭缝中自由摆动，此时可选择阻尼挡为 1 或 2，打开电机，此时摆轮将做受迫振动，待达到稳定状态时，打开闪光灯开关，此时将看到指针 F 在相位差度盘中有一似乎固定读数，两次读数值在调整良好时差 1°以内(在不大于 2°时实验即可进行)，若发现相差较大，则可调整光电门位置。若相差超过 5°以上，必须重复上述步骤，进行重新调整。

由于在弹簧制作过程中有微小差异，在相位差测量过程中可能会出现指针 F 在相位差读数盘上两端重合较好，中间较差，或中间较好、两端较差的现象。

第六章　近代物理实验

实验二十八　弗兰克-赫兹实验

1913年,丹麦物理学家玻尔(N. Bohr)提出了一个氢原子模型,并指出原子存在能级。该模型在预言氢光谱的观察中取得了显著的成功。根据玻尔的原子理论,原子光谱中的每根谱线表示原子从某一个较高能态向一个较低能态跃迁时的辐射。

1914年,德国物理学家弗兰克(J. Franck)和赫兹(G. Hertz)对勒纳用来测量电离电位的实验装置做了改进,他们同样采取慢电子(几个到几十个电子伏特)与单元素气体原子碰撞的办法,但着重观察碰撞后电子发生什么变化(勒纳则观察碰撞后离子流的情况)。通过实验测量,电子和原子碰撞时会交换某一定值的能量,且可以使原子从低能级激发到高能级。直接证明了原子发生跃变时吸收和发射的能量是分立的、不连续的,证明了原子能级的存在,从而证明了玻尔理论的正确性。他们因此获得了1925年诺贝尔物理学奖。

弗兰克-赫兹实验至今仍是探索原子结构的重要手段之一,实验中所用的"拒斥电压"筛去小能量电子的方法,已成为广泛应用的实验技术。

【实验目的】

通过测定氩原子等元素的第一激发电位(即中肯电位),证明原子能级的存在。

【实验原理】

1. 关于激发电位

玻尔提出的原子理论指出:

(1) 原子只能较长地停留在一些稳定状态(简称为定态)。原子在这些状态时,不发射或吸收能量。各定态有一定的能量,其数值是彼此分隔的。原子的能量不论通过什么方式发生改变,它只能从一个定态跃迁到另一个定态。

(2) 原子从一个定态跃迁到另一个定态而发射或吸收辐射时,辐射频率是一定的。如果用 E_m 和 E_n 分别代表有关两定态的能量的话,辐射的频率 ν 决定于如下关系

$$h\nu = E_m - E_n \tag{6-28-1}$$

式(6-28-1)中,普朗克常数

$$h = 6.63 \times 10^{-34}\ \mathrm{J \cdot sec}$$

为了使原子从低能级向高能级跃迁，可以通过具有一定能量的电子与原子相碰撞进行能量交换的办法来实现。

设初速度为零的电子在电位差为 U_0 的加速电场作用下，获得能量 eU_0。当具有这种能量的电子与稀薄气体的原子（比如十几个托的氩原子）发生碰撞时，就会发生能量交换。如以 E_1 代表氩原子的基态能量、E_2 代表氩原子的第一激发态能量，那么当氩原子吸收从电子传递来的能量恰好为

$$eV_0 = E_2 - E_1 \tag{6-28-2}$$

时，氩原子就会从基态跃迁到第一激发态。而且相应的电位差称为氩的第一激发电位（或称氩的中肯电位）。测定出这个电位差 V_0，就可以根据式(6-28-2)求出氩原子的基态和第一激发态之间的能量差（其他元素气体原子的第一激发电位亦可依此法求得）。弗兰克-赫兹实验的原理图如图 6-28-1 所示。在充氩的弗兰克-赫兹管中，电子由热阴极发出，阴极 K 和第二栅极 G_2 之间的加速电压 V_{KG_2} 使电子加速。在板极 A 和第二栅极 G_2 之间加有反向拒斥电压 V_{G_2A}。管内空间电位分布如图 6-28-2 所示。当电子通过 KG_2 空间进入 AG_2 空间时，如果有较大的能量（$\geqslant eV_{AG_2}$），就能冲过反向拒斥电场而到达板极形成电流，为微电流计 μA 表检出。如果电子在 KG_2 空间与氩原子碰撞，把自己一部分能量传给氩原子而使后者激发的话，电子本身所剩余的能量就很小，以致通过第二栅极后已不足以克服拒斥电场而被折回到第二栅极，这时，通过微电流计 μA 表的电流将显著减小。

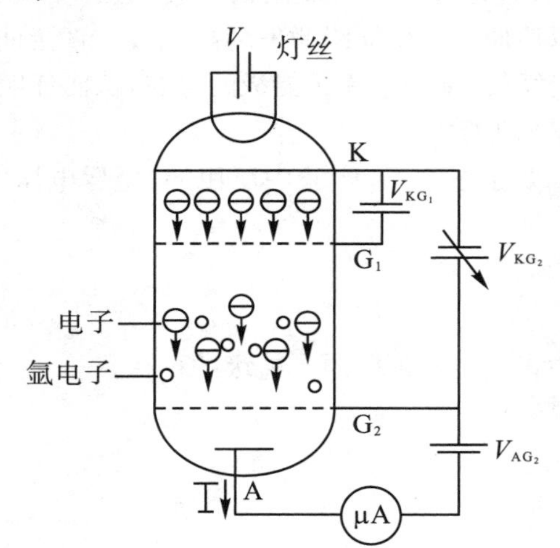

图 6-28-1 弗兰克-赫兹原理图

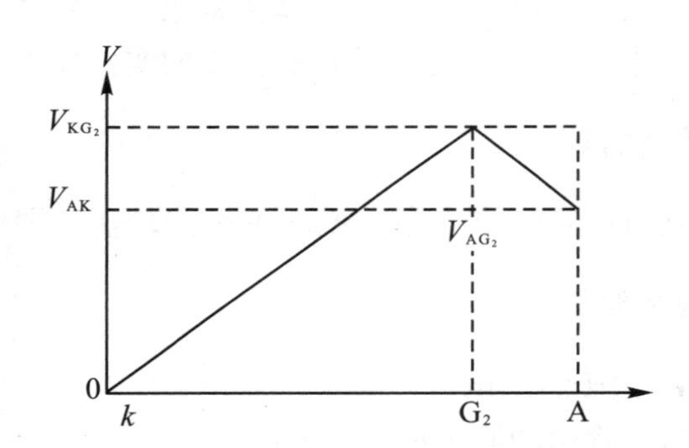

图6-28-2 弗兰克-赫兹管管内空间电位分布

实验时，使 V_{KG_2} 电压逐渐增加并仔细观察电流计的电流指示，如果原子能级确实存在，而且基态和第一激发态之间有确定的能量差的话，就能观察到如图 6-28-3 所示的 I_A-V_{KG_2} 曲线。

图 6-28-3 所示的曲线反映了氩原子在 KG_2 空间与电子进行能量交换的情况。当 KG_2 空间电压逐渐增加时，电子在 KG_2 空间被加速而取得越来越大的能量。但起始阶段，由于电压较低，电子的能量较少，即使在运动过程中它与原子相碰撞也只有微小的能量交换（为弹性碰撞）。穿过第二栅极的电子所形成的板流 I_A 将随第二栅极电压 V_{KG_2} 的增加而增大（如图 6-28-3 所示的 oa 段）。当 KG_2 间的电压达到氩原子的第一激发电位 V_0 时，电子在第二栅极附近与氩原子

相碰撞，将自己从加速电场中获得的全部能量交给后者，并且使后者从基态激发到第一激发态。而电子本身由于把全部能量给了氩原子，即使穿过了第二栅极也不能克服反向拒斥电场而被折回第二栅极（被筛选掉）。所以板极电流将显著减小（图 6-28-3 所示的 ab 段）。随着第二栅极电压的增加，电子的能量也随之增加，在与氩原子相碰撞后还留下足够的能量，可以克服反向拒斥电场而达到板极 A，这时电流又开始上升（bc 段）。直到 KG_2 间电压是二倍氩原子的第一激发电位时，电子在 KG_2 间又会因二次碰撞而失去能量，因而又会造成第二次板极电流的下降（cd 段），同理，凡在

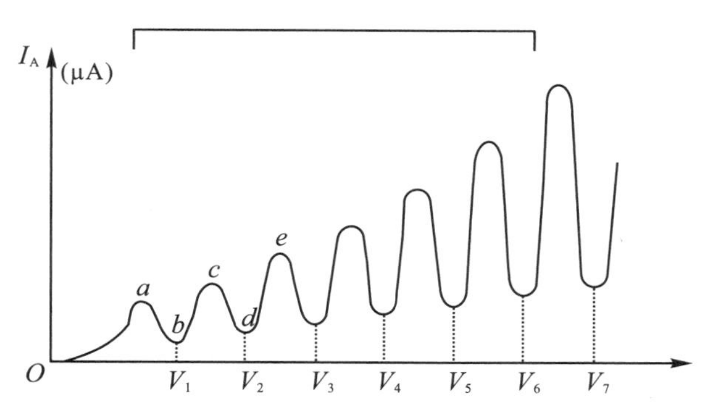

图 6-28-3　弗兰克-赫兹管的 I_A-V_{KG_2} 曲线

$$V_{KG_2}=nV_0 \quad (n=1,2,3,\cdots) \tag{6-28-3}$$

的地方板极电流 I_A 都会相应下跌，形成规则起伏变化的 I_A-U_{KG_2} 曲线。而各次板极电流 I_A 下降相对应的阴极、栅极电压差 $V_{n+1}-V_n$。应该是氩原子的第一激发电位 V_0。

本实验就是通过实际测量来证实原子能级的存在，并测出氩原子的第一激发电位（公认值为 $V_0=11.5$ V）。

原子处于激发态是不稳定的。在实验中被慢电子轰击到第一激发态的原子要跳回基态，进行这种反跃迁时，就应该有 eV_0 电子伏特的能量发射出来。反跃迁时，原子是以放出光量子的形式向外辐射能量。这种光辐射的波长为

$$eV_0=h\nu=h\frac{c}{\lambda}$$

对于氩原子

$$\lambda=\frac{hc}{eV_0}=\frac{6.63\times10^{-34}\times3.00\times10^{8}}{1.6\times10^{-19}\times11.5}m=1081\ \text{Å}$$

如果弗兰克-赫兹管中充以其他元素，则可以得到它们的第一激发电位（表6-28-1）。

表 6-28-1　几种元素的第一激发电位

元素	纳(Na)	钾(K)	锂(Li)	镁(Mg)	汞(Hg)	氦(He)	氖(Ne)
V_0(V)	2.12	1.63	1.84	3.2	4.9	21.2	18.6
λ(A)	5898 5896	7664 7699	6707.8	4571	2500	584.3	640.2

【实验仪器】

(1) ZKY-FH 型智能弗兰克-赫兹实验仪（见本实验附录）。

(2) YB4324 数字示波器。

【实验内容】

1. 准备

(1) 熟悉实验装置结构和使用方法(见本实验附录)。

(2) 按照实验要求连接实验线路(见本实验附录),检查无误后开机。

(3) 示波器的连接与设置:

① 将F-H实验仪的信号输出端、同步输出端,分别接示波器[$CH_1(x)$]和[外接输入]端;开启电源,设置"耦合"为"AC",扫描方式为[自动],"双踪"为[CH_1]。

② 待信号输入(测试开始后),调节[电平]旋钮,使波形趋于清晰、稳定。

③ 调节[位移],使波形居中;再调节[VOLTS/DIV]和[SEC/DIV],使波形有个合适的大小。

2. 氩元素的第一激发电位测量

(1) 手动测试。

下面是用智能弗兰克-赫兹实验仪实验主机单独完成弗兰克-赫兹实验。

① 设置仪器为"手动"工作状态,按"手动/自动"键,"手动"指示灯亮。

② 设定电流量程,按下电流量程 1 μA 键,对应的量程指示灯点亮。

③ 设定电压源的电压值,用↓/↑,←/→键完成,需设立的电压源有:灯丝电压 V_F,第一加速电压 V_{KG_1},拒斥电压 V_{AG_2}。设定状态参见随机提供的工作条件(见机箱)。

④ 按下"启动"键,实验开始。用↓/↑,←/→键完成 V_{KG_2} 电压值的调节,从 0.0 V 起,按步长 1 V(或 0.5 V)的电压值调节电压源 V_{KG_2},仔细观察弗兰克-赫兹管的板极电流值 I_A 的变化(可用示波器观察),读出 I_A 的峰、谷值和对应的 V_{KG_2} 值。

⑤ 重新启动,在手动测试的过程中,按下启动按键,V_{KG_2} 的电压值将被设置为零,内部存储的测试数据被清除,示波器上显示的波形被清除,但 V_F、V_{KG_1}、V_{AG_2}、电流挡位等的状态不发生改变。这时,操作者可以在该状态下重新进行测试,或修改状态后再进行测试。

(2) 自动测试。

智能弗兰克-赫兹实验仪除可以进行手动测试外,还可以进行自动测试。

进行自动测试时,实验仪将自动产生 V_{KG_2} 扫描电压,完成整个测试过程;将示波器与实验仪相连接,在示波器上可看到弗兰克-赫兹管板极电流随 V_{KG_2} 电压变化的波形。

① 自动测试状态设置。自动测试 V_F、V_{KG_2}、V_{AG_2} 及电流挡位等状态设置的操作过程时,弗兰克-赫兹管的连线操作过程与手动测试操作过程一样。

② V_{KG_2} 扫描终止电压的设定。进行自动测试时,实验仪将自动产生 V_{KG_2} 扫描电压。实验仪默认 V_{KG_2} 扫描电压的初始值为 0,V_{KG_2} 扫描电压大约每 0.4 s 递增 0.2 V。直到扫描终止电压。

要进行自动测试,必须设置电压 V_{KG_2} 的扫描终止电压。

首先,将"手动/自动"测试键按下,自动测试指示灯亮;按下 V_{KG_2} 电压源选择键,V_{KG_2} 电压源选择指示灯亮;用↓/↑,←/→键完成 V_{KG_2} 电压值的具体设定。

③ 自动测试启动。将电压源选择选为 V_{KG_2},再按面板上的"启动"键,自动测试开始。

在自动测试过程中，观察扫描电压 V_{KG_2} 与弗兰克-赫兹管板极电流的相关变化情况（可通过示波器观察弗兰克-赫兹管板极电流 I_A 随扫描电压 V_{KG_2} 变化的输出波形）。在自动测试过程中，为避免面板按键误操作，导致自动测试失败，面板上除“手动/自动”按键外的所有按键都被屏蔽禁止。

④ 自动测试过程正常结束。当扫描电压 V_{KG_2} 的电压值大于设定的测试终止电压值后，实验仪将自动结束本次自动测试过程，进入数据查询工作状态。

测试数据保留在实验仪主机的存储器中，供数据查询过程使用，所以，示波器仍可观测到本次测试数据形成的波形。直到下次测试开始时才刷新存储器的内容。

⑤ 自动测试后的数据查询。自动测试过程正常结束后，实验仪进入数据查询工作状态。这时面板按键除测试电流指示区外，其他都已开启。自动测试指示灯亮，电流量程指示灯指示于本次测试的电流量程选择挡位；各电压源选择按键可选择各电压的电压值指示，其中 V_F、V_{KG_1}、V_{AG_2} 三电压源只能显示原设定电压值，不能通过按键改变相应的电压值。用↓/↑，←/→键改变电压源 V_{KG_2} 的指示值，就可查阅到在本次测试过程中，电压源 V_{KG_2} 的扫描电压值为当前显示值时，对应的弗兰克-赫兹管板极电流值 I_A 的大小，读出 I_A 的峰、谷值和对应的 V_{KG_2} 值（为便于作图，在 I_A 的峰、谷值附近需多取几点）。

⑥ 中断自动测试过程。在自动测试过程中，只要按下“手动/自动”键，手动测试指示灯亮，实验仪就中断了自动测试过程，回复到开机初始状态。所有按键都被再次开启工作。这时可进行下一次的测试准备工作。

本次测试的数据依然保留在实验仪主机的存储器中，直到下次测试开始时才被清除。所以，示波器仍会观测到部分波形。

⑦ 结束查询过程回复初始状态。当需要结束查询过程，只要按下“手动/自动”键，则手动测试指示灯亮，查询过程结束，面板按键再次全部开启。原设置的电压状态被清除，实验仪存储的测试数据被清除，实验仪恢复到初始状态。

【数据与结果】

（1）自拟表格，详细记录实验条件和相应的 I_A-U_{KG_2} 的值。

（2）在方格纸上做出 I_A-U_{KG_2} 曲线。用逐差法处理数据，求得氩的第一激发电位 U_0 值。

思　考　题

1. I_P-V_{G_2} 曲线出现的多个波峰、波谷反映了电子与氩原子是怎样的相互作用过程？
2. 改变灯丝电压，是否影响测量结果 V_0 值的大小？为什么？

附录　智能弗兰克-赫兹实验仪性能简介

该仪器用于测量氩原子的激发电位，观其特殊的伏安特性现象，研究原子能级的量子特性。

它由弗兰克-赫兹管、工作电源及扫描电源、微电流测量仪三部分组成。

【主要技术指标】

(1) 弗兰克-赫兹管。

氩管,管子结构:4 级;

谱峰(或谷),数量≥6;

寿命≥3000 hrs。

(2) 工作电源及扫描电源(三位半数显)。

灯丝电压:DC 0~6.3 V,±1%;

第一栅压:DC 0~5 V,±1%;

第二栅压:DC 0~100 V,±1%(自动扫描/手动);

拒斥电压:DC 0~12 V,±1%。

(3) 微电流测量仪(三位半数显)。

测量范围:$10^{-9}\sim10^{-6}$ A,±1%。

(4) 电源电压:~220 V,50 Hz。

最大电源电流:0.5 A;

保险管:0.5 A。

(5) 体积。

仪器:405×260×145 mm;

包装箱:480×395×240 mm。

【主要功能特点】

(1) 区〈4〉是测试电压指示区。

四位七段数码管指示当前选择电压源的电压值;四个电压源选择按键用于选择不同的电压源;每一个电压源选择都备有一个选择指示灯指示当前选择的电压源。

(2) 区〈5〉是测试信号输入输出区。

电流输入插座输入弗兰克-赫兹管板极电流;信号输出和同步输出插座可将信号送示波器显示。

(3) 区〈6〉是调整按键区。

用于改变当前电压源电压设定值;用于设置查询电压点。

(4) 区〈7〉是工作状态指示区。

通信指示灯指示实验仪与计算机的通信状态;启动按键与工作方式按键共同完成多种操作,详细说明见相关栏目。

(5) 区〈8〉是电源开关。

【智能弗兰克-赫兹实验仪后面板说明】

智能弗兰克-赫兹实验仪后面板上有交流电源插座,插座上自带有保险管座。如果实验仪已升级为微机型，则通信插座可联计算机；否则，该插座不可使用。

【智能弗兰克-赫兹实验仪连线说明】

在确认供电电网电压无误后，将随机提供的电源连线插入后面板的电源插座中，连接面板上的连接线。务必反复检查，切勿连错！

【开机后的初始状态】

开机后，实验仪面板状态显示如下：

(1) 实验仪的"1 mA"是流挡位指示灯亮，表明此时电流的量程为 1 mA 挡，电流显示值为 000.0 μA。

(2) 实验仪的"灯丝电压"挡位指示灯亮，表明此时修改的电压为灯丝电压。电压显示值为 000.0 V，最后一位在闪动，表明现在修改位为最后一位。

(3) "手动"指示灯亮，表明此时实验操作方式为手动操作。

【变换电流量程】

如果想变换电流量程，则按下在区〈3〉中的相应电流量程按键，对应的量程指示灯点亮，同时电流指示的小数点位置随之改变，表明量程已变换。

【变换电压源】

如果想变换不同的电压，则按下在区〈4〉中的相应电压源按键，对应的电压源指示灯随之点亮，表明电压源变换选择已完成，可以对选择的电压源进行电压值设定和修改。

【修改电压值】

按下前面板区〈6〉上的"←/→"键，当前电压的修改位将循环移动，同时闪动位随之改变，以提示目前修改的电压位置。

按下面板上的"↓/↑"键，电压值在当前修改位递增/递减一个增量单位。

【注意】

(1) 如果当前电压值加上一个单位电压值的和超过了允许输出的最大电压值，再按下"↑"键，电压值只能修改为最大电压值。

(2) 如果当前电压值减去一个单位电压值的差值小于零，再按下"↓"键，电压值只能修改为零。

【建议工作状态范围】

警告：弗兰克-赫兹管很容易因电压设置不合适而遭到损坏，所以，一定要按照规定的实验步骤在适当的状态下进行实验。

电流量程：1 A 或 10 μA 挡；

灯丝电源电压：3～4.5 V；

V_{KG_1} 电压：1～3 V；

V_{AG_2} 电压：5～7 V；

V_{KG_2} 电压：≤80.0 V。

由于弗兰克-赫兹管的离散性以及使用中的老化，每一支弗兰克-赫兹管的最佳工作状态是不同的。对具体的弗兰克-赫兹管应在上述范围内找出其较理想的工作状态。

弗兰克-赫兹仪前面板接线图如图 6-28-4 所示。

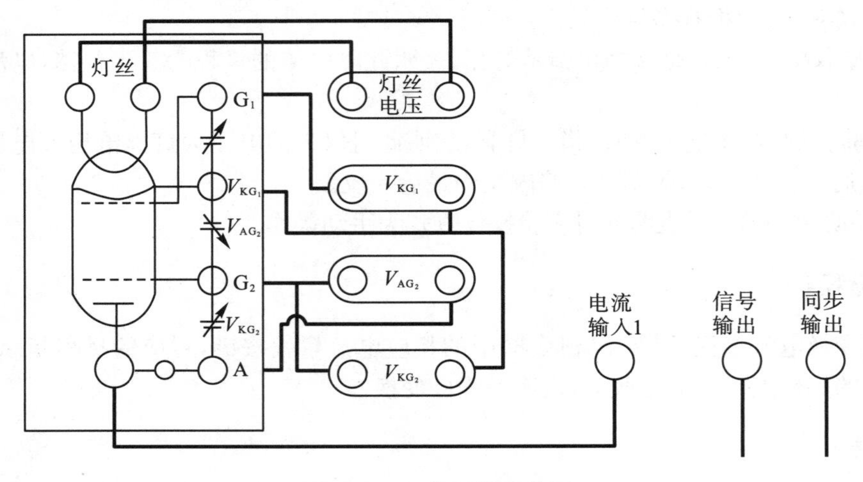

图 6-28-4 前面板接线图

实验二十九 电子电量的测定
——密立根油滴实验

【实验目的】

(1) 掌握电子电量的测定方法。

(2) 培养综合实验的能力。

【实验原理】

由美国物理学家密立根于 1907 年设计并完成的油滴实验是物理学史上的一个重要实验，它精确地测出了电子电量，证明了任何带电体所带的电量都是基本电量 e 的整数倍，说明电荷的不连续性，即具有量子化。

油滴实验涉及力学、分子物理学、电学、光学和近代物理的知识，是一个综合性实验，它设计巧妙，方法简便，深富启迪性。

用油滴实验测定电子电量有平衡测定法和动态测定法两种。

1. 平衡测定法

如图 6-29-1 所示，间距为 d 的两个平行极板，上板有一小孔供喷入油滴。由于喷射而分散的油滴一般都是带电的，当两极板间加以电压 V（上板为正或负均可）时，油滴在两极板间同时受到两个力的作用：重力 mg、静电场力 $qE=qV/d$。对于多数油滴所受到的这两个力大小不相等，方向也不尽相反，就会很快地被拉向极板，只有满足

$$mg=qE=q\frac{V}{d}$$

即

$$q=\frac{mgd}{V} \tag{6-29-1}$$

的油滴才静止于电场中。把满足式(6-29-1)的电压称为平衡电压。显然，略加大或减小 V，平衡破坏，油滴将上升或下降。

由式(6-29-1)可知，欲测定处于平衡状态油滴的电量 q，还必须知道该油滴的质量 m，为此可应用下述的另一平衡法。

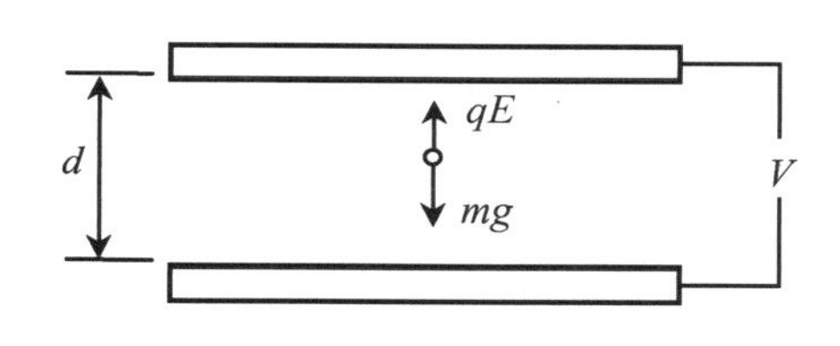

图 6-29-1　电场中的电荷

取消加在极板上的电压，这时油滴将受重力作用而加速下降，与此同时油滴还受到空气阻力 f_r 的作用（空气浮力忽略不计）。根据斯托克斯定律，空气阻力 f_r 与油滴运动速度 V 成正比，即

$$f_r=6\pi a\eta v$$

上式中，a 是油滴半径（由于表面张力，油滴总是收缩成小球状），η 是空气的黏滞系数，η 值可查有关资料(即 η 为已知)。让油滴下降一段距离，速率增大到某一数值 v_0（实际上很快便满足这个条件），使得重力和阻力相平衡，油滴将保持 v_0 做匀速率运动（v_0 也称为油滴的收尾速率），如图 6-29-2 所示。这时有

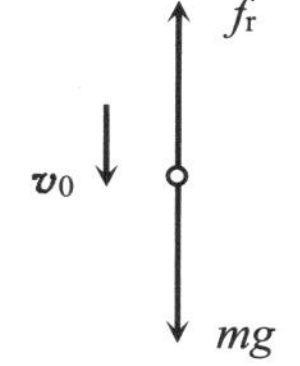

图 6-29-2　示意图(一)

$$f_1=6\pi a\eta v_0=mg$$

$$m=\frac{6\pi a\eta v_0}{g} \tag{6-29-2}$$

设油滴的密度为 ρ，油滴质量 m 又可写为

$$m=\frac{4}{3}\pi a^3\rho \tag{6-29-3}$$

由此得油滴半径

$$a=\frac{q\eta v_0}{2\rho g} \tag{6-29-4}$$

对于半径 $a\leqslant 10^{-6}$ m 的小油滴，空气的黏滞系数 η 应做如下修正：

$$\eta'=\frac{\eta}{1+\frac{b}{pa}}$$

式中，b 是修正系数，$b=6.17\times10^{-6}$ m；p 是大气压强，单位用厘米汞高表示。故得油滴半径

$$a=\sqrt{\frac{q\eta v_0}{2\rho g\left(1+\frac{b}{pa}\right)}}$$

将上式代入式(6-29-3)，得油滴质量

$$m=\frac{4}{3}\pi\left[\frac{q\eta v_0}{2\rho g\left(1+\frac{b}{pa}\right)}\right]^{\frac{2}{3}}\rho \tag{6-29-5}$$

由式(6-29-5)可知，为测定 m 尚需测定收尾速率 v_0 和油滴半径 a，考虑到式中 a 出现在修正式中，不需要十分精确，可用修正前的式(6-29-4)代替。而式(6-29-4)的 a 也只有 v_0 未知，所以综合式(6-29-4)和式(6-29-5)，把问题归结为求收尾速率 v_0。

当两极板间电压 $V=0$ 时，油滴下落处于匀速状态，用停表测出油滴匀速下降 l 距离所需时间 t，则收尾速率

$$v_0=\frac{l}{t} \tag{6-29-6}$$

联立式(6-29-1)、式(6-29-5)和式(6-29-6)，得油滴的电量 q 的表达式

$$q=\frac{18\pi}{\sqrt{2\rho g}}\left[\frac{\eta l}{t\left(1+\frac{b}{pa}\right)}\right]^{\frac{2}{3}}\frac{d}{V} \tag{6-29-7}$$

这里 a 的值用式(6-29-4)计算即可。

如果让某一颗油滴的电量发生变化，并测出其相应的平衡电压 V_n，研究这些电压变化规律，可发现它们都满足方程

$$q_n=mg\frac{d}{V_n}=ne \tag{6-29-8}$$

式(6-29-8)中，$n=\pm1,\pm2,\cdots$，而 e 是一个不变的值。对于不同的油滴，调出相应的平衡电压，可发现都与式(6-29-8)有一定的关系。这说明所有带电油滴所带的电量 q 都是最小电量 e 的整数倍。即物体带电是以不连续的量值出现的，其最小单元就是电子和电量值。

$$e=\frac{q}{n} \tag{6-29-9}$$

2. 动态测定法

若在两极板间加以适当电压 V 而并不调节 V 来达到静电场力和重力相平衡，这时油滴将在静电场力 qE、重力 mg 和空气阻力 f_r 的作用下加速上升，如图6-29-3所示。当油滴上升一段距离，三力达到平衡后，油滴将以速率 v_e 上升。

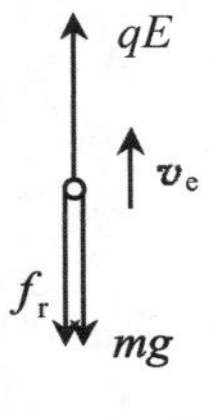

qE

v_e

f_r mg

图 6-29-3 示意图(二)

这时有

$$6\pi a p v_e=q\frac{V}{d}-mg \tag{6-29-10}$$

去掉电压 V,该油滴在重力作用下而获得向下的加速度,并将加速下降。由于空气阻力作用,下降一段距离速率达到某一数值 v_g 时,重力和阻力相平衡,则有

$$6\pi a p v_g = mg \tag{6-29-11}$$

上述两式相除得

$$q = mg\frac{d}{V}\left(\frac{v_g+v_e}{v_g}\right) \tag{6-29-12}$$

用紫外光照射油滴,使之所带电量由 q 变到 q',然后在极板上加同一电压 V,使油滴上升,去掉电压,再让油滴下降,同理可得

$$q' = mg\frac{d}{V}\left(\frac{v_g+v_e'}{v_g}\right) \tag{6-29-13}$$

式(6-29-13)中,v_e'是由于油滴电量改变,所受的静电场力也改变,导致上升收尾速率不同。而下降的收尾速率 v_g 不变。

式(6-29-13)与式(6-29-12)相减,得油滴电量改变值

$$\Delta q = q' - q = mg\frac{d}{V}\left(\frac{v_g+v_e'}{v_g}\right) \tag{6-29-14}$$

若实验时取油滴匀速上升和匀速下降的距离都等于 l,测出相应的时间 t_g、t_a、t_a'则有

$$v_g = \frac{l}{t_g},\quad v_e = \frac{l}{t_a},\quad v_e' = \frac{l}{t_a'} \tag{6-29-15}$$

将式(6-29-15)和式(6-29-5)的 m 表达式分别代入式(6-29-12)和式(6-29-14),经整理得

$$q = KK'\left(\frac{1}{t_a}+\frac{1}{t_g}\right)\left(\frac{1}{t_g}\right)^{\frac{1}{2}}\frac{1}{V} \tag{6-29-16}$$

$$q = KK'\left(\frac{1}{t_a}-\frac{1}{t_a'}\right)\left(\frac{1}{t_g}\right)^{\frac{1}{2}}\frac{1}{V} \tag{6-29-17}$$

这里

$$K = \frac{4}{3}\pi\left(\frac{9\eta l}{2}\right)^{\frac{3}{2}}\left(\frac{1}{\rho g}\right)^{\frac{1}{2}}d,\quad K' = \left[\frac{1}{1+\dfrac{b}{pa}}\right]^{\frac{3}{2}},\quad a = \sqrt{\frac{9\eta l}{2\rho g t_g}}$$

从实验所得的 t 值(v 一定),可分析出 q 和 Δq 只能为某一数值的整数倍,由此可测出油滴所带的电子的总数 n 和电子的改变数 i。从而得出一个电子的电量

$$e = \frac{q}{n} = \frac{\Delta q}{i}$$

平衡测定法原理简单,但调节平衡电压较困难;动态测定法原理和数据公式较复杂,但不需要调节平衡电压,而且可以测出油滴所带电子的改变数 i,直接证明电荷的不连续性。

【仪器简介】

密立根油滴仪主要由油滴盒、油滴照明装置、调平系统、测量显微镜、供电电源以及电子停

表、喷雾器等部分组成。图 6-29-4 所示为 MOD-4 型油滴仪的外形及部件名称。

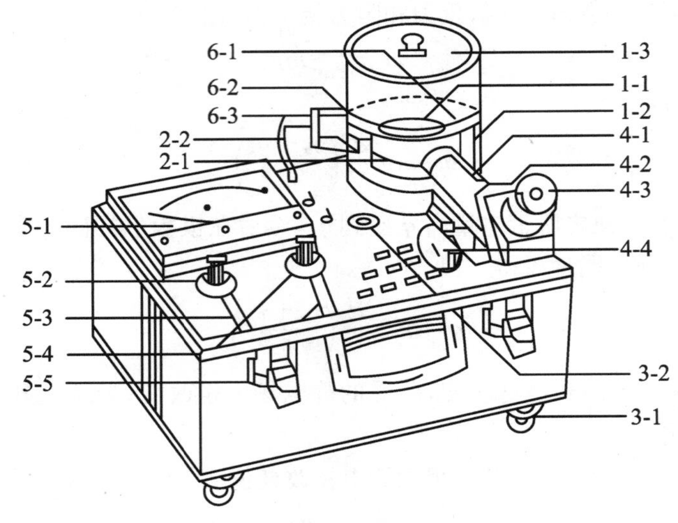

图 6-29-4 MOD-4 型油滴仪外形图

1-1. 油滴盒； 1-2. 有机玻璃防风罩； 1-3. 有机玻璃油雾室； 2-1. 油滴照明灯室；
2-2. 导光棒； 3-1. 调平螺旋(三只)； 3-2. 水准泡； 4-1. 测量显微镜； 4-2. 目镜头；
4-3. 接目镜； 4-4. 调焦手轮； 5-1. 电压表； 5-2. 平衡电压调节旋钮；
5-3. 平衡电压反向开关； 5-4. 升降电压调节旋钮； 5-5. 升降电压反向开关；
6-1. 特制紫外灯(MOD-4 型油滴仪防风罩内)；
6-2. 紫外灯按钮开关(MOD-4 型油滴仪测量显微镜右侧,图上看不见)

油滴盒(1-1)由两块经过精磨的平行极板（电极板）中间垫一胶木圆环组成。平行极板间距为 d。胶木圆环上有进光孔,观察孔和石英玻璃窗口。油滴盒放在有机玻璃防风罩(1-2)中。上极板中央有一个直径 0.4 mm 的小孔,油滴从油雾室(1-3)经油雾孔及小孔落入上下极板之间,上述装置如图 6-29-5 所示。油滴由照明装置(2-1)、(2-2)照明,油滴盒可用调平螺丝(3-1)调节,并由水准泡(3-2)检查其是否水平。

油滴盒防风罩前有显微镜(4-1),通过胶木圆环的观察孔观察极板之间的油滴。目镜头(4-2)中装有分划板,其纵向总刻度相当于 0.300 cm,用以测量油滴运动距离 L。图 6-29-6 是分划板刻度的放大像。

用紫外线电源(6-1)照射油滴,能改变油滴所带电量。按下电钮(6-2)即接通紫外线电源。

电源部分提供有三种电压：

(1) 2.2V 油滴照明电压。

(2) 500 V 直流平衡电压。该电压可以连续调节,并由电压表(5-1)直接读出。换向开关(5-3)用以改变上、下电极板的极性。换向开关倒向"＋"时,使达到平衡的油滴带正电；反之带负电。换向开关放在"0"位置上,表明上、下极板短路,不带电。

(3) 300 V 直流升降电压。该电压也是可连续调节的,但不稳压,电表上不显示。它可通过升降电压开关(5-5)叠加(或减去)在平衡电压上,以便把油滴移到合适的位置上,即起到控制油滴上下位置作用。升降电压高,油滴移动快;反之则慢。

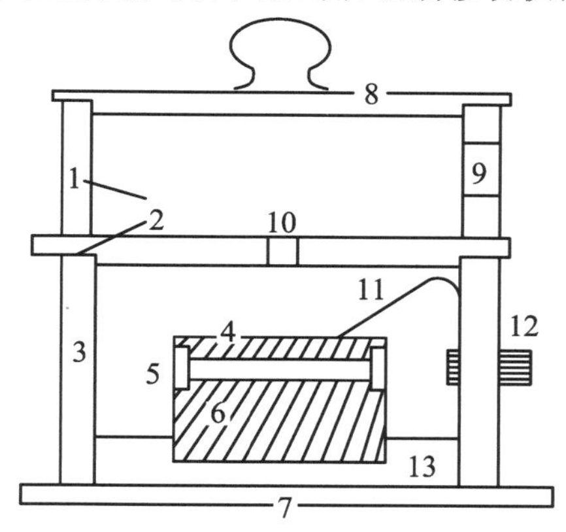

图 6-29-5　油滴盒内部结构示意图

1. 油雾室；　2. 油雾孔开关；　3. 防风罩；　4. 上电极板；
5. 胶木圆环；　6. 下电极板；　7. 底板；　8. 上盖板；
9. 喷雾口；　10. 油雾孔；　11. 上电极板压簧；　12. 上电极板电源插孔；　13. 油滴盒基座

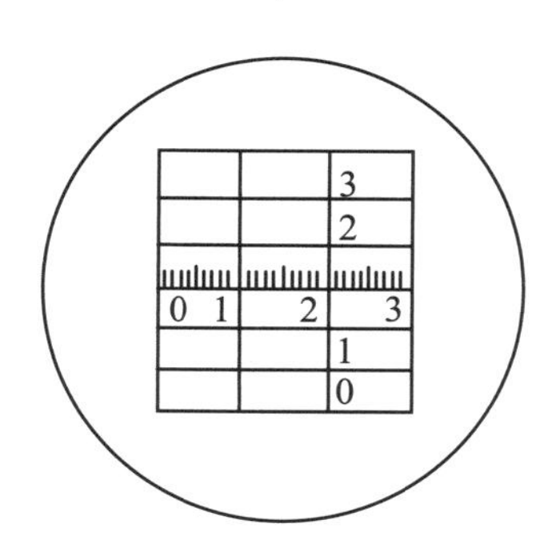

图 6-29-6　分划板刻度放大像

【实验内容】

1. 调节仪器,观察油滴

(1) 放稳仪器,调节脚螺丝(3-1),使水准泡居中,这时两极板处于水平位置。

(2) 接通电源预热 10 min。利用这段时间学习调节显微镜(4-1)。为使分划板位置放正,可转动目镜;为使分划板刻度清晰,可将目镜插到底,并调节接目镜(4-3)。

(3) 将油从油雾室旁的喷雾口喷入(喷一次即可),微调显微镜的聚焦手轮(4-4),直到视场中观察到大量的有如夜空繁星的油滴。若视场太暗,或视场上下亮度不均匀,油滴不够明亮,可稍稍转动照明灯座(2-1),使得小灯泡前的聚光珠正对前方。

2. 练习控制油滴

(1) 在两极板上加平衡电压(约 300 V),换向开关置于“+”“−”均可。这时从视场中可看到大量油滴快速运动,大部分油滴被驱走,直到剩下几颗缓慢运动的油滴为止。注视其中一颗,仔细调节平衡电压,直到该油滴下降一段距离(注意:不能让它消失),再加上平衡电压和升降电压,使油滴上升。如此反复多次,以掌握控制油滴方法。

(2) 选择几颗运动快慢不同的油滴,用停表测出它们下降或上升一段距离的时间。如此反复多练几次,以掌握测量油滴运动时间的方法。

注意:如果被观察的油滴逐渐模糊,要及时微调显微镜的调焦手轮,使之清晰,跟踪不舍,以免“掉失”。

(3) 要做好本实验,很重要的一点是选择合适的油滴。若所选的油滴体积过大,虽然明亮,但带电较多,运动速度较快,不易测准;选的油滴太小,则布朗运动明显,也不易测准。通常可选择平衡电压 200 V 以上,在 20～30 s 内匀速下降 2 mm 的油滴,其体积大小和带电量都较合适。

3. 平衡测定法

由式(6-29-7)可知,欲测 q,需测平衡电压 V、油滴匀速下降距离 l 和所需的时间 t。

选好油滴,调节平衡电压。应使油滴置于分划板上方某一横线附近,以便准确判断这颗油滴是否真正平衡了。记下平衡电压值。

取消平衡电压,让油滴下降。为保证油滴处于收尾速度 v_0 状态,应先让它下降一段距离后再开始计时。测量下降一段距离的 l 应该选在两极板中间的中部。一律取 $l=0.2$ cm。l 选得太靠近上方,小孔附近有气流,电场不均匀;太靠近下方,油滴易"掉失",都影响测量结果。记下油滴运动距离 l 和所需的时间 t。针对同一颗油滴,重复测量 8~10 次。每次测量都重新调节平衡电压,分别记下其 V 值。

用同样方法先后对 4~5 颗油滴分别测 V、l、t,供求电子电量用。

4. 动态测定法

(1) 在两极板上加约 200 V 的电压,驱走不需要的油滴,留下几颗缓慢运动的油滴,注视其中一颗,调节显微镜使之清晰。

(2) 增大极板上的电压至 400 V 左右,使油滴上升,测出油滴处于匀速状态下,上升 $l=0.200$ cm所需的时间 t_g。

(3) 去掉极板上的电压,油滴下降,测出油滴处于匀速状态下,下降 $l=0.200$ cm 所需的时间 t_g。

(4) t_e、t_g 各反复测量 6 次。测量时注意勿使该油滴丢失,同时保持电压 V 值不变。

(5) 如果在实验过程中,发现 t_e 有明显变化(t_g 不会有明显改变),则说明油滴上所带电量已改变,可就此按上述方法继续测 6 次 t_g 和 t_e'(这时匀速上升时间 t_e 实际已变为 t_e')。

若 t_e 值长时间不发生明显变化,可用紫外线照射 3~5 s,让油滴带电量发生变化。

若实验中 t_e(或 t_e')时间太长或太短,均可用紫外线照射,以得到合适的带电量。

【注意事项】

(1) 实验时要细心、耐心,培养良好的实验作风和态度。

(2) 数据表格自拟。

【数据处理】

1. 平衡测定法

(1) 记下有关数据,并简化 q 的计算公式。

油滴的密度:$\rho=981\ \mathrm{kg\cdot m^{-3}}$;

空气黏滞系数:$\eta=1.83\times10^{-5}\ \mathrm{kg\cdot m^{-1}\cdot s^{-1}}$;

修正系数:$b=6.17\times10^{-16}\ \mathrm{m\cdot cmHg}$;

大气压强:$p=76.0$ cmHg;

平行极板间距:$d=5.00\times10^{-3}$ m;

重力加速度:$g=9.80\ \mathrm{m\cdot s}$。

实验中一律取:$l=2.00\times10^{-3}$ m。

将上述数据代入式(6-29-4)和式(6-29-7)，则计算 q 的近似公式

$$q=\frac{1.43\times10^{-14}}{\left[t(1+0.02\sqrt{t})\right]^{\frac{2}{3}}}\cdot\frac{1}{V} \tag{6-29-18}$$

由于油滴密度 ρ、空气黏滞系数 η 都是温度的函数，重力加速度 g 和大气压强 p 随实验条件的不同也有变化，故式(6-29-18)是近似计算，但引起的误差仅为1%左右，利用式(6-29-18)计算既简便也是可取的。

(2) 计算电子电量 e 值。

第一，对所得的 q_1 值，求其最大公约数，该公约数即为 e 的测量值。

第二，用公认值 $e=1.60\times10^{-19}$℃，去除 q_1，其商 n 取成整数，再用 n 去除 q_1 就得 e 的测量值。

$$n=\frac{q_1}{e_{公认}};\quad e_{测量}=\frac{q_1}{n}$$

(3) 用公认值与实验测量值，求 e 值的相对误差。

2. 动态测定法

(1) 根据 η、ρ、b、p、d、g、l 等已知数据，计算式(6-29-16)、式(6-29-17)的 K、K' 值，以验证：

$$KK'=\frac{1.43\times10^{-14}}{(1+0.02\sqrt{t_g})^{\frac{3}{2}}}\ \mathrm{kg\cdot m^2\cdot s^{-\frac{1}{2}}}$$

(2) 记下极板电压 $V=$____ V(只有一个数值)。

(3) 自拟表格记录每次测得的 t_g、t_e(或 t_e')。每颗油滴各测6组，共测6颗。

(4) 列表计算 e 值。

作　业　题

1. 如何调节测量显微镜以看清极板间的油滴？

2. 平衡测定法中的“平衡电压”和“升降电压”各有什么作用？为什么“升降电压”不需显示，也不需记录？

3. 实验中有时会出现油滴逐渐模糊的现象，试分析其原因。采用什么措施才能跟踪好油滴，不让它丢失？

实验三十　氢原子光谱

【实验目的】

(1) 验证氢原子光谱的巴耳末公式。

(2) 培养能根据实验要求独立组织实验的能力。

【实验原理】

氢原子光谱中的巴耳末系属可见光，谱线波长公式为

$$\frac{1}{\lambda_n}=R\left(\frac{1}{2^2}-\frac{1}{n^2}\right)\quad(n=3,4,5,\cdots)\tag{6-30-1}$$

式(6-30-1)称为巴耳末公式，式中 λ_n 为谱线波长，$R=1.0968\times10^7\ \mathrm{m}^{-1}$，称为里德堡常数，$n$ 的不同取值对应一条谱线。

以氢灯为光源，巴耳末系谱线可通过光衍射直接观察到，并能测出其波长，从而验证巴耳末公式。

【实验内容】

(1) 调整分光计。

(2) 用光栅衍射测定巴耳末系谱线波长。

【实验报告要求】

(1) 根据实验目的、内容和要求写出完整的实验报告。

(2) 将实验结果和理论值进行对比分析。

预习思考题

1. 复习分光计调整及光栅衍射实验(见实验十、实验十六)。
2. 写出衍射光栅公式，掌握公式中各物理量的意义。
3. 列出仪器清单，写出操作主要步骤和注意事项，画出数据记录表格。

作业题

简述应用三棱镜色散现象，测定氢原子光谱中巴耳末系谱线波长的原理和方法。

实验三十一　核磁共振实验

核磁共振，是指具有磁矩的原子核在恒定磁场中由电磁波引起的共振跃迁现象。1945 年，美国哈佛大学的珀塞尔等人，报道了他们在石蜡样品中观察到质子的核磁共振吸收信号；1946 年，美国斯坦福大学布洛赫等人，也报道了他们在水样品中观察到质子的核感应信号。两个研究小组用了略微不同的方法，几乎同时在凝聚物质中发现了核磁共振。因此，布洛赫和珀塞尔荣获了 1952 年的诺贝尔物理学奖。

此后，许多物理学家进入了这个领域，取得了丰硕的成果。目前，核磁共振已经广泛地应用

到许多科学领域，是物理、化学、生物和医学研究中的一项重要实验技术。它是测定原子的核磁矩和研究核结构的直接而又准确的方法，也是精确测量磁场的重要方法之一。

【实验原理】

下面我们以氢核为主要研究对象，以此来介绍核磁共振的基本原理和观测方法。氢核虽然是最简单的原子核，但它是目前在核磁共振应用中最常见和最有用的核。

核磁共振的量子力学描述如下：

1. 单个核的磁共振

通常将原子核的总磁矩在其角动量 $\boldsymbol{P}$ 方向上的投影 μ 称为核磁矩，它们之间的关系通常写成

$$\mu=\gamma P \quad 或 \quad \mu=g_{\mathrm{N}}\frac{e}{2m_{\mathrm{p}}}P \tag{6-31-1}$$

式(6-31-1)中，$\gamma=g_{\mathrm{N}}\dfrac{e}{2m_{\mathrm{p}}}$称为旋磁比；$e$ 为电子电荷；m_{p} 为质子质量；g_{N} 为核的朗德因子。对氢核来说，$g_{\mathrm{N}}=5.5851$。

按照量子力学，原子核角动量的大小由下式决定：

$$P=\sqrt{I(I+1)}\hbar \tag{6-31-2}$$

式(6-31-2)中，$\hbar=\dfrac{h}{2\pi}$，h 为普朗克常数。I 为核的自旋量子数，可以取 $I=0,\dfrac{1}{2},1,\dfrac{3}{2},\cdots$，对氢核来说，$I=\dfrac{1}{2}$。

把氢核放入外磁场 $\boldsymbol{B}$ 中，可以取坐标轴 z 方向为 $\boldsymbol{B}$ 的方向。核的角动量在 $\boldsymbol{B}$ 方向上的投影值由下式决定

$$P_B=m\hbar \tag{6-31-3}$$

式(6-31-3)中，m 称为磁量子数，可以取 $m=I,I-1,\cdots,-(I-1),-I$。核磁矩在 $\boldsymbol{B}$ 方向上的投影值为

$$\mu_B=g_{\mathrm{N}}\frac{e}{2m_{\mathrm{p}}}P_B=g_{\mathrm{N}}\frac{e\hbar}{2m_{\mathrm{p}}}m$$

将它写为

$$\mu_B=g_{\mathrm{N}}\mu_{\mathrm{N}}m \tag{6-31-4}$$

式(6-31-4)中，$\mu_{\mathrm{N}}=5.050787\times10^{-27}\ \mathrm{J\cdot T^{-1}}$称为核磁子，是核磁矩的单位。

磁矩为 μ 的原子核在恒定磁场 $\boldsymbol{B}$ 中具有势能为

$$E=-\mu\cdot B=-\mu_B B=-g_{\mathrm{N}}\mu_{\mathrm{N}}mB$$

任何两个能级之间的能量差为

$$\Delta E=E_{m1}-E_{m2}=-g_{\mathrm{N}}\mu_{\mathrm{N}}B(m_1-m_2) \tag{6-31-5}$$

考虑最简单的情况，对氢核而言，自旋量子数 $I=\dfrac{1}{2}$，所以磁量子数 m 只能取两个值，即

$m=\frac{1}{2}$和$m=-\frac{1}{2}$。磁矩在外场方向上的投影也只能取两个值，如图 6-31-1 中(a)所示，与此相对应的能级如图 6-31-1 中(b)所示。

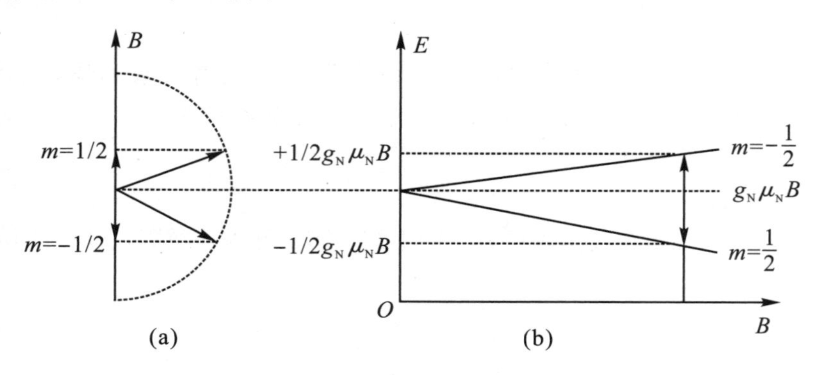

图 6-31-1　氢核能级在磁场中的分裂

根据量子力学中的选择定则，只有 $\Delta m=\pm 1$ 的两个能级之间才能发生跃迁，这两个跃迁能级之间的能量差为

$$\Delta E=g_N\mu_N B \tag{6-31-6}$$

由这个公式可知：相邻两个能级之间的能量差 ΔE 与外磁场 $\boldsymbol{B}$ 的大小成正比，磁场越强，则两个能级分裂也越大。

如果实验时外磁场为 $\boldsymbol{B}_0$，在该稳恒磁场区域又叠加一个电磁波作用于氢核，如果电磁波的能量向 $h\nu_0$ 恰好等于这时氢核两能级的能量差 $g_N\mu_N B_0$，即

$$h\nu_0=g_N\mu_N B_0 \tag{6-31-7}$$

则氢核就会吸收电磁波的能量，由 $m=\frac{1}{2}$的能级跃迁到 $m=-\frac{1}{2}$的能级，这就是核磁共振吸收现象。式(6-31-7)就是核磁共振条件。为了应用上的方便，常写成

$$\nu_0=\frac{g_N\mu_N}{h}B_0 \quad 即 \quad \omega_0 2\pi\nu_0=\gamma B_0 \tag{6-31-8}$$

2. 核磁共振信号的强度

上面讨论的是单个的核放在外磁场中的核磁共振理论。但实验中所用的样品是大量同类核的集合。如果处于高能级上的核数目与处于低能级上的核数目没有差别，则在电磁波的激发下，上下能级上的核都要发生跃迁，并且跃迁概率是相等的，吸收能量等于辐射能量，我们就观察不到任何核磁共振信号。只有当低能级上的原子核数目大于高能级上的核数目，吸收能量比辐射能量多，这样才能观察到核磁共振信号。在热平衡状态下，核数目在两个能级上的相对分布由玻尔兹曼因子决定

$$\frac{N_1}{N_2}=\exp\left(-\frac{\Delta E}{kT}\right)=\exp\left(-\frac{g_N\mu_N B_0}{kT}\right) \tag{6-31-9}$$

式(6-31-9)中，N_1 为低能级上的核数目，N_2 为高能级上的核数目，ΔE 为上下能级间的能量差，k 为玻尔兹曼常数，T 为绝对温度。当 $g_N\mu_N B_0\ll kT$ 时，上式可以近似写成

$$\frac{N_1}{N_2}=1-\frac{g_N\mu_N B_0}{kT} \tag{6-31-10}$$

式(6-31-10)说明,低能级上的核数目比高能级上的核数目略微多一点。对氢核来说,如果实验温度 $T=300\ \mathrm{K}$,外磁场 $B_0=1\ \mathrm{T}$,则

$$\frac{N_2}{N_1}=1-6.75\times10^{-6} \quad 或 \quad \frac{N_1-N_2}{N_1}\approx7\times10^{-6}$$

这说明,在室温下,每百万个低能级上的核比高能级上的核大约只多出 7 个。这就是说,在低能级上参与核磁共振吸收的每一百万个核中只有 7 个核的核磁共振吸收未被共振辐射所抵消。所以核磁共振信号非常微弱,检测如此微弱的信号,需要高质量的接收器。

由式(6-31-10)可以看出,温度越高,粒子差数越小,对观察核磁共振信号越不利。外磁场 $\boldsymbol{B}_0$ 越强,粒子差数越大,越有利于观察核磁共振信号。一般核磁共振实验要求磁场强一些,其原因就在这里。

另外,要想观察到核磁共振信号,仅仅磁场强一些还不够,磁场在样品范围内还应高度均匀,否则磁场多么强也观察不到核磁共振信号。原因之一是,核磁共振信号由式(6-31-7)决定,如果磁场不均匀,则样品内各部分的共振频率不同。对某个频率的电磁波,将只有少数核参与共振结果信号被噪声所淹没,难以观察到核磁共振信号。

【实验仪器】

核磁共振实验仪主要包括磁铁及调场线圈、探头与样品、边限振荡器、磁场扫描电源、频率计及示波器。实验装置图如图 6-31-2 所示。

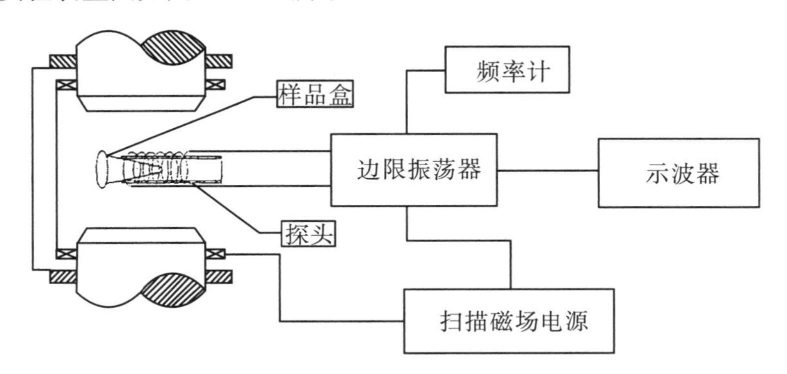

图 6-31-2　核磁共振实验装置示意图

1. 磁铁

磁铁的作用是产生稳恒磁场 $\boldsymbol{B}_0$,它是核磁共振实验装置的核心,要求磁铁能够产生尽量强的、非常稳定、非常均匀的磁场。本实验采用永磁铁,磁场均匀度高于 5×10^{-5}。

2. 边限振荡器

边限振荡器具有与一般振荡器不同的输出特性,其输出幅度随外界吸收能量的轻微增加而明显下降。当吸收能量大于某一阈值时即停振,因此通常被调整在振荡和不振荡的边缘状态,故称为边限振荡器。

3. 扫场单元

观察核磁共振信号最好的手段是使用示波器，但是示波器只能观察交变信号，所以必须想办法使核磁共振信号交替出现。有两种方法可以达到这一目的。一种是扫频法，即让磁场 $\boldsymbol{B}_0$ 固定，使射频场 $\boldsymbol{B}_1$ 的频率 ω 连续变化，通过共振区域，当 $\omega=\omega_0=\gamma B_0$ 时出现共振峰。另一种是扫场法，即把射频场 $\boldsymbol{B}_1$ 的频率 ω 固定，而让磁场 $\boldsymbol{B}_0$ 连续变化，通过共振区域。这两种方法是完全等效的，显示的都是共振吸收信号 ν 与频率差$(\omega-\omega_0)$之间的关系曲线。

由于扫场法简单易行，确定共振频率比较准确，所以现在通常采用大调制场技术；在稳恒磁场 $\boldsymbol{B}_0$ 上叠加一个低频调制磁场 $\boldsymbol{B}_m\sin\omega' t$，这个低频调制磁场就是由扫场单元（实际上是一对亥姆霍兹线圈）产生的。那么此时样品所在区域的实际磁场为 $B_0+B_m\sin\omega' t$。由于调制场的幅度 $\boldsymbol{B}_m$ 很小，总磁场的方向保持不变，只是磁场的幅值按调制频率发生周期性变化（其最大值为B_0+B_m，最小值为 B_0-B_m），相应的拉摩尔进动频率 ω_0 也相应地发生周期性交化，即

$$\omega_0=\gamma(B_0+B_m\sin\omega' t) \tag{6-31-11}$$

这时只要将射频场的角频率 ω 调在 ω_0 变化范围之内，同时调制磁场扫过共振区域，即 $B_0-B_m\leqslant B_0\leqslant B_0+B_m$，则共振条件在调制场的一个周期内被满足两次，所以在示波器上观察到如图 6-31-3 中(b)所示的共振吸收信号。此时若调节射频场的频率，则吸收曲线上的吸收峰将左右移动。当这些吸收峰间距相等时，如图 6-31-3 中(a)所示，则说明在这个频率下的共振磁场为 B_0。

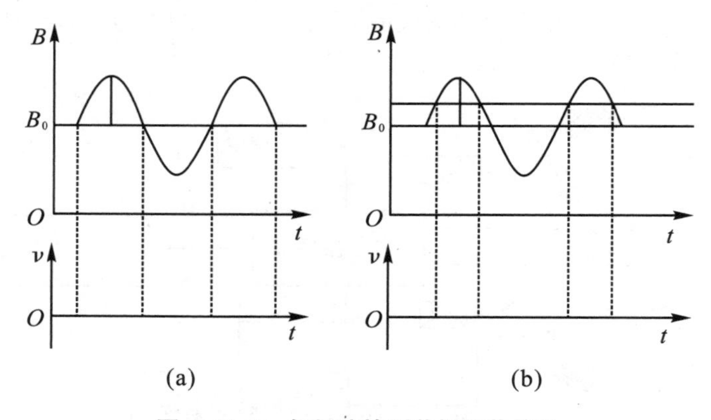

图 6-31-3 扫场法检测共振吸收信号

值得指出的是，如果扫场速度很快，也就是通过共振点的时间比弛豫时间小得多，这时共振吸收信号的形状会发生很大的变化。在通过共振点之后，会出现衰减振荡。这个衰减的振荡称为“尾波”，这种尾波非常有用，因为磁场越均匀，尾波越大。所以应调节匀场线圈使尾波达到最大。

【实验内容和步骤】

1. 熟悉各仪器的性能并用相关线连接

实验中，FD-CNMR-I 型核磁共振仪主要应用五部分：磁铁、磁场扫描电源、边限振荡器（其

上装有探头，探头内装样品)、频率计和示波器。仪器连线如图 6-31-4 所示。

(1) 首先将探头旋进边限振荡器后面板指定位置，并将测量样品插入探头内。

(2) 将磁场扫描电源上“扫描输出”的两个输出端接磁铁面板中的一组接线柱(磁铁面板上共有两组，是等同的，实验中可以任选一组)，并将磁场扫描电源机箱后面板上的接头与边限振荡器后面板上的接头用相关线连接。

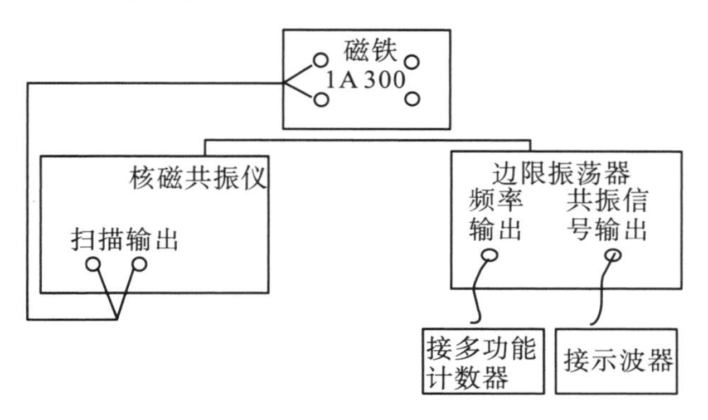

图 6-31-4　核磁共振仪器连线图

(3) 将边限振荡器的“共振信号输出”用 Q_9 线接示波器“CH_1 通道”或者“CH_2 通道”，“频率输出”用 Q_9 线接频率计的 A 通道(频率计的通道选择：A 通道，即 1 Hz～100 MHz；FUNCTION选择：FA；GATETIM5 选择：1 s)。

(4) 移动边限振荡器将探头连同样品放入磁场中，并调节边限振荡器机箱底部四个调节螺丝，使探头放置的位置保证使内部线圈产生的射频磁场方向与稳恒磁场方向垂直。

2. 观察 1＃样品(溶硫酸铜的水)的核磁共振信号

(1) 将边限振荡器盒上的样品小心地从永磁铁上的插槽放入永磁铁中心(注意不要碰掉样品的铜皮)，并打开各设备电源。

(2) 将磁场扫描电源的“扫描输出”旋钮顺时针调节接近最大值(旋至最大值后，再往回旋半圈，避免对仪器造成损伤)，这样可以加大捕捉信号的范围。

(3) 调节边限振荡器的频率“粗调”旋钮，将频率调节至磁铁上标志的 H 共振频率附近，然后在其附近慢慢调节输出频率，捕捉共振信号，同时调整扫场电压(3～4 V 之间)、幅度和示波器参数，观察核磁共振信号，使之达到幅度最大和稳定，同时调节样品在磁场空间中的位置，以得到尾波最多的共振信号，如图 6-31-5 所示，记录频率计读数 f_1(样品的共振信号与弛豫时间和扫描幅度有关，见表 6-31-1)。

(4) 在 3～4 V 内改变扫场电压大小，在不改变样品在磁场空间中的位置情况下，按上述步骤，重复 5 次，求出该样品的平均共振频率 $\overline{f}_1$，根据公式 $B=\dfrac{2\pi f}{\gamma}$，求出样品所在位置处的磁感应强度 $\boldsymbol{B}_0$，其中氢核旋磁比

$$\gamma_1=2.6752\times10^8\ \text{Hz/T}$$

(5) 固定扫场电压为(3～4 V)某一值，调节边限振荡器的“频率调节”旋钮改变频率 ν，观察示波器上共振信号的变化，任取三个不同波形画下，并记下相应的扫描电压 V，边限振荡器频率

ν(由频率计读出)的值。

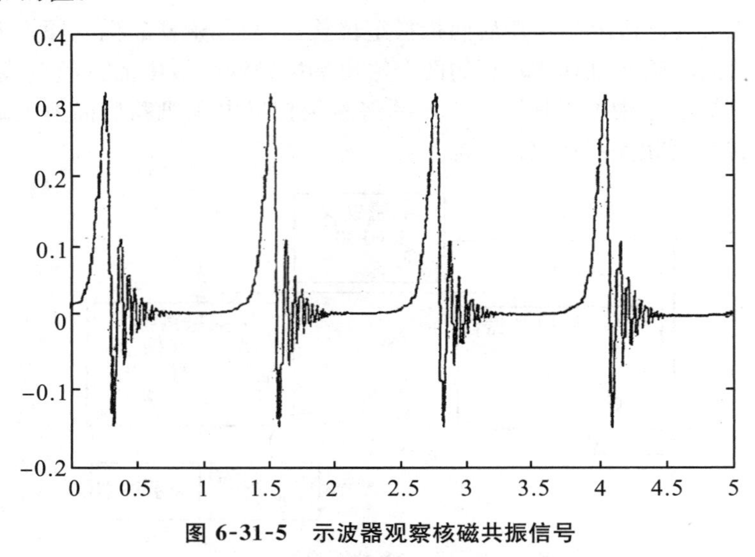

图 6-31-5 示波器观察核磁共振信号

表 6-31-1 部分样品的弛豫时间及最佳射频幅度范围

样品	弛豫时间(T_1)	最佳射频幅度范围
硫酸铜	约 0.1 ms	3～4 V
甘油	约 25 ms	0.5～2 V
纯水	约 2 s	0.1～1 V
三氯化铁	约 0.1 ms	3～4 V
氟碳	约 0.1 ms	0.5～3 V

(6) 固定边限振荡器的频率 $\nu=\overline{f}_1$,改变扫描电压值 V,观察示波器上共振信号的变化,画下三个不同波形,记下相应的 V、ν 值。

(7) 对共振信号波形随 V、ν 变化的现象进行讨论。

3. 测量 3#样品(氟碳)的 γ 因子和 g 因子

(1) 记下此时 1#样品所在磁场中的空间位置(可以在实验桌上用笔记下边限振荡器 4 只调节脚的具体位置),不改变磁铁位置,以保证两次测量样品所处磁场磁感应强度相同,将 1#样品换成 3#样品,调节共振信号,得到共振频率 f_3。注意氟的共振信号较小,应仔细调节。

(2) 计算旋磁比 γ,当两种样品共振磁场强度相等时,有 $\gamma_3=\dfrac{f_3\gamma_1}{f_1}$,计算出3#样品的磁旋比 γ_3。

(3) 计算朗德因子 g,根据旋磁比定义:$\gamma=\dfrac{2\pi g\mu}{h}$,可以计算出氟的 g_3 因子。其中核磁子 $\mu=5.0508\times10^{-27}\ \text{J}\cdot\text{T}^{-1}$,普朗克常数的值约为 $h=6.626196\times10^{-34}\ \text{J}\cdot\text{s}$。

【选做内容】

（1）实验室备有 2＃——溶三氯化铁的水，4＃——甘油，5＃——纯水，6＃——溶硫酸锰的水，更换样品，按上述方式观测。

（2）李萨如图形的观测：以上采用示波器内扫法，观察到的是等间隔的共振吸收信号。在前面信号调节的基础上，将磁场扫描电源前面板上的“X 轴输出”经 Q_9 叉片连接线接至示波器的 CH_1 通道，将边限振荡器前面板上“共振信号输出”用 Q_9 线接至示波器的 CH_2 通道，按下示波器上的“X-Y”按钮，当磁场扫描到共振点时，就可以在示波器上观察到两个形状对称的信号波形，它对应于调制磁场一个周期内发生的两次核磁共振。调节频率及磁场扫描电源上的“X 轴幅度”及“X 轴相位”旋钮，使共振信号波形处于中间位置并使两峰完全重合，这时共振频率和磁场满足条件 $\omega_0=\gamma B_0$。

接线图如图 6-31-6 所示。

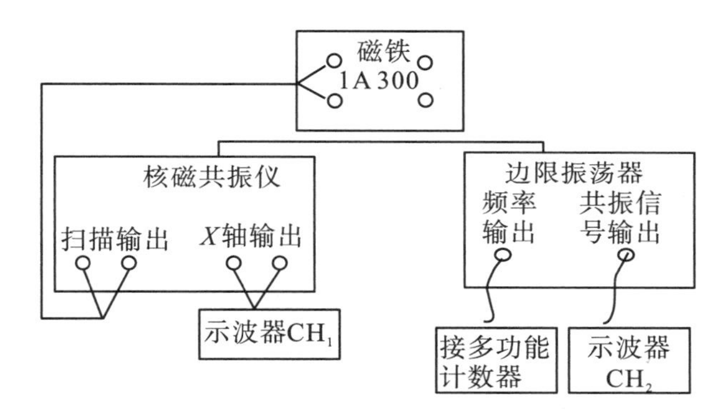

图 6-31-6　李萨如图形连线图

【注意事项】

（1）由于扫场的信号从市电取出，频率为 50 Hz。每当 50 Hz 信号过零时，样品所处的磁场就是恒定磁场 $\boldsymbol{B}_0$，所以应先加大扫场信号，让总磁场有较大幅度的变化范围，以利于找到磁共振信号，然后调节频率。

（2）样品在磁场的位置很重要，应保证处在磁场的几何中心，除非有其他要求。

（3）调节时要缓慢，否则 NMR 信号将一闪而过。

（4）请勿打开样品盒。

预习思考题

1. 简要说明核磁共振的原理。
2. 核磁共振现象产生的条件是什么？需要几个磁场？各起什么作用？
3. 共振信号为什么会产生尾波？影响尾波的因素有哪些？

实验三十二　巨磁电阻效应及其应用

2007年诺贝尔物理学奖授予了巨磁电阻(Giant Magnetoresistance,简称GMR)效应的发现者——法国物理学家阿尔贝·费尔(Albert Fert)和德国物理学家彼得·格林贝格尔(Peter Grünberg)。诺贝尔奖委员会说明:“这是一次好奇心导致的发现,但其随后的应用却是革命性的,因为它使计算机硬盘的容量一跃而提高了几百倍。”

凝聚态物理研究原子、分子在构成物质时的微观结构,它们之间的相互作用力及其与宏观物理性质之间的联系。

人们早就知道过渡金属铁、钴、镍能够出现铁磁性有序状态。量子力学出现后,德国科学家海森伯(W. Heisenberg,1932年诺贝尔奖得主)明确提出铁磁性有序状态源于铁磁性原子磁矩之间的量子力学交换作用,这个交换作用是短程的,称为直接交换作用。

后来发现很多的过渡金属和稀土金属的化合物具有反铁磁有序状态,即在有序排列的磁材料中,相邻原子因受负的交换作用,自旋为反平行排列,如图6-32-1所示,即磁矩虽处于有序状态,但总的净磁矩在不受外场作用时仍为零。这种磁有序状态称为反铁磁性。法国科学家奈尔(L. E. F. Neel)因为系统地研究反铁磁性于1970年获诺贝尔奖,他在解释反铁磁性时认为,化合物中的氧离子(或其他非金属离子)作为中介,将最近的磁性原子的磁矩耦合起来,这是间接交换作用。另外,在稀土金属中也出现了磁有序,其中原子的固有磁矩来自$4f$电子壳层。相邻稀土原子的距离远大于$4f$电子壳层直径,所以稀土金属中的传导电子担当了中介,将相邻的稀土原子磁矩耦合起来,这就是RKKY型间接交换作用。

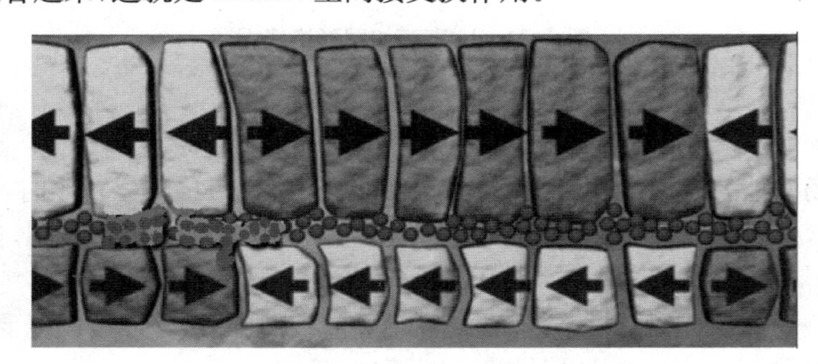

图6-32-1　反铁磁有序

直接交换作用的特征长度为0.1～0.3 nm,间接交换作用可以长达1 nm以上。1 nm已经是实验室中人工微结构材料可以实现的尺度。1970年美国IBM实验室的江崎和朱兆祥提出了“超晶格”的概念。所谓超晶格就是指由两种(或两种以上)组分(或导电类型)不同、厚度d极小的薄层材料交替生长在一起而得到的一种多周期结构材料。由于这种复合材料的周期长度比各薄膜单晶的晶格常数大几倍或更长,因此取名“超晶格”。20世纪80年代,由于摆脱了以往难以制作高质量的纳米尺度样品的限制,金属超晶格成为研究前沿,凝聚态物理工作者对这类人工材料的磁有序、层间耦合、电子输运等进行了广泛的基础方面的研究。

德国尤利希科研中心的物理学家彼得·格林贝格尔一直致力于研究铁磁性金属薄膜表面和界面上的磁有序状态。研究对象是一个三明治结构的薄膜，两层厚度约 10 nm 的铁层之间夹有厚度为 1 nm 的铬层。选择这个材料系统并不是偶然的，首先，金属铁和铬是周期表上相近的元素，具有类似的电子壳层，容易实现两者的电子状态匹配。其次，金属铁和铬的晶格对称性和晶格常数相同，它们之间晶格结构也是匹配的，这两类匹配非常有利于基本物理过程的探索。但是，长时间以来制成的三明治薄膜都是多晶体，格林贝格尔和很多研究者一样，并没有特别的发现。直到 1986 年，他采用了分子束外延(MBE)方法制备薄膜，样品成分还是铁－铬－铁三层膜，不过已经是结构完整的单晶。在此金属三层膜上利用光散射以获得铁磁矩的信息，实验中逐步减小薄膜上的外磁场，直到取消外磁场。他们发现，在铬层厚度为 0.8 nm 的铁－铬－铁三明治中，两边的两个铁磁层磁矩从彼此平行(较强磁场下)转变为反平行(弱磁场下)。换言之，对于非铁磁层铬的某个特定厚度，没有外磁场时，两边铁磁层磁矩是反平行的，这个新现象成为巨磁电阻效应出现的前提。既然磁场可以将三明治两个铁磁层磁矩在彼此平行与反平行之间转换，相应的物理性质会有什么变化？格林贝格尔接下来发现，两个磁矩反平行时对应高电阻状态，平行时对应低电阻状态，两个电阻的差别高达 10%。格林贝格尔将结果写成论文，与此同时，他申请了将这种效应和材料应用于硬盘磁头的专利。当时的申请需要一定的胆识，因为铁－铬－铁三明治上出现巨磁电阻效应所需的磁场高达上千高斯，远高于硬盘上磁比特单元能够提供的磁场，但通过日后不断改进结构和材料，使这个设想成为了现实。

另一方面，1988 年巴黎第十一大学固体物理实验室物理学家阿尔贝·费尔的小组将铁、铬薄膜交替制成几十个周期的铁－铬超晶格，也称为周期性多层膜。他们发现，当改变磁场强度时，超晶格薄膜的电阻下降近一半，即磁电阻比率达到 50%。他们将这个前所未有的电阻巨大变化现象称为巨磁电阻，并用两电流模型解释这种物理现象。显然，周期性多层膜可以被看成是若干个格林贝格尔三明治的重叠，所以德国和法国的两个独立发现实际上是同一个物理现象。

人们自然要问，在其他过渡金属中，这个奇特的现象是否也存在？IBM 公司的斯图尔特·帕金(S. P. Parkin)给出了肯定的回答。1990 年他首次报道，除了铁－铬超晶格，还有钴－钌和钴－铬超晶格也具有巨磁电阻效应。并且随着非磁层厚度的增加，上述超晶格的磁电阻值振荡下降。在随后的几年，帕金和世界范围的科学家在过渡金属超晶格和金属多层膜中找到了 20 种左右具有巨磁电阻振荡现象的不同体系。帕金的发现在技术层面上特别重要。首先，他的结果为寻找更多的 GMR 材料开辟了广阔空间，最后人们的确找到了适合硬盘的 GMR 材料，于 1997 年制成了 GMR 磁头。其次，帕金采用较普通的磁控溅射技术，代替精密的 MBE 方法制备薄膜，目前这已经成为工业生产多层膜的标准，磁控溅射技术克服了物理发现与产业化之间的障碍，使巨磁电阻成为基础研究快速转换为商业应用的国际典范。同时，巨磁电阻效应也被认为是纳米技术的首次真正应用。

诺贝尔奖委员会还指出："巨磁电阻效应的发现打开了一扇通向新技术世界的大门——自旋电子学，这里，将同时利用电子的电荷以及自旋这两个特性。"

GMR 作为自旋电子学的开端具有深远的科学意义。传统的电子学是以电子的电荷移动为基础的，电子自旋往往被忽略了。巨磁电阻效应表明，电子自旋对于电流的影响非常强烈，电子的电荷与自旋两者都可能载运信息。自旋电子学的研究和发展，引发了电子技术与信息技术的一场新的革命。目前电脑、音乐播放器等各类数码电子产品中所装备的硬盘磁头，基本上都应用了巨磁电阻效应。利用巨磁电阻效应制成的多种传感器，已广泛应用于各种测量和控制领域。除利用铁磁膜—金属膜—铁磁膜的 GMR 效应外，由两层铁磁膜夹一极薄的绝缘膜或半导体膜构成的隧穿磁阻（TMR）效应已显示出比 GMR 效应更高的灵敏度。除在多层膜结构中发现 GMR 效应，并已实现产业化外，在单晶、多晶等多种形态的钙钛矿结构的稀土锰酸盐中，以及一些磁性半导体中，都发现了巨磁电阻效应。

本实验介绍多层膜 GMG 效应的原理，并通过实验让学生了解几种 GMR 传感器的结构、特性及应用领域。

【实验目的】

（1）了解 GMR 效应的原理。
（2）测量 GMR 模拟传感器的磁电转换特性曲线。
（3）测量 GMR 的磁阻特性曲线。
（4）测量 GMR 开关（数字）传感器的磁电转换特性曲线。
（5）用 GMR 传感器测量电流。
（6）用 GMR 梯度传感器测量齿轮的角位移，了解 GMR 转速（速度）传感器的原理。
（7）通过实验了解磁记录与读出的原理。

【实验原理】

根据导电的微观机理，电子在导电时并不是沿电场直线前进的，而是不断和晶格中的原子产生碰撞（又称散射），每次散射后电子都会改变运动方向，总的运动是电场对电子的定向加速与这种无规散射运动的叠加。称电子在两次散射之间走过的平均路程为平均自由程，电子散射概率小，则平均自由程长，电阻率低。电阻定律 $R=\rho l/S$ 中，把电阻率 ρ 视为常数，与材料的几何尺度无关，这是因为通常材料的几何尺度远大于电子的平均自由程（例如铜中电子的平均自由程约 34 nm），可以忽略边界效应。当材料的几何尺度小到纳米量级，只有几个原子的厚度时（例如，铜原子的直径约为 0.3 nm），电子在边界上的散射概率大大增加，可以明显观察到厚度减小，电阻率增加的现象。

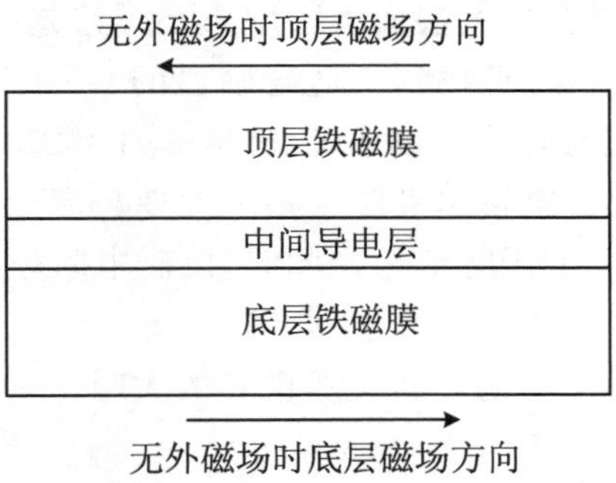

无外磁场时顶层磁场方向
顶层铁磁膜
中间导电层
底层铁磁膜
无外磁场时底层磁场方向

图 6-32-2　多层膜 GSM 结构图

电子除携带电荷外，还具有自旋特性，自旋磁矩有平行或反平行于外磁场两种可能取向。早在 1936 年，英国物理学家，诺贝尔奖获得者 N. F. Mott 指出，在过渡金属中，自旋磁矩与材料的磁场方向平行的电子，所受散射概率远小于自旋磁矩与材料的磁场方向反平行的电子。总电流是两类自旋电流之和；总电阻是两类自旋电流的并联电阻，这就是所谓的两电流模型。

在图 6-32-2 所示的多层膜 GSM 结构中，无外磁场时，上下两层磁性材料是反平行（反铁磁）耦合的。施加足够强的外磁场后，两层铁磁膜的方向都与外磁场方向一致，外磁场使两层铁磁膜从反平行耦合变成了平行耦合。电流的方向在多数应用中是平行于膜面的。

图 6-32-3 是图 6-32-2 所示结构的某种 GMR 材料的磁阻特性示意图。由图 6-32-3 可见，随着外磁场增大，电阻逐渐减小，其间有一段线性区域。当外磁场已使两铁磁膜完全平行耦合后，继续加大磁场，电阻不再减小，进入磁饱和区域。磁阻变化率 $\Delta R/R$ 达百分之十几，加反向磁场时磁阻特性是对称的。注意到图 6-32-3 中的曲线有两条，分别对应增大磁场和减小磁场时的磁阻特性，这是因为铁磁材料都具有磁滞特性。

有两类与自旋相关的散射对巨磁电阻效应有贡献。

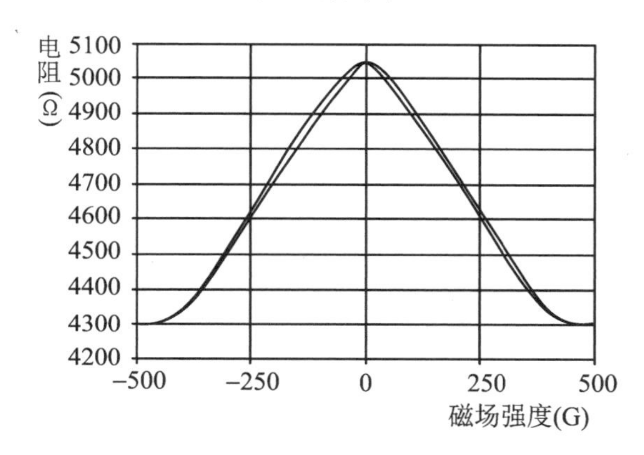

图 6-32-3　某种 GMR 材料的磁阻特性

其一，界面上的散射。无外磁场时，上下两层铁磁膜的磁场方向相反，无论电子的初始自旋状态如何，从一层铁磁膜进入另一层铁磁膜时都面临状态的改变（平行－反平行，或反平行－平行），电子在界面上的散射概率很大，对应于高电阻状态。有外磁场时，上下两层铁磁膜的磁场方向一致，电子在界面上的散射概率很小，对应于低电阻状态。

其二，铁磁膜内的散射。即使电流方向平行于膜面，由于无规散射，电子也有一定的概率在上下两层铁磁膜之间穿行。无外磁场时，上下两层铁磁膜的磁场方向相反，无论电子的初始自旋状态如何，在穿行过程中都会经历散射概率小（平行）和散射概率大（反平行）两种过程，两类自旋电流的并联电阻与两个中等阻值的电阻的并联相似，对应于高电阻状态。有外磁场时，上下两层铁磁膜的磁场方向一致，自旋平行的电子散射概率小，自旋反平行的电子散射概率大，两类自旋电流的并联电阻与一个小电阻与一个大电阻的并联相似，对应于低电阻状态。

多层膜 GMR 结构简单，工作可靠，磁阻随外磁场线性变化的范围大，在制作模拟传感器方面得到广泛应用。在数字记录与读出领域，为进一步提高灵敏度，发展了自旋阀结构的 GMR。如图 6-32-4 所示。

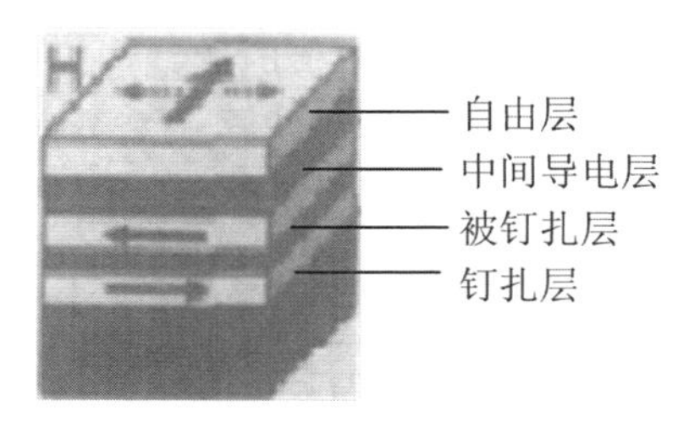

图 6-32-4　自旋阀 SV-GMR 结构图

自旋阀结构的 SV-GMR（Spin Valve GMR）由钉扎层、被钉扎层、中间导电层和自由层构成。其中，钉扎层使用反铁磁材料，被钉扎层使用硬铁磁材料，铁磁和反铁磁材料在交换耦合作用下形成一个偏转场，此偏转场将被钉扎层的磁化方向固定，不随外磁场改变。自由层使用软铁磁材料，它的磁化方向易于随外磁场转动。这样，很弱的外磁场就会改变自由层与被钉扎层磁场的相对取向，对应于很高的灵敏度。制造时，使自由层的初始磁化方向与被钉扎层垂直，磁记录材料的磁化方向与被钉扎层的方向相同或相反（对应于 0 或 1），当感应到磁记录材料的磁场时，自由层的磁化方向就向与被钉扎层磁化方向相同（低电阻）或相反（高电阻）的方向偏转，检测出电阻的变化，就可确定记录材料所记录的信息，硬盘所用的 GMR 磁头就采用的这种结构。

【实验仪器】

实验仪还提供 GMR 传感器工作所需的 4 V 电源和运算放大器工作所需的±8 V 电源。

1. 基本特性组件

基本特性组件（如图 6-32-5）由 GMR 模拟传感器、螺线管线圈及比较电路、输入输出插孔组成。用以对 GMR 的磁电转换特性，磁阻特性进行测量。

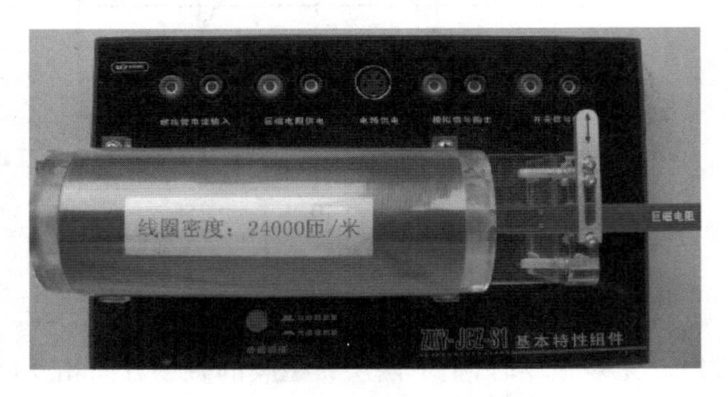

图 6-32-5 基本特性组件

GMR 传感器置于螺线管的中央。

螺线管用于在实验过程中产生大小可计算的磁场，由理论分析可知，无限长直螺线管内部轴线上任一点的磁感应强度为

$$B = \mu_0 nI \tag{6-32-1}$$

式(6-32-1)中，n 为线圈密度，I 为流经线圈的电流强度，$\mu_0 = 4\pi \times 10^{-7}$ H/m 为真空中的磁导率。采用国际单位制时，由上式计算出的磁感应强度单位为特斯拉（1 T=10000 Gs）。

2. 电流测量组件

电流测量组件（如图 6-32-6）将导线置于 GMR 模拟传感器近旁，用 GMR 传感器测量导线中通过不同大小电流时导线周围的磁场变化，就可确定电流大小。与一般测量电流需将电流表接入电路相比，这种非接触测量不干扰原电路的工作，具有特殊的优点。

3. 角位移测量组件

角位移测量组件（如图 6-32-7）用巨磁阻梯度传感器做传感元件，铁磁性齿轮转动时，齿牙干扰了梯度传感器上偏置磁场的分布，使梯度传感器输出发生变化，每转过一齿，就输出类似一个周期的正弦波波形。利用该原理可以测量角位移（转速，速度）。汽车上的转速与速度测量仪就是利用该原理制成的。

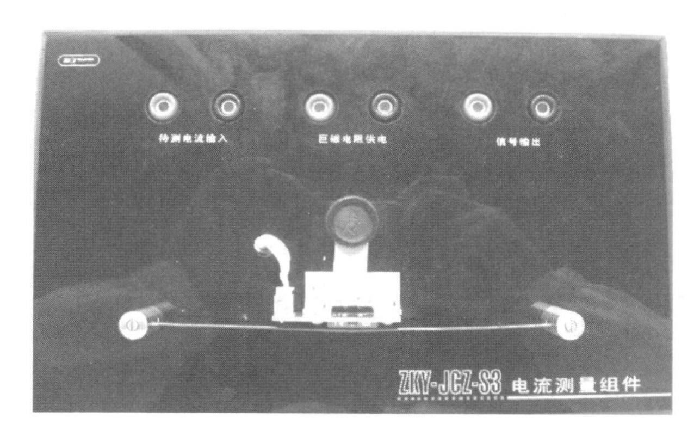

图 6-32-6　电流测量组件

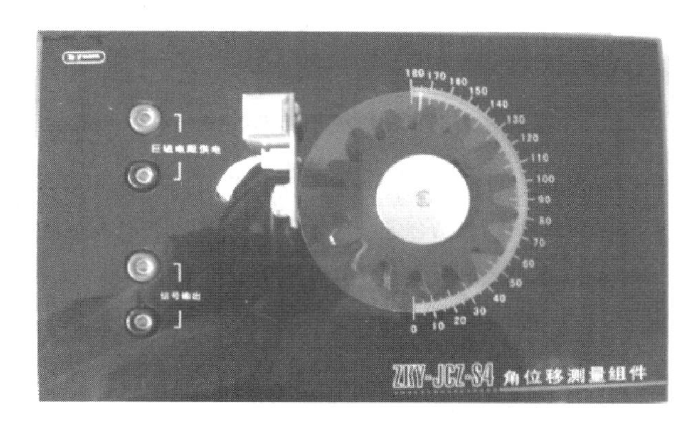

图 6-32-7　角位移测量组件

4. 磁读写组件

磁读写组件(如图 6-32-8)用于演示磁记录与读出的原理。磁卡做记录介质,磁卡通过写磁头时可写入数据,通过读磁头时将写入的数据读出来。

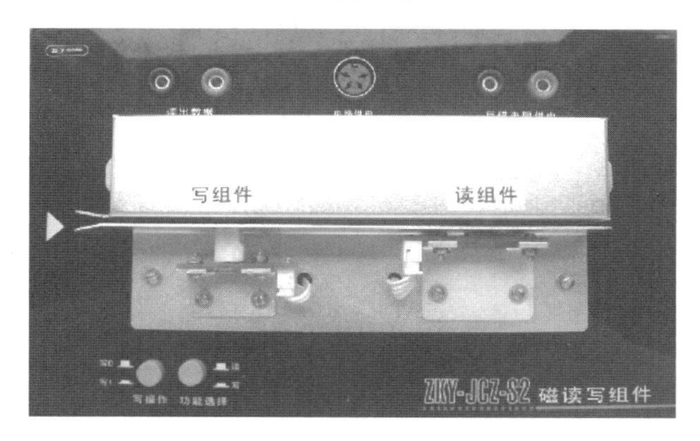

图 6-32-8　磁读写组件

【实验内容与步骤】

1. GMR 模拟传感器的磁电转换特性测量

在将 GMR 构成传感器时，为了消除温度变化等环境因素对输出的影响，一般采用桥式结构，图 6-32-9 是某型号传感器的结构。

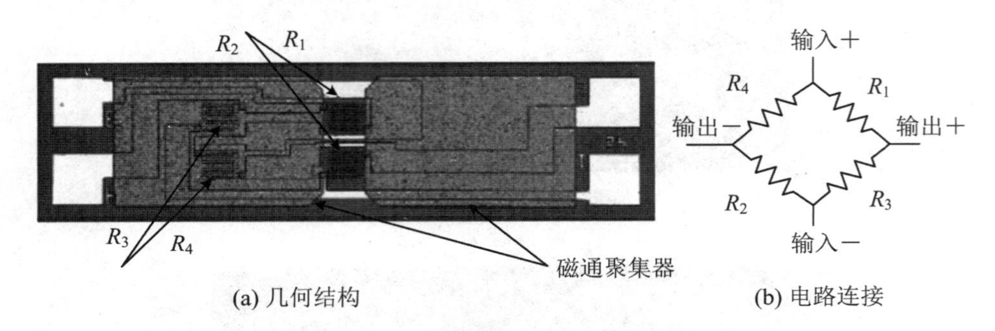

(a) 几何结构 (b) 电路连接

图 6-32-9 GMR 模拟传感器结构图

对于电桥结构，如果 4 个 GMR 电阻对磁场的响应完全同步，就不会有信号输出。图 6-32-9 中，将处在电桥对角位置的两个电阻 R_3、R_4 覆盖一层高磁导率的材料如坡莫合金，以屏蔽外磁场对它们的影响，而 R_1、R_2 阻值随外磁场改变。设无外磁场时 4 个 GMR 电阻的阻值均为 R，R_1、R_2 在外磁场作用下电阻减小 ΔR，简单分析表明，输出电压

$$U_{\text{out}} = \frac{U_{\text{in}}\Delta R}{2R - \Delta R} \tag{6-32-2}$$

屏蔽层同时设计为磁通聚集器，它的高磁导率将磁力线聚集在 R_1、R_2 电阻所在的空间，进一步提高了 R_1、R_2 的磁灵敏度。

从图 6-32-9 的几何结构还可见，巨磁电阻被光刻成微米宽度迂回状的电阻条，以增大其电阻至 kΩ 数量级，使其在较小工作电流下得到合适的电压输出。

图 6-32-10 是某 GMR 模拟传感器的磁电转换特性曲线。

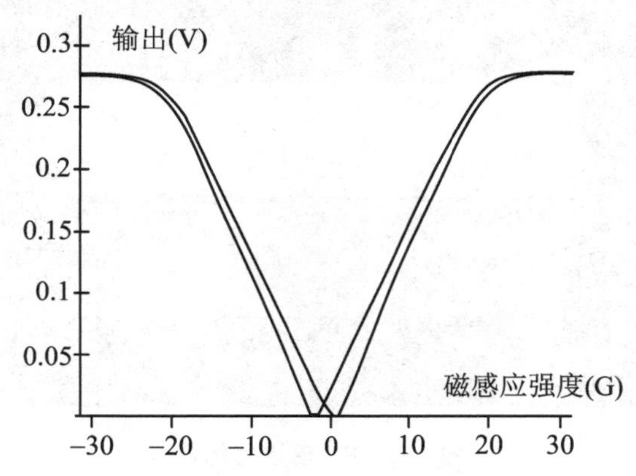

图 6-32-10 GMR 模拟传感器的磁电转换特性

图 6-32-11 是磁电转换特性的测量原理图。

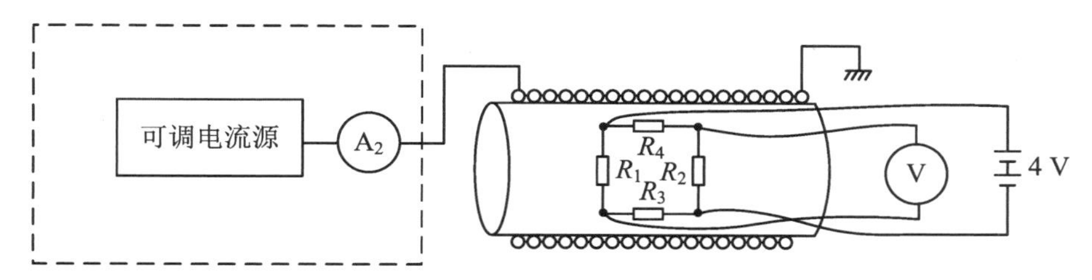

图 6-32-11　模拟传感器磁电转换特性实验原理图

实验装置:巨磁阻实验仪,基本特性组件。

将 GMR 模拟传感器置于螺线管磁场中,功能切换按钮切换为“传感器测量”。实验仪的 4 V电压源接至基本特性组件“巨磁电阻供电”,恒流源接至“螺线管电流输入”,基本特性组件“模拟信号输出”接至实验仪电压表。

按表 6-32-1 数据,调节励磁电流,逐渐减小磁场强度,记录相应的输出电压于表格“减小磁场”列中。由于恒流源本身不能提供负向电流,当电流减至 0 后,交换恒流输出接线的极性,使电流反向。再次增大电流,此时流经螺线管的电流与磁感应强度的方向为负,从上到下记录相应的输出电压。

电流至−100 mA 后,逐渐减小负向电流,电流到 0 时同样需要交换恒流输出接线的极性。从下到上记录数据于表 6-32-1“增大磁场”列中。

表 6-32-1　GMR 模拟传感器磁电转换特性的测量　　电桥电压(4 V)

励磁电流(mA)	磁感应强度(G)	输出电压(mV)	
		减小磁场	增大磁场
100			
90			
80			
70			
60			
50			
40			
30			
20			
10			
5			
0			

续表

励磁电流(mA)	磁感应强度(G)	输出电压(mV)	
		减小磁场	增大磁场
−5			
−10			
−20			
−30			
−40			
−50			
−60			
−70			
−80			
−90			
−100			

理论上讲，外磁场为0时，GMR传感器的输出应为0，但由于半导体工艺的限制，4个桥臂电阻值不一定完全相同，导致外磁场为0时输出不一定为0，在有的传感器中可以观察到这一现象。

根据螺线管上标明的线圈密度，由公式(6-32-1)计算出螺线管内的磁感应强度 B。

以磁感应强度 B 作横坐标，电压表的读数为纵坐标作出磁电转换特性曲线。

不同外磁场强度时输出电压的变化反映了GMR传感器的磁电转换特性，同一外磁场强度下输出电压的差值反映了材料的磁滞特性。

2. GMR磁阻特性测量

为加深对巨磁电阻效应的理解，我们对构成GMR模拟传感器的磁阻进行测量。将基本特性组件的功能切换按钮切换为“巨磁阻测量”，此时被磁屏蔽的两个电桥电阻 R_3、R_4 短路，而 R_1、R_2 并联。将电流表串联进电路中，测量不同磁场时回路中电流的大小，就可计算磁阻。测量原理如图6-32-12所示。

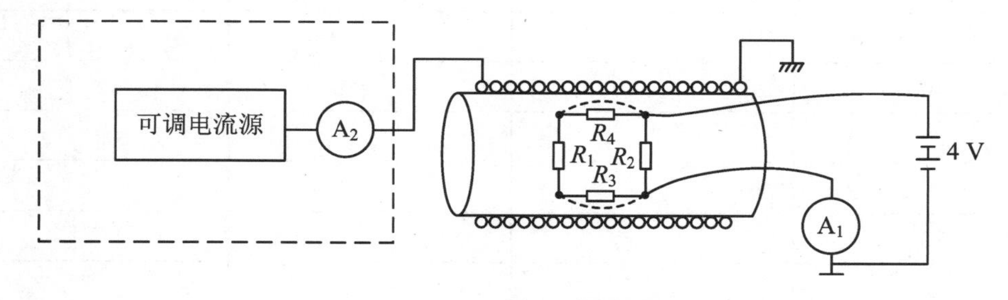

图6-32-12　磁阻特性测量原理图

实验装置：巨磁阻实验仪，基本特性组件。

将 GMR 模拟传感器置于螺线管磁场中，功能切换按钮切换为“巨磁阻测量”实验仪的 4 V 电压源串联电流表后接至基本特性组件“巨磁电阻供电”，恒流源接至“螺线管电流输入”。

按表 6-32-2 数据，调节励磁电流，逐渐减小磁场强度，记录相应的磁阻电流于表 6-32-2“减小磁场”列中。由于恒流源本身不能提供负向电流，当电流减至 0 后，交换恒流输出接线的极性，使电流反向。再次增大电流，此时流经螺线管的电流与磁感应强度的方向为负，从上到下记录相应的输出电压。

表 6-32-2　GMR 磁阻特性的测量　　磁阻两端电压(4 V)

励磁电流(mA)	磁感应强度(G)	磁阻(Ω)			
		减小磁场		增大磁场	
		磁阻电流(mA)	磁阻(Ω)	磁阻电流(mA)	磁阻(Ω)
100					
90					
80					
70					
60					
50					
40					
30					
20					
10					
5					
0					
−5					
−10					
−20					
−30					
−40					
−50					
−60					
−70					
−80					
−90					
−100					

电流至－100 mA 后，逐渐减小负向电流，电流到 0 时同样需要交换恒流输出接线的极性。从下到上记录数据于表 6-32-2“增大磁场”列中。

根据螺线管上标明的线圈密度，由公式(6-32-1)计算出螺线管内的磁感应强度 B。

由欧姆定律 $R=U/I$ 计算磁阻。

以磁感应强度 B 为横坐标，磁阻为纵坐标作出磁阻特性曲线。应该注意，由于模拟传感器的两个磁阻是位于磁通聚集器中，与图 6-32-11 相比，我们作出的磁阻曲线斜率大了约 10 倍，磁通聚集器结构使磁阻灵敏度大大提高。

不同外磁场强度时磁阻的变化反映了 GMR 的磁阻特性，同一外磁场强度下磁阻的差值反映了材料的磁滞特性。

3. GMR 开关(数字)传感器的磁电转换特性曲线测量

将 GMR 模拟传感器与比较电路、晶体管放大电路集成在一起，就构成 GMR 开关(数字)传感器，结构如图 6-32-13 所示。

比较电路的功能是，当电桥电压低于比较电压时，输出低电平；当电桥电压高于比较电压时，输出高电平。选择适当的 GMR 电桥并结合调节比较电压，可调节开关传感器开关点对应的磁场强度。

图 6-32-14 是某种 GMR 开关传感器的磁电转换特性曲线。当磁场强度的绝对值从低增加到 12 G 时，开关打开(输出高电平)，当磁场强度的绝对值从高减小到 10 G 时，开关关闭(输出低电平)。

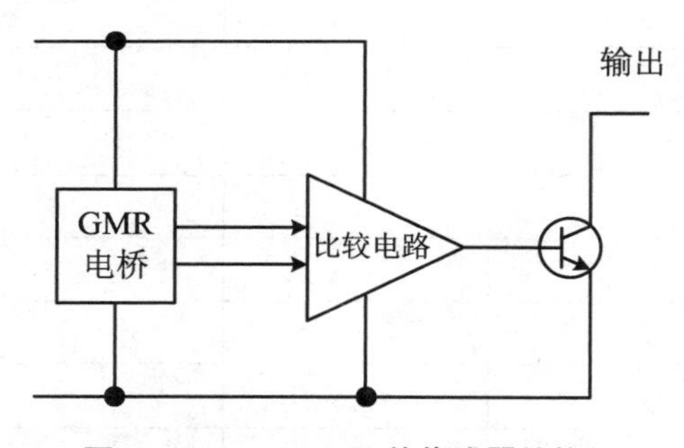

图 6-32-13 GMR 开关传感器结构图

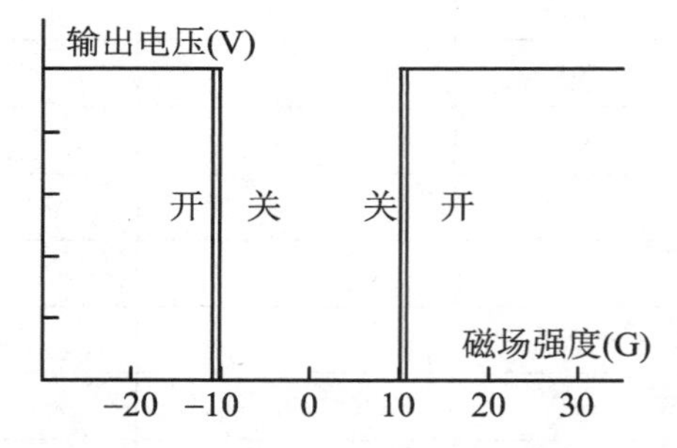

图 6-32-14 GMR 开关传感器磁电转换特性

实验装置：巨磁阻实验仪，基本特性组件。

将 GMR 模拟传感器置于螺线管磁场中，功能切换按钮切换为“传感器测量”。实验仪的 4 V电压源接至基本特性组件“巨磁电阻供电”，“电路供电”接口接至基本特性组件对应的“电路供电”输入插孔，恒流源接至“螺线管电流输入”，基本特性组件“开关信号输出”接至实验仪电压表。

从 50 mA 逐渐减小励磁电流，输出电压从高电平(开)转变为低电平(关)时记录相应的励磁电流于表 6-32-3“减小磁场”列中。当电流减至 0 后，交换恒流输出接线的极性，使电流反向。再次增大电流，此时流经螺线管的电流与磁感应强度的方向为负，输出电压从低电平(关)转变为高电平(开)时，记录相应的负值励磁电流于表 6-32-3“减小磁场”列中。将电流调至－50 mA。

逐渐减小负向电流，输出电压从高电平(开)转变为低电平(关)时记录相应的负值励磁电流于表 6-32-3“增大磁场”列中，电流到 0 时同样需要交换恒流输出接线的极性。输出电压从低电平(关)转变为高电平(开)时，记录相应的正值励磁电流于表 6-32-3“增大磁场”列中。

表 6-32-3　GMR 开关传感器的磁电转换特性测量　高电平＝　　V；低电平＝　　V

减小磁场			增大磁场		
开关动作	励磁电流(mA)	磁感应强度(G)	开关动作	励磁电流(mA)	磁感应强度(G)
关			关		
开			开		

根据螺线管上标明的线圈密度，由公式(6-32-1)计算出螺线管内的磁感应强度 B。

以磁感应强度 B 为横坐标，电压读数为纵坐标作出开关传感器的磁电转换特性曲线。

利用 GMR 开关传感器的开关特性已制成各种接近开关，当磁性物体(可在非磁性物体上贴上磁条)接近传感器时就会输出开关信号。GMR 开关传感器广泛应用在工业生产及汽车、家电等日常生活用品中，它在控制精度高，恶劣环境(如高低温，振动等)下仍能正常工作。

4. 用 GMR 模拟传感器测量电流

从图 6-32-10 可见，GMR 模拟传感器在一定的范围内输出电压与磁场强度呈线性关系，且灵敏度高，线性范围大，可以方便地将 GMR 制成磁场计，测量磁场强度或其他与磁场相关的物理量。作为应用示例，我们用它来测量电流。

由理论分析可知，通有电流 I 的无限长直导线，与导线距离为 r 的一点的磁感应强度为

$$B = \mu_0 I/2\pi r = 2\,I \times 10^{-7}/r \tag{6-32-3}$$

磁场强度与电流成正比，在 r 已知的条件下，测得 B，就可知 I。

在实际应用中，为了使 GMR 模拟传感器工作在线性区，提高测量精度，还常常预先给传感器施加一固定已知磁场，称为磁偏置，其原理类似于电子电路中的直流偏置。

实验装置：巨磁阻实验仪，电流测量组件。

实验仪的 4 V 电压源接至电流测量组件“巨磁电阻供电”，恒流源接至“待测电流输入”，电流测量组件“信号输出”接至实验仪电压表。

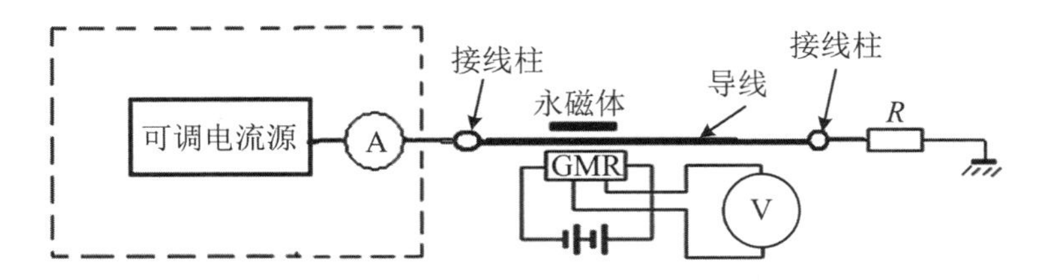

图 6-32-15　模拟传感器测量电流实验原理图

将待测电流调节至 0。

将偏置磁铁转到远离 GMR 传感器，调节磁铁与传感器的距离，使输出约25 mV。

将电流增大到 300 mA，按表 6-32-4 数据逐渐减小待测电流，从左到右记录相应的输出电

压于表 6-32-4“减小电流”行中。由于恒流源本身不能提供负向电流，当电流减至 0 后，交换恒流输出接线的极性，使电流反向。再次增大电流，此时电流方向为负，记录相应的输出电压。

逐渐减小负向待测电流，从右到左记录相应的输出电压于表 6-32-4“增加电流”行中。当电流减至 0 后，交换恒流输出接线的极性，使电流反向。再次增大电流，此时电流方向为正，记录相应的输出电压。

表 6-32-4　用 GMR 模拟传感器测量电流

待测电流(mA)			300	200	100	0	−100	−200	−300
输出电压(mV)	低磁偏置(约 25 mV)	减小电流							
		增加电流							
	适当磁偏置(约 150 mV)	减小电流							
		增加电流							

将待测电流调节至 0。

将偏置磁铁转到接近 GMR 传感器，调节磁铁与传感器的距离，使输出约 150 mV。

用低磁偏置时同样的实验方法，测量适当磁偏置时待测电流与输出电压的关系。

用 GMR 模拟传感器测量电流，以电流读数为横坐标，电压表的读数为纵坐标作图。分别作出 4 条曲线。

由测量数据及所作图形可以看出，适当磁偏置时线性较好，斜率(灵敏度)较高。由于待测电流产生的磁场远小于偏置磁场，磁滞对测量的影响也较小，根据输出电压的大小就可确定待测电流的大小。

用 GMR 传感器测量电流不用将测量仪器接入电路，不会对电路工作产生干扰，既可测量直流，也可测量交流，具有广阔的应用前景。

5. GMR 梯度传感器的特性及应用

将 GMR 电桥两对对角电阻分别置于集成电路两端，4 个电阻都不加磁屏蔽，即构成梯度传感器，如图 6-32-16 所示。

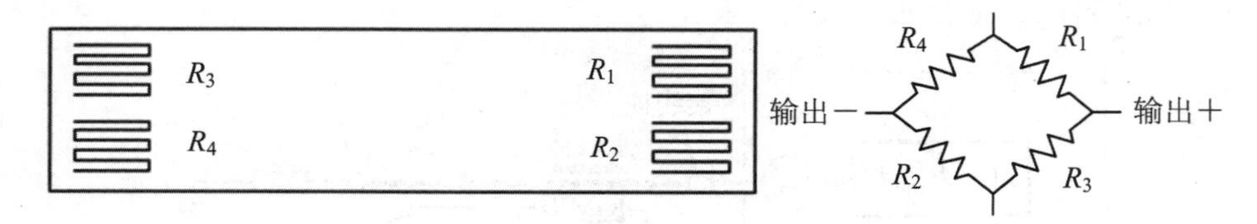

图 6-32-16　GMR 梯度传感器结构图

这种传感器若置于均匀磁场中，由于 4 个桥臂电阻阻值变化相同，电桥输出为零。如果磁场存在一定的梯度，各 GMR 电阻感受到的磁场不同，磁阻变化不一样，就会有信号输出。图 6-32-17以检测齿轮的角位移为例，说明其应用原理。

将永磁体放置于传感器上方，若齿轮是铁磁材料，永磁体产生的空间磁场在相对于齿牙不同位置时，产生不同的梯度磁场。图 6-32-17 中，在 a 点时，输出为零；在 b 点时，R_1、R_2感受到

的磁场强度大于 R_3、R_4，输出正电压；在 c 点时，输出回归零；在 d 点时，R_1、R_2 感受到的磁场强度小于 R_3、R_4，输出负电压。于是，在齿轮转动过程中，每转过一个齿牙便产生一个完整的波形输出。这一原理已普遍应用于转速（速度）与位移监控，在汽车及其他工业领域也得到广泛应用。

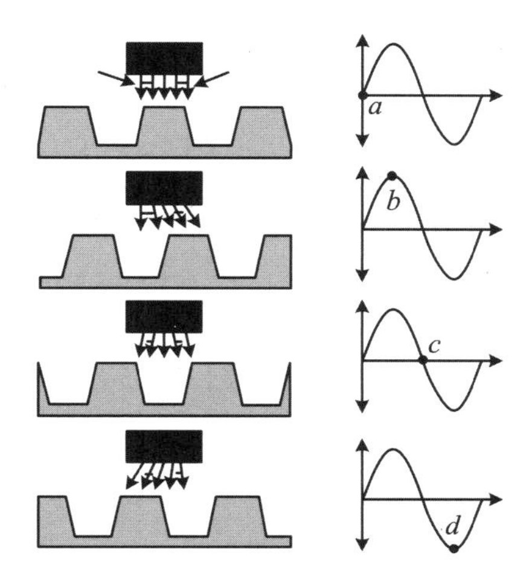

图 6-32-17　用 GMR 梯度传感器检测齿轮位

实验装置：巨磁阻实验仪、角位移测量组件。

将实验仪 4 V 电压源接角位移测量组件"巨磁电阻供电"，角位移测量组件"信号输出"接实验仪电压表。

逆时针慢慢转动齿轮，当输出电压为零时记录起始角度，以后每转 3°记录一次角度与电压表的读数，填入表 6-32-5。转动 48°齿轮转过 2 齿，输出电压变化 2 个周期。

表 6-32-5　齿轮角位移的测量

转动角度（度）																	
输出电压（mV）																	

以齿轮实际转过的度数为横坐标，电压表的读数为纵坐标作图。

根据实验原理，GMR 梯度传感器能用于监控车辆流量吗？

6. 磁记录与读出

磁记录是当今数码产品记录与储存信息的最主要方式，由于巨磁阻的出现，存储密度有了成百上千倍的提高。

在当今的磁记录领域，为了提高记录密度，读、写磁头是分离的。写磁头是绕线的磁芯，线圈中通过电流时产生磁场，在磁性记录材料上记录信息。巨磁阻读磁头利用磁记录材料上不同磁场时电阻的变化读出信息。磁读写组件用磁卡做记录介质，磁卡通过写磁头时可写入数据，通过读磁头时将写入的数据读出来。

同学可自行设计一个二进制码，按二进制码写入数据，然后将读出的结果记录下来。

实验装置：巨磁阻实验仪，磁读写组件，磁卡。

实验仪的 4 V 电压源接磁读写组件“巨磁电阻供电”，“电路供电”接口接至基本特性组件对应的“电路供电”输入插孔，磁读写组件“读出数据”接至实验仪电压表。

将需要写入与读出的二进制数据记入表 6-32-6 第 2 行。

将磁卡插入，“功能选择”按键切换为“写”状态。缓慢移动磁卡，根据磁卡上的刻度区域切换“写 0”“写 1”。

将“功能选择”按键切换为“读”状态，移动磁卡至读磁头处，根据刻度区域在电压表上读出电压，记入表 6-32-6 第 4 行。

表 6-32-6　二进制数字的写入与读出

十进制数字								
二进制数字								
磁卡区域号	1	2	3	4	5	6	7	8
读出电平								

此实验演示了磁记录与磁读出的原理与过程(由于测试卡区域的两端数据记录可能不准确，因此实验中只记录中间的 1～8 号区域的数据)。

【注意事项】

(1) 由于巨磁阻传感器具有磁滞现象，因此，在实验中，恒流源只能单方向调节，不可回调。否则测得的实验数据将不准确。实验表格中的电流只是作为一种参考，实验时以实际显示的数据为准。

(2) 测试卡组件不能长期处于“写”状态。

(3) 实验过程中，实验环境不得处于强磁场中。

实验三十三　光电效应实验
——普朗克常数的测定

光电效应是指一定频率的光照射在金属表面时会有电子从金属表面逸出的现象。光电效应实验对于认识光的本质及早期量子理论的发展，具有里程碑式的意义。

惠更斯等人在 17 世纪就提出了光的波动学说，认为光是以波的方式产生和传播的，但早期的波动理论缺乏数学基础，很不完善，没有得到重视。19 世纪初，托马斯·杨发展了惠更斯的波动理论，成功的解释了干涉现象，并提出了著名的杨氏双缝干涉实验，为波动学说提供了很好的证据。1818 年，年仅 30 岁的菲涅尔在法国科学院关于光的衍射问题的一次悬奖征文活动中，从光是横波的观点出发，圆满的解释了光的偏振，并以严密的数学推理，定量地计算了光通过圆孔、圆板等形状的障碍物所产生的衍射花纹，推出的结果与实验符合，使评奖委员大为叹服，荣获了这一届的科学奖，波动学说逐步被人们所接受。1856～1865 年，麦克斯韦建立了电磁场理论，指出光是一种电磁波，光的波动理论得到确立。

19 世纪末，物理学已经有了相当的发展，在力、热、电、光等领域，都已经建立了完整的理论体系，在应用上也取得巨大成果。就当物理学家普遍认为物理学发展已经到顶时，从实验上陆续出现了一系列重大发现，揭开了现代物理学革命的序幕，光电效应实验在其中起了重要的作用。

1887 年，赫兹在用两套电极做电磁波的发射与接收的实验中发现，当紫外光照射到接收电极的负极时，接收电极间更易于产生放电，赫兹的发现吸引许多人去做这方面的研究工作。斯托列托夫发现负电极在光的照射下会放出带负电的粒子，形成光电流，光电流的大小与入射光强度成正比，光电流实际是在照射开始时立即产生，无需时间上的积累。1899 年，汤姆逊测定了光电流的荷质比，证明光电流是阴极在光照射下发射出的电子流。赫兹的助手勒纳德从 1889 年就从事光电效应的研究工作，1900 年，他用在阴阳极间加反向电压的方法研究电子逸出金属表面的最大速度，发现光源和阴极材料都对截止电压有影响，但光的强度对截止电压无影响，电子逸出金属表面的最大速度与光强无关，这是勒纳德的新发现，勒纳德因在这方面的工作获得 1905 年的诺贝尔物理奖。

1900 年，普朗克在研究黑体辐射问题时，先提出了一个符合实验结果的经验公式，为了从理论上推导出这一公式，他采用了玻尔兹曼的统计方法，假定黑体内的能量由不连续的能量子构成，能量子的能量为 $h\nu$。能量子的假说具有划时代的意义，但是无论是普朗克本人还是许多他同时代的人，当时对这一点都没有充分认识。爱因斯坦以他惊人的洞察力，最先认识到量子假说的伟大意义并予以发展，1905 年，在他著名的论文《关于光的产生和转化的一个试探性观点》中写道："在我看来，如果假定光的能量在空间的分布是不连续的，就可以更好地理解黑体辐射、光致发光、光电效应以及其他有关光的产生和转化的现象的各种观察结果。根据这一假设，从光源发射出来的光能在传播中将不是连续分布在越来越大的空间之中，而是由一个数目有限的局限于空间各点的光量子组成，这些光量子在运动中不再分散，只能整个的被吸收或产生。"作为例证，爱因斯坦由光子假设得出了著名的光电效应方程，解释了光电效应的实验结果。

爱因斯坦的光子理论由于与经典电磁理论相抵触，一开始遭到怀疑和冷遇。一方面是因为人们受传统观念的束缚，另一方面是因为当时光电效应的实验精度不高，无法验证光电效应方程。密立根从 1904 年开始光电效应实验，历经 10 年，用实验证实了爱因斯坦的光量子理论。两位物理大师因在光电效应等方面的杰出贡献，分别于 1921 年和 1923 年获得诺贝尔物理学奖。密立根在 1923 年的领奖演说中这样谈到自己的工作："经过 10 年之久的实验、改进和学习，有时甚至还遇到挫折，在这以后，我把一切努力针对光电子发射能量的精密测量，测量它随温度、波长、材料改变的函数关系。与我自己预料的相反，这项工作终于在 1914 年成了爱因斯坦方程在很小的实验误差范围内精确有效的第一次直接实验证据，并且第一次直接从光电效应测定普朗克常数 h。"爱因斯坦这样评价密立根的工作："我感激密立根关于光电效应的研究，它第一次判决性地证明了在光的影响下电子从固体发射与光的频率有关，这一量子论的结果是辐射的量子结构所特有的性质。"

光量子理论创立后，在固体比热、辐射理论、原子光谱等方面都获得成功，人们逐步认识到光具有波动和粒子二象属性。光子的能量 $E=h\nu$ 与频率有关，当光传播时，显示出光的波动性，产生干涉、衍射、偏振等现象；当光和物体发生作用时，它的粒子性又突出了出来。后来科学家发现波粒二象性是一切微观物体的固有属性，并发展了量子力学来描述和解释微观物体的运动规律，使人们对客观世界的认识前进了一大步。

【实验目的】

(1) 了解光电效应的规律，加深对光的量子性的理解。

(2) 测量普朗克常数 h。

【实验原理】

光电效应的实验原理如图 6-33-1 所示。入射光照射到光电管阴极 K 上，产生的光电子在电场的作用下向阳极 A 迁移构成光电流，改变外加电压 U_{AK}，测量出光电流 I 的大小，即可得出光电管的伏安特性曲线。

光电效应的基本实验事实如下：

(1) 对应于某一频率，光电效应的 I-U_{AK} 关系如图6-33-2所示。从图6-33-2中可见，对一定的频率有一电压 U_0，当 $U_{AK} \leqslant U_0$ 时，电流为零，这个相对于阴极的负值的阳极电压 U_0，被称为截止电压。

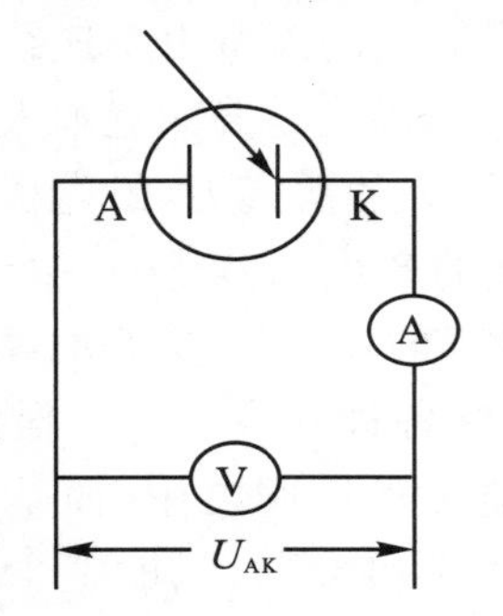

图 6-33-1　实验原理示意图

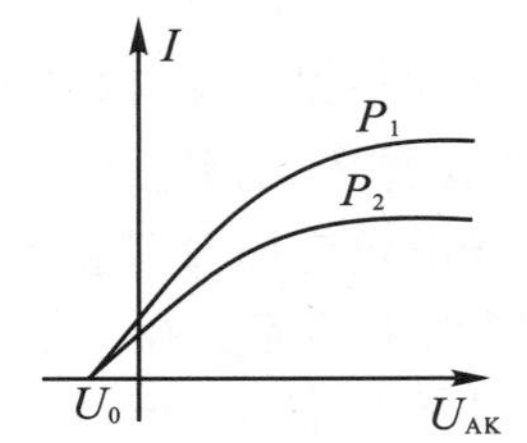

图 6-33-2　同一频率，不同光强时光电管的伏安特性曲线

(2) 当 $U_{AK} \geqslant U_0$ 后，I 迅速增加，然后趋于饱和，饱和光电流 I_M 的大小与入射光的强度 P 成正比。

(3) 对于不同频率的光，其截止电压的值不同，如图 6-33-3 所示。

(4) 作截止电压 U_0 与频率 ν 的关系图，如图 6-33-4 所示。U_0 与 ν 成正比关系。当入射光频率低于某极限值 ν_0（ν_0 随不同金属而异）时，不论光的强度如何，照射时间多长，都没有光电流产生。

(5) 光电效应是瞬时效应。即使入射光的强度非常微弱，只要频率大于 ν_0，在开始照射后也会立即有光电子产生，所经过的时间至多为 10^{-9} 秒的数量级。

说明：在实际中，反向电流并不为 0。图 6-33-2、图 6-33-3 中从 0 开始，是因为反向电流极小，仅为 $10^{-13} \sim 10^{-14}$ 数量级，所以在坐标上反映不出来。

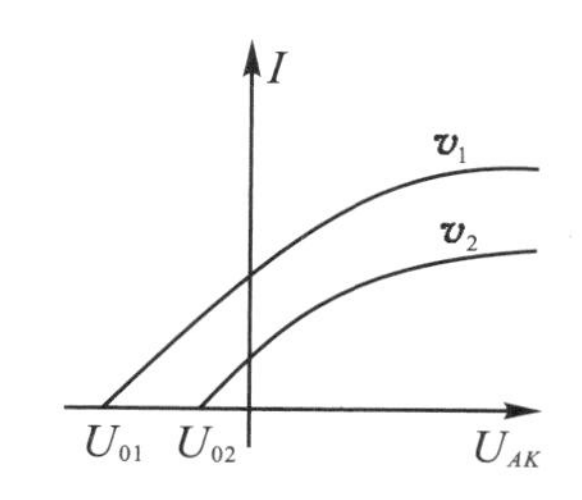

图 6-33-3　不同频率时光电管的伏安特性曲线

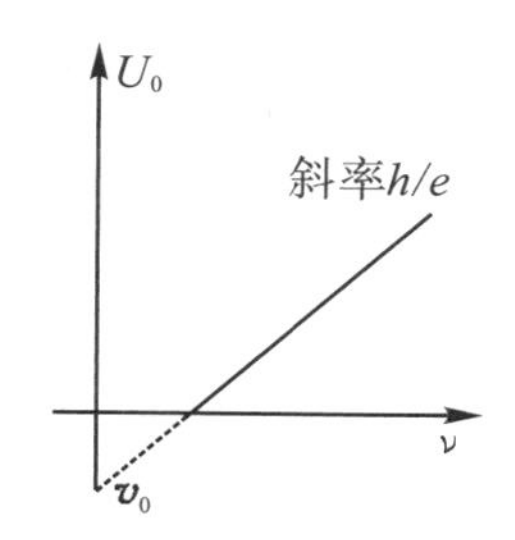

图 6-33-4　截止电压 U 与入射光频率 ν 的关系图

按照爱因斯坦的光量子理论，光能并不像电磁波理论所想象的那样，分布在波阵面上，而是集中在被称为光子的微粒上，但这种微粒仍然保持着频率（或波长）的概念，频率为 ν 的光子具有能量 $E=h\nu$，h 为普朗克常数。当光子照射到金属表面上时，一次为金属中的电子全部吸收，而无需积累能量的时间。电子把这能量的一部分用来克服金属表面对它的吸引力，余下的就变为电子离开金属表面后的动能，按照能量守恒原理，爱因斯坦提出了著名的光电效应方程

$$h\nu=\frac{1}{2}mv_0^2+A \tag{6-33-1}$$

式中，A 为金属的逸出功，$\frac{1}{2}mv_0^2$ 为光电子获得的初始动能。

由该式可见，入射到金属表面的光频率越高，逸出的电子动能越大，所以即使阳极电位比阴极电位低时，也会有电子落入阳极形成光电流，直至阳极电位低于截止电压，光电流才为零，此时有关系

$$eU_0=\frac{1}{2}mv_0^2 \tag{6-33-2}$$

阳极电位高于截止电压后，随着阳极电位的升高，阳极对阴极发射的电子的收集作用越强，光电流随之上升；当阳极电压高到一定程度，把阴极发射的光电子几乎全收集到阳极，再增加 U_{AK} 时 I 不再变化，光电流出现饱和，饱和光电流 I_M 的大小与入射光的强度 P 成正比。

光子的能量 $h\nu_0<A$ 时，电子不能脱离金属，因而没有光电流产生。产生光电效应的最低频率（截止频率）是 $\nu_0=A/h$。

将式(6-27-2)代入式(6-27-1)可得

$$eU_0=h\nu-A \tag{6-33-3}$$

此式表明截止电压 U_0 是频率 ν 的线性函数，直线斜率 $k=h/e$，只要用实验方法得出不同的频率对应的截止电压，求出直线斜率，就可算出普朗克常数 h。

爱因斯坦的光量子理论成功地解释了光电效应规律。

【实验仪器】

光电效应（普朗克常数）实验仪。仪器由汞灯及电源、滤色片、光阑、光电管、智能实验仪构成，仪器结构如图 6-33-5 所示。

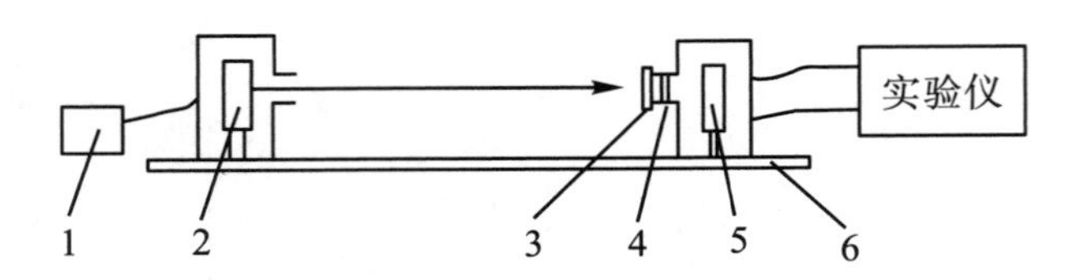

图 6-33-5　光电效应实验仪结构图

1. 汞灯电源；　2. 汞灯；　3. 滤色片；　4. 光阑；　5. 光电管；　6. 基座

【实验内容及步骤】

1. 测试前准备

将实验仪及汞灯电源接通(汞灯及光电管暗盒遮光盖盖上)，预热 20 min。

调整光电管与汞灯之间的距离约为 40 cm 并保持不变。

用专用连接线将光电管暗箱电压输入端与实验仪电压输出端(后面板上)连接起来(红—红，蓝—蓝)。

将“电流量程”选择开关置于所选挡位，进行测试前调零。实验仪在开机或改变电流量程后，都会自动进入调零状态。调零时应将光电管暗盒电流输出端 K 与实验仪微电流输入端(后面板上)断开，旋转“调零”旋钮使电流指示为 000.0。调节好后，用高频匹配电缆将电流输入连接起来，按“调零确认/系统清零”键，系统进入测试状态。

若要动态显示采集曲线，需将实验仪的“信号输出”端口接至示波器的“Y”输入端，“同步输出”端口接至示波器的“外触发”输入端。示波器“触发源”开关拨至“外”，“Y 衰减”旋钮拨至约“1 V/格”，“扫描时间”旋钮拨至约“20 μs/格”。此时示波器将用轮流扫描的方式显示 5 个存储区中存储的曲线，横轴代表电压 U_{AK}，纵轴代表电流 I。

2. 测普朗克常数 h

(1) 问题讨论及测量方法。

理论上，测出各频率的光照射下阴极电流为零时对应的 U_{AK}，其绝对值即该频率的截止电压，然而实际上由于光电管的阳极反向电流、暗电流、本底电流及极间接触电位差的影响，实测电流并非阴极电流，实测电流为零时对应的 U_{AK} 也并非截止电压。

光电管制作过程中阳极往往被污染，沾上少许阴极材料，入射光照射阳极或入射光从阴极反射到阳极之后都会造成阳极光电子发射，U_{AK} 为负值时，阳极发射的电子向阴极迁移构成了阳极反向电流。

暗电流和本底电流是热激发产生的光电流与杂散光照射光电管产生的光电流，可以在光电管制作或测量过程中采取适当措施以减小它们的影响。

极间接触电位差与入射光频率无关，只影响 U_0 的准确性，不影响 U_0-ν 直线斜率，对测定 h 无大影响。

由于本实验仪器的电流放大器灵敏度高，稳定性好，光电管阳极反向电流、暗电流水平也较低，在测量各谱线的截止电压 U_0 时，可采用零电流法，即直接将各谱线照射下测得的电流为零时对应的电压 U_{AK} 的绝对值作为截止电压 U_0。此法的前提是阳极反向电流、暗电流和本底电流都很小，用零电流法测得的截止电压与真实值相差较小。且各谱线的截止电压都相差 ΔU，对 U_0-ν 曲线的斜率无大的影响，因此对 h 的测量不会产生大的影响。

(2) 测量截止电压。

测量截止电压时，“伏安特性测试/截止电压测试”状态键应为截止电压测试状态。“电流量程”开关应处于 10^{-13} A 挡。

① 手动测量。

使“手动/自动”模式键处于手动模式。

将直径 4 mm 的光阑及 365.0 nm 的滤色片装在光电管暗盒光输入口上，打开汞灯遮光盖。

此时电压表显示 U_{AK} 的值，单位为伏；电流表显示与 U_{AK} 对应的电流值 I，单位为所选择的“电流量程”。用电压调节键→、←、↑、↓可调节 U_{AK} 的值，→、←键用于选择调节位，↑、↓键用于调节值的大小。

从低到高调节电压(绝对值减小)，观察电流值的变化，寻找电流为零时对应的 U_{AK}，以其绝对值作为该波长对应的 U_0 值，并将数据记于表 6-33-1 中。为尽快找到 U_0 的值，调节时应从高位到低位，先确定高位的值，再顺次往低位调节。

表 6-33-1　U_0-ν 关系　　　　光阑孔 Φ=____ mm

波长 λ(nm)		365.0	404.7	435.8	546.1	577.0
频率 ν_i($\times10^{14}$ Hz)		8.214	7.408	6.879	5.490	5.196
截止电压 U_{0i}(V)	手动					
	自动					

依次换上 404.7 nm，435.8 nm，546.1 nm，577.0 nm 的滤色片，重复以上测量步骤。

② 自动测量。

按“手动/自动”模式键切换到自动模式。

此时电流表左边的指示灯闪烁，表示系统处于自动测量扫描范围设置状态，用电压调节键可设置扫描起始和终止电压。

对各条谱线，我们建议扫描范围大致设置为：365 nm，−1.90～−1.50 V；405 nm，−1.60～−1.20 V；436 nm，−1.35～−0.95 V；546 nm，−0.80～−0.40 V；577 nm，−0.65～−0.25 V。

实验仪设有 5 个数据存储区，每个存储区可存储 500 组数据，并有指示灯表示其状态。灯亮表示该存储区已存有数据，灯不亮为空存储区，灯闪烁表示系统预选的或正在存储数据的存储区。

设置好扫描起始和终止电压后，按动相应的存储区按键，仪器将先清除存储区原有数据，等待约 30 min，然后按 4 mV 的步长自动扫描，并显示、存储相应的电压、电流值。

扫描完成后，仪器自动进入数据查询状态，此时查询指示灯亮，显示区显示扫描起始电压和相应的电流值。用电压调节键改变电压值，就可查阅到在测试过程中，扫描电压为当前显示值时相应的电流值。读取电流为零时对应的 U_{AK}，以其绝对值作为该波长对应的 U_0 的值，并将数据记于表 6-33-1。

按“查询”键，查询指示灯灭，系统恢复到扫描范围设置状态，可进行下一次测量。

在自动测量过程中或测量完成后，按“手动/自动”键，系统恢复到手动测量模式，模式转换前工作的存储区内的数据将被清除。

若仪器与示波器连接，则可观察到U_{AK}为负值时各谱线在选定的扫描范围内的伏安特性曲线。

(3) 数据处理。

由表6-33-1的实验数据，得出U_0-ν直线的斜率k，即可用$h=ek$求出普朗克常数，并与h的公认值h_0比较求出相对误差$E=\frac{h-h_0}{h_0}$，式中

$$e=1.602\times10^{-19}\ \mathrm{C},\quad h_0=6.626\times10^{-34}\ \mathrm{J\cdot s}$$

3. 测光电管的伏安特性曲线

此时，“伏安特性测试/截止电压测试”状态键应为伏安特性测试状态。“电流量程”开关应拨至10^{-10} A挡，并重新调零。

将直径4 mm的光阑及所选谱线的滤色片装在光电管暗盒光输入口上。

测伏安特性曲线可选用“手动/自动”两种模式之一，测量的最大范围为−1～50 V，自动测量时步长为1 V，仪器功能及使用方法如前所述。

仪器与示波器连接：

① 可同时观察5条谱线在同一光阑、同一距离下伏安饱和特性曲线。

② 可同时观察某条谱线在不同距离(即不同光强)、同一光阑下的伏安饱和特性曲线。

③ 可同时观察某条谱线在不同光阑(即不同光通量)、同一距离下的伏安饱和特性曲线。

由此可验证光电管饱和光电流与入射光成正比。

记录所测U_{AK}及I的数据到表6-33-2，在坐标纸上作对应于以上波长及光强的伏安特性曲线。

表6-33-2　I-U_{AK}关系

U_{AK}(V)												
I($\times10^{-10}$ A)												
U_{AK}(V)												
I($\times10^{-10}$ A)												

在U_{AK}为50 V时，将仪器设置为手动模式，测量并记录对同一谱线、同一入射距离，光阑分别为2 mm、4 mm、8 mm时对应的电流值填入表6-33-3，验证光电管的饱和光电流与入射光强成正比。

表6-33-3　I_M-P关系

U_{AK}=________V；　λ=________nm；　L=________mm

光阑孔 Φ			
I($\times10^{-10}$ A)			

也可在 U_{AK} 为 50 V 时，将仪器设置为手动模式，测量并记录对同一谱线、同一光阑时，光电管与入射光在不同距离，如 300 mm、400 mm 等对应的电流值于表 6-33-4，同样验证光电管的饱和电流与入射光强成正比。

表 6-33-4　I_M-P 关系

U_{AK}=________ V；　λ=________ nm；　Φ=________ mm

入射距离 L			
$I(\times 10^{-10}\ \mathrm{A})$			

【光电效应实验步骤】

1. 测普朗克常数(以 400 mm 距离，4 mm 光阑为例)

准备工作：

(1) 将汞灯及光电管暗箱用遮光盖盖上，接通实验仪及汞灯电源，预热 20 min。

(2) 调整光电管与汞灯距离为 400 mm，并保持不变。

(3) 用专用连接线将光电管暗箱电压输入端与实验仪电压输出端连接起来(红—红，蓝—蓝)。

(4) 将光电管暗箱电流输出端 K 与实验仪微电流输入端断开(断开实验仪一端)，“电流量程”置于 10^{-13} 挡位(光电管工作情况与其工作环境、工作条件密切相关，可能置于其他挡位)，进行调零。

注：调零时，必须将光电管暗箱电流输出端 K 与实验仪微电流输入端断开，且必须断开连线的实验仪一端。

(5) 用高频匹配电缆(短 Q_9 线，长 500 mm)将电流输入连接起来，按“调零确认/系统清零”键，系统进入测试状态。

手动：

(1) 按“手动/自动”键将仪器切换到手动模式。

(2) 打开光电管遮光盖，将 4 mm 的光阑及 365.0 nm 的滤光片先安装在光电管暗箱光输入口上，再打开汞灯遮光盖。

(3) 由高位到低位调节电压(←，→调节位，↑，↓ 调节值的大小)。寻找电流为 0 时的电压值，以其绝对值作为 u_0 的值，记录下来。

(4) 依次更换 404.7 nm，435.8 nm，546.1 nm，577.0 nm 的滤光片，重复步骤(2)。

(5) 测试结束。

注：更换滤光片时需盖上汞灯遮光盖。

自动：

(1) 按“手动/自动”键将仪器切换到自动模式。

(2) (此时电流表左边指示灯闪烁，表示系统处于自动测量扫描范围设置状态)用电压调节键设置扫描起始电压和扫描终止电压。

注：显示区左边设置起始电压，显示区右边设置终止电压。

建议扫描范围：365.0 nm，−1.95～−1.55 V；404.7 nm，−1.65～−1.25 V；435.8 nm，−1.40～−1.00 V；546.1 nm，−0.80～−0.40 V；577.0 nm，−0.70～−0.30 V。

(3) 设置好后，按动相应的存储区按键，右边显示区显示倒计时 30 s。倒计时结束后，开始以 4 mV 为步长自动扫描，此时右边显示区显示电压，左边显示区显示相应电流值。

(4) 扫描完成后，"查询"指示灯亮，用电压调节键改变电压，读取电流为零时的电压值，以其绝对值作为 u_0 的值，记录下来。

(5) 按"查询"键，查询指示灯灭，此时系统回复到扫描范围设置状态，可进行下一次测试。

(6) 依次换上 404.7 nm，435.8 nm，546.1 nm，577.0 nm 滤光片。

注：更换滤光片时应盖上汞灯遮光盖。

(7) 重复步骤(2)～(6)，直到测试结束。

2. 测 I-U_{AK} 关系

例 1 5 条谱线在同一光阑、同一距离下的伏安饱和特性曲线(以 400 mm 距离，4 mm 光阑为例)。

准备工作：

(1) 断开光电管暗箱电流输出端 K 与实验仪微电流输入端，将"电流量程"置于 10^{-10} 挡(光电管工作情况与其工作环境、工作条件密切相关，可能置其他挡位)，系统进入调零状态，进行调零。

注：调零时必须把光电管暗箱电流输出端 K 与实验仪微电流输入端断开，且必须断开实验仪一端。

(2) 用高频匹配电缆(短 Q_9 线，长 500 mm)将电流输入连接起来，按"调零确认/系统清零"键，系统进入测试状态。

手动：

(1) 按"手动/自动"键将仪器切换到手动模式。

(2) 将 4 mm 的光阑及 365.0 nm 的滤光片安装在光电管暗箱光输入口上，打开汞灯遮光盖。

(3) 按电压值由小到大调节电压(←，→调节位，↑，↓调节值的大小)，记录下不同电压值及其对应的电流值。

(4) 更换滤光片，重复步骤(2)～(4)。

(5) 测试结束，依据记录下的数据作 I-U_{AK} 图像。

自动：

(1) 按"手动/自动"键将仪器切换到自动模式。

(2) (此时电流表左边指示灯闪烁，表示系统处于自动测量扫描范围设置状态)用电压调节键设置扫描起始电压和扫描终止电压(最大扫描范围为−1～50 V)。

(3) 设置好后，按动相应的存储区按键，右边显示区显示倒计时 30 s。倒计时结束后，开始以 1 V 为步长自动扫描，此时右边显示区显示电压，左边显示区显示相应电流值。

(4) 扫描完成后，"查询"指示灯亮，用电压调节键改变电压，记录下不同电压值及其对应的电流值。

(5) 按“查询”键，查询指示灯灭，此时系统恢复到扫描范围设置状态，可进行下一次测试。

(6) 依次换上 404.7 nm，435.8 nm，546.1 nm，577.0 nm 滤光片。

注：更换滤光片时应盖上遮光盖。

(7) 重复步骤(2)～(6)，直到测试结束，依据记录下的数据作出 I-U_{AK}图像。

例 2　测某条谱线在同一光阑、不同距离下的伏安饱和特性曲线和某条谱线在不同光阑，同一距离下的伏安饱和特性曲线与 5 条谱线在同一光阑、同一距离下的伏安饱和特性曲线的方法类似，只是将改变滤光片改为改变距离或光阑，同时为避免数据溢出，将“电流量程”适当调整即可。

注：实验过程中，仪器暂不使用时，均须将汞灯和光电暗箱用遮光盖盖上，使光电暗箱处于完全闭光状态。切忌汞灯直接照射光电管。

思考题

1. 光电流是如何产生的？它的大小与哪些因素有关？
2. 正向电压、饱和电压、遏止电压各量的物理意义是什么？

第七章　设计性实验

第一节　设计性实验的特点

设计性实验一般是在掌握基础性实验和具备一定综合实验知识及能力之后，对科学实验全过程进行初步训练的一种教学实验。设计性实验的一般过程如下：

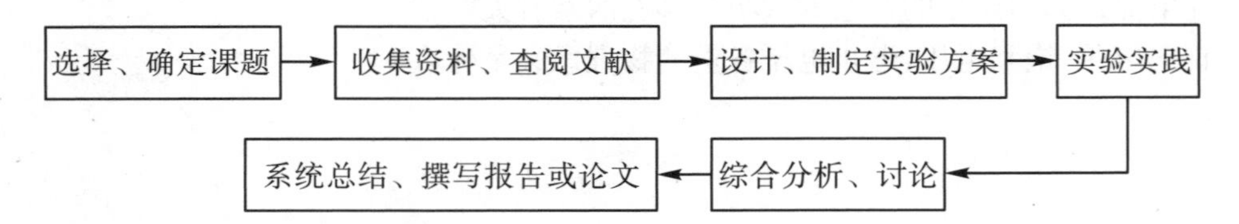

设计性实验的核心是设计、制定实验方案。设计要根据研究的要求，提出实验精度，确定应用原理，选择实验方法和测量方法，选定测量条件和仪器设备。对于物理实验教学中的设计性实验，实验题目是给定的，可根据要求提出自己的设想，提出几种方案进行比较，进行可行性论证，最后拿出最优化的方案。

第二节　设计性实验的流程

一、实验方案的确定

根据实验研究的题目，在进行实验工作之前，首先需要根据任务要求确定实验方案。包括实验方法、测量仪器、测量方法、测量条件、实验程序等的选择和制定。实验方案的确定就是根据一定的物理原理，建立被测量量与测量量之间的关系。

对于给定的实验任务，研究对象和基本内容就已限定，与之有关的物理过程可能有若干种，也就可列出若干种可供选择的实验原理及测量依据的理论公式。这就需要分析比较各种实验原理及测量公式，了解它们的适用条件、优点及局限性，结合可能提供的仪器设备以及测量准确度的要求和实施的现实可行性，选择出一个最佳的物理模型及方案来。

二、实验装置和仪器的选择

实验装置、仪器和量具是完成实验任务的工具。实验方案一旦确定，就要设计或选择实验装置，合理选配测量仪器，进行安装与调试。

在具体选择测量仪器时，除考虑实用性、可靠性外，一般主要考虑仪器的量程、准确度和分辨率，也就是仪器能够测量的最大值、最小值和仪器本身的误差。选择的原则是所选用仪器的误差小于被测量要求的误差限。

三、测量方法的选择

实验方案确定后，根据研究内容的性质和特点。巧妙地测量方法可以起到“四两拨千斤”的功效，同时有两点需要注意，一是测量方法和测量仪器的选择常常是相关联的，宜一并考虑；二是在满足实验准确度要求的前提下，要尽量用最简单、最便宜的仪器去实现它，千万不要片面追求仪器越高档越好。应该是以最低的代价来取得最佳的结果，做到既保证达到实验要求的精度，又合理地节省人力、物力。

四、测量条件的选择

测量的准确度与许多因素相关，当实验方案、测量仪器和测量方法确定后，如何选择测量条件能使实验结果的准确度最高？这是测量最有利条件的选择问题。一般来说，选择测量条件都要从分析误差入手，确定测量的最有利条件，就是确定在什么条件下进行测量引起的误差最小。这个条件可以由各自变量对误差函数求导数并令其等于 0 而得到。对单元函数，只需求一阶和二阶导数，令一阶导数为 0，解出相应的变量表达式，代入二阶导数式，若二阶导数大于 0，则该表达式即为测量的最有利条件。

例如，在滑线式电桥测量电阻时，滑动键在什么位置能够使待测电阻的相对误差最小？实验电路如图 7-2-1。

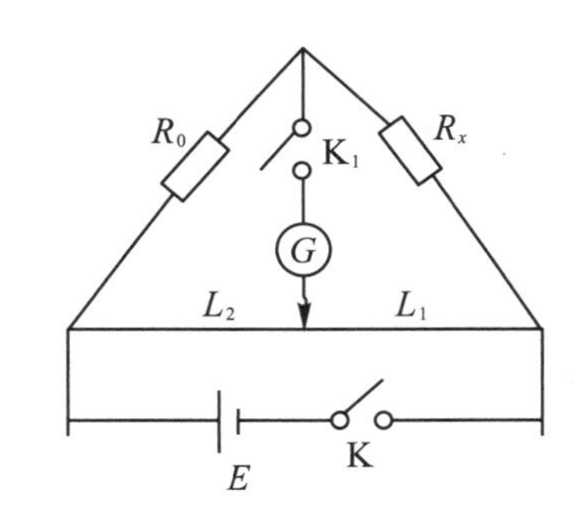

图 7-2-1　滑线式电桥测量电阻线路图

图 7-2-1 中，R_0 为已知标准电阻，L_1 和 L_2 为滑线的两臂长，$L=L_1+L_2$ 为滑线总长度，根据电桥平衡条件有

$$R_x=R_0\,\frac{L_1}{L_2}=R_0\,\frac{L-L_2}{L_2}$$

其相对误差

$$E_{rx}=\frac{\mathrm{d}R_x}{R_x}=\frac{L}{(L-L_2)}\mathrm{d}L_2$$

因相对误差是 L_2 的函数，所以相对误差为最小的条件是

$$\frac{\partial E_r}{\partial L_2}=\frac{L(L-2L_2)}{(L-L_2)^2L_2^2}=0$$

解得：$L_2=\dfrac{L}{2}$ 就是滑线电桥最有利的测量条件。

又可证明

$$\frac{\partial^2}{\partial L_2^2}\left(\frac{\Delta R_x}{R_x}\right)>0$$

由此可知滑动键在滑线中点位置时的测量准确度最高。

五、实验程序的拟定

实验是一个有秩序的操作、观察、测量与记录的过程，必须事先拟定合理的实验程序，才能有条不紊地进行。尤其要分析是否存在不可逆过程，更要做好妥当的安排。

实验开始前，首先要调整实验装置和仪器到正常使用状态，清楚了解不可逆过程十分重要，如加热蒸发，铁磁材料的磁化过程等。对于有损检测，实验要进行到试件被破坏为止，如果试件的预测参数在未破坏前没来得及测量或没有测准，那么破坏后就无法再测。对于可以反复进行的实验过程，可先粗略定性观察一下，是否与理论预想一致，以便实验时再仔细观察分析。观察各物理量的变化规律，一般线性部分可少测几点，而在变化大的区域，测量点应尽量密些。

根据以上各步工作，拟定实验步骤，列出数据表格，记录测试条件，不同实验的程序可根据不同实验特点合理安排，以保证实验顺利完成。

第三节　设计性实验项目

科学技术的高速发展对人们创新能力的要求越来越高，加强对学生创新能力的培养，已成为高等教育改革的重要任务。为了培养高素质的具有创新能力的科学研究与应用人才，必须让学生学会从实践中发现问题，并将已有知识运用到实际中，从而解决问题。这正是在大学中开设实验课的目的。多年来我国培养的学生和发达国家的学生相比，在考试中往往可以名列前茅，但到实际工作中，却常常缺乏动手能力，更缺乏独立思考和创新精神。为了培养学生综合把握和运用学科群知识的能力，在本章我们设计了部分综合的、先进的、有趣的、应用性很强的实验，学生可以根据所从事的专业方向和兴趣，通过其他相关学科的再学习和教师的指导，用物理实验的方法去解决工程技术中的一些相关问题。

实验三十四　测量小灯泡伏安特性曲线

【实验要求】

小灯泡(6.3 V，0.15 A)在一定电流范围内其电压与电流的关系为$U=KI^n$，K和n是与灯泡有关的系数，要求：

(1) 设计电路测小灯泡伏安曲线。

(2) 验证公式$U=KI^n$。

（3）求系数 K 和 n。

（4）求室温下灯丝电阻。

【仪器用具】

小灯泡，电流表，电压表，变阻器，直流电源，双刀开关。

实验三十五　研究RC、RL、RLC电路的暂态过程

【实验要求】

RC、RL、RLC电路的暂态过程在电子学，特别是在脉冲技术中有着广泛应用，RC电路暂态过程的应用主要是微分电路和积分电路。在脉冲技术中常用尖脉冲作为触发信号，利用微分电路可以把矩形波变为尖脉冲。反过来，实际应用中常需要使输出的信号电压 $U_{out}(t)$ 正比于输入电压 $U_{in}(t)$ 对 t 的积分，就用积分电路。这两种电路，电容 C 与电阻 R 的位置正好前后相反。电感 L、电容 C、电阻 R 同时出现在一个电路，在直流情况下，电路将发生阻尼震荡、临界阻尼、过阻尼情形；若在交流信号下将出现谐振。

（1）按要求焊接电路板，掌握一、二阶常系数微分方程的解法，根据参数选择元件，掌握示波器、方波发生器、音频信号发生器的使用方法。

（2）组装实用的微分电路和积分电路以及演示用的RCL阻尼震荡电路和谐振电路，并求出各电路的主要参数，如阻尼条件、谐振频率等。

【仪器用具】

示波器，函数发生器，电阻箱，电源及几类元件。

提示：分别组装RC、RL、RLC电路板，并在直流信号下用示波器观察暂态过程，从各自描述暂态过程的一阶、二阶常系数微分方程中解出各相应的量，研究元件对信号的微分和积分方程，并在交流情况下研究谐振的情形。

实验三十六　充电器的制作

【实验要求】

（1）根据桥式整流和电容滤波特性设计电路。

（2）选择元件型号。

（3）利用示波器观察波形。

【仪器用具】

变压器，二极管（或整流桥堆如 QL51A～G、QL62A～L，其中 QL62A～L 的额定电流为 2 A，最大反向电压为 25～1000 V），电容，电阻，自动开关。

提示：整流电路有单向半波整流电路，单向全波整流（桥式整流）电路。桥式整流电路的优点是输出电压高，滤波电压较小，二极管所承受的最大反向电压较低，同时因电源变压器在正、负半周期内都有电流供给负载，电源变压器得到充分的利用，效率较高。

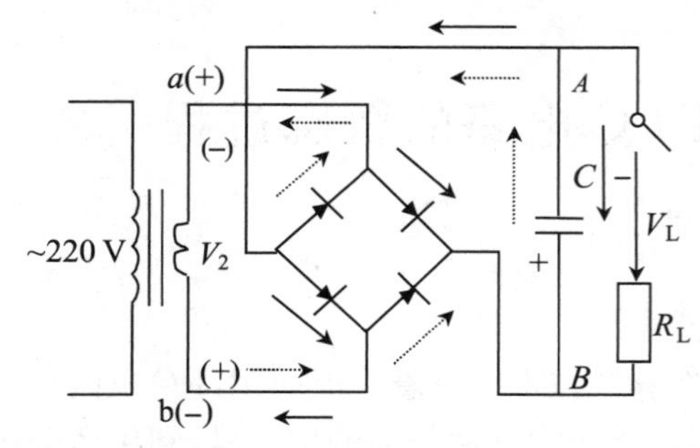

图 7-36-1 简易充电器电路

滤波电路的形式很多，分为电容式和电感式。前一种多用于小功率电源中，而后一种多用于较大功率电源中（而且当电流很大时，仅用一电感于负载串联）。据以上分析，我们采用桥式整流、电容滤波电路制作充电器，如图 7-36-1 所示。

【元件参数的计算】

(1) 流经每个二极管的平均电流为 $I_D=\dfrac{1}{2}I_L=\dfrac{0.45V_2}{R_L}$。

(2) 每个二极管承受的最大反向电压为 $V_{RM}=\sqrt{2}V_2$。

(3) 充电时间常数为 $\tau_C=R_{int}C$（其中 R_{int} 包括变压器副绕组的直流电阻和二极管的正向电阻）。

放电时间常数为 $\tau_D=R_LC$，τ_D 一般较大，根据工程要求一般取 $\tau_D=R_LC\geqslant(3\sim5)\dfrac{T}{2}$（其中 T 为电源交流电压的周期）。

实验三十七 “打靶”实验

【实验要求】

物体间的碰撞是自然界中普遍存在的现象。单摆运动和平抛运动，是运动学中的基本内容。能量守恒与动量守恒是力学中重要的原理。本实验研究的两个球体的碰撞及碰撞前后的单摆运动和平抛运动，应用已学的力学知识去解决打靶的实际问题，特别是从理论分析与实践结果的差别上，研究实验过程中能量损失的来源，自行设计实验来分析各种损失的相对大小，从而更深入地了解力学原理，提高分析问题、解决问题的能力。

(1) 按照靶的位置，计算无能量损失时撞击球的初始高度 h_0（要求撞击球下落与被撞球相碰撞，并击中被撞球靶心）。

(2) 用 h_0 值进行若干次打靶实验，以确定实际击中的位置（如何确定？）。根据此位置，计

算 h 值应移动多少才可真正击中靶心？

(3) 在进行若干次打靶实验，以确定实际击中靶心时的 h 值，据此计算碰撞过程前后机械能的总损失。

(4) 分析能量损失的各种来源，设计实验以测出各部分能量损失的大小。

(5) 改用不同材料、不同大小的撞击球和被撞球进行实验，分别找出其能量损失的大小和主要来源。

(6) 对各实验结果进行分析，并设计和进行进一步的实验，得出一般性实验结论，并提出改进意见。

【仪器用具】

(1) 自制"碰撞打靶"装置，如图 7-37-1 所示，用两绳挂在两杆上的铁质"撞击球"被吸在升降架上的电磁铁下，与撞击球质量直径都相同的"被撞球"放在升降台上。升降台与升降架可自由调节高度，可在滑槽内横向移动的竖尺和固定的横尺用以测量撞击球的高度 h，被撞球的高度 y 和撞击球靶心与被撞球的横向距离 x。

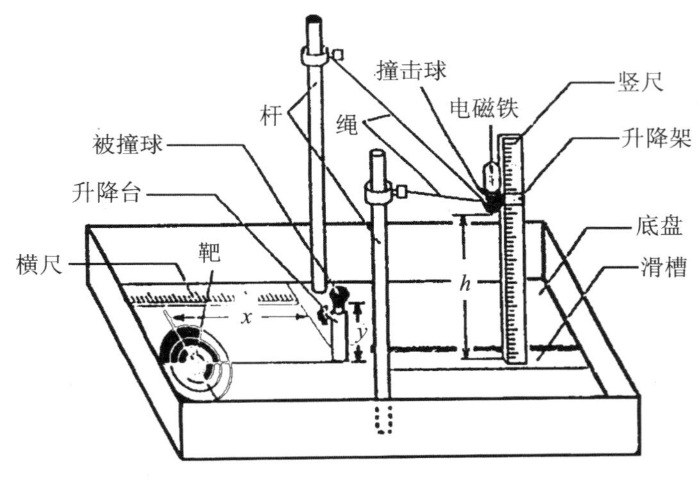

图 7-37-1　"碰撞打靶"装置

(2) 不同大小、不同材料的撞击球和被撞球。

(3) 游标卡尺，电子天平，钢尺等。

实验三十八　简易万用表的设计、组装和校正

【实验要求】

1. 测定表头内阻 R_g

改装电表首先应知道表头满量程的电流 I_g 和内阻 R_g，I_g 由实验室给出，内阻 R_g 有各种测

量方法，这里要求用“半偏法”测定表头内阻。

要求：画出电路图，拟出操作步骤，测出 R_g 值。

2. 设计、组装并校正量程为 0～1 mA～10 mA 的电流表

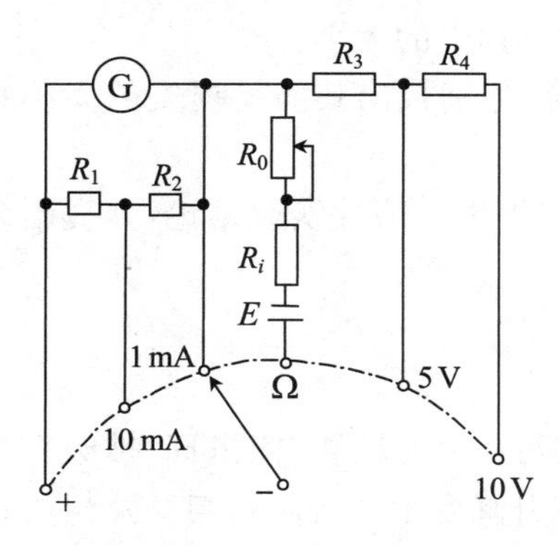

图 7-38-1 线路图(一)

(1) 根据图 7-38-1 所示线路，列出计算 R_1、R_2 的公式并算出结果。

(2) 根据实验室提供的仪器和元件，测定或选出所需的 R_1、R_2 电阻，并焊接或连接在相应的位置上。

(3) 画出校正电流表的电路图，写出操作步骤，画出校正用的数据表格，填入测量结果，作出校正曲线。

3. 设计、组装并校正量程为 0～5 V～10 V的电压表

(1) 根据图 7-38-1 所示线路，列出计算 R_3、R_4 的公式并算出结果。

(2) 测定或选定所需的 R_3、R_4 电阻，并焊接或连接在相应的位置上。

(3) 画出校正电压表的电路图，写出操作步骤，画出校正用的数据表格，填入测量结果，作出校正曲线。

4. 设计、组装和定标欧姆表

(1) 若图 7-37-1 中的 E 为一节 5 号电池，等效表头电阻 R_g'，求据此列出计算该图中的可变电阻 R_0 的最大值和固定电阻 R_1 的公式，并计算其结果。

(2) 从元件中选测出固定电阻 R_1 和可变电阻 R_0(电位器)，并焊接或连接在相应的位置上。

(3) 装上电池，用电阻箱确定欧姆表的刻度，并作出定标曲线。

提示：表头只允许通过微安级或毫安级的电流(故表头也叫微安表或电流计，符号为 G)，故一般表头只用来直接测量很小的电流和电压。

表头有两个参数，即满量程的电流 I_g(I_g 越小，表头灵敏度越高)和表头线圈电阻 R_g(也称内阻)。

欲将表头改装成可测量较大电流的电流表，只需在表头上并联一个分流电阻 R_S(如图 7-38-2)，使得被测电流的大部分从 R_S 中流过，而表头仍保持原来允许通过的最大电流 I_g。

欲将表头改装成可测量较大电压的电压表，只需在表头上串联一个分压电阻 R_H(如图 7-38-3)，使得被测电压大部分降落在 R_H 上，而表头能承受的电压保持原来的数值(I_gR_g)。

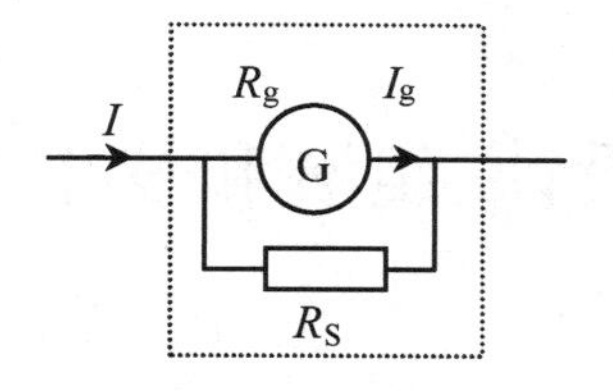

图 7-38-2 线路图(二)

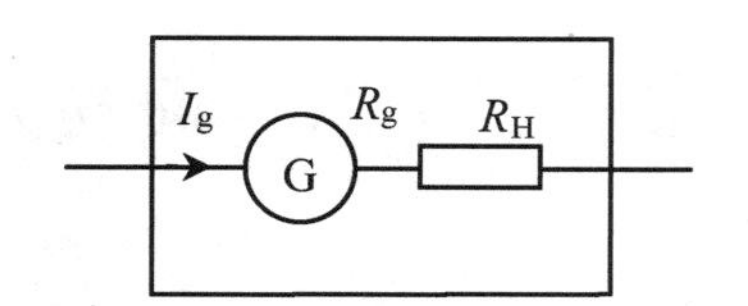

图 7-38-3 线路图(三)

欲将表头改装成测量电阻的欧姆表，可将表头 G、电池 E、固定电阻 R_i(起保护作用)、可变电阻 R_0 和待测电阻 R_x 与电流示值有一一对应关系。

将上述改装后的电流表、电压表、欧姆表共用一个表头，且能测量不同量程的电流、电压和电阻值，就组成一个简易的万用电表(只能测量直流)。这时一般要串联、并联不同阻值的电阻达到改装的要求。图 7-38-1 就是一只能测量 0～1 mA～10 mA 电流，0～1 V～10 V 电压和某阻值范围内的电阻的简易万用电表的电路图。

【实验内容】

(1) 测定表头内阻 R_g。当表头指针偏转满量程时，在表头上并联一可变电阻。调节可变电阻，使表头的指针示值减小一半，这时变阻器所示的阻值即为表头电阻。应注意，在并联可变电阻前后，包括调节可变电阻时，要保持总电流不变。

(2) 设计、组装并校正量程为 0～1 mA～10 mA 的电流表。校正时应使改装表取整读数，直至指针盘转到满刻度为止。校正曲线应以改装表读数为横坐标，标准表读数为纵坐标，并将各点依次连成折线。

(3) 设计、组装并校正量程为 0～5 V～10 V 的电压表。这时应将量程为 1 mA 的电流表看成是新表头(也称等效表头)，R_g、R_2、R_3 的等效电阻作为等效表头的内阻 R_g'，来计算 R_3 和 R_4。

(4) 设计、组装和定标欧姆表。每节电池电压一般为 1.5 V，考虑到新旧电池电压有变化，可取 $V_{max}=1.65$ V，$V_{min}=1.30$ V。据此分别算出 R_0+R_1 的最大值和最小值，其中的最小值即为固定电阻 R_1，最大值与最小值之差为所需的可变电阻 R_0 的变化范围。应选使欧姆表两端短路($R_x=0$)，调节 R_g，使指针满刻度，然后接入 R_x，再定指针半刻度时的阻值，随后相应定出整刻度的阻值。

【仪器用具】

微安表头，电阻箱，数字万用表，电流表(0～1 mA～10 mA)，电压表(0～5 V～10 V)，变阻器，直流电源，干电池，电位器，电阻。

实验三十九　光电传输系统设计

【实验要求】

光信号和电信号的相互转换在传输和存储等环节中得到广泛应用。例如在电话，计算机网络，声像演唱机用的 CD 或 VCD、DVD、EVD，计算机光盘 CD - ROM，甚至在船舶和飞机的导航装置中均采用现代化的光电子系统。光信号和电信号的接口需要一些特殊的光电子器件，下面予以简要介绍。

1. 光电二极管

其结构与 P-N 结二极管类似，但在它的 P-N 结处，通过管壳上的一个玻璃窗口能接收外部的光照。这种器件的 P-N 结在反向偏置状态下运行，它的反向电流随光照强度的增加而上升，即成正比。

2. 发光二极管

其光谱范围是比较窄的，光波波长由所使用的基本材料而定，工作电流一般为几毫安至十几毫安。

光电传输系统由一发光二极管发射电路，通过光缆驱动一光电二极管电路，如图 7-39-1 所示。

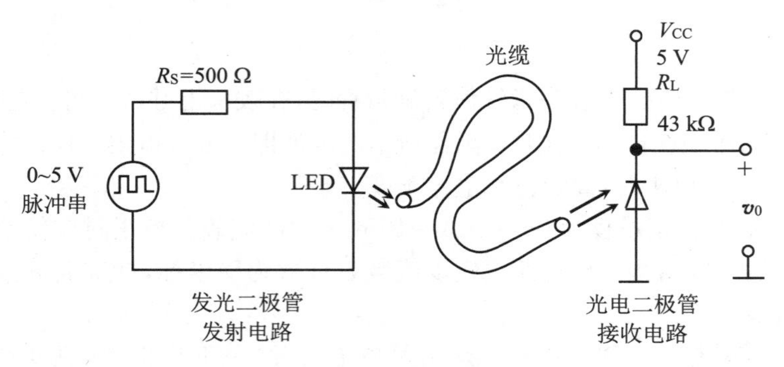

图 7-39-1 光电传输系统

要求：① 根据光电传输系统连接线路；② 调节输入信号，观察输出信号的幅度、频率等，并与输入信号进行比较。

【仪器用具】

信号源，双踪示波器，电阻，发光二极管，光电二极管，光纤耦合器（包括光纤与光源 LED、LD 耦合；光纤与光检测器 PIN 管、APD 管等耦合）。

提示：光纤与光检测器耦合可以类似光纤连接器的直接对接耦合形式，只要输入光纤的端面质量有保证，光纤与光检测器对中良好，并且两者的间距 S 恰当，耦合效率一般可以大于 95%。光纤与光源的耦合要复杂和困难一些。一般将多根光纤烧熔拉锥，使其有较大的和完善的端面，能尽可能地耦合进光源发射光。

实验四十　控制电路的初步设计

【实验要求】

（1）掌握滑线变阻器两种接法的性能和特点。

（2）学习怎样选择变阻器来控制电路中的电流和电压。

【实验提示】

在电学实验中，滑线变阻器的接法有两种：分压接法和制流接法，用来控制待测部分的电流和电压。如何根据实验的要求正确确定变阻器的参数（阻值和额定电流）以及选择什么样的接法，是一个重要问题。选择得当，实验过程就稳定，结果精确；选择不当，实验不仅达不到要求，甚至可能烧坏电表。因此，需要掌握滑线变阻器两种接法的性能和特点。

1. 分压电路的特性

如图 7-40-1 所示，滑线变阻器是作为分压器用于电路。这时 K_1，K_2 同时闭合时，滑动端 C 将变阻器电阻 R_0 分成R_1 和 R_2 两部分，负载 R_L（可抽象地看成是待测部分的等效电阻）与 R_1 并联，E 是电源的端电压。这时外电路总电阻 R、电流 I 和负载两端电压 V 分别为

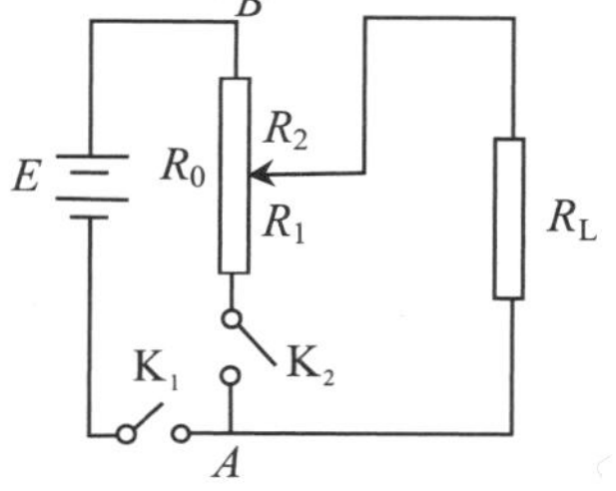

图 7-40-1　分压电路

$$R=R_2+\frac{R_1R_L}{R_1+R_L}$$

$$I=\frac{E}{R}=\frac{E}{R_2+\dfrac{R_1R_L}{R_1+R_L}}$$

$$V=I\,\frac{R_1R_L}{R_1+R_L}=\frac{R_1R_LE}{R_0R_2+R_0R_1-R_1^2}$$

令

$$X=\frac{R_1}{R_0},\quad k=\frac{R_L}{R_0}$$

X 是反映滑动端在滑线变阻器上的相对位置的参数；k 是反映负载电阻相对于滑线变阻器电阻大小的参数，又称电路特征系数。由此可得

$$\frac{V}{E}=\frac{kX}{X+k-X^2} \tag{7-40-1}$$

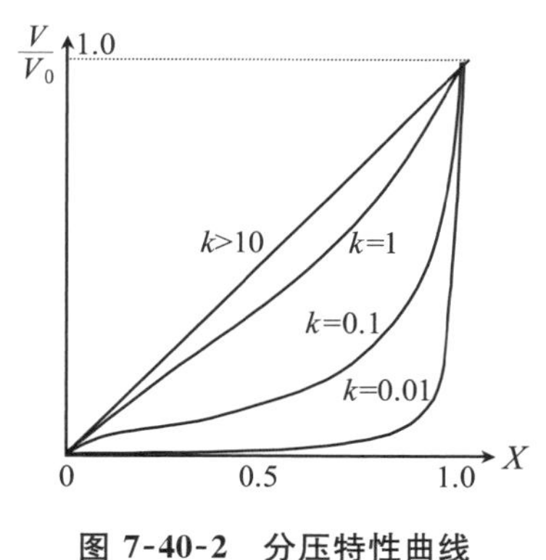

图 7-40-2　分压特性曲线

对于不同的 k 值，X 与 V/E 的关系如图 7-40-2 所示。

由式(7-40-1)或图 7-40-2 可知，分压电路有如下特点：

(1) 电压调节范围：当活动端从 A 移到 B，负载电压由 0 变到 E，调节范围与变阻器的阻值无关。

(2) 当 $k>10$(或 $R_L\gg R_0$)时，在整个调整范围内电压基本成直线变化，即易于调到所需要的电压，这也称为细调情况较好；当 $k=0.1\sim0.01$(即 $R_L\ll R_0$)，且当 X 接近 1 时，负载电压变化是不均匀的，有突变现象，也就是说细调精度不够好。可以证明，只要 $R_L=2R_0$，大致可归于 $R_L\gg R_0$ 类，细调情况尚好，且电路亦不太耗电。

2. 制流电路特性

如图 7-40-3 所示，滑线变阻是作为制流器用于电路，滑动端 C 也将R_0 分成 R_1 和 R_2 两部分，负载 R_L 与 R_2 串联。这时负载 R_L 中的电流为

$$I=\frac{E}{R_L+R_2}$$

同样引入参数 $X=R_1/R_0$，$k=R_L/R_0$，又设 $I_0=E/R_L$(负载最大电流)，则有

$$I=\frac{kI_0}{l+k-X} \tag{7-40-2}$$

对于不同的 k 值，X 与 I/I_0 的关系曲线如图 7-40-4 所示。

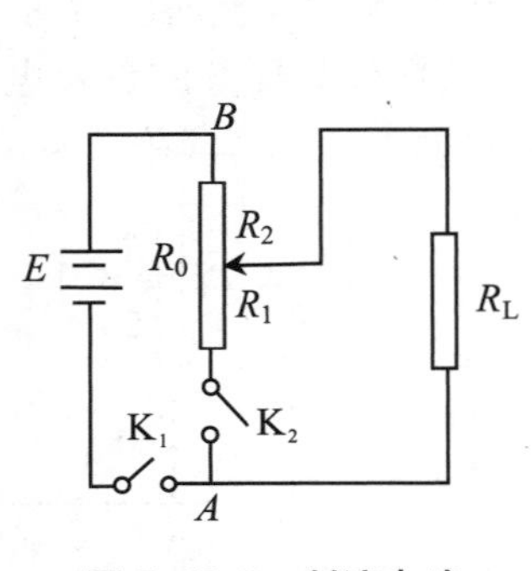

图 7-40-3 制流电路

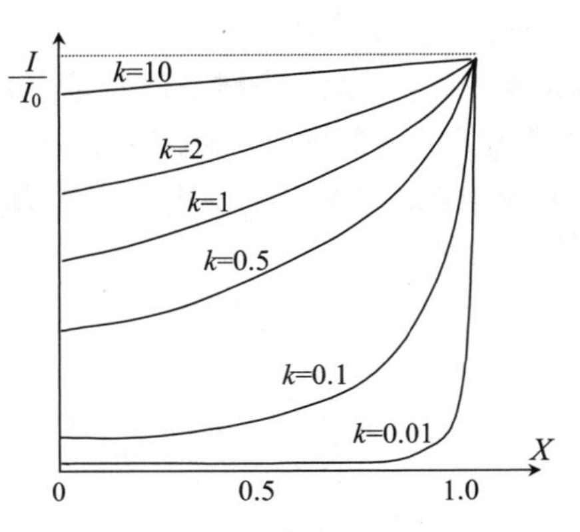

图 7-40-4 制流特性曲线

由式(7-40-2)或图 7-40-4 可知，制流电流有如下特点：

(1) 负载上的电流和电压的调节范围是

$$\begin{cases} V_{max}=E \\ I_{max}=\dfrac{E}{R_L} \end{cases} \tag{7-40-3}$$

$$\begin{cases} V_{min}=\dfrac{R_L E}{R_L+R_0} \\ V_{min}=\dfrac{E}{R_L+R_0} \end{cases} \tag{7-40-4}$$

即调节范围与变阻器的阻值有关。R_0 越大，调节范围越大，但负载 R_L 上的电流不可能为零。

(2) 对于 $k\gg 1(R_0<R_L)$，调节的线性越好，即易于调到所需的电流值；对于 $k\ll 1$ $(R_0<R_L)$，X 接近 1 时，电流有突变，即细调情况不够好。

综合滑线变阻器的两种连接的特性可以看出：在 $R_L\gg R_0$ 时，分压电路与制流电路有明显区别，第一，从调节范围看，分压电路的电压可在 $0\sim E$ 范围内变化，而制流电路只能从 $R_L E/(E_L+R_0)\rightarrow E$，即分压电路的电压调节范围大；第二，从调节均匀程度看，分压电路在整个调节范围内基本是均匀的，而制流电路则是不均匀的，负载上的电压小时，能调节得较精细，而电压大时则很粗糙；第三，从电路本身消耗的功率看，由于分压电路比制流电路多一个支路，对于使用同一变阻器，分压电路消耗的电能要比制流电路大些。大功率的场合，常采用制流电路，以求省电。

3. 安排控制电路的一般方法

(1) 根据负载电阻 R_L 要求调节的范围，先确定电源的输出电压和额定电流。然后再综合比较是用分压电路还是制流电路。

(2) 若采用制流电路，根据式(7-40-4)算出 R_0；若采用分压电路，根据$R_0\leqslant\dfrac{R_L}{2}$，并兼顾省电原则，适当选择 R_0(注意：需兼顾考虑流经滑线变阻器的总电流最大值不得超过其额定电流)。

(3) 可先连接电路做试验，观察在整个调节范围内细调精度是否满足要求。如果细调达不到要求，可以加接变阻器做微调，细调线路很多，举例如图 7-40-5、图 7-40-6。

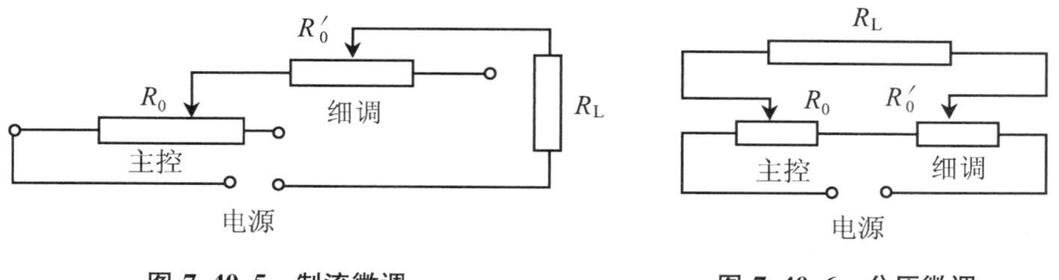

图 7-40-5　制流微调　　**图 7-40-6　分压微调**

最后应指出，设计时一般不必做复杂计算，可以边试验边改进，也并不要求设计出一个最佳方案，只需根据现有设备，设计出能满足实验要求的即可。

4. 设计举例

已知某元件的阻值 $R_L=50\ \Omega$，试为测定该元件伏安特性，设计一个控制电路。要求测量范围为 0.01 ～0.1 A。

解　负载要求的最大电压为$0.1\ A\times 50\ \Omega=5\ V$，负载要求的最大电流为 0.1 A，故选取输出电压为 6 V，额定电流>0.1 A 的电源。用 1 号干电池组或一般直流稳压电源均能满足要求。

由于负载电阻 R_L 值较小，若有分压电路 R_0 值更小，浪费电能较大，不如用制流电路。由 $I_{min}=0.01\ A$，$E=6\ V$，$R_L=50\ \Omega$，根据式(7-40-4)可算出 $R_0=600\ \Omega$，故应选阻值$R_0>600\ \Omega$，额定电流大于 0.1 A 的即可。

接电路做实验(电流表外接)，可能发觉细调精度不够理想，于是加进微调，最后电路如图 7-40-7 所示。

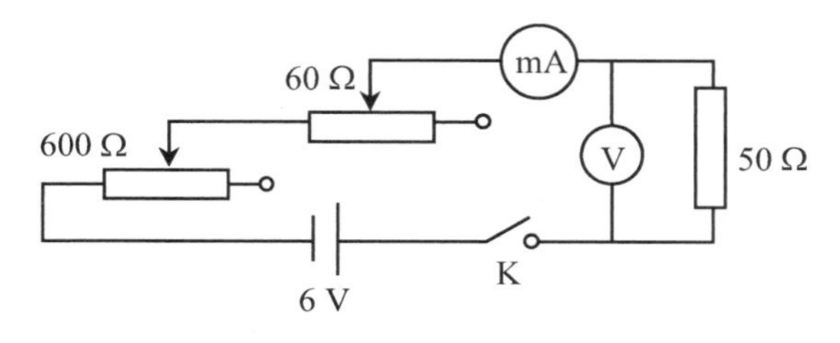

图 7-40-7　校准控制电路

【实验内容与要求】

设计一个为校准电压表的控制电路，已知负载电阻(是待校电压表和标准电压表内阻并联后的等效电阻)$R_L=1000\ \Omega$，电压表量程为 0～3 V，标准电压表面刻度等分为 150 格。

要求：① 写出选择电源、变阻器阻值和选择分压电路还是制流电路的依据；② 画出电路图，列出所需的仪器(包括规格、数量)；③ 作出特性曲线，考虑细调情况；拟出实验步骤，列出实验数据表格；④ 作出电压表的校准曲线并附数据表格。

【实验报告要求】

(1) 实验名称、目的与任务。

(2) 整理设计成果,包括计算的公式、结果数据,电路图、校准电压表的数据并作出校准曲线。

预习思考题

1. 滑线变阻器作控制电路有哪两种接法?试比较它们在调节范围、调节均匀性、电能消耗上有何不同?

2. “制流接法是用来控制电路电流,分压电路是用来控制电路电压”的这种说法对吗?为什么?

3. 画出校准电压表的电路图,若待校正电压表的内阻为 r_1,标准电压表内阻 r_2,则负载等效电阻 R 应等于多少?

4. 根据设计要求写好预习报告。

实验四十一　多用组合电路的设计与开发

整流滤波电路

【实验目的】

(1) 熟悉单相整流、滤波电路的连接方法。

(2) 学习单相整流、滤波电路的测试方法。

(3) 加深理解整流、滤波电路的作用和特性。

【实验原理与说明】

1. 整流电路

有半波、全波和桥式整流三种电路,分别如图 7-41-1(a)、图 7-41-1(b)和图 7-41-1(c)所示。

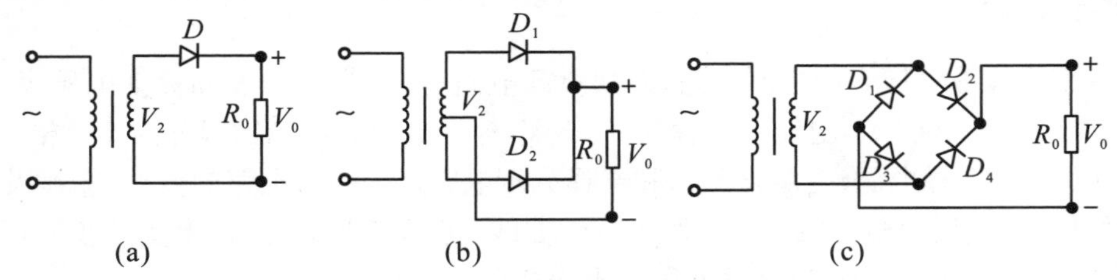

图 7-41-1　半波、全波和桥式整流电路

半波整流的输出电压为：$V_0=0.45V_2$；全波整流的输出电压为：$V_0=0.9V_2$；桥式整流的输出电压为：$V_0=0.9V_2$；其中 V_0 为平均值，V_2 为有效值。

2. 滤波电路

在小功率的电子设备中，常用的是电容滤波电路。如图 7-41-2 所示。

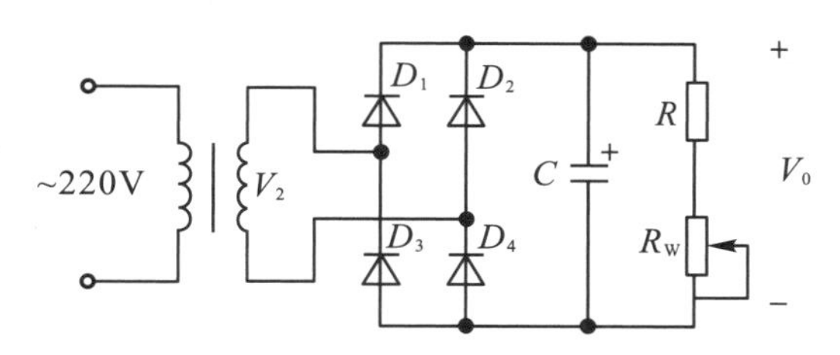

图 7-41-2　电容滤波电路

当 $C\geqslant(3\sim5)T/2R_L$ 时，其中 T 为电源周期，$R_L=R+R_W$，输出电压为

$$V_0=(1.1\sim1.2)V_2$$

【实验设备】

具体所用实验设备见表 7-41-1。

表 7-41-1　所用实验设备表

名称	数量	型号
AC 电源	1 台	
示波器	1 台	
万用表	1 只	
二极管	4 只	1N4007×4
电阻	1 只	1 kΩ×1
电位器	1 只	10 kΩ×1
电容	2 只	10 μF×1、470 μF×1
短接桥和连接导线	若干	P8-1 和 50148
实验用 9 孔插件方板	1 块	297 mm×300 mm

【实验步骤】

1. 桥式整流电路

按图 7-41-1(c)接线，检查无误后进行通电测试。将万用表测出的电压值记录于表 7-41-2，将示波器中观察到的变压器副边电压波形绘于图 7-41-3(a)，将整流级电压波形绘于图7-41-3(b)。

表 7-41-2　电压值记录表

变压器输出电压 V_2(V)	整流级输出电压(V)	
	估算值	测量值

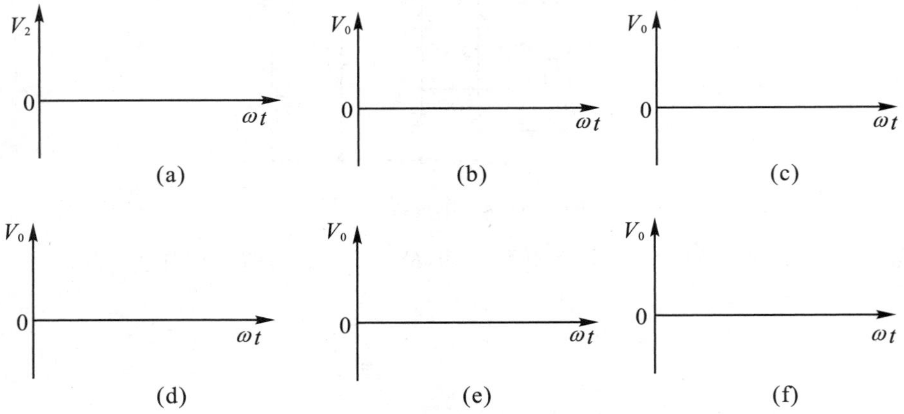

(a)　(b)　(c)

(d)　(e)　(f)

图 7-41-3　电压波形绘制图

2. 整流滤波电路

按图 7-41-2 所示，连接整流电路、滤波电路，检查无误后进行通电测试，测滤波级输出电压，记录于表 7-41-3，并将观察到的波形绘于图 7-41-3(c)。

保持负载不变，增大滤波电容，观察输出电压数值与波形变化情况，记录于表 7-41-3，并绘于图 7-41-3(d)。

保持滤波电容不变，改变负载电阻，观察输出电压数值与波形变化情况，记录于表 7-41-2，并绘于图 7-41-3(e)、(f)。

表 7-41-3　数据记录表

变压器次级电压 V_2(V)	输出电压 V_0(V)				估算值 $V_0=1.2\ V_2$(V)
	负载不变($R_L=1\ \text{k}\Omega$)		滤波电容不变($C=470\ \mu\text{F}$)		
	$C=10\ \mu\text{F}$	$C=470\ \mu\text{F}$	$R_L=(1+10)\text{k}\Omega$	$R_L=\infty$	

【分析和讨论】

(1) 在图 7-41-1(c)整流电路中，若观察到输出电压波形为半波，电路中可能存在什么故障?

(2) 在图 7-41-2 整流电路、滤波电路中，若观察到输出电压波形为全波，电路中可能存在什么故障?

稳压电路

【实验目的】

(1) 掌握稳压电路工作原理及各元件在电路中的作用。
(2) 学习直流稳压电源的安装、调整和测试方法。
(3) 熟悉和掌握线性集成稳压电路的工作原理。
(4) 学习线性集成稳压电路技术指标的测量方法。

【实验原理与说明】

直流稳压电源是电子设备中最基本、最常用的仪器之一。它作为能源,可保证电子设备的正常运行。

直流稳压电源一般由整流电路、滤波电路和稳压电路三部分组成,如图 7-41-4 所示。

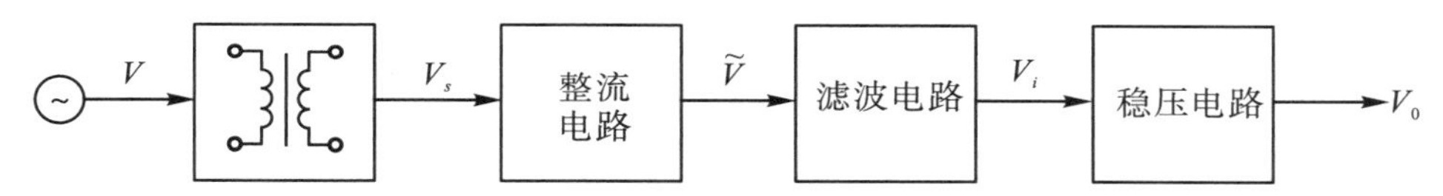

图 7-41-4　直流稳压电源的组成

本章我们讨论由 7805 组成的直流稳压电路。

线性集成稳压电路组成的稳压电源如图 7-41-5 所示,图中各电容的作用分别为:

C_1:滤波电容,电容量和负载电流 I_0 之间经验公式为

$$C_1=(1500\sim2000)\ \mu F \cdot I_0(A)$$

C_2:抑制稳压器自激振荡。

C_3:抑制高频噪声。

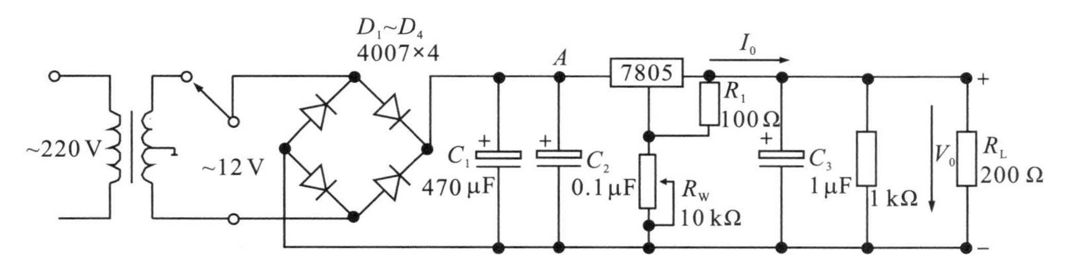

图 7-41-5　输出电压可调节的直流稳压电路

【实验设备】

具体所用实验设备见表 7-41-4。

表 7-41-4　所用实验设备表

名称	数量	型号
交流电源	1 台	AC　18 V/12 V/6 V/0 V
通用示波器	1 台	
交流毫伏表	1 只	
万用表	1 只	500 型/MF47 型
直流电流表	1 只	
稳压块	1 只	7805×1
二极管	4 只	1N4007×4
电容	3 只	0.1 μF×1、1 μF×1、470 μF×1
电阻	3 只	100 Ω/2 W×1、200 Ω/2 W×1、1 kΩ×1
电位器	1 只	10 kΩ
短接桥和连接导线	若干	P8-1 和 50148
实验用 9 孔插件方板		297 mm×300 mm

【实验内容与步骤】

1. 固定输出 5 V 的稳压电路

(1) 接线。

按图 7-41-6 连接线路。

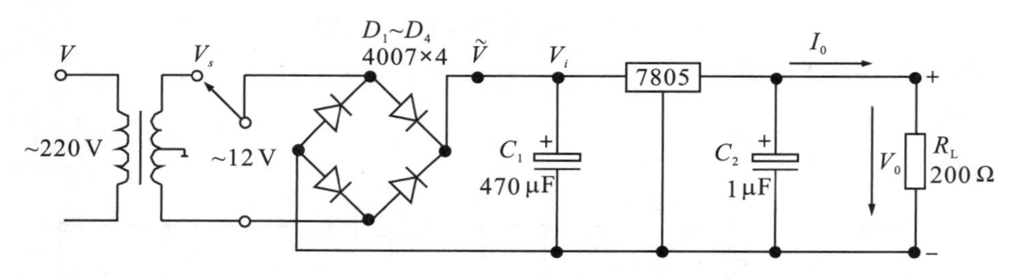

图 7-41-6　固定输出 5 V 稳压电源

(2) 测量电压。

测量通过降压电路、整流电路、滤波电路、稳压电路之后的电压变化，并将对应电压值填入表 7-41-5。

表 7-41-5　数据记录表

V	V_s	$\tilde{V}$	V_i	V_0
220 V				

2. 输出电压可调的稳压电路

(1) 接线。

按图 7-41-5 连接电路，电路接好后在 A 点处断开，测量并记录的 V_1 波形(即 V_A 的波形)，然后接通 A 点后面的电路，观察 V_0 的波形，如有振荡应消除，调节 R_W，输出电压若有变化，则电路的工作基本正常。

(2) 测量稳压电源输出范围。

调节 R_W，用示波器监视输出电压 V_0 的波形，分别测出稳压电路的最大和最小输出电压，以及相应的 V_1 值。

(3) 测量稳压块的基准电压(即 100 Ω 电阻两端的电压)。

(4) 观察纹波电压。

调节 R_W 使 $V_0=5$ V，用示波器观察稳压电路输入电压 V_i 的波形，并记录纹波电压的大小，再观察输出电压 V_0 的波纹，将两者进行比较。

(5) 测量稳压电源输出电阻 r_0。

断开 R_L($R_L=\infty$开路)，用万用表测量 R_L 两端的电压，记为 V_0'。然后接入 R_L，测出相应的输出电压，记为 V_0，用下式计算 r_0：

$$r_0=\left(\frac{V_0'}{V_0}-1\right)\times R_L$$

【分析与讨论】

(1) 列表整理所测的实验数据，绘出所观测到的各部分波形。

(2) 按实验内容分析所测的实验结果与理论值的差别，分析产生误差的原因。

(3) 简要叙述实验中发生的故障及排除方法。

说明：交流变压器初级指示灯为电源接通。次级指示灯为对应低压绕组短路指示，灯亮时需仔细检查排除故障。

RC 一阶电路响应与研究

【实验目的】

(1) 加深理解 RC 电路过渡过程的规律及电路参数对过渡过程的理解。

(2) 学会测定 RC 电路时间常数的方法。

(3) 观测 RC 充放电电路中电流和电容电压的波形图。

【实验原理与说明】

1. RC 电路的充电过程

在图 7-41-7 电路中，设电容初始电压为 0，当开关 S 向“2”闭合的瞬间，由于电容电压 U_C 不能跃变，电路中的电流为最大，$i=\dfrac{U_S}{R}$。此后，电容电压随时间逐渐升高，直至 $U_C=U_S$；电流随时间而逐渐减小，最后 $i=0$；充电过程结束，充电过程中的电压 U_C 和电流 i 均随时间按指数规律变化。U_C 和 i 的数学表达式为

$$U_C(t)=U_S(1-e^{-\frac{t}{RC}}) \tag{7-41-1}$$

$$i=\frac{U_t}{R}e^{-\frac{t}{RC}}$$

式(7-41-1)为其电路方程，是一阶微分方程。用一阶微分方程描述的电路，为一阶电路。上述的暂态过程为电容充电过程，充电曲线如图 7-41-8 所示。理论上要无限长的时间电容器充电才能完成，实际上当 $t=5RC$ 时，U_C 已达到 99.3% U_S，充电过程已近似结束。

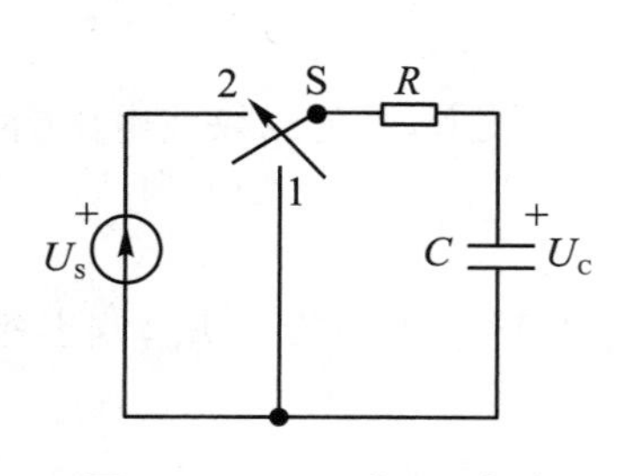

图 7-41-7 一阶 RC 电路

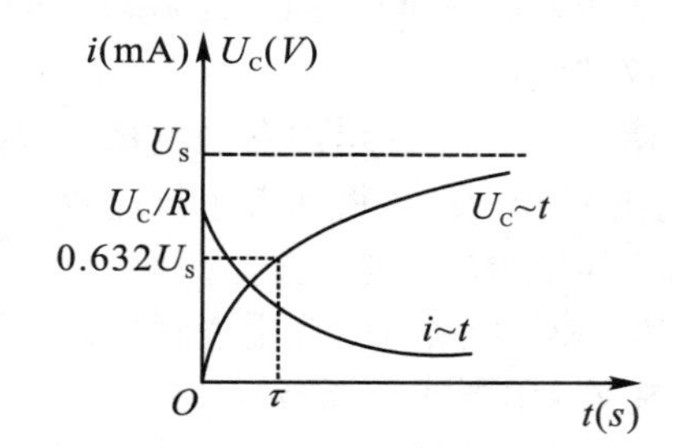

图 7-41-8 充电时电压和电流的变化曲线

2. RC 电路的放电过程

在图 7-41-7 电路中，若电容 C 已充有电压 U_S，将开关 S 向“1”闭合，电容器立即对电阻 R 进行放电。放电开始时的电流为$\frac{U_S}{R}$，放电电流的实际方向与充电时相反，放电时的电流 i 与电容电压 U_C 随时间均按指数规律衰减为 0，电流和电压的数学表达式为

$$U_C(t)=U_S e^{-\frac{t}{RC}} \tag{7-41-2}$$

$$i=-\frac{U_S}{R}e^{-\frac{t}{RC}}$$

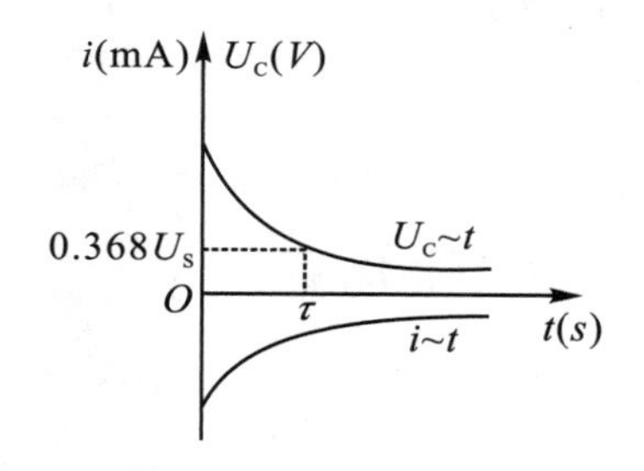

图 7-41-9 RC 放电时电压和电流的变化曲线

式(7-41-2)中，U_S 为电容器的初始电压。这一暂态过程为电容放电过程，放电曲线如图 7-41-9 所示。

3. RC 电路的时间常数

RC 电路的时间常数用 τ 表示，$\tau=RC$，τ 的大小决定了电路充放电时间的长短。对充电而言，时间常数 τ 是电容电压 U_C 从 0 增长到 63.2% U_S 所需的时间；对放电而言，τ 是电容电压 U_C 从 U_S 下降到 36.8% U_S 所需的时间。如图 7-41-8 和图 7-41-9 所示。

4. RC 充放电电路中电流和电容电压的波形图

在图 7-41-10 中，将周期性方波电压加于 RC 电路，当方波电压的幅度上升为 U 时，相当于

一个直流电压源U对电容C充电，当方波电压下降为0时，相当于电容C通过电阻R放电，图7-41-11(a)和(b)所示为方波电压与电容电压的波形图，图7-41-11(c)示出电流i的波形图，它与电阻电压U_R的波形相似。

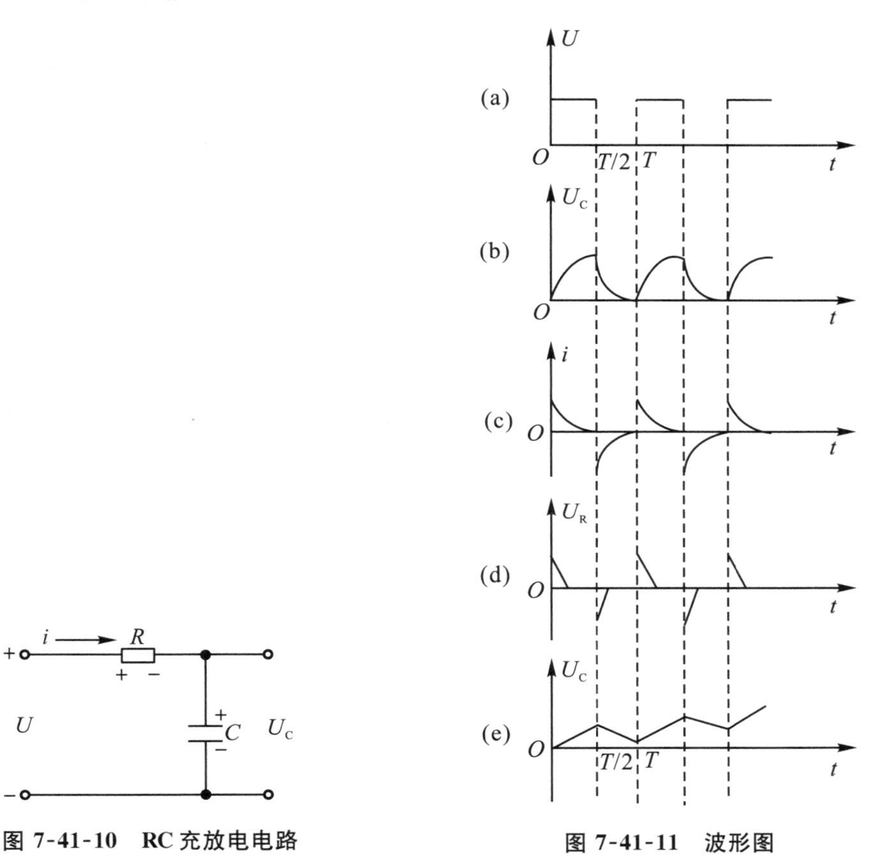

图 7-41-10　RC 充放电电路

图 7-41-11　波形图

5. 微分电路和积分电路

图7-41-10的RC充放电电路中，当电源方波电压的周期$T \gg \tau$时，电容器充放电速很快，若$U_C \gg U_R$，$U_C \approx u$，在电阻两端的电压

$$U_R = R \cdot i \approx RC \frac{dU_C}{dt} \approx RC \frac{du}{dt}$$

这就是说，电阻两端的输出电压U_R与输入电压U的微分近似成正比，此电路即称为微分电路，U_R波形如图7-41-11(d)所示。当电源方波电压的周期$T \ll \tau$时，电容器充放电速度很慢，又若$U_C\delta \ll U_R$，$U_R \approx u$，在电阻两端的电压

$$U_C = \frac{1}{C}\int i dt = \frac{1}{C}\int \frac{U_R}{R} dt \approx \frac{1}{RC} > \int u dt$$

这就是说，电容两端的输出电压U_C与输入电压U的积分近似成正比，此电路称为积分电路，U_C波形如图7-41-11(e)所示。

【实验设备】

具体所用实验设备见表 7-41-6。

表 7-41-6　所用实验设备表

名称	数量	型号
直流稳压电源	1 台	0～15 V
万用表	1 台	
信号发生器	1 台	
示波器	1 台	
电阻	3 只	51 Ω×1、1 kΩ×1、10 kΩ×1
电容	3 只	22 nF×1、10 μF×1、470 μF×1
单刀单向开关	1 只	
秒表	1 只	
短接桥和连接导线	若干	
实验用 9 孔插件方板	1 块	297 mm×300 mm

【实验步骤】

1. 测定 RC 电路充电和放电过程中电容电压的变化规律

(1) 实验线路如图 7-41-12 所示，电阻 R 取 10 kΩ，电容 C 取 470 μF，直流稳压电源 U_S 输出电压取 10 V，万用表置直流电压 10 V 挡。将万用表并接在电容 C 的两端，首先用导线将电容 C 短接放电，以保证电容的初始电压为 0，然后将开关 S 打向位置“1”，电容器开始充电，同时立即用秒表计时，读取不同时刻的电容电压 U_C，直至时间 $t=5\tau$ 时结束，将 t 和 $U_C(t)$ 记入表 7-41-7。

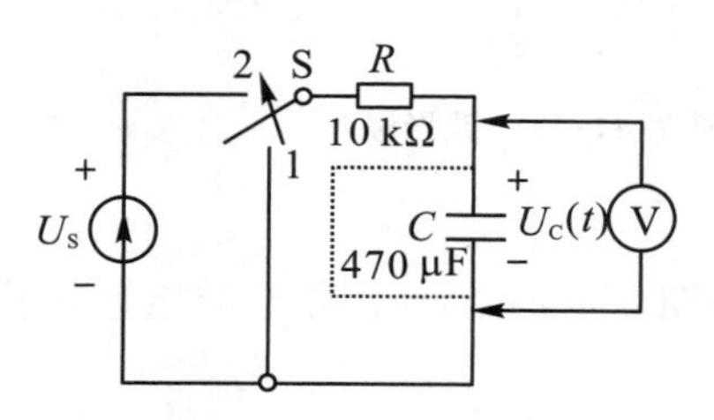

图 7-41-12　RC 充电电路
(测 U_C 变化规律)实验线路

充电结束后，记下 U_C 值，在将开关 S 打向位置“2”处(可用短接桥的拔插来替代)，电容器开始放电，同时立即用秒表重新计时，读取不同时刻的电容电压 U_C，也记入表 7-41-7。将图7-41-12 电路中的电阻 R 换为 10 kΩ，重复上述测量，测量结果记入表 7-41-8。

表 7-41-7　电容电压 U_C 数据表(一)　$R=1$ kΩ　$C=470$ μF　$U_S=10$ V

t(s)	0	5	10	15	20	25	30	35	40	50	60	70	80	90
U_C(V)充电														
U_C(V)放电														

表 7-41-8　电容电压 U_C 数据表(二)　$R=10\ k\Omega$　$C=470\ \mu F$　$U_S=10\ V$

t(s)	0	5	10	15	20	25	30	40	60	80	90	120	150	165
U_C(V)充电														
U_C(V)放电														

(2) 根据表 7-41-7 和表 7-41-8 所测得的数据，以 U_C 为纵坐标，时间 t 为横坐标，画 RC 电路中电容电压充放电曲线 $U_C=f(t)$，绘入图 7-41-13。

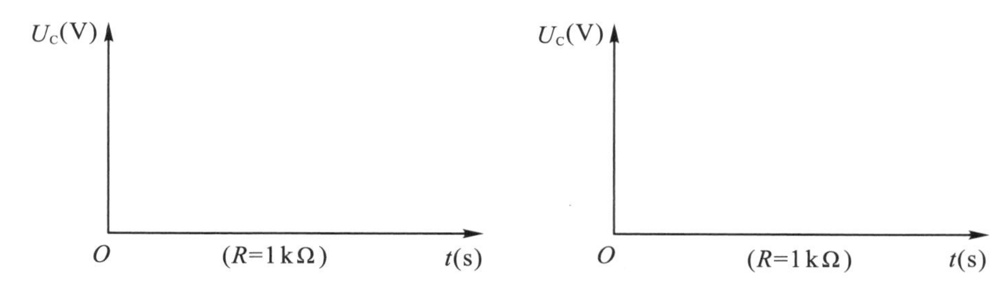

图 7-41-13　电容电压充放电曲线

2. 测定 RC 电路充电过程中电流的变化规律

(1) 实验线路如图 7-41-14，电阻 R 取 1 kΩ，电容 C 取 470 μF，直流稳压电源的输出电压取 10 V，万用表置电流 mA 挡，将万用表串联于实验线路中。首先用导线将电容 C 短接，使电容内部的电放光，在拉开电容两端连接导线的一端同时计时，记录下充电时间分别为 5 s、10 s、20 s、25 s、30 s、35 s、40 s、45 s 时的电流值，将数据记录于表 7-41-9。

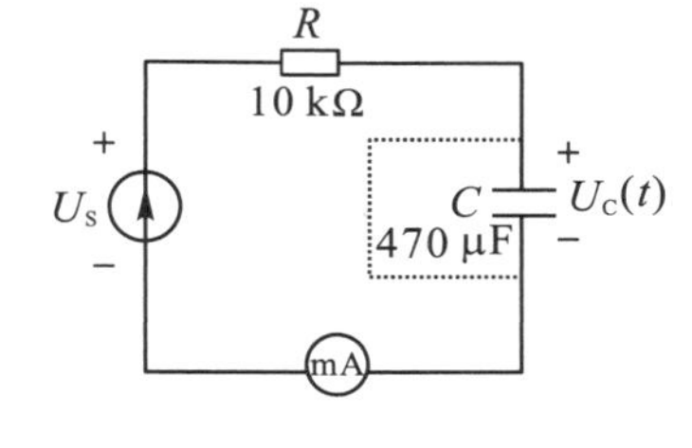

图 7-41-14　RC 充放电电路(测 i 变化规律)实验线路

(2) 将图 7-41-14 电路中的电阻 R 换为 10 kΩ，重复上述过程，测量结束记入表 7-41-9。

表 7-41-9　RC 充电过程中电流 I 变化数据记录

充电时间(s)	0	5	10	15	20	25	30	40	45
$R=1\ k\Omega$　$C=470\ \mu F$									

(3) 根据表 7-41-9 中所列的数据，以充电电流 I 为纵坐标，充电时间 t 为横坐标，绘制 RC 电路充电电流曲线 $I=f(t)$，绘入图 7-41-15。

3. 时间常数的测定

(1) 实验线路如图 7-41-12，R 取 10 kΩ，测量 U_C 从 0 上升到 63.2% U_S 所需的时间，亦即测量充电时间常数 τ_1：再测量 U_C 从 U_S 下降到 36.8% U_S 所需的时间，亦即测量放电时间常数 τ_2：将 τ_1、τ_2 记入下面空格处。($U_S=10$ V)

充电过程中：计算：63.2% U_S=________；测量：τ_1=________；

放电过程中：计算：36.8% U_S=________；测量：τ_2=________。

(2) 实验线路如图 7-41-14，R 取 10 kΩ，电容 C 取 10 μF，实验方法同步骤 2。观测电容充电过程中电流变化情况，试用时间常数的概念，比较说明 R、C 对充放电过程的影响与作用。

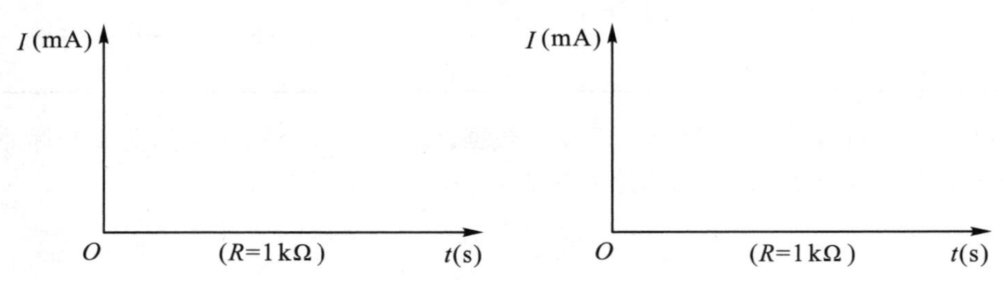

图 7-41-15 RC 充电电流曲线

4. 观测 RC 电路充放电时电流 i 和电容电压 U_C 的变化波形

实验线路如图 7-41-10，阻值为 10 kΩ，C 取 10 μF，电源信号为频率 f=1000 Hz，幅度为 1V 的方波电压(也可以利用示波器本身输出的较正方波电压)。用示波器观看电压波形，电容电压 U_C 由示波器的 Y_A 通道输入，方波电压 U 由 Y_B 通道输入，调整示波器各旋钮，观察 U 与 U_C 的波形，并描下波形图，绘入图 7-41-16。改变电阻阻值，使 R=1 kΩ，观察电压 U_C 波形的变化，分析其原因。

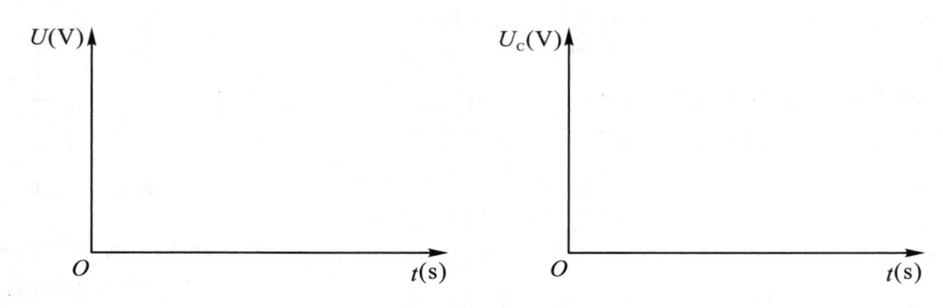

图 7-41-16 绘制波形图(一)

5. 观测微分和积分电路输出电压的波形

按图 7-41-10 接线，取 R=1 kΩ，C=10 μF($\tau=RC$=10 ms)，电源方波电压 U 的频率为 1 kHz，幅值为 1 V(T=1/1000=1 ms≪τ)，在电容两端的电压 U_C 即为积分输出电压，将方波电压 U 输入示波器的 Y_B 通道，U_C 输入示波器的 Y_A 通道，观察并描绘 U 和 U_C 的波形图，绘入图 7-41-17。再将图 7-41-10 中R 和C 的位置互换，取 C=10 μF，R=51 Ω($\tau=RC$=0.51 ms)，电源方波电压 U 同上(T=1/1000=1 ms≫τ)，在电阻两端的电压 U_R 即为微分输出电压，将 U 输入示波器的 Y_B 通道，U_R 输入示波器的 Y_A 通道，观察并描绘 U 和 U_R 的波形图。

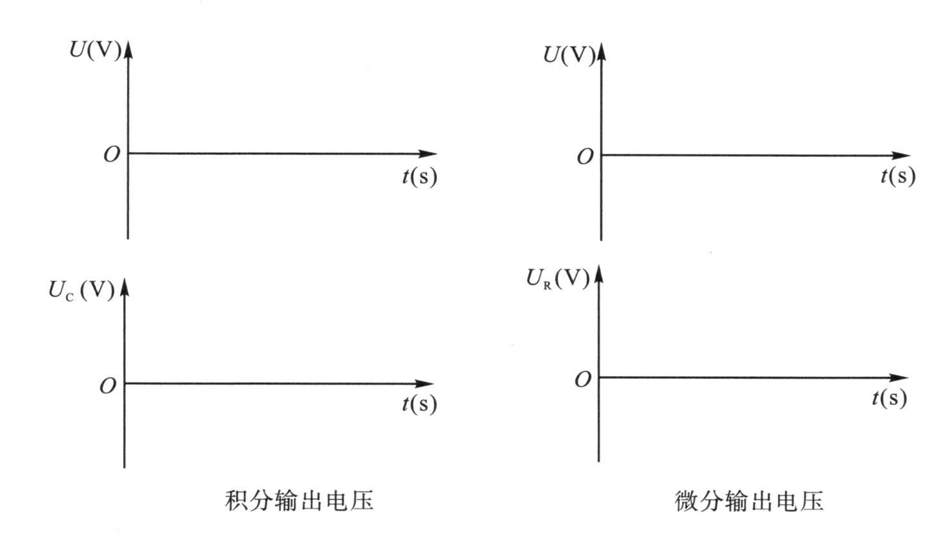

图 7-41-17　绘制波形图(二)

【注意事项】

(1) 本次实验中要求万用表电压挡的内阻要大，否则测量误差较大，建议采用实验步骤 2(串接毫安表，测量充电电路中电流)的方法。

(2) 当使用万用表测量变化中的电容电压时，不要换挡，以保证电路的电阻值不变。

(3) 秒表计时和电压/电流表读数要互相配合，尽量做到同步。

(4) 电解电容器由正负极性，使用时切勿接错。

(5) 每次做 RC 充电实验前，都要用导线短接电容器的两极，以保证其初始电压为零。

【分析和讨论】

(1) 根据实验结果，分析 RC 电路中充放电时间的长短与电路中 RC 元件参数的关系。

(2) 通过实验说明 RC 串联电路在什么条件下构成微分电路、积分电路?

(3) 将方波信号转换为尖脉冲信号，可通过什么电路来实现? 对电路参数有什么要求?

(4) 将方波信号转换为三角波信号，可通过什么电路来实现? 对电路参数有什么要求?

第八章　计算机仿真实验

随着时代的发展，科技进步对教育提出越来越高的要求，特别是对人才的创新思维和实践能力的培养更趋向个性化的教学，这需要比普通的公共教学占用更多的教学资源，对公共教育来讲也要进一步提高教学质量和教学效益，这些矛盾只能通过发展教育技术、创新教育手段、合理配置教学资源来解决。

大学物理仿真实验开创了物理实验教学的新模式，该软件利用计算机把实验设备，教学内容(包括理论教学)，教师指导和学习者的思考、操作有机地融合为一体，形成一部可操作的活的教科书，为物理实验改革提供了有力工具，同时克服了实验教学长期受到课堂、课时限制的困扰，使实验教学内容在时间和空间上得到延伸。

本套大学物理仿真实验软件具有以下特点：

(1) 强调了对实验环境的整体模拟，使未做过这些实验的学生通过仿真实验能对实验的整体到局部都建立起直观感性的认识。学生通过仿真实验后再做实际实验能够胸有成竹。仪器可拆卸，可解剖调整，增强了操作、熟悉仪器功能和使用方法的训练。

(2) 仪器实现了模块化。学生可以对仪器进行选择和组合、用不同方法完成同一实验目标，培养学生的设计思考能力。

(3) 该软件设计通过解剖实验教学过程，充分体现了教学指导思想，培养学生在理解的基础上通过思考进行操作，克服了在实际实验中出现的盲目操作和"走过场"的现象，使学生切实受益，提高了实验教学质量。

(4) 对与实验相关的理论内容、历史背景和意义、现代应用等方面都做了扩展，使理论教学与实验教学相结合，为培养学生理论联系实际的思维方式提供一种崭新的教学模式。

(5) 有误差模拟功能。通过对同一个实验因采取不同方法和不同操作所产生的误差大小的比较，来鉴别和评判实验方法和完成实验质量的优劣。

一、运行软件

在"开始→程序"中双击"大学物理仿真实验"图标即可运行本软件。运行时先播放一段简短的动画，随后是"前言"，略停片刻显示主界面。如欲跳过动画或前言，用鼠标单击屏幕上任何一处即可。

1. 主界面分为 3 页，共 22 个图标(20 个实验和实验报告、习题库)，清单如下：

第一页：

(1) 用凯特摆测重力加速度；(2) 核磁共振；(3) 螺线管的磁场及测量；(4) 检流计的特性；(5) 薄透镜成像规律的研究；(6) 分光计；(7) 阿贝比长仪及氢氘光谱测量；(8) 平面光栅摄谱仪及

氢氘光谱拍摄。

第二页：

(1) G-M 计数管和核衰变的统计规律；(2)热敏电阻的温度特性；(3)Flank-Hertz 实验；(4)塞曼效应；(5)偏振光的研究；(6)光电效应测量普朗克常数；(7)能谱；(8)电子自旋共振。

第三页：

(1) 示波器；(2)法布里-珀罗标准具；(3)真空实验；(4)密立根油滴实验。

2. 实验报告。

3. 习题库。

单击图标的文字标题，即可进行相应实验，进入实验界面。

二、实验举例

下面以“热敏电阻的温度特性”仿真实验为例介绍一下整个仿真实验的流程，如图 8-1-1 所示。

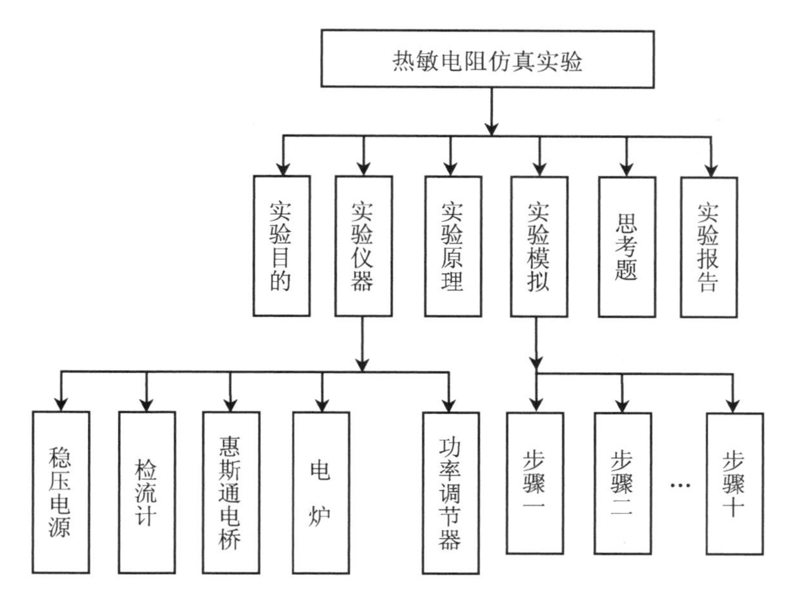

图 8-1-1 热敏电阻仿真实验流程图

【实验目的】

(1) 研究热敏电阻的温度特性。

(2) 学习用惠斯通电桥测量电阻。

【实验仪器】

惠斯通电桥，稳压电源，检流计，电炉，功率调节器。

【仪器简介】

惠斯通电桥：一般对电阻进行精密测量时都采用惠斯通电桥，不过惠斯通电桥只适合测量中等阻值的电阻（1～1000000 Ω），$R<1\ \Omega$ 或 $R>1000000\ \Omega$ 的电阻最好用其他方法测量。

稳压电源：为电路提供稳定的低压电源。

检流计：比较电桥两端电势。

电炉：用来加热热敏电阻。

功率调节器：用来调节电炉功率大小，控制升温快慢。

【实验原理】

1. 热敏电阻

热敏电阻是阻值对温度变化非常敏感的一种半导体电阻，一般是用半导体的氧化物制成的（如 Fe_3O_4 或 $MgCr_2O_4$），它具有许多独特的优点，如能测出温度的微小变化、能长期工作、体积小、结构简单等。它在自动化、遥控、无线电技术、测温技术等方面都有着广泛的应用。

热敏电阻的基本特性是温度特性。由于半导体中的载流子数目是随着温度升高而呈指数激烈地增加，载流子数目越多，导电能力越强，电阻率越小，因此热敏电阻随着温度升高，它的电阻率将按指数规律迅速地减小，这和金属中的自由电子导电恰好相反，金属电阻率是随温度上升而缓慢地增大，并且随温度变化很小。例如，当温度升高时，铜的电阻增加 4%，而半导体的阻值却要减小 3%～6%，可见半导体阻值随温度变化反应要灵敏得多。

在一定温度范围内，半导体热敏电阻的电阻率 ρ 与热力学温度 T 的关系为

$$\rho=a\mathrm{e}^{b/T}\quad (a\ 和\ b\ 为常量，与材料属性有关) \tag{8-1-1}$$

因此热敏电阻阻值 R_T 等于

$$R_T=\rho L/S=\mathrm{e}^{b/T}L/S=a\mathrm{e}^{b/T}\quad (L\ 为电极间的距离，S\ 为横截面积，a=L/S) \tag{8-1-2}$$

将式(8-1-2)两侧取对数，得

$$\ln R_T=\ln a+b/T \tag{8-1-3}$$

令 $x=1/T$，$y=\ln R_T$，$A=\ln a$，则上式可写成

$$y=A+bx \tag{8-1-4}$$

式(8-1-4)中，x、y 可由测量值 T、R_T 求出，利用多组测量值，可用图解法、计算法或最小二乘法求出参数 A、b 的值，又可由 A 值进一步求出 a 值。

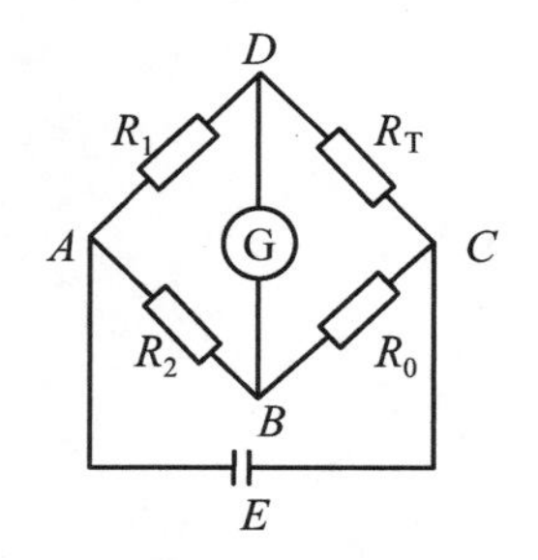

图 8-1-2 惠斯通电桥的线路原理

2. 惠斯通电桥

惠斯通电桥的线路原理如图 8-1-2 所示。四个电阻 R_1、R_2、R_0 和 R_T 联成一个四边形，组成电桥的四个臂，其中 R_T 就是待测电阻。在四边形的一对对角 A 和 C 之间连上电源 E，而在另一对对角 B 和 D 之间接上检流计 G。所谓“桥”是指对对角线 B、D 而言的，它的作用就是把 B、D 的两端连接起来，从而将这两点的电势直接进行比较。当 B、D 两点电位相等时，G 中无电流通过，电桥便达到平衡。平衡时有：

$$R_T = \frac{R_1}{R_2} R_0 \tag{8-1-5}$$

其中，R_1 和 R_2 所在的桥臂叫作比率臂，R_0 所在的桥臂叫作比较臂。

用电桥法测电阻时，只需确定比率臂，调节比较臂，使检流计指零，由式(8-1-5)即可求出待测电阻的阻值。

三、实验模拟

步骤一：点击窗口中各仪器图标，打开各仪器的说明书，了解各仪器的使用方法。

步骤二：在窗口空白处单击鼠标左键，在弹出的“实验进程选择”中选择“连接导线”，开始实验。

步骤三：按照原理图正确接线：惠斯通电桥面板上电阻(＋、－)接线柱接热敏电阻(＋、－)，检流计(＋、－)接线柱接检流计(＋、－)，电源(＋、－)接线柱接稳压电源(＋、－)。电路连接好后，单击“开始测量数据”。

步骤四：单击窗口上的稳压电源图标，在弹出的稳压电源窗口中打开稳压电源开关，并将电源的输出电压调至适当值(注意：单击右键使旋钮顺时针旋转，单击左键则使旋钮逆时针旋转)。

步骤五：单击窗口上的检流计图标，在弹出的检流计窗口中，将锁定开关打开，解除锁定，然后通过调节零位调节旋钮使检流计指针指 0。

步骤六：测量室温(20 ℃)时热敏电阻的阻值。单击窗口上的惠斯通电桥图标，在弹出的惠斯通电桥窗口中选择合适的比率臂，通过调节电阻箱 R_0 的 4 个旋钮，将 R_0 调至一定值使电桥达到平衡，在记录表格中记下 20 ℃时热敏电阻的阻值。

步骤七：分别测量温度为 25 ℃、30 ℃、35 ℃、40 ℃、45 ℃、50 ℃、55 ℃、60 ℃、65 ℃、70 ℃、75 ℃、80 ℃、85 ℃时热敏电阻的阻值。首先单击窗口上的电炉图标，在弹出的电炉窗口中打开电炉(注意：由于仿真程序考虑了热传导的滞后性，开始实验后请勿随意开关电炉，否则将导致像真实情况一样，电炉的温度难以把握)，然后再单击窗口上的功率调节器，在弹出的功率调节器窗口中选择合适的功率值(注意：由于仿真程序考虑了电功率和散热因素，因此功率过高则升温过快，来不及测量和记录数据；功率过低则升温太慢，浪费时间，甚至可能达不到预定的温度。建议升温时逐步提高功率，降温时则反之)。最后单击窗口上的惠斯通电桥图标，在弹出的惠斯通电桥窗口中时刻注意温度计的示数，并及时调节电桥，以免到达测量温度时电桥已远离平衡而来不及调节。分别测量并记录下温度为 25 ℃、30 ℃、35 ℃、40 ℃、45 ℃、50 ℃、55 ℃、60 ℃、65 ℃、70 ℃、75 ℃、80 ℃、85 ℃时热敏电阻的阻值。

步骤八：关闭电炉，使热敏电阻逐渐冷却，在降温过程中再分别测量并记录下温度为 85 ℃、80 ℃、75 ℃、70 ℃、65 ℃、60 ℃、55 ℃、50 ℃、45 ℃、40 ℃、35 ℃、30 ℃、25 ℃、20 ℃时热敏电阻的阻值。

步骤九：完成测量后，在窗口空白处单击鼠标左键，在弹出的“实验进程选择”中选择“作图”，单击“$\ln R_T$-$1/T$”和“R_T-T”标题，通过计算机所做出的实验曲线可大致判断测量过程中是否存在错误。若有错误，选择“实验进程选择”中的“重新实验”或直接对部分错误数据进行重新测量。

步骤十:确认无误后,选择“实验进程选择”中的“结束实验”,即可结束本次仿真实验。

思　考　题

单击说明书,在打开的说明书中选择“思考题”。系统共设计了 4 道思考题:

1. 半导体热敏电阻为何可用作测温元件?
2. 如何提高惠斯通电桥的灵敏度?
3. 除了电桥灵敏度所造成的误差外,可能还存在哪些误差?
4. 直角坐标和半对数坐标有何特点?本实验中是如何使用的?

注意:请仔细思考后再点击“答案”查看。

【数据处理】

在“开始→程序”中双击“实验数据处理”,打开数据处理软件。在“欢迎界面”上点击“进入”即可进入“登录”窗口,在“登录”窗口中输入正确的班级、姓名、学号后,点击“确定”进入下一窗口——实验选择窗口。找到“热敏电阻的温度特性”标题,单击即可进入数据输入窗口,在窗口中的相应位置输入测量数据及计算结果,输入完毕并确认无误后点击“提交”即可在弹出的新窗口中显示出实验成绩及由计算机处理后的正确结果。在窗口中点击“继续其他实验”可继续完成其他实验报告,点击“退出”将返回至欢迎界面(如图 8-1-3)。

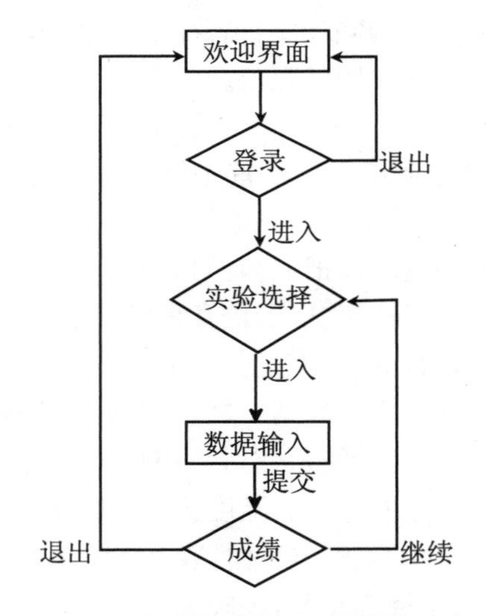

图 8-1-3　实验数据处理系统结构层次图

注意:数据输入完毕后请仔细检查一遍,因为点击“提交”后实验数据及其有关信息将存入数据库中。除非得到教师同意,否则将很难再修改。

附　　表

附表 1　基本物理常数

物　理　量	符　号	数　　值	单　位
真空中光速	c	2.99792458×10^{8}	m/s
基本电荷	e	1.6021892×10^{-19}	C
普朗克常量	h	6.626176×10^{-34}	J·s
阿伏伽德罗常数	N_A	6.022045×10^{22}	mol^{-1}
原子质量单位	u	1.6605655×10^{-27}	kg
电子静质量	m_e	9.109534×10^{-31}	kg
电子荷质比	$-e/m_s$	-1.7588047×10^{11}	C/kg
法拉第常数	F	9.648456×10^{4}	C/mol
里德伯常数	R_{∞}	1.096776×10^{7}	m^{-1}
普适摩尔气体常数	R	8.31441	J/(mol·K)
玻尔兹曼常数	k	1.380662×10^{-23}	J/K
洛施密特常数	n	2.68719×10^{25}	m^{-3}
万有引力常数	G	6.6720×10^{-11}	$m^3/(kg\cdot s^2)$
标准大气压	P_0	101325	Pa
冰点的绝对温度	T_0	273.15	K
标准状态下声音在空气中的速度	$v_{声}$	331.46	m/s
标准状态下干燥空气的密度	$\rho_{空气}$	1.293	kg/m^3
标准状态下水银的密度	$\rho_{水银}$	13595.04	kg/m^3
标准状态下理想气体的摩尔体积	V_m	22.41383×10^{-3}	m^2/mol
真空的介电系数(电容率)	ε_0	8.854188×10^{-12}	F/m
真空的磁导率	μ_0	12.566371×10^{-7}	N/A^2
钠光谱中黄线的波长	λ_D	589.3×10^{-9}	m
在 15 ℃、101325 Pa 时,镉光谱中红线的波长	λ_{ed}	643.84696×10^{-9}	m

附表 2 国际制词头

因数		词头	符号
倍数	10^{18}	艾[可萨](exa)	E
	10^{15}	拍[它](peta)	P
	10^{12}	太[拉](tera)	T
	10^{9}	吉[咖](giga)	G
	10^{6}	兆(mega)	M
	10^{3}	千(kilo)	k
	10^{2}	百(hecto)	h
	10^{1}	十(deca)	da
分数	10^{-1}	分(deci)	d
	10^{-2}	厘(centi)	c
	10^{-3}	毫(milli)	m
	10^{-6}	微(micro)	μ
	10^{-9}	纳[诺](nano)	n
	10^{-12}	皮[可](pico)	p
	10^{-15}	飞[母托](femto)	f
	10^{-18}	阿[托](atto)	a

附表 3 在 20 ℃时常用固体和液体的密度

物 质	密度(ρ/kg/m^3)	物 质	密度(ρ/kg/m^3)
铝	2698.9	水晶玻璃	2900～3000
铜	8960	窗玻璃	2400～2700
铁	7874	冰(0℃)	880～920
银	10500	甲醇	792
金	19320	乙醇	789.4
钨	19300	乙醚	714
铂	21450	汽车用汽油	710～720
铅	11350	弗利昂-12	1329
锡	7298	(氟氯烷-12)	
水银	13546.3	变压器油	840～890
钢	7600～7900	甘油	1350
石英	2500～2870	蜂蜜	1435

附表4　在标准大气压下不同温度时水的密度

温度 t(℃)	密度 $\rho(kg\cdot m^{-3})$	温度 t(℃)	密度 $\rho(kg\cdot m^{-3})$	温度 t(℃)	密度 $\rho(kg\cdot m^{-3})$
0	999.841	17	998.774	34	994.371
1	999.900	18	998.595	35	994.081
2	999.941	19	998.405	36	993.68
3	999.965	20	998.208	37	993.33
4	999.973	21	997.992	38	992.06
5	999.965	22	997.770	39	992.59
6	999.941	23	997.538	40	992.21
7	999.902	24	997.296	41	991.83
8	999.849	25	997.044	42	991.44
9	999.781	26	996.783	50	988.04
10	999.700	27	996.512	60	983.21
11	999.605	28	996.232	70	977.78
12	999.498	29	995.944	80	971.80
13	999.377	30	995.646	90	965.31
14	999.244	31	995.340	100	958.35
15	999.099	32	995.025		
16	999.943	33	994.702		

附表5　在海平面上不同纬度处的重力加速度

纬度 φ (°)	$g(m\cdot s^{-2})$	纬度 φ (°)	$g(m\cdot s^{-2})$
0	9.78049	50	9.81079
5	9.78088	55	9.81515
10	9.78204	60	9.81924
15	9.78394	65	9.82294
20	9.78652	70	9.82614
25	9.78969	75	9.82873
30	9.79338	80	9.83065
35	9.79746	85	9.83182
40	9.80180	90	9.83221
45	9.80629		

注:表中所列数值是根据公式 $g=9.78049(1+0.005288\sin^2\varphi-0.00006\sin^2\varphi)$计算而得的。

附表 6 在 20 ℃时某些金属的弹性模量(杨氏模量)①

金　属	杨氏模量 E	
	GPa	$kgf \cdot mm^{-2}$
铝	69～70	7000～7100
钨	407	41500
铁	186～206	19000～21000
铜	103～127	10500～13000
金	77	7900
银	69～80	7000～8200
锌	75	8000
镍	203	20500
铬	235～245	24000～25000
合金钢	206～216	21000～22000
碳钢	196～206	20000～21000
康铜	160	1630

① 杨氏弹性模量的值与材料的结构、化学成分及其加工制造方法有关。因此，在某些情形下 E 的值和表中所列的平均值不同。

附表 7 液体的比热

液　体	温　度(℃)	比　热	
		kJ/(kg・K)	kcal/(kg・K)
乙醇	0	2.30	0.55
	20	2.47	0.59
甲醇	0	2.43	0.58
	20	2.47	0.59
乙醚	20	2.34	0.56
水	0	4.220	1.009
	20	4.182	0.999
弗利昂-12(氟氯烷-12)	20	0.84	0.20
变压器油	0～100	1.88	0.45
汽油	10	1.42	0.34
	50	2.09	0.50
煤油	18	2.13	0.51

附表 8　水的比热容与温度的关系

温度(℃)	比热容		温度(℃)	比热容	
	cal/(g·℃)	kJ/(kg·K)		cal/(g·℃)	kJ/(kg·K)
5	1.00368	4.2022	30	0.99802	4.1785
6	1.00313	4.1999	31	0.99799	4.1784
7	1.00260	4.1977	32	0.99797	4.1783
8	1.00213	4.1957	33	0.99797	4.1783
9	1.00170	4.1939	34	0.99795	4.1782
10	1.00129	4.1922	35	0.99795	4.1782
11	1.00093	4.1907	36	0.99797	4.1783
12	1.00060	4.1893	37	0.99797	4.1783
13	1.00029	4.1880	38	0.99799	4.1784
14	1.00002	4.1869	39	0.99802	4.1785
15	0.99976	4.1858	40	0.99804	4.1786
16	0.99955	4.1849	41	0.99807	4.1787
17	0.99933	4.1840	42	0.99811	4.1789
18	0.99914	4.1832	43	0.99816	4.1791
19	0.99897	4.1825	44	0.99818	4.1792
20	0.99883	4.1819	45	0.99826	4.1795
21	0.99869	4.1813	46	0.99830	4.1797
22	0.99857	4.1808	47	0.99835	4.1799
23	0.99847	4.1804	48	0.99842	4.1802
24	0.99838	4.1800	49	0.99847	4.1804
25	0.99828	4.1796	50	0.99854	4.1807
26	0.99821	4.1793	51	0.99862	4.1810
27	0.99814	4.1790	52	0.99871	4.1814
28	0.99809	4.1788	53	0.99878	4.1817
29	0.99804	4.1786	54	0.99885	4.1820

附表 9　在 20 ℃时与空气接触的液体的表面张力系数

液　体	$\sigma(\times 10^{-3}\ N \cdot m^{-1})$	液体	$\sigma(\times 10^{-3}\ N \cdot m^{-1})$
航空汽油(在 10 ℃时)	21	甘油	63
石油	30	水银	513
煤油	24	甲醇	22.6
松节油	23.8	在 0 ℃时	24.5
水	72.75	乙醇	22.0
肥皂溶液	40	在 60 ℃时	18.4
弗利昂—12	9.0	在 0 ℃时	24.1
蓖麻油	36.4		

附表 10　在不同温度下与空气接触的水的表面张力系数

温度(℃)	$\sigma(\times10^{-3}\ Nm^{-1})$	温度(℃)	$\sigma(\times10^{-3}\ Nm^{-1})$	温度(℃)	$\sigma(\times10^{-3}\ Nm^{-1})$
0	75.62	16	73.05	30	71.15
5	74.90	17	73.20	40	69.55
6	74.76	18	73.05	50	67.90
8	74.48	19	72.89	60	66.17
10	74.20	20	72.75	70	64.41
11	74.07	21	72.60	80	62.60
12	73.92	22	72.44	90	60.74
13	73.78	23	72.28	100	58.84
14	73.64	24	72.12		
15	73.48	25	71.96		

附表 11　不同温度时水的黏滞系数

温度(℃)	$\eta(10^2\ Pa \cdot s)$	温度(℃)	$\eta(10^2\ Pa \cdot s)$
0	1787	60	469
10	1304	70	406
20	1004	80	355
30	801	90	315
40	653	100	282
50	549		

附表 12　液体的黏滞系数

液 体	温度(℃)	$\eta(\times10^{-6}\ Pa \cdot s)$	液 体	温度(℃)	$\eta(\times10^{-6}\ Pa \cdot s)$
汽油	0	1788	甘油	−20	134×10^6
	18	530		0	121×10^6
甲醇	0	817		20	1499×10^3
	20	584		100	12945
乙醇	−20	2780	蜂蜜	20	650×10^4
	0	1780		80	100×10^3
	20	1190	鱼肝油	20	45600
已醚	0	296		80	4600
	20	243	水银	−20	1855
变压器油	20	19800		0	1685
蓖麻油	10	241×10^4		20	1554
葵花子油	20	50000		100	1224

附表 13　某些金属和合金的电阻率及其温度系数①

金属成合金	电阻率 (μΩ·m)	温度系数 (℃$^{-1}$)	金属或合金	电阻率 (Ω·m)	温度系数 (℃$^{-1}$)
铝	0.028	42×10^{-4}	锡	0.12	44×10^{-4}
铜	0.0172	43×10^{-4}	水银	0.958	10×10^{-4}
银	0.016	40×10^{-4}	武德合金	0.52	37×10^{-4}
金	0.024	40×10^{-4}	钢(0.1%～	0.10～0.14	6×10^{-3}
铁	0.098	60×10^{-4}	0.15%碳)		
铅	0.205	37×10^{-4}	康铜	0.47～0.51	$(-0.04\sim+0.01)\times10^{-3}$
铂	0.105	39×10^{-4}	铜镍铬合金	0.34～1.00	$(-0.03\sim+0.02)\times10^{-3}$
钨	0.055	48×10^{-4}	镍铬合金	0.98～1.10	$(0.03\sim0.4)\times10^{-3}$
锌	0.059	42×10^{-4}			

① 电阻率跟金属中的杂质有关，因此表中列出的只是20℃时电阻率的平均值。

附表 14　常用物质的折射率(相对空气)

物质名称	折射率	物质名称	温度(℃)	折射率
熔凝石英	1.4584	水	20	1.3330
冕牌玻璃 K_6	1.5111	乙醇	20	1.3614
冕牌玻璃 K_8	1.5159	甲醇	20	1.3288
冕牌玻璃 K_9	1.5163	丙醇	20	1.3591
重冕玻璃 ZK_8	1.6126	二硫化碳	18	1.6255
重冕玻璃 ZK_6	1.6140	三氯甲烷	20	1.446
火石玻璃 F_1	1.6055	加拿大树胶	20	1.530
		苯	20	1.5011
重火石玻璃 ZF_1	1.6475		折射率(绝对)(15℃，1.01325×10^5 Pa)	
重火石玻璃 ZF_6	1.7550			
方解石(*e* 光)	1.6584	氢	1.00027	
方解石(*e* 光)	1.4864	氮	1.00030	
		空气	1.00029	

附表 15 常用光源的光谱线波长

光 源	波长(nm)	光 源	波长(nm)	光 源	波长(nm)	光 源	波长(nm)
He 光谱管	394.01	He 光谱管	692.95	He 光谱管	607.43	低压 Hg 灯	579.07
	706.52		671.70		603.00		576.96
	667.82		667.83		597.55		546.96
	587.56		650.90		594.48		491.60
	504.77		652.29		588.19		435.83
	501.57		650.65		585.25		407.78
	492.19		640.22		582.02		404.66
	471.31		603.30		576.44		
	447.15		633.44		540.06	He-Ne	632.8
	433.79		603.48		534.11	激光器	
	414.33		626.65		533.08	H 光谱管	656.28
	412.08		621.73				486.13
	402.52		611.36	低压 Ne 灯	589.59		434.05
			614.31		588.99		410.17
			609.62				

附表 16 钠灯光谱线波长表

颜色	波长(nm)	相对强度
黄	588.99	强
	589.59	强

附表 17 氢灯光谱线波长表

颜色	波长(nm)	相对强度	颜色	波长(nm)	相对强度
紫	410.17	弱	红	656.29	强
蓝	434.05	弱			
青	486.13	弱			

附表 18　汞灯光谱线波长表

	颜 色	波长(nm)	相对强度	颜 色	波长(nm)	相对强度
低压汞灯	紫	404.66	弱	绿	546.07	很强
	紫	407.78	弱	黄	576.96	强
	蓝	435.83	很强	黄	579.07	强
	青	491.61	弱			
高压汞灯	紫外部分	237.83	弱	紫外部分	292.54	弱
		239.95	弱		296.72	强
		248.20	弱		302.25	强
		253.65	很强		312.57	强
		265.30	强		313.16	强
		269.60	弱		334.15	强
		275.28	强		365.01	很强
		275.97	弱		366.29	弱
		280.40	弱		370.42	弱
		289.36	弱		390.44	弱
高压汞灯	紫	404.66	强	黄绿	567.59	弱
	紫	407.78	强	黄	576.96	强
	紫	410.81	弱	黄	579.07	强
	蓝	433.92	弱	黄	585.93	弱
	蓝	434.75	弱	黄	588.89	弱
	蓝	435.83	很强	橙	607.27	弱
	青	491.61	弱	橙	612.34	弱
	青	496.03	弱	橙	623.45	强
	绿	535.41	弱	红	671.64	弱
	绿	536.51	弱	红	690.75	弱
	绿	546.07	很强	红	708.19	弱
高压汞灯	红外部分	773	弱	红外部分	1630	强
		925	弱		1692	强
		1014	强		1707	强
		1129	强		1813	弱
		1357	强		1970	弱
		1367	强		2250	弱
		1396	弱		2325	弱

附表 19　氦灯光谱线波长表

颜　色	波 长(nm)	相对强度	颜　色	波 长(nm)	相对强度
紫	402.62	弱	黄	587.56	很强
紫	447.15	强	红	667.82	强
青	492.19	弱	红	706.52	强
青	501.16	强			

附表 20　氖灯光谱线波长表

颜　色	波 长(nm)	相对强度	颜　色	波 长(nm)	相对强度
蓝	453.78	弱	橙	618.21	强
蓝	456.91	强	橙	621.73	较强
青	478.89	弱	橙	626.65	较强
青	479.02	弱	红	630.48	很强
绿	533.08	弱	红	633.44	较强
绿	534.11	弱	红	638.30	强
绿	540.06	弱	红	640.22	强
黄	585.24	强	红	650.65	强
黄	589.19	弱	红	659.81	强
黄	594.48	较弱	红	667.83	强
黄	596.54	较弱	红	692.25	较强
橙	614.31	较弱	红	703.24	较强
橙	616.36	较弱	红	717.39	较强

参 考 文 献

[1] 丁慎训,张连芳. 物理实验教程[M]. 2版. 北京:清华大学出版社,2002.
[2] 王希义. 大学物理实验[M]. 西安:陕西科学技术出版社,1998.
[3] 肖苏,任红. 大学实验物理[M]. 合肥:中国科学技术大学出版社,2004.
[4] 杜义林,孙文斌,凌洁. 大学实验物理教程[M]. 合肥:中国科学技术大学出版社,2002.
[5] 杨祥林,张明德,许大倍. 光纤传输系统[M]. 南京:东南大学出版社,1991.
[6] 赵文杰. 工科物理实验教程[M]. 北京:中国铁道出版社,2002.
[7] 吕斯骅,段家忯. 基础物理实验[M]. 北京:北京大学出版社,2002.
[8] 康华光. 电子技术基础:模拟电路[M]. 北京:高等教育出版社,1999.
[9] 随成华,林国成. 大学基础物理实验教程[M]. 上海:上海科学普及出版社,2004.